Hahn / Barth / Fritzen · Aufgaben zur Technischen Mechanik

Hans Georg Hahn /
Franz Josef Barth / Claus-Peter Fritzen

Aufgaben zur Technischen Mechanik

Carl Hanser Verlag München Wien

Die Autoren:

Dr. rer. nat. habil. HANS GEORG HAHN
o. Prof. für Technische Mechanik und Inhaber des Lehrstuhls für Technische Mechanik der Universität Kaiserslautern

Dr.-Ing. FRANZ JOSEF BARTH
Oberingenieur am Lehrstuhl für Technische Mechanik der Universität Kaiserslautern

Dr.-Ing. CLAUS-PETER FRITZEN
Univ.-Prof. für Technische Mechanik am Institut für Mechanik und Regelungstechnik Universität-GH-Siegen

Die Deutsche Bibliothek – CIP-Einheitsaufnahme

Hahn, Hans Georg:
Aufgaben zur technischen Mechanik / Hans Georg Hahn ;
Franz Josef Barth ; Claus-Peter Fritzen. – München ; Wien :
Hanser, 1995
(Hanser-Studienbücher)
ISBN 3-446-17467-2
NE: Barth, Franz Josef:; Fritzen, Claus-Peter:

Druck und Binden: Wagner, Nördlingen
Printed in Germany

Lang ist der Weg durch Lehren,
kurz und wirksam der durch Beispiele.

SENECA: Epistulae morales ad Lucilium. 6. Brief

Vorwort

Um zahlreichen Nachfragen aus dem Leserkreis und dem Wunsch des Verlags nachzukommen, wird hiermit eine Aufgabensammlung zur Technischen Mechanik vorgelegt. Diese kann als Ergänzung zum Lehrbuch "Technische Mechanik fester Körper" von Prof. Dr. H.G. Hahn, das bereits in 2. Auflage vorliegt, angesehen werden. Die Aufgaben sind in erster Linie als praktisches Hilfsmittel für die Ingenieurstudenten in der Grundausbildung der Technischen Mechanik gedacht, um die Einübung des Vorlesungsstoffs und die Prüfungsvorbereitungen zu erleichtern.

Es handelt sich um Übungsaufgaben, die seit langem im Lehrbetrieb an der Universität Kaiserslautern verwendet werden. Die Aufgaben haben sich aus jahrzehntelanger Lehrerfahrung ergeben und bewährt. Darüber hinaus sind auch einige Diplomvorprüfungen mit aufgenommen worden.

Um das Verständis für wichtige mechanische Begriffe und deren Anwendung auf konkrete Probleme zu erlangen, soll sich die thematische Anordnung der Aufgaben als didaktisch günstig erweisen. Dem Schnittprinzip ist ein gesonderter Abschnitt gewidmet. Es wird in allen Kapiteln des Übungsbuches konsequent angewandt. Auch die Aufgaben zur grafischen Statik, die gerade dem Ungeübten wegen ihrer Anschaulichkeit sehr hilfreich sind, kommen nicht zu kurz.

Alle Übungsaufgaben sind zur Förderung des Verständnisses reich bebildert und mit ausführlichen Lösungen versehen. Diese sind derart gehalten, daß die einzelnen Rechenschritte klar nachvollzogen werden können.

Die überwiegende Zahl der Aufgaben wurde von Herrn Dr. Barth gesichtet, aufbereitet und kommentiert, sowie mit Angaben zum Lösungsweg versehen. Zu den Themengebieten Kinematik und Kinetik hat Herr Prof. Dr. Fritzen mit seinen Mitarbeitern einige interessante, neue Aufgaben beigesteuert.

Die gesamte Schreibarbeit, auch der oft komplizierten mathematischen Ausdrücke und Formeln, lag in den bewährten Händen von Frau E. Jeblick, der an dieser Stelle ganz besonders herzlich gedankt sei. Ebenso gilt unser Dank allen beteiligten Assistenten und Hilfsassistenten für die Bilderstellung, die Durchrechnung der Aufgaben sowie die Fertigstellung des Manuskripts.

Dem Hanser-Verlag gilt unser Dank für die gute Zusammenarbeit und das bereitwillige Eingehen auf unsere Wünsche.

Kaiserslautern, im Sommer 1994 H.G. Hahn, F.J. Barth, C.-P. Fritzen

Inhaltsverzeichnis

1 Einleitung ... 1

2 Statik starrer Körper ... 3

2.1 Schnittprinzip von LAGRANGE ... 3

2.2 Auflager- und Zwischenreaktionen statisch bestimmter Systeme ... 10
2.2.1 Lagerung mit drei Fesseln ... 10
2.2.2 Lagerung mit mehr als drei Fesseln ... 15
2.2.3 Gemischte Aufgaben ... 21

2.3 Schnittgrößen einfacher und zusammengesetzter Systeme ... 24
2.3.1 Seil-, Stab- und Balkensysteme ... 24
2.3.2 Rahmen und Bogenträger ... 35

2.4 Grafische Statik ... 47
2.4.1 Grundaufgaben der Statik ... 47
2.4.2 Grafische Ermittlung von Auflager- und Schnittreaktionen ... 52

2.5 Fachwerke ... 61
2.5.1 Knotenpunktgleichgewichtsverfahren ... 61
2.5.2 RITTERsches Schnittverfahren ... 65
2.5.3 CREMONA-Plan ... 68
2.5.4 Spezielle Probleme ... 74

2.6 Seilstatik ... 80

2.7 Schwerpunkt und Flächenträgheitsmomente ... 90
2.7.1 Schwerpunkt von Flächen ... 90
2.7.2 Flächenträgheitsmomente ... 93

2.8 Reibung ... 98
2.8.1 Haftreibung ... 98
2.8.2 Gleitreibung ... 103
2.8.3 Spezielle Probleme ... 107

3 Elastostatik und elementare Festigkeitslehre ... 109

3.1 Spannungen, Verzerrungen, Stoffgesetz ... 109

3.2 Zug und Druck in Stäben ... 115

3.3 Reine Torsion ... 122
3.3.1 Kreis- und Kreisringquerschnitte ... 122

3.3.2 Dünnwandige, geschlossene Profile ... 126
3.3.3 Dünnwandige, offene Profile ... 133

3.4 Biegung von Balken ... 134
3.4.1 Spannungen und Verformungen ... 134
3.4.2 Verformungsberechnung mit der Überlagerungsmethode ... 140
3.4.3 Schiefe Biegung ... 144

3.5 Querkraftschub in dünnwandigen Profilen ... 146
3.5.1 Dünnwandige, geschlossene Profile ... 146
3.5.2 Dünnwandige, offene Profile ... 153
3.5.3 Schubmittelpunkt ... 156

3.6 Knicken von Stäben ... 162

3.7 Energiemethoden ... 167
3.7.1 Formänderungsarbeit und Verformungsenergie ... 167
3.7.2 Satz II von CASTIGLIANO ... 171

3.8 Statisch unbestimmte Probleme ... 177
3.8.1 Verschiebungsmethode ... 177
3.8.2 Kraftmethode (Überlagerungsmethode) ... 181
3.8.3 Satz von MENABREA ... 186

4 Kinematik von Punkten und starren Körpern ... 192

4.1 Bewegung von Punkten ... 192
4.1.1 Bewegung auf gerader Bahn ... 192
4.1.2 Bewegung auf gekrümmter Bahn ... 195
4.1.3 Zentralbewegung ... 198

4.2 Ebene Bewegung starrer Körper ... 201
4.2.1 Grundgleichung der Kinematik ... 201
4.2.2 Drehpol, Rast- und Gangpolbahn ... 204

4.3 Kinematik der Relativbewegungen ... 208

5 Kinetik der Massenpunkte und starrer Körper ... 213

5.1 Kinetik des Massenpunkts und Massenpunktsystems ... 213
5.1.1 Integration der kinetischen Grundgleichung ... 213
5.1.2 Arbeits- und Energiesatz ... 219
5.1.3 Impulssatz ... 223
5.1.4 Gravitationsgesetz ... 231

5.2 Kinetik starrer Körper ... 236
5.2.1 Massenträgheitsmomente ... 236
5.2.2 Impuls- und Drehimpulssatz ... 243

5.2.3 Kinetische Energie ... 259

5.3 Trägheitskräfte ... 264

5.4 Mechanische Schwingungen mit einem Freiheitsgrad ... 273
5.4.1 Ungedämpfte freie Schwingungen ... 273
5.4.2 Gedämpfte freie Schwingungen ... 277
5.4.3 Ungedämpfte erzwungene Schwingungen ... 283
5.4.4 Gedämpfte erzwungene Schwingungen ... 285

6 Diplomvorprüfungen ... 289

6.1 Prüfung TM I-III, WS 87/88 ... 289

6.2 Prüfung TM I-III, WS 91/92 ... 297

6.3 Prüfung TM I-III, WS 92/93 ... 305

1 Einleitung: Hinweise zur Benutzung

Das vorliegende Übungsbuch stellt eine Ergänzung zum Lehrbuch "Technische Mechanik fester Körper" von Prof. Dr. H.G. Hahn dar und ist vor allem für Studierende gedacht. Der inhaltliche Aufbau der Aufgabensammlung entspricht weitgehend dem des Lehrbuches. Die damit verbundene thematische Anordung der Aufgaben mit ihren genau definierten Lerninhalten ist der Didaktik sehr förderlich. Hinzu kommt ein sehr ausführliches Inhaltsverzeichnis, das dem Anwender ein gezieltes Aufsuchen von Aufgabenthemen ermöglicht. Neben den thematisch geordneten Aufgaben wurden in den letzten Abschnitt Diplomvorprüfungen aus Kaiserslautern aufgenommen. Zur Prüfungsvorbereitung kann man daraus Charakter und Umfang der Prüfungen erkennen.

Die Auswahl der Aufgaben erfolgte in erster Linie hinsichtlich ihrer Eignung bzgl. des gewünschten Lernzieles. In den meisten Fällen ist das mechanische Ersatzmodell in der Aufgabenstellung vorgegeben. Das schwierige Problem der Modellbildung, das auch nicht Bestandteil der Grundvorlesungen in der Technischen Mechanik ist, wurde also ausgeklammert und man hat die idealisierten Aufgabenstellungen vor sich.

Jede Aufgabe ist mit einer ausführlichen Lösung versehen, welche sich unmittelbar an die Aufgabenstellung anschließt. Die Lösungen sind derart gehalten, daß sie dem Anwender die zur Bearbeitung technischer Probleme unumgängliche Systematik vermitteln. Hierzu zählt das konsequente Freischneiden der Systeme ebenso wie die unbedingt erforderlichen Freikörperbilder. Der Leser wird angehalten, die gefundenen Ergebnisse kritisch zu überprüfen, deren funktionale Zusammenhänge zu deuten und eventuelle Grenzfälle in die Betrachtungen einzuschließen.

Zu jeder Aufgabe gibt es mehrere Lösungswege und der Anwender sollte sich nicht mit dem vorgeführten Weg zufrieden geben, sondern selbst nach Alternativen suchen. Wurde eine Aufgabe mit verschiedenen Verfahren gelöst, ist dies am Ende der Aufgabe vermerkt.

Falls nichts anderes gesagt ist, gelten folgende Vereinbarungen, die immer wieder vorkommen:

1. Auflager und Gelenke sind reibungsfrei,
2. Abrollbewegungen erfolgen ohne Gleiten,
3. bei Schwingungsaufgaben sind die Koordinaten von der statischen Ruhelage aus zu zählen,
4. bei der Berechnung der Schnittmomente in der Balkenstatik ist der Momentenbezugspunkt (S) gleich dem Schwerpunkt der Schnittfläche.

Desweiteren werden nachfolgende Abkürzungen verwendet:

FKB: Freikörperbild
GGB: Gleichgewichtsbedingungen
KGG: kinetische (dynamische) Grundgleichung
$\uparrow$: Summe aller Kräfte in Pfeilrichtung gleich Null bzw. gleich dem Produkt aus Masse und Beschleunigung
$\overset{\curvearrowright}{A}$: Summe aller Momente um den Bezugspunkt A gleich 0 bzw. gleich dem Produkt aus Massenträgheitsmoment um den Bezugspunkt A und Winkelbeschleunigung

(s. Hahn S. xx, Gl. yy): Hinweis auf Gleichung mit Gleichungsnummer yy auf Seite xx im Lehrbuch "Technische Mechanik fester Körper" von Prof. H.G. Hahn, Carl Hanser Verlag, 1. oder 2. Auflage

Abschließend soll noch eindringlich vor der Illusion gewarnt werden, die Technische Mechanik und ihre Arbeitsmethoden könnten durch alleiniges Lesen der Aufgaben verstanden werden. Vielmehr gelangt man nur durch eigene Bemühungen, d.h. immer wieder selbständiges Rechnen von Aufgaben, zu der sicheren Anwendung der Grundgleichungen und Begriffe der Technischen Mechanik.

2 Statik starrer Körper

2.1 Schnittprinzip von LAGRANGE

Dem Schnittprinzip von LAGRANGE kommt in der technischen Mechanik eine grundlegende Bedeutung zu. Erst durch seine Anwendung gelingt es die Beanspruchung eines Bauteils zu ermitteln. Erfahrungsgemäß bereitet aber gerade dies den Studenten besondere Schwierigkeiten. Aus diesem Grunde wurde dem Schnittprinzip in diesem Übungsbuch ein eigenes Kapitel gewidmet.

Um Fehler bei der Anwendung des Schnittprinzips zu vermeiden, sollten (insbesondere für noch Ungeübte) die nachfolgenden einfachen Regeln beachtet werden:

1. jeder Schnitt ist in das Gesamtsystem bzw. entsprechende Teilsystem einzutragen,
2. bei ebenen Problemen ist der Schnitt *immer* als geschlossener Linienzug darzustellen,
3. bei *allen* auftretenden Schnittstellen sind *alle* dem mechanischen Modell (z.B. Seil, Stab, Balken, Loslager, Festlager usw.) zugeordneten Schnittgrößen anzutragen,
4. um das freigeschnittene Teilsystem mit Hilfe der Gleichgewichtsbedingungen auswerten zu können, sollte der Schnitt so gelegt werden, daß in der Ebene maximal drei unbekannte Schnittgrößen auftreten.

Aufgabe 2.1.1

Ein Seil, an dem die Masse m_1 hängt, läuft über eine lose masselose Rolle I, die drehbar am Ende eines zweiten Seiles befestigt ist. Das zweite Seil läuft über eine feste masselose Rolle II und wird durch die Masse m_2 gespannt.

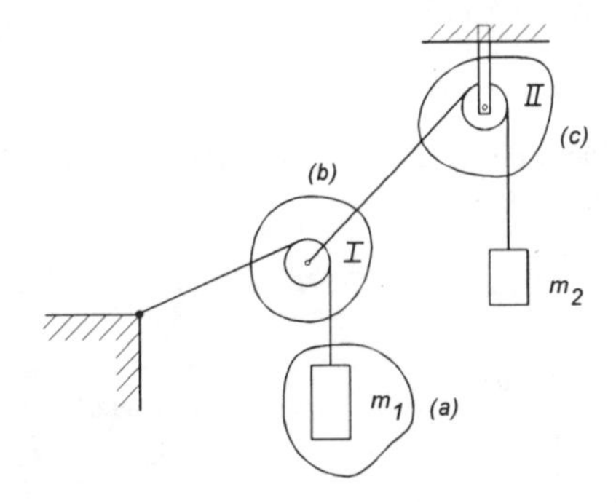

Gesucht: Die Freikörperbilder für die in der Abbildung eingezeichneten Schnitte.

Lösung: *Teilsysteme zeichnen und alle Schnittgrößen eintragen.*

Teilsystem (a)

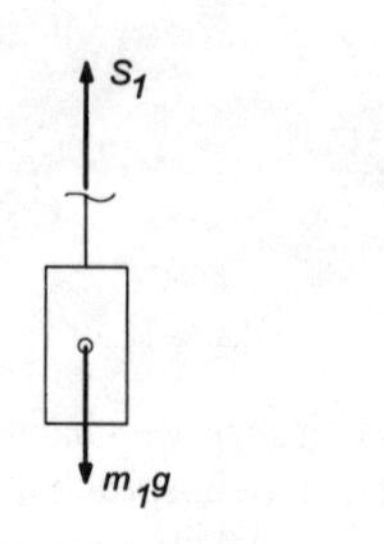

Seil kann nur positive Normalkräfte (Zugkräfte) übertragen. Die Richtung ist durch das Seil vorgegeben.

Teilsystem (b)

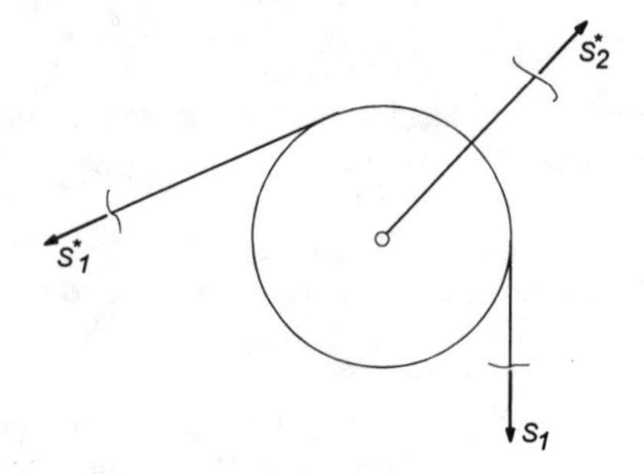

aus der Momentenbedingung ergibt sich sofort $S_1 = S_1^*$

Teilsystem (c)

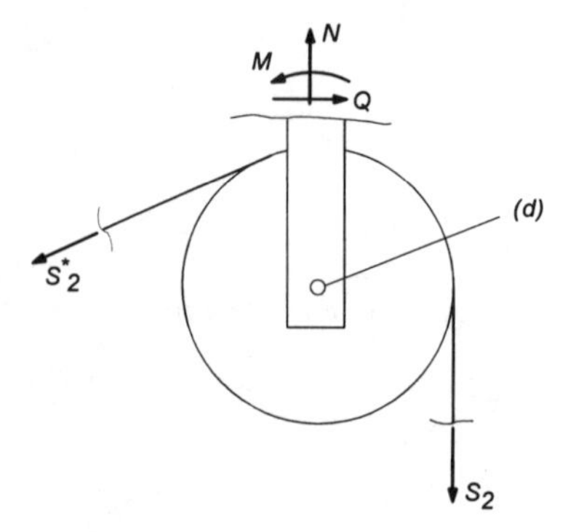

Walzenhalterung wird als Balken modelliert

Um die Walze isoliert zu betrachten, ist im Teilsystem (c) ein weiterer Schnitt (d) um den Gelenkbolzen vorzunehmen.

Teilsystem (d)

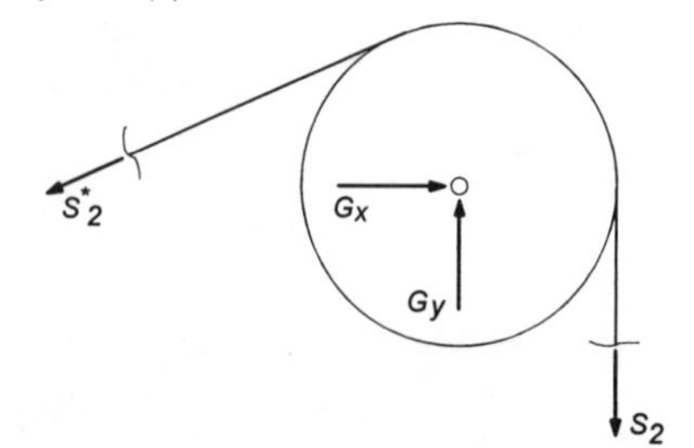

es gilt wieder

$S_2 = S_2^*$

Aufgabe 2.1.2

Ein Balken wird durch ein Festlager und eine Pendelstütze in der gezeichneten Lage gehalten. Am freien Ende des Balkens wirkt eine Einzelkraft in vertikaler Richtung.

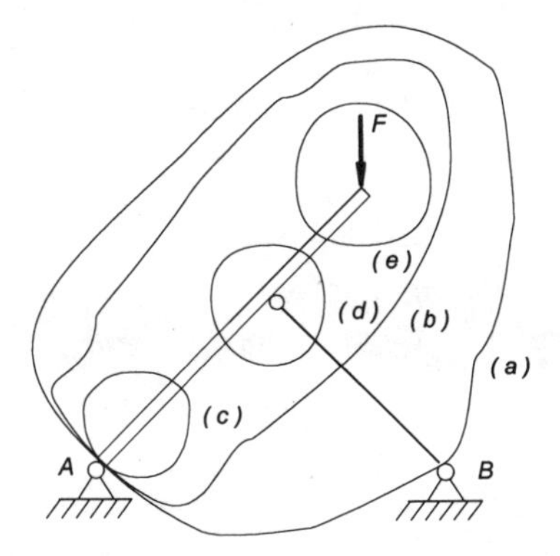

Gesucht: Die Freikörperbilder für die in der Abbildung dargestellten Schnitte.

Lösung: *Teilsysteme zeichnen und alle Schnittgrößen eintragen.*

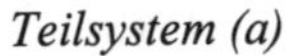
Teilsystem (a)

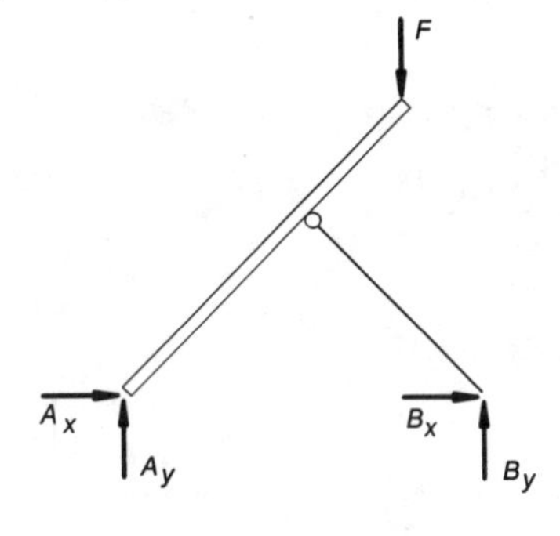

Teilsystem (b)

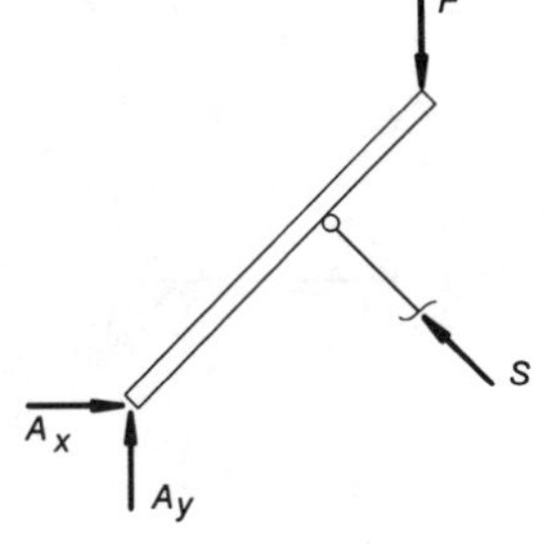

Stab kann nur Kräfte in axialer Richtung aufnehmen.

Teilsystem (c)

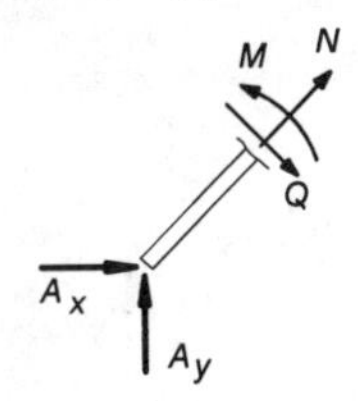

Teilsystem (d)

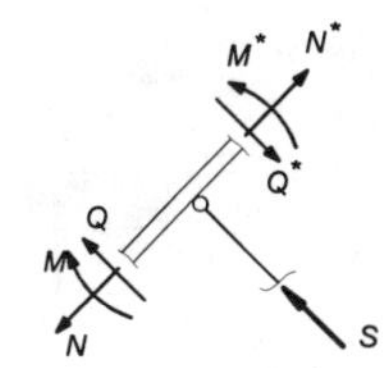

Teilsystem (e)

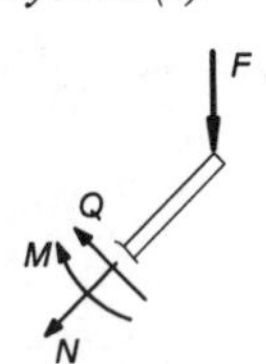

Aufgabe 2.1.3

Ein Gelenkträger der durch zwei Loslager und ein Festlager gehalten wird, ist durch eine Einzellast und eine konstante Streckenlast beansprucht.

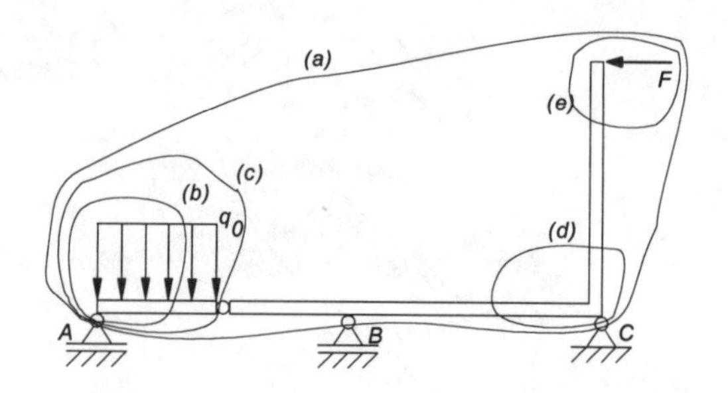

Gesucht: Die Freikörperbilder für die in der Abbildung eingezeichneten Schnitte.

Lösung: *Teilsysteme zeichnen und alle Schnittgrößen eintragen.*

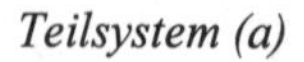
Teilsystem (a)

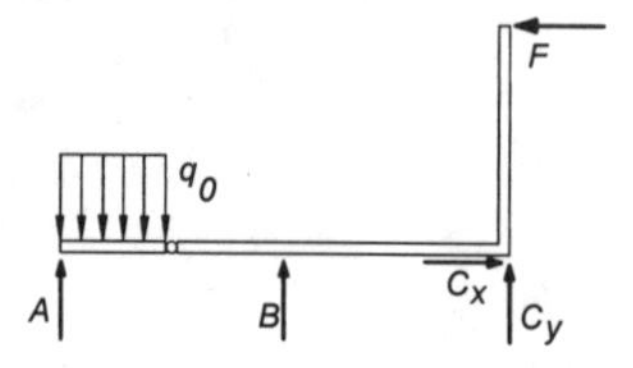

Teilsystem (b)

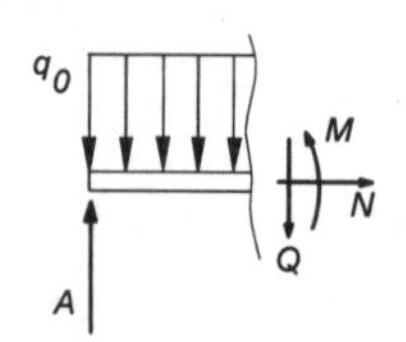

Teilsystem (c)

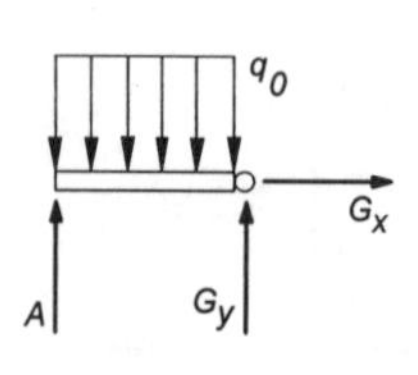

Teilsystem (d)

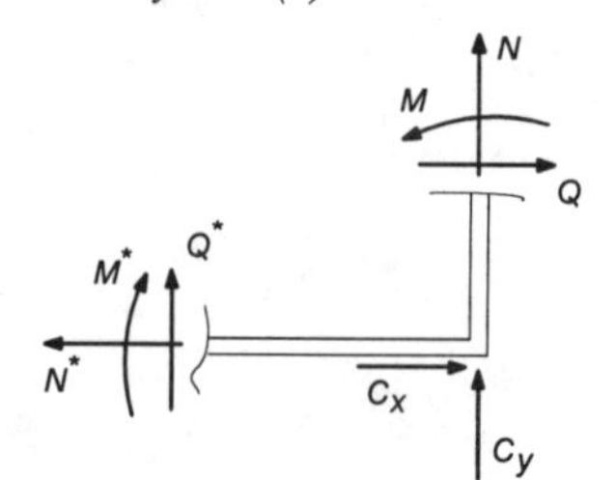

Teilsystem (e)

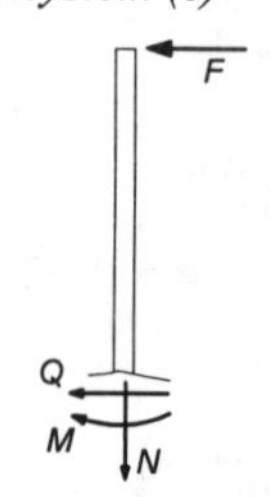

Aufgabe 2.1.4

Die in G gelenkig miteinander verbundenen Träger sind in A und B gelagert. Das System wird durch eine konstante Streckenlast beansprucht.

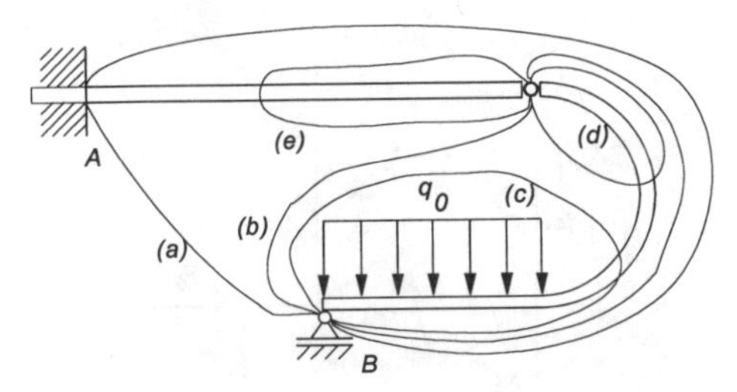

Gesucht: Die Freikörperbilder für die in der Abbildung eingezeichneten Schnitte.

Lösung: *Teilsysteme zeichnen und alle Schnittgrößen eintragen.*

Teilsystem (a)

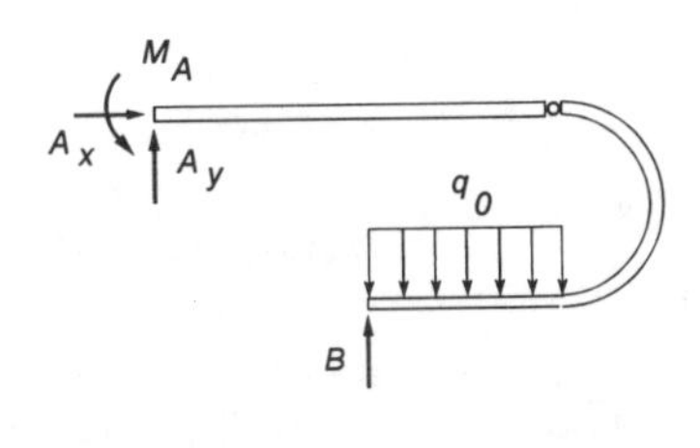

Teilsystem (b)

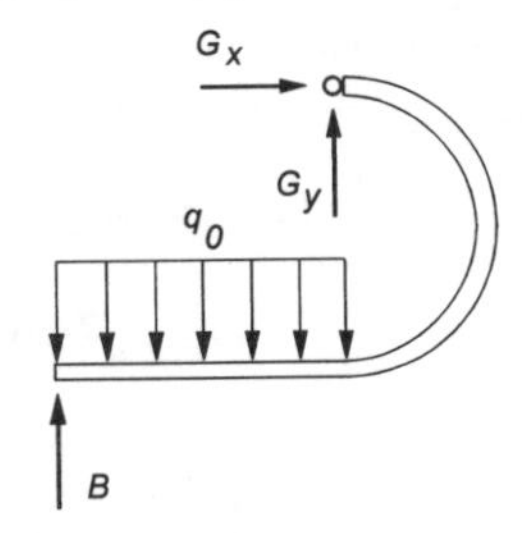

Teilsystem (c)

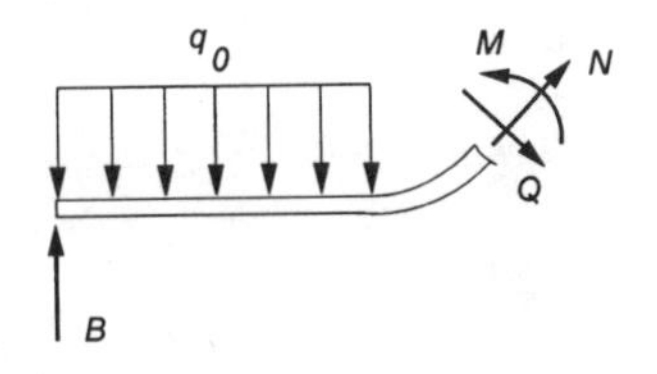

Teilsystem (d)

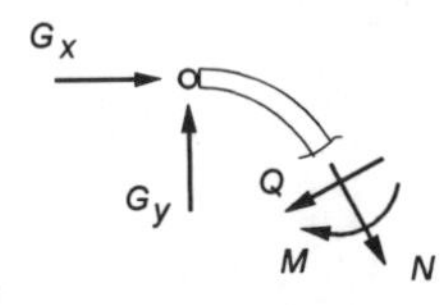

Teilsystem (e)

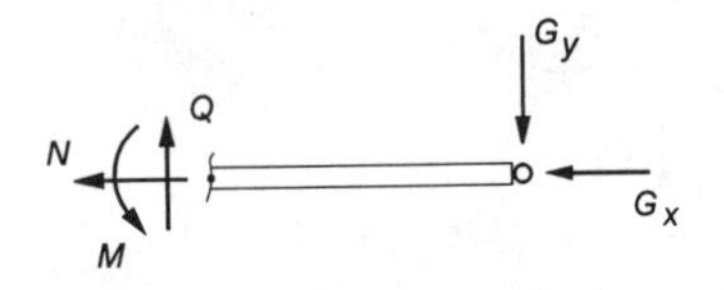

Zu beachten ist, daß die Gelenkkräfte nach dem 3. NEWTONschen Axiom entgegengesetzt zu den Gelenkkräften in den Teilsystemen (b) und (d) anzutragen sind.

Aufgabe 2.1.5

Das gezeichnete Tragwerk besteht aus zwei durch das Gelenk G verbundene Fachwerkträger. Das Tragwerk ist in den Punkten A und B gelagert und durch die Kräfte F_1 und F_2 belastet.

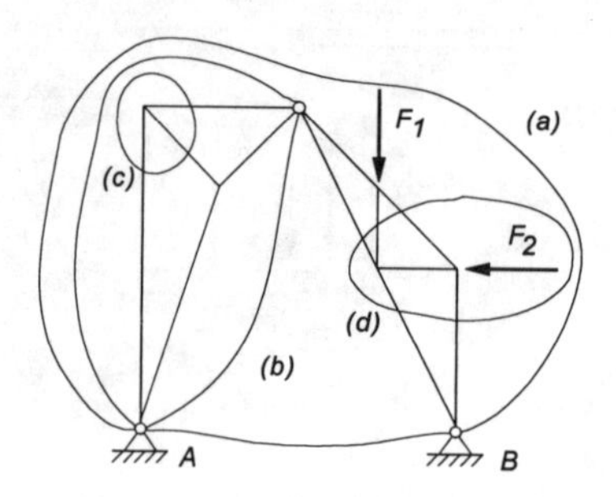

Gesucht: Die Freikörperbilder für die in der Abbildung eingezeichneten Schnitte.

Lösung: *Teilsysteme zeichnen und alle Schnittgrößen eintragen.*

Teilsystem (a)

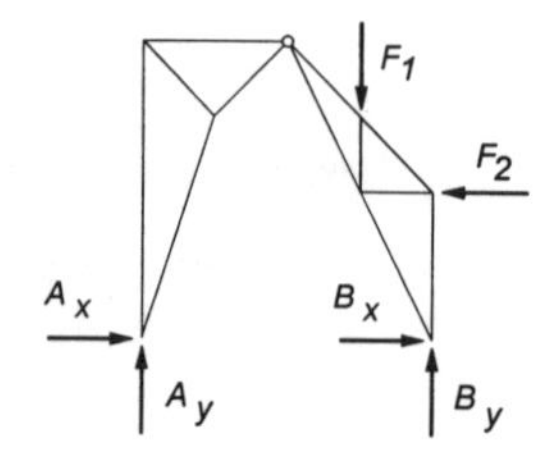

Teilsystem (b)

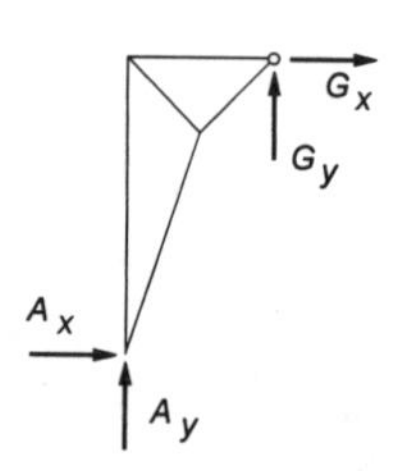

Teilsystem (c)

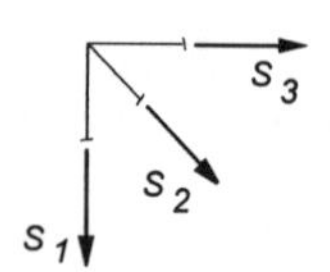

Teilsystem (d)

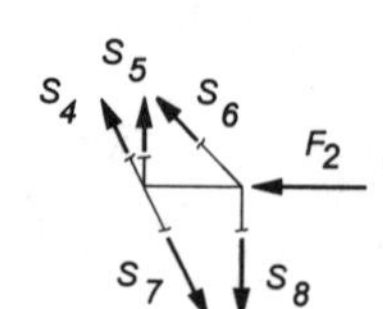

Aufgabe 2.1.6

Ein homogener Balken der Masse m liegt im Punkt A frei auf dem Boden und im Punkt C auf einer masselosen Walze auf. Die Walze ist durch ein Seil mit dem Balken verbunden. Zwischen der Walze und der Unterlage wirkt keine Reibungskraft.

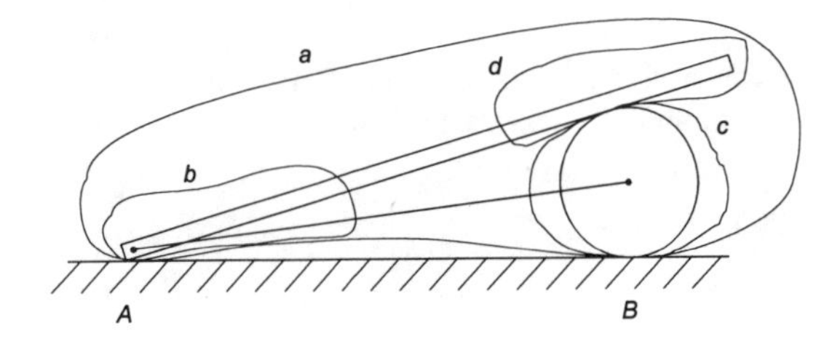

Gesucht: Die Freikörperbilder für die in der Abbildung eingezeichneten Schnitte.

Lösung: *Teilsysteme zeichnen und alle Schnittgrößen eintragen.*

Teilsystem (a)

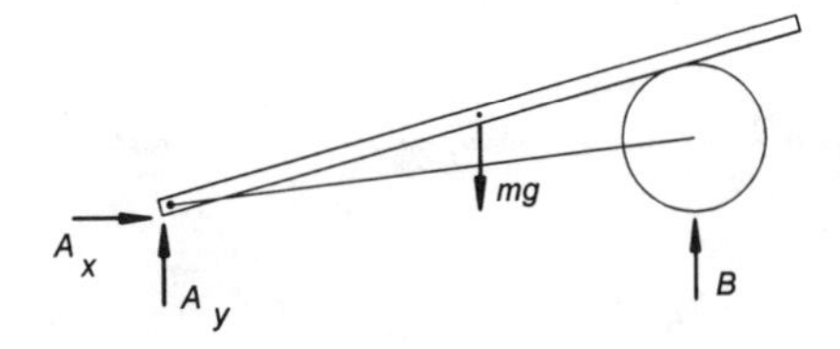

Im Auflagerpunkt A ist Reibung nicht ausgeschlossen ⇒ A stellt eine 2-wertige Lagerung dar.

Teilsystem (b)

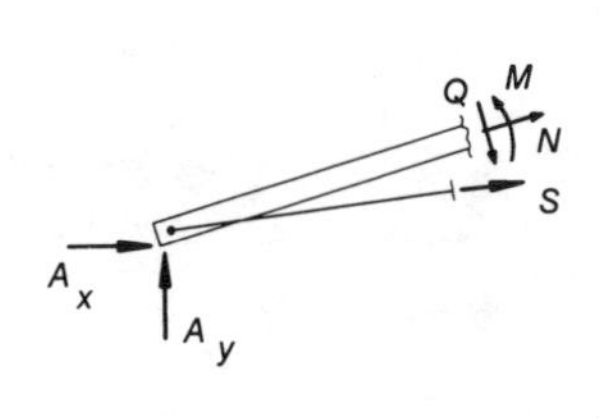

Teilsystem (c)

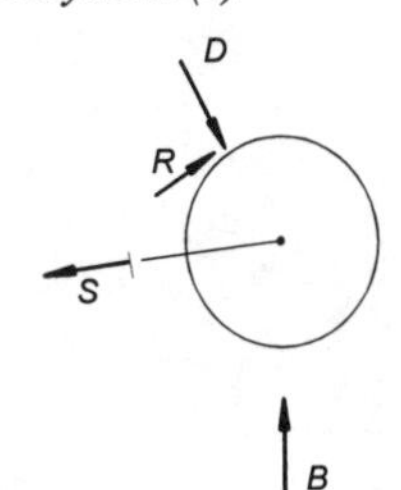

Teilsystem (d)

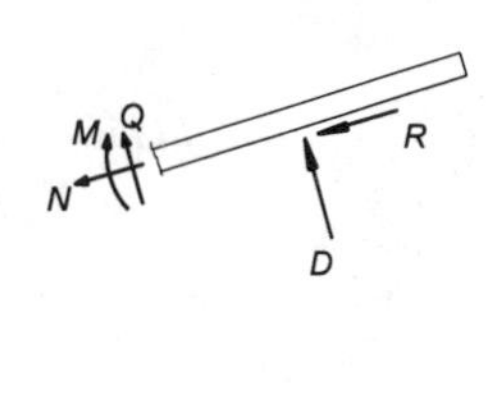

2.2 Auflager- und Zwischenreaktionen statisch bestimmter Systeme

2.2.1 Lagerung mit 3 Fesseln

Aufgabe 2.2.1.1

Ein Kragträger wird an seinem freien Ende durch ein Einzelmoment und zwischen den beiden Lagern durch eine dreiecksförmige Streckenlast belastet.

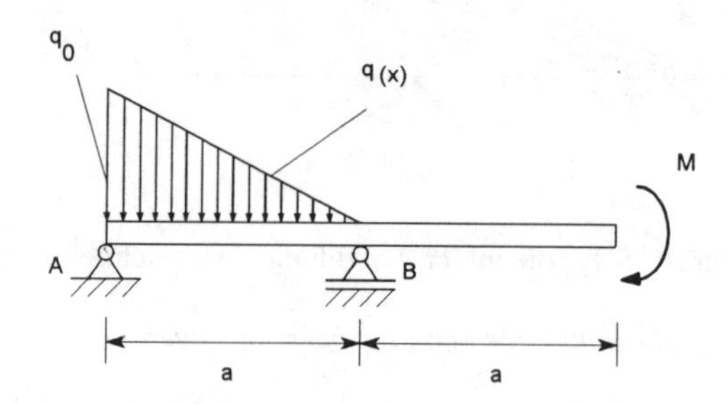

Gegeben: a, q_0, M

Gesucht: Die Auflagerreaktionen in A und B.

Lösung: *Gesamtsystem freischneiden und die GGB auf das Freikörperbild anwenden.*

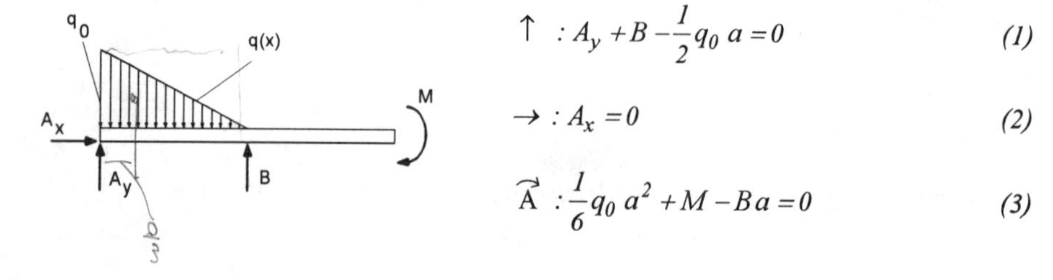

$$\uparrow \; : A_y + B - \frac{1}{2} q_0 \, a = 0 \quad (1)$$

$$\rightarrow \; : A_x = 0 \quad (2)$$

$$\overset{\curvearrowright}{A} \; : \frac{1}{6} q_0 \, a^2 + M - B\,a = 0 \quad (3)$$

Aus (1) bis (3) ergibt sich:

$$\boxed{A_x = 0} \qquad \boxed{A_y = \frac{1}{3} q_0 \, a - \frac{M}{a}} \qquad \boxed{B = \frac{1}{6} q_0 \, a + \frac{M}{a}}$$

Anmerkung: Zur Bestimmung der Auflagerkräfte kann mit der Resultierenden der Streckenlast gearbeitet werden.

Aufgabe 2.2.1.2

Ein in A und B gelagerter Rahmen ist im Punkt C durch eine Einzelkraft beansprucht.

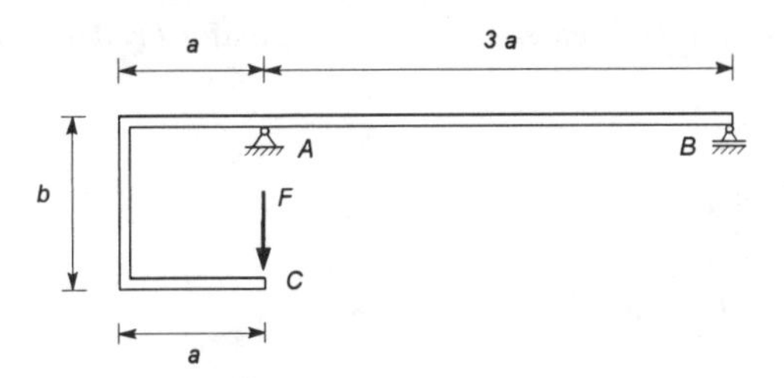

Gegeben: a, b, F

Gesucht: Die Auflagerreaktionen in A und B.

Lösung: *Gesamtsystem freischneiden und die GGB auf das Freikörperbild anwenden.*

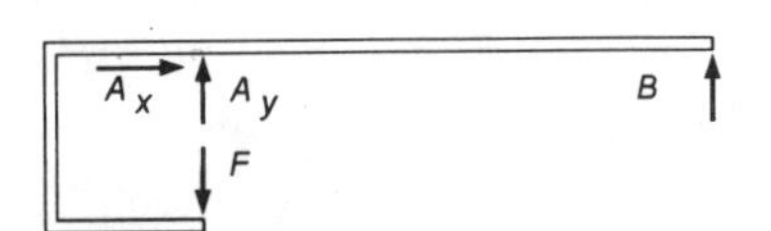

$$\uparrow \; : A_y + B - F = 0 \qquad (1)$$

$$\rightarrow \; : A_x = 0 \qquad (2)$$

$$\overset{\curvearrowright}{A} \; : B\,3a = 0 \qquad (3)$$

Aus (1) bis (3) ergibt sich:

$\boxed{A_x = 0}$ $\boxed{A_y = F}$ $\boxed{B = 0}$

Aufgabe 2.2.1.3

Der in A und B gelagerte Rahmen wird durch eine konstante Streckenlast und eine Einzelkraft beansprucht.

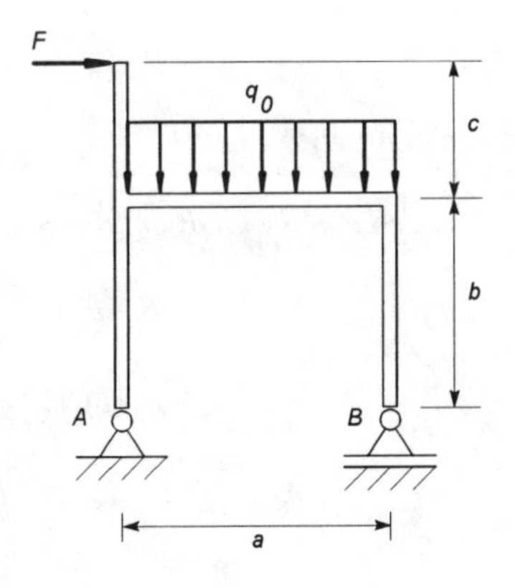

Gegeben: a, b, c, F, q_0

Gesucht: Die Auflagerreaktionen in A und B.

Lösung: *Gesamtsystem freischneiden und die GGB auf das Freikörperbild anwenden.*

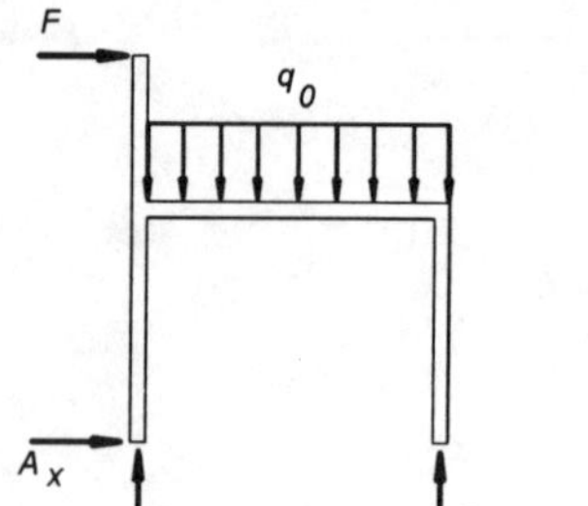

$$\uparrow \; : A_y + B - q_0 \, a = 0 \qquad (1)$$

$$\rightarrow : F + A_x = 0 \qquad (2)$$

$$\overset{\curvearrowright}{A} : F(b+c) + \frac{1}{2} q_0 \, a^2 - B\,a = 0 \qquad (3)$$

Aus (1) bis (3) ergibt sich:

$$\boxed{A_x = -F} \qquad \boxed{A_y = \frac{1}{2} q_0 \, a - \frac{b+c}{a} F} \qquad \boxed{B = \frac{1}{2} q_0 \, a + \frac{b+c}{a} F}$$

Aufgabe 2.2.1.4

Der in A und B gelagerte Rahmen wird durch drei Einzelkräfte beansprucht.

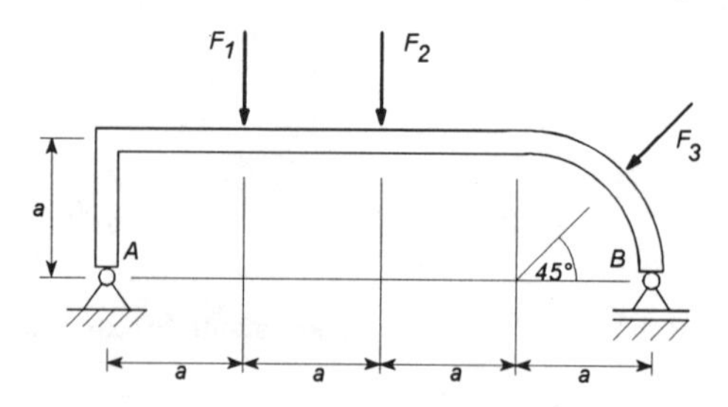

Gegeben: a, $F_1 = F_2 = F$, $F_3 = \sqrt{2}\, F$

Gesucht: Die Auflagerreaktionen in A und B.

Lösung: *Gesamtsystem freischneiden und die GGB auf das Freikörperbild anwenden.*

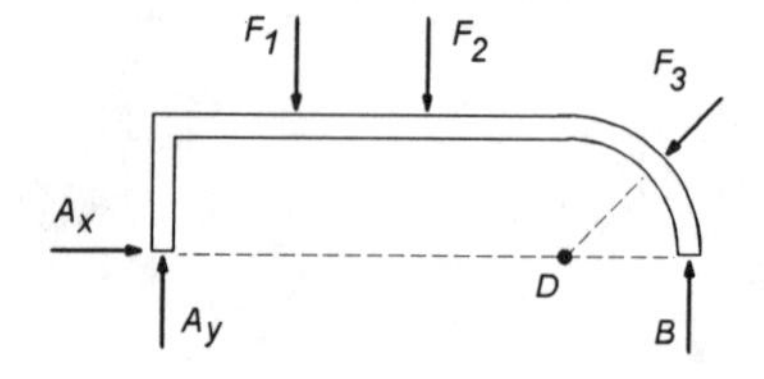

$$\uparrow \; : A_y + B - F_1 - F_2 - F_3 \sin 45° = 0 \qquad (1)$$

$$\rightarrow : A_x - F_3 \cos 45° = 0 \qquad (2)$$

$$\overset{\curvearrowright}{D} : A_y \, 3\,a - F_1 \, 2\,a - F_2 \, a - B\,a = 0 \qquad (3)$$

Aus (1) bis (3) ergibt sich

$$\boxed{A_x = F} \qquad \boxed{A_y = \frac{3}{2}F} \qquad \boxed{B = \frac{3}{2}F}$$

Aufgabe 2.2.1.5

Das in A und B gelagerte Fachwerk wird durch zwei an Knotenpunkten angreifende Einzellasten beansprucht.

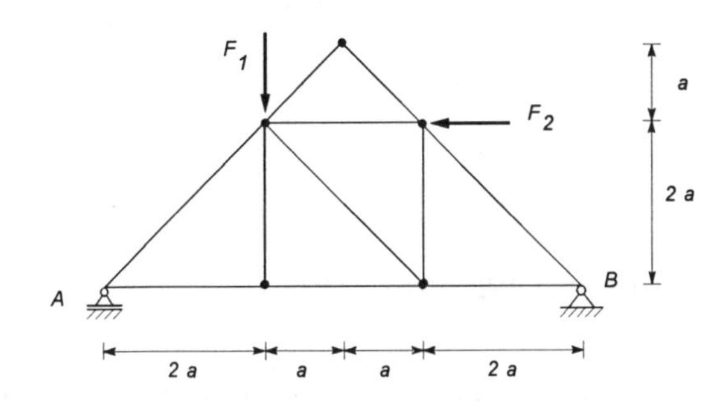

Gegeben: a, F_1, F_2

Gesucht: Die Auflagerreaktionen in A und B.

Lösung: *Gesamtsystem freigeschneiden und die GGB auf das Freikörperbild anwenden.*

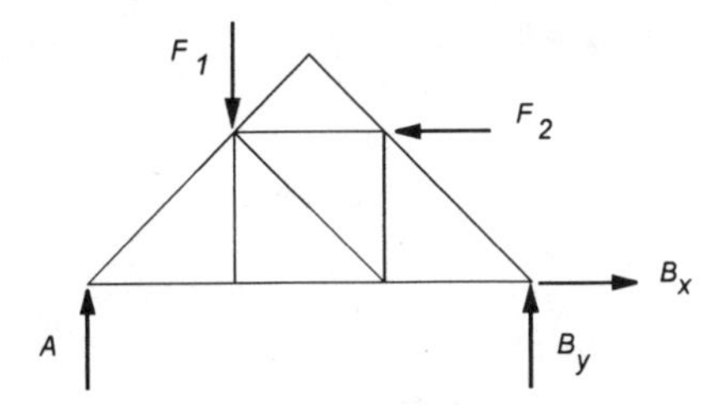

$$\rightarrow: \; B_x - F_2 = 0 \qquad (1)$$

$$\uparrow: \; A + B_y - F_1 = 0 \qquad (2)$$

$$\overset{\frown}{A}: \; F_1 2a - F_2 2a - B_y 6a = 0 \qquad (3)$$

Aus (1) bis (3) folgt:

$$\boxed{A = \frac{1}{3}(2F_1 + F_2)} \qquad \boxed{B_x = F_2} \qquad \boxed{B_y = \frac{1}{3}(F_1 - F_2)}$$

Aufgabe 2.2.1.6

Ein masseloses Seil der Länge l ist in zwei Festlagern A und B befestigt. Auf dem Seil befindet sich eine kleine masselose Rolle an der die Masse m angehängt ist.

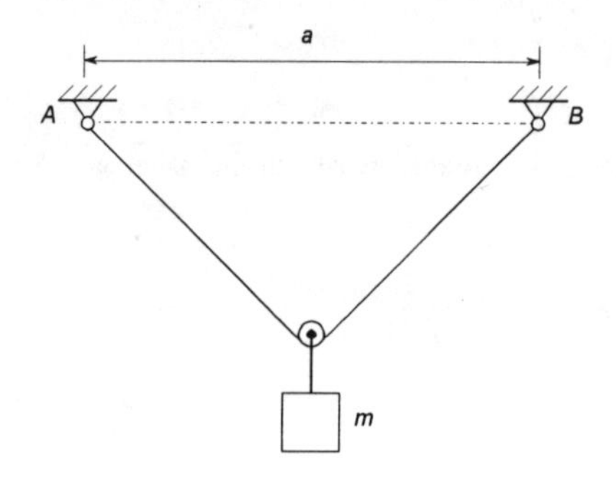

Gegeben: a = 3 m, l = 5 m, m = 100 kg

Gesucht: Die Seilkraft und die Auflagerreaktionen in A und B.

Lösung: *Weil sich das Seil im Gleichgewichtszustand befindet, kann es nach dem Erstarrungsprinzip wie ein starrer Körper behandelt werden. Zur Bestimmung der Seilkraft ist das Seil zu schneiden und die GGB anzuwenden.*

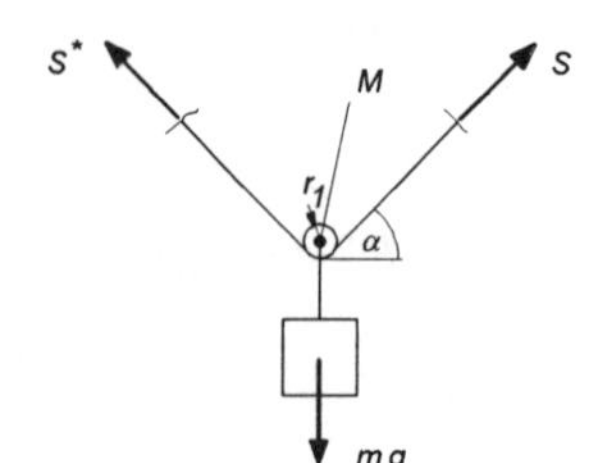

$$\overset{\frown}{M} : S^* r_1 - S r_1 = 0 \quad \Rightarrow \quad \boxed{S = S^*} \qquad (1)$$

$$\rightarrow : \text{identisch erfüllt}$$

$$\uparrow : 2S \sin\alpha - mg = 0 \qquad (2)$$

Geometrie

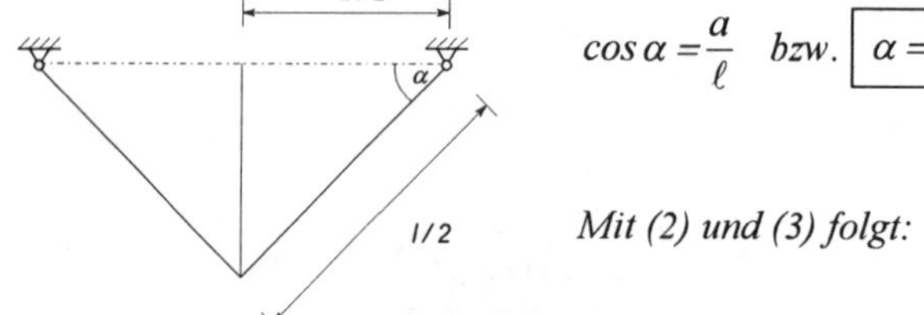

$$\cos\alpha = \frac{a}{\ell} \quad \text{bzw.} \quad \boxed{\alpha = 53{,}1°} \qquad (3)$$

Mit (2) und (3) folgt: $\boxed{S = 613{,}1\,N}$ (4)

Zur Bestimmung der Lagerkräfte ist das Gesamtsystem freizuschneiden.

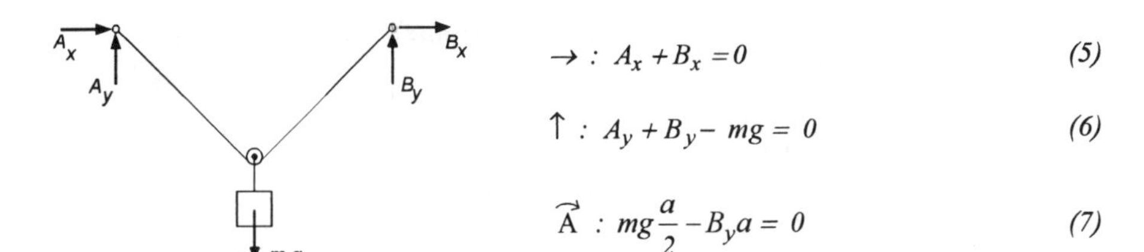

$$\rightarrow: \; A_x + B_x = 0 \qquad (5)$$

$$\uparrow: \; A_y + B_y - mg = 0 \qquad (6)$$

$$\overset{\curvearrowright}{A}: \; mg\frac{a}{2} - B_y a = 0 \qquad (7)$$

Aus (6) und (7) folgt: $A_y = B_y = \frac{mg}{2}$ *bzw.* $\boxed{A_y = B_y = 490{,}5\ N}$

Zur Bestimmung von A_x *bzw.* B_x *muß ein Lager freigeschnitten werden.*

$$\rightarrow: \; B_x - S\cos\alpha = 0 \qquad \Rightarrow \qquad \boxed{B_x = 368{,}1\ N}$$

Mit (5) folgt: $\boxed{A_x = -368{,}1\ N}$

2.2.2 Lagerung mit mehr als 3 Fesseln

Aufgabe 2.2.2.1

Die in G gelenkig miteinander verbundenen Träger sind in A und B gelagert. Das Bauteil wird durch eine konstante Streckenlast beansprucht.

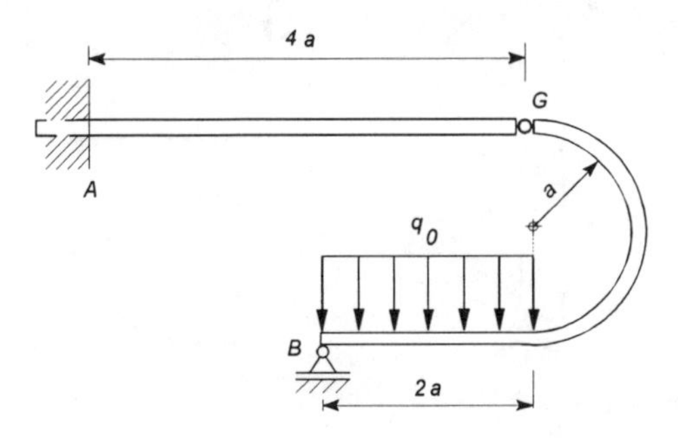

Gegeben: a, q_0

Gesucht: Die Auflagerreaktionen in A und B.

Lösung: *1. Gesamtsystem freischneiden und die GGB auf das erstarrte Freikörperbild anwenden. 2. Gelenkbedingung für einen Trägerteil formulieren.*

Gesamtsystem

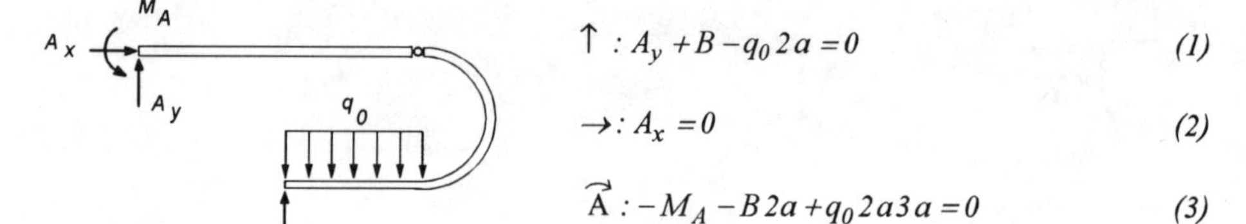

$$\uparrow: A_y + B - q_0 2a = 0 \qquad (1)$$

$$\rightarrow: A_x = 0 \qquad (2)$$

$$\overset{\curvearrowright}{A}: -M_A - B2a + q_0 2a3a = 0 \qquad (3)$$

rechtes Trägerteil

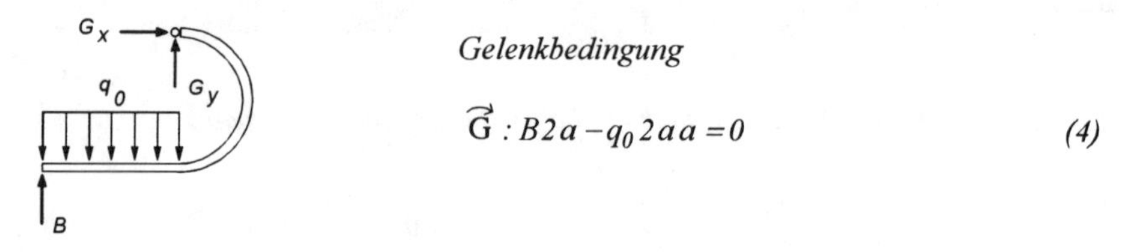

Gelenkbedingung

$$\overset{\curvearrowright}{G}: B2a - q_0 2aa = 0 \qquad (4)$$

Aus (1) bis (4) folgt: $\boxed{A_x = 0}$ $\boxed{A_y = q_0 a}$ $\boxed{M_A = 4q_0 a^2}$ $\boxed{B = q_0 a}$

Aufgabe 2.2.2.2

Das gezeichnete Tragwerk besteht aus zwei durch das Gelenk G verbundene Fachwerkträger. Das Tragwerk ist in den Punkten A und B gelagert und durch die Kräfte F_1 und F_2 belastet.

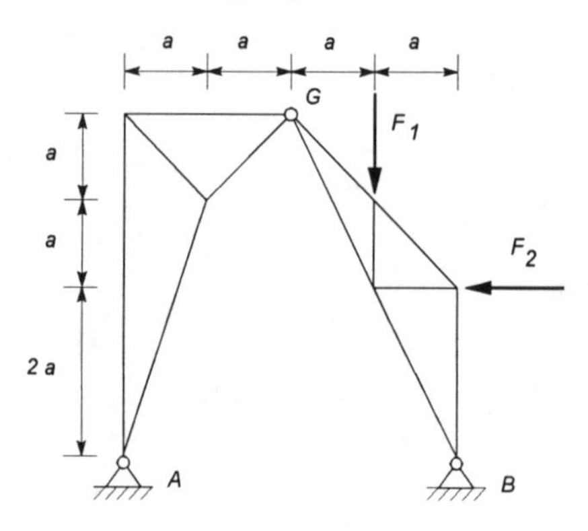

Gegeben: a, $F_1 = F_2 = F$

Gesucht: Die Auflagerreaktionen in A und B sowie die Gelenkkraft.

Lösung: *1.Gesamtsystem freischneiden und die GGB auf das erstarrte Gesamtfreikörperbild anwenden. 2. GGB für einen Trägerteil formulieren.*

Gesamtsystem

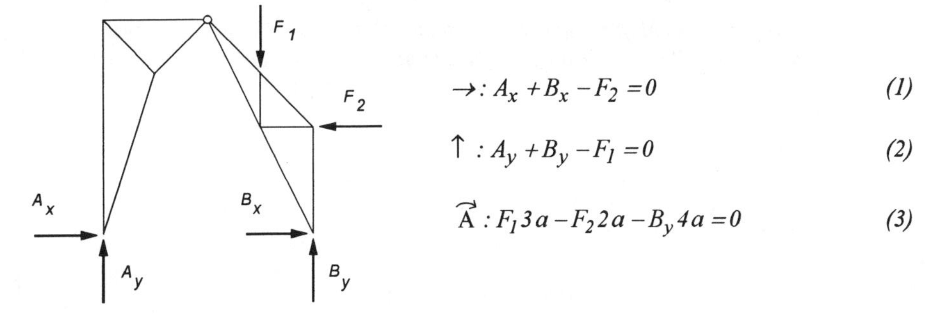

$$\rightarrow: A_x + B_x - F_2 = 0 \qquad (1)$$

$$\uparrow: A_y + B_y - F_1 = 0 \qquad (2)$$

$$\overset{\curvearrowleft}{A}: F_1 3a - F_2 2a - B_y 4a = 0 \qquad (3)$$

linkes Trägerteil

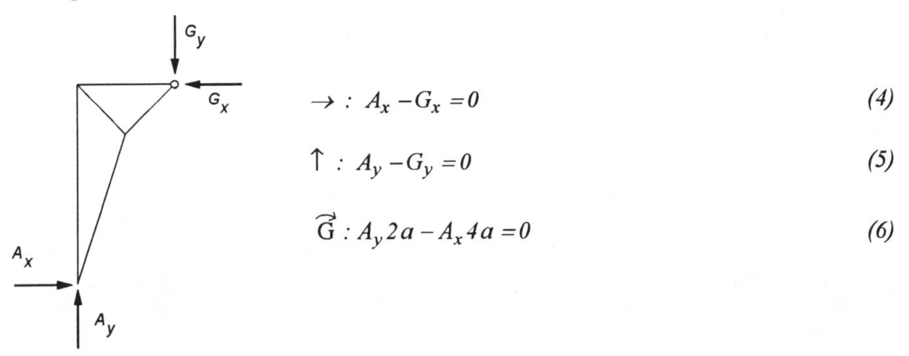

$$\rightarrow: A_x - G_x = 0 \qquad (4)$$

$$\uparrow: A_y - G_y = 0 \qquad (5)$$

$$\overset{\curvearrowleft}{G}: A_y 2a - A_x 4a = 0 \qquad (6)$$

Aus (1) bis (6) folgt:

$$\boxed{A_x = \frac{3}{8}F} \quad \boxed{A_y = \frac{3}{4}F} \quad \boxed{B_x = \frac{5}{8}F} \quad \boxed{B_y = \frac{1}{4}F}$$

$$\boxed{G_x = \frac{3}{8}F} \quad \boxed{G_y = \frac{3}{4}F}$$

Aufgabe 2.2.2.3

Ein Gelenkträger (Gerberträger), der im Punkt A fest eingespannt ist und im Punkt B durch ein Loslager gehalten wird, ist durch eine konstante Streckenlast belastet.

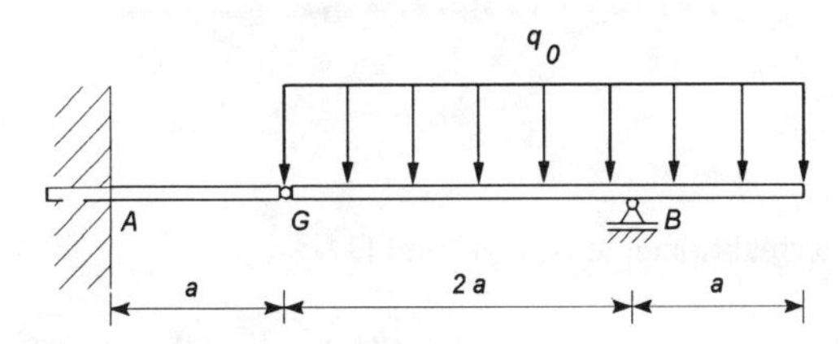

Gegeben: a, q_0

Gesucht: Die Auflagerreaktionen in A und B.

Lösung: *1.Gesamtsystem freischneiden und die GGB auf das erstarrte Freikörperbild anwenden. 2. Gelenkbedingung für einen Trägerteil formulieren.*

Gesamtsystem

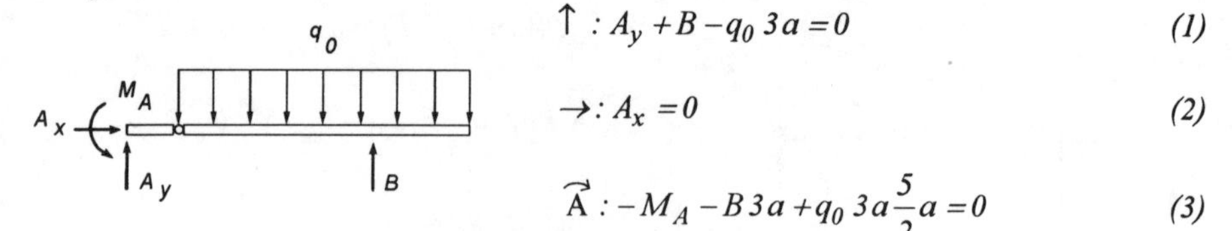

$$\uparrow : A_y + B - q_0\, 3a = 0 \qquad (1)$$

$$\rightarrow : A_x = 0 \qquad (2)$$

$$\overset{\curvearrowright}{A} : -M_A - B\, 3a + q_0\, 3a \frac{5}{2} a = 0 \qquad (3)$$

rechtes Trägerteil

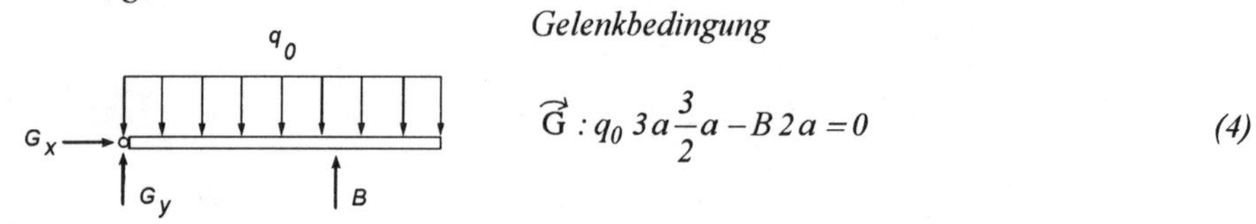

Gelenkbedingung

$$\overset{\curvearrowright}{G} : q_0\, 3a \frac{3}{2} a - B\, 2a = 0 \qquad (4)$$

Aus (1) bis (4) folgt:

$$\boxed{A_x = 0} \quad \boxed{A_y = \frac{3}{4} q_0\, a} \quad \boxed{M_A = \frac{3}{4} q_0\, a^2} \quad \boxed{B = \frac{9}{4} q_0\, a}$$

Aufgabe 2.2.2.4

Ein Gelenkträger (Gerberträger) besteht aus zwei Gelenken, einem Festlager und drei Loslagern. Der Träger wird durch zwei Einzelkräfte und eine konstante Streckenlast beansprucht.

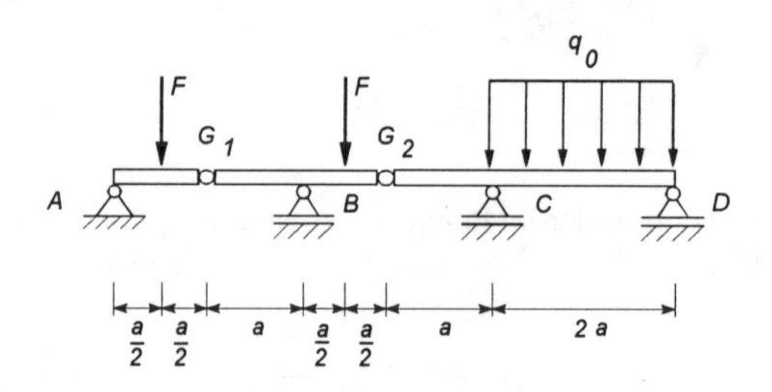

Gegeben: a, q_0, F

Gesucht: Die Auflagerreaktionen in A, B, C und D.

Lösung: *1.Gesamtsystem freischneiden und die GGB auf das erstarrte Freikörperbild anwenden. 2. Gelenkbedingung für beide Gelenke formulieren.*

Gesamtsystem

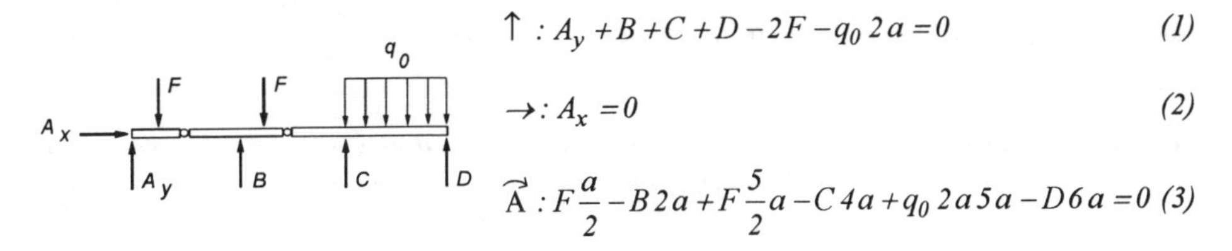

$$\uparrow : A_y + B + C + D - 2F - q_0\, 2a = 0 \qquad (1)$$

$$\rightarrow : A_x = 0 \qquad (2)$$

$$\overset{\frown}{\mathrm{A}} : F\frac{a}{2} - B\,2a + F\frac{5}{2}a - C\,4a + q_0\,2a\,5a - D\,6a = 0 \qquad (3)$$

Teilsystem 1

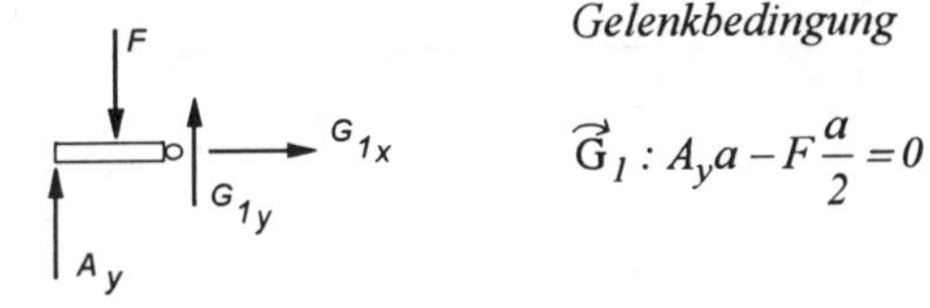

Gelenkbedingung

$$\overset{\frown}{\mathrm{G}}_1 : A_y a - F\frac{a}{2} = 0 \qquad (4)$$

Teilsystem 2

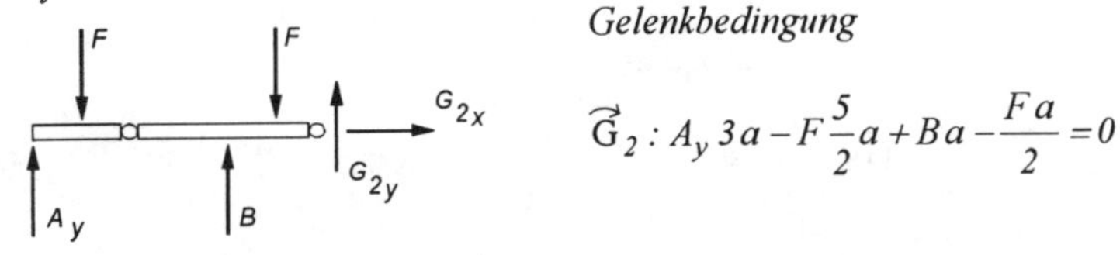

Gelenkbedingung

$$\overset{\frown}{\mathrm{G}}_2 : A_y\,3a - F\frac{5}{2}a + B\,a - \frac{F\,a}{2} = 0 \qquad (5)$$

Aus (1) bis (5) folgt:

$$\boxed{A_x = 0} \quad \boxed{A_y = \frac{F}{2}} \quad \boxed{B = \frac{3}{2}F} \quad \boxed{C = q_0\,a} \quad \boxed{D = q_0\,a}$$

Aufgabe 2.2.2.5

Ein Bogenträger mit zwei Gelenken ist in den Punkten A und B gelagert. Er wird durch eine Einzelkraft und eine konstante Streckenlast beansprucht.

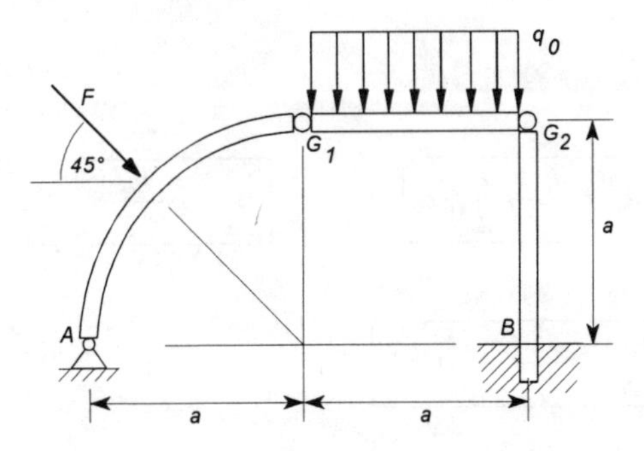

Gegeben: a, F, q_0

Gesucht: die Auflagerreaktionen in A und B

Lösung: *1.Gesamtsystem freischneiden und die GGB auf das erstarrte Freikörperbild anwenden. 2. Gelenkbedingung für beide Gelenke formulieren.*

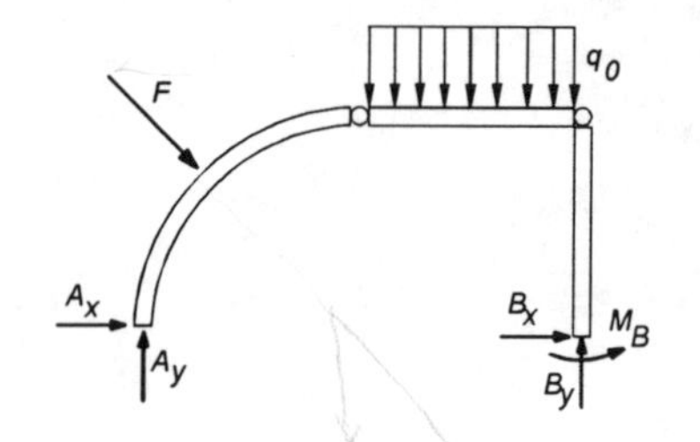

$$\uparrow: A_y + B_y - F\sin 45° - q_0 a = 0 \quad (1)$$

$$\rightarrow: A_x + B_x + F\cos 45° = 0 \quad (2)$$

$$\overset{\curvearrowleft}{A}: F a\cos 45° + q_0 a\frac{3}{2}a - B_y 2a - M_B = 0 \quad (3)$$

Teilsystem 1

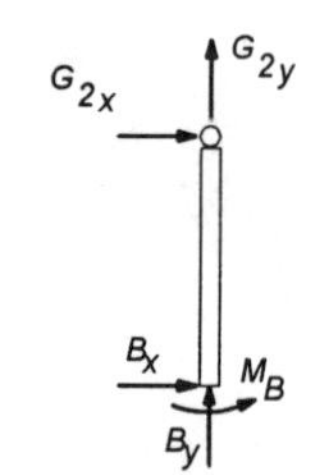

Gelenkbedingung

$$\overset{\curvearrowleft}{G}_2: -B_x a - M_B = 0 \quad (4)$$

Teilsystem 2

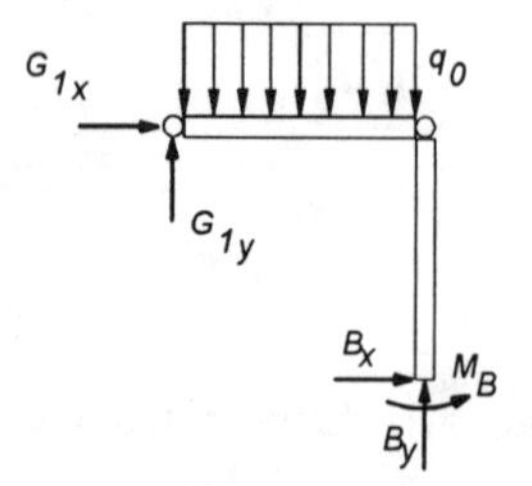

Gelenkbedingung

$$\overset{\curvearrowleft}{G}_1: q_0 a\frac{a}{2} - B_x a - B_y a - M_B = 0 \quad (5)$$

Aus (1) bis (5) folgt:

$$\boxed{A_x = \frac{1}{2}q_0 a} \quad \boxed{A_y = \frac{F}{\sqrt{2}} + \frac{1}{2}q_0 a} \quad \boxed{B_x = -\frac{F}{\sqrt{2}} - \frac{1}{2}q_0 a}$$

$$\boxed{B_y = \frac{1}{2}q_0 a} \quad \boxed{M_B = \frac{F a}{\sqrt{2}} + \frac{1}{2}q_0 a^2}$$

2.2.3 Gemischte Aufgaben

Aufgabe 2.2.3.1

Zwei starre, masselose Walzen mit den Radien r_1 und r_2 werden von einem Seil umschlungen, das mit einer Zugkraft S gespannt ist.

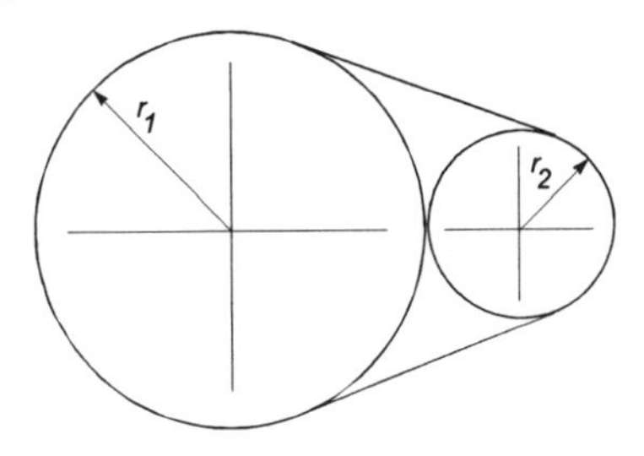

Gegeben: r_1, r_2, S

Gesucht: Die Kraft im gemeinsamen Berührungspunkt der Walzen.

Lösung: *Walzen freischneiden und GGB anwenden.*

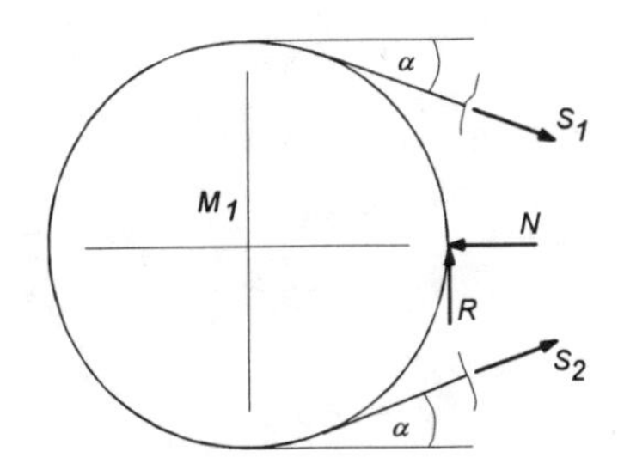

$$\rightarrow: \; S_1 \cos\alpha + S_2 \cos\alpha - N = 0 \qquad (1)$$

$$\uparrow: \; -S_1 \sin\alpha + S_2 \sin\alpha + R = 0 \qquad (2)$$

$$\overset{\curvearrowright}{M}_1: \; S_1 r_1 - S_2 r_1 - R r_1 = 0 \qquad (3)$$

Aus (2) und (3) folgt: $\boxed{R = 0}$ *sowie* $\boxed{S_1 = S_2 = S}$

Mit (1) ergibt sich für die Normalkraft: $\boxed{N = 2S\cos\alpha}$ (4)

Bestimmung von α (Geometrie)

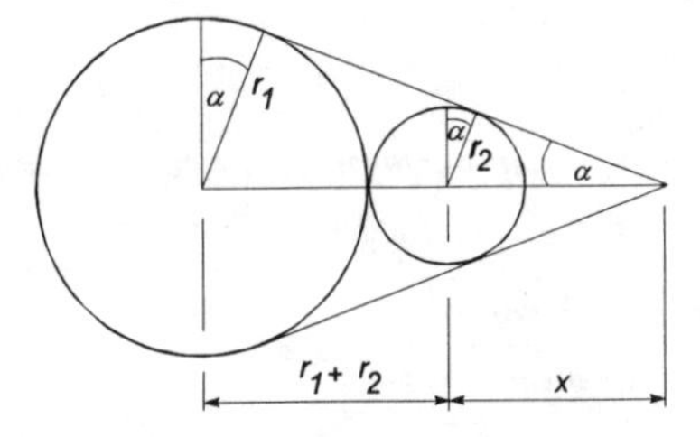

$$\sin\alpha = \frac{r_1}{r_1 + r_2 + x} = \frac{r_2}{x}$$

und damit $\boxed{\sin\alpha = \frac{r_1 - r_2}{r_1 + r_2}}$

Mit $\cos^2\alpha = 1 - \sin^2\alpha$ *und (4) folgt für die Normalkraft:* $\boxed{N = 4\frac{\sqrt{r_1 \cdot r_2}}{r_1 + r_2}S}$

Aufgabe 2.2.3.2

Zwei Rollen mit den Massen m_1 und m_2 sind durch einen starren Stab gelenkig miteinander verbunden und liegen in der gezeichneten Weise auf einem Keil auf.

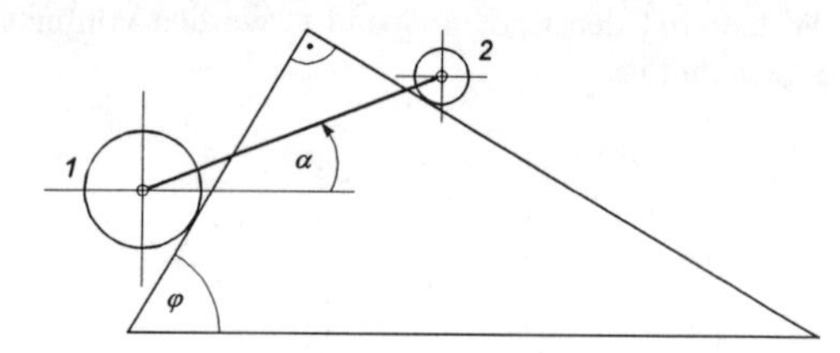

Gegeben: m_1, m_2, φ

Gesucht: Die Kräfte zwischen den Walzen und dem Keil, der Winkel α sowie die Stabkraft S.

Lösung: *Walzen freischneiden und GGB anwenden.*

Walze 1

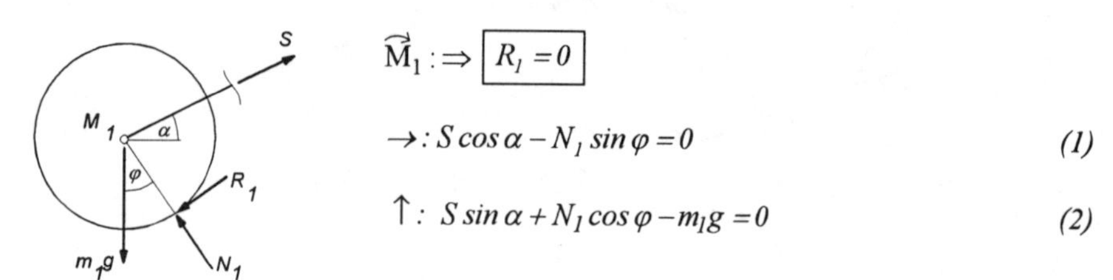

$$\overset{\curvearrowleft}{M}_1 :\Rightarrow \boxed{R_1 = 0}$$

$$\rightarrow: S\cos\alpha - N_1 \sin\varphi = 0 \qquad (1)$$

$$\uparrow: S\sin\alpha + N_1\cos\varphi - m_1 g = 0 \qquad (2)$$

Walze 2

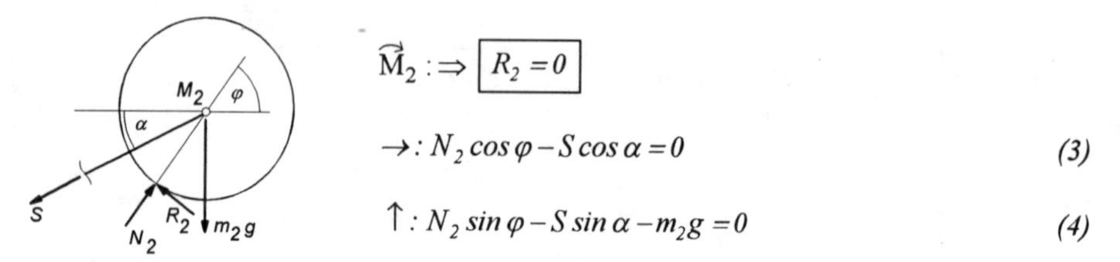

$$\overset{\curvearrowleft}{M}_2 :\Rightarrow \boxed{R_2 = 0}$$

$$\rightarrow: N_2\cos\varphi - S\cos\alpha = 0 \qquad (3)$$

$$\uparrow: N_2\sin\varphi - S\sin\alpha - m_2 g = 0 \qquad (4)$$

Es stehen 4 Gleichungen für die 4 Unbekannten N_1, N_2, S, α zur Verfügung. Aufgelöst erhält man:

$$\boxed{N_1 = (m_1 + m_2) g \cos\varphi} \qquad \boxed{\tan\alpha = \frac{m_1 g - N_1\cos\varphi}{N_1 \sin\varphi}}$$

$$\boxed{N_2 = (m_1 + m_2) g \sin\varphi} \qquad \boxed{S = \frac{\sin\varphi}{\cos\alpha} N_1}$$

Aufgabe 2.2.3.3

Ein homogener Balken mit der Masse m und der Länge l liegt im Punkt A frei auf dem Boden und im Punkt C auf einer masselosen Walze auf. Die Walze ist durch ein Seil mit dem Balken verbunden. Zwischen der Walze und der Unterlage wirkt keine Reibungskraft.

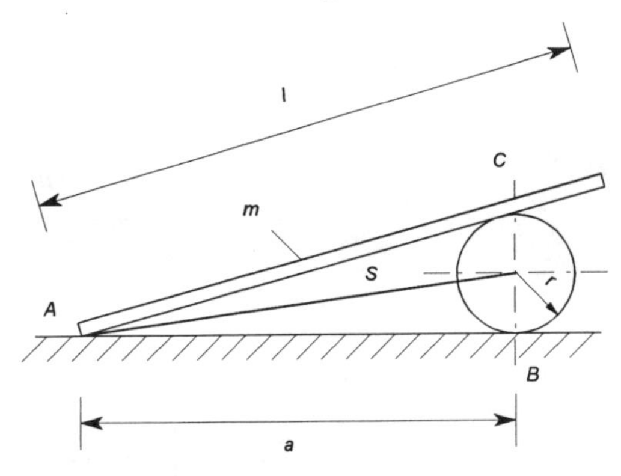

Gegeben: r=0.2m, a=2m, l=3m, m=100kg

Gesucht:
1. Die Kraft zwischen dem Balken und der Unterlage sowie die Kraft zwischen der Walze und der Unterlage,
2. die Seilkraft sowie die Kraft zwischen dem Balken und der Walze.

Lösung:
zu 1.: Gesamtsystem freischneiden und GGB anwenden.

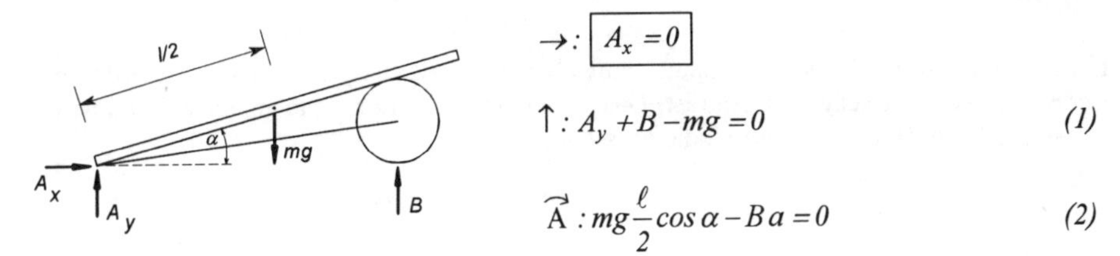

$\rightarrow$: $\boxed{A_x = 0}$

$$\uparrow: A_y + B - mg = 0 \qquad (1)$$

$$\overset{\curvearrowleft}{A}: mg\frac{\ell}{2}\cos\alpha - B\,a = 0 \qquad (2)$$

Geometrie

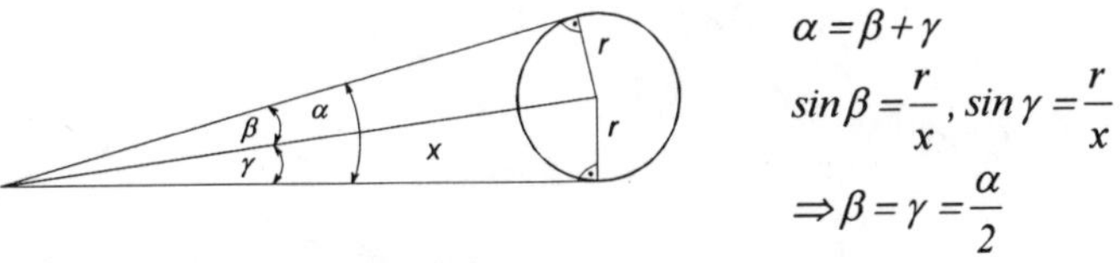

$$\alpha = \beta + \gamma$$

$$\sin\beta = \frac{r}{x}, \sin\gamma = \frac{r}{x}$$

$$\Rightarrow \beta = \gamma = \frac{\alpha}{2}$$

Aus dem unteren Dreieck folgt damit:

$\boxed{\tan\frac{\alpha}{2} = \frac{r}{a}}$ *bzw. mit Zahlenwerten:* $\boxed{\alpha = 11{,}42^\circ}$ (3)

Mit (3) ergibt sich aus (1) und (2): $\boxed{A_y = 259{,}8\,N}$ $\boxed{B = 721{,}2\,N}$

zu 2.: Walze freischneiden und GGB anwenden

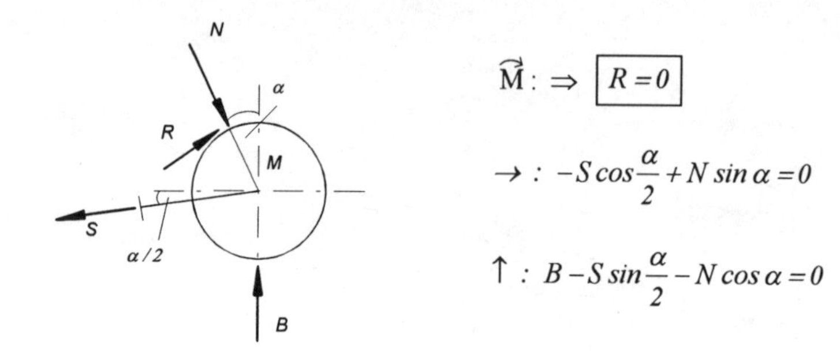

$$\overset{\frown}{M}: \Rightarrow \boxed{R = 0}$$

$$\rightarrow: \; -S\cos\frac{\alpha}{2} + N\sin\alpha = 0 \qquad (4)$$

$$\uparrow: \; B - S\sin\frac{\alpha}{2} - N\cos\alpha = 0 \qquad (5)$$

Aus (4) und (5) ergibt sich: $\boxed{S = 143{,}5\,N}$ $\boxed{N = 721{,}2\,N}$

2.3 Schnittgrößen einfacher und zusammengesetzter Systeme

2.3.1 Seil-, Stab- und Balkensysteme

Aufgabe 2.3.1.1

Ein Seil, an dem die Masse m_1 hängt, läuft über eine lose masselose Rolle I, die drehbar am Ende eines zweiten Seiles befestigt ist. Das zweite Seil läuft über eine an einer Wand befestigte masselose Rolle II und wird durch die Masse m_2 gespannt.

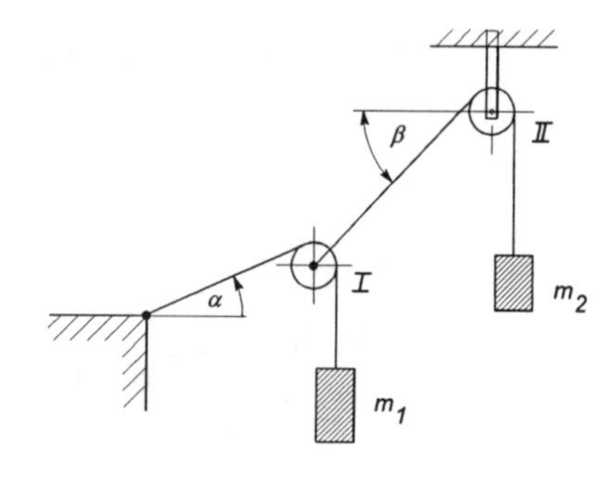

Gegeben: m_1, m_2

Gesucht: 1. Die Seilkräfte S_1 und S_2,
2. die Winkel α und β.

Lösung:

zu 1.: Massen freischneiden und GGB anwenden

Masse m_1

$$\uparrow \; : \; S_1 - m_1 g = 0 \quad \Rightarrow \quad \boxed{S_1 = m_1 g} \qquad (1)$$

Analog für Masse m_2 $\Rightarrow$ $\boxed{S_2 = m_2 g}$ (2)

zu 2.: Rollen I freischneiden und GGB anwenden

Rolle I

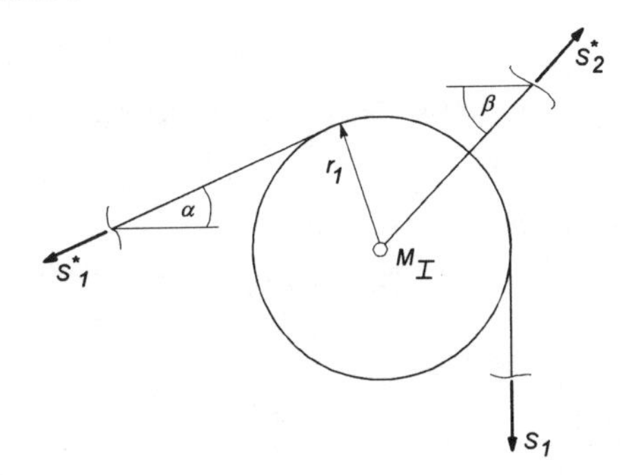

$$\overset{\curvearrowright}{M}_I \; : \; -S_1^* r_1 + S_1 r_1 = 0$$

$$\Rightarrow \boxed{S_1^* = S_1 = m_1 g} \qquad (3)$$

Analog erhält man aus der Momentenbedingung beim Freischneiden der Rolle II:

$$\boxed{S_2^* = S_2 = m_2 g} \qquad (4)$$

und damit: $\rightarrow \; : \; -S_1 \cos\alpha + S_2 \cos\beta = 0$ (5)

$$\uparrow \; : \; -S_1 - S_1 \sin\alpha + S_2 \sin\beta = 0 \qquad (6)$$

Aus (5) und (6) ergibt sich mit (1) und (2):

$$\boxed{\sin\alpha = \frac{m_2^2 - 2m_1^2}{2m_1^2}} \quad \text{und} \quad \boxed{\sin\beta = \frac{1}{2}\frac{m_2}{m_1}}$$

Aufgabe 2.3.1.2

Die gezeichnete rotationssymmetrische Säule steht vertikal auf einer Unterlage auf und wird durch ihr Eigengewicht belastet.

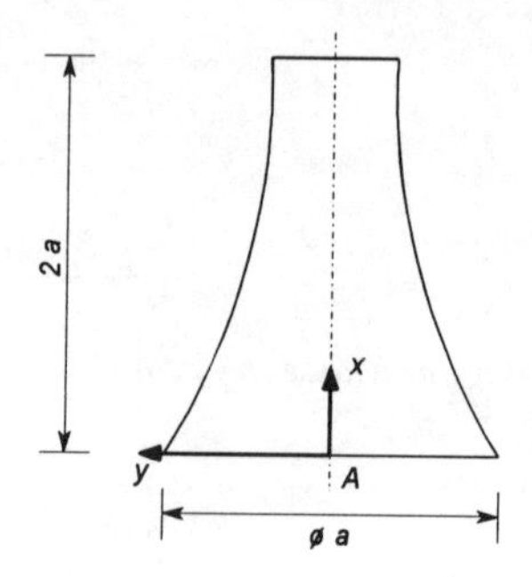

Die Randkontur der Säule ist gegeben durch die Beziehung:

$$y = \frac{a^2}{2(x+a)} \quad mit \ (0 \leq x \leq 2a)$$

Gegeben: a, ρ

Gesucht: Der Normalkraftverlauf N(x) in der Säule sowie die Belastung der Unterlage (Lagerlast).

Lösung: *Säule schneiden und GGB in vertikaler Richtung anwenden.*

$$\uparrow : \ N(x) - G(x) = 0$$

$$\Rightarrow \boxed{N(x) = G(x)} \qquad (1)$$

Bestimmung des Gewichts des freigeschnittenen Säulenteils:

Gewicht des infinitesimalen Massenelements dm:

$$dG = gdm = g\rho dV = g\rho A(x)dx$$

bzw. für einen Kreisquerschnitt:

$$dG = g\rho\pi y^2(x)dx$$

Für das Gewicht des freigeschnittenen Säulenteils folgt damit:

$$G(x) = \int_x^{2a} g\rho\pi y^2(x)dx \quad bzw. \quad \boxed{G(x) = \frac{\pi}{2}\rho g a^3\left(\frac{2a-x}{x+a}\right)} \qquad (2)$$

Aus (1) und (2) ergibt sich für den Normalkraftverlauf: $N(x) = \frac{\pi}{12}\rho g a^3\left(\frac{2a-x}{x+a}\right)$

und für die Belastung der Unterlage: $A_x = N(x=0) = \frac{\pi}{6}\rho g a^3$

Aufgabe 2.3.1.3

Ein statisch bestimmt gelagerter Kragträger wird durch zwei Einzelkräfte belastet.

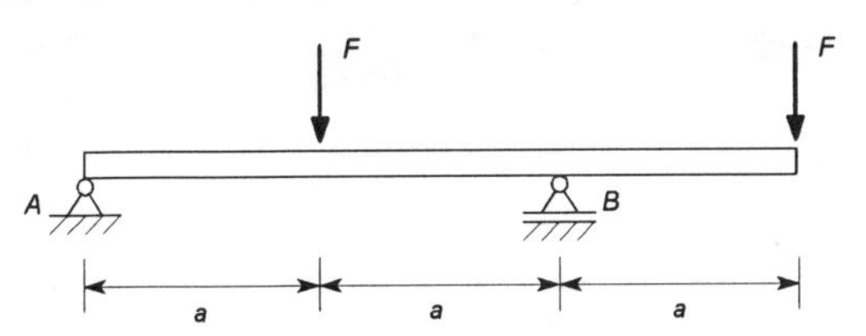

Gegeben: a, F

Gesucht: Der Querkraft- und Biegemomentenverlauf im gesamten Balken.

Lösung: *1. Lagerreaktionen bestimmen. 2. Bereichseinteilung vornehmen und Koordinaten einführen. 3. Schnitt durch jeden Bereich und GGB anwenden.*

1. und 2. Lösungsschritt

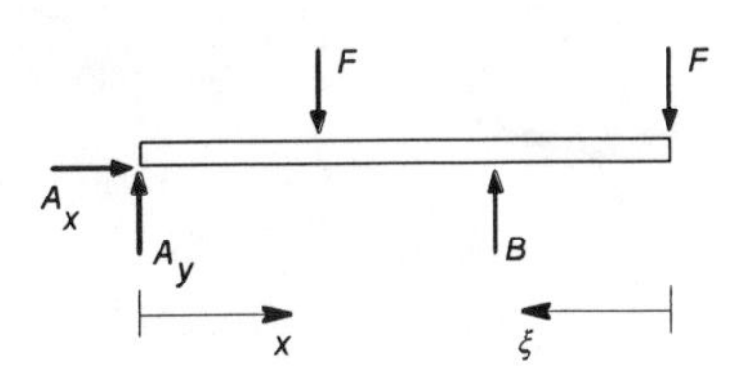

aus den GGB folgt:

$A_x = 0$ $A_y = 0$ $B = 2F$ *(1)*

Das System besteht aus 3 Bereichen. Zweckmäßig ist die Einführung von 2 Koordinaten.

3. Lösungsschritt

I. Bereich: $0 \leq x < a$

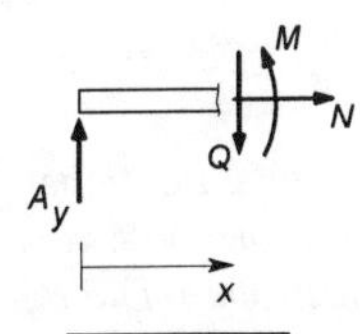

$\uparrow: \; A_y - Q(x) = 0$

$\curvearrowleft S: \; A_y \cdot x - M(x) = 0$

Mit (1) folgt: $Q(x) = 0$ *sowie:* $M(x) = 0$

d.h. der Balken wird im I. Bereich nicht beansprucht.

II. Bereich: $a < x < 2a$

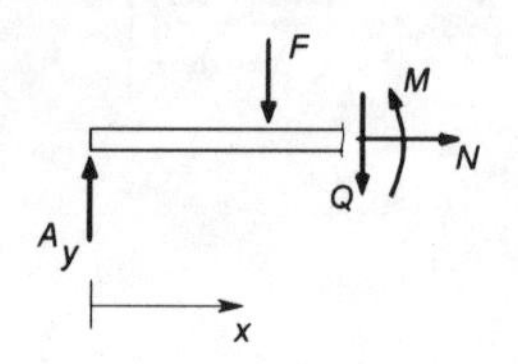

$$\uparrow : A_y - F - Q(x) = 0$$

$$\curvearrowleft S : A_y x - F(x-a) - M(x) = 0$$

Mit (1) folgt: $\boxed{Q(x) = -F}$ *sowie:* $\boxed{M(x) = -F(x-a)}$

III. Bereich: $0 \leq \xi < a$

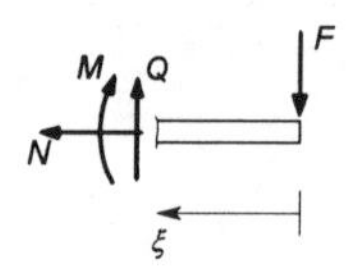

$$\uparrow : Q(\xi) - F = 0 \qquad \Rightarrow \boxed{Q(\xi) = F}$$

$$\curvearrowleft S : F\xi + M(\xi) = 0 \qquad \Rightarrow \boxed{M(\xi) = -F\xi}$$

Aufgabe 2.3.1.4

Ein einseitig fest eingespannter Träger wird durch eine Einzellast und ein Einzelmoment belastet.

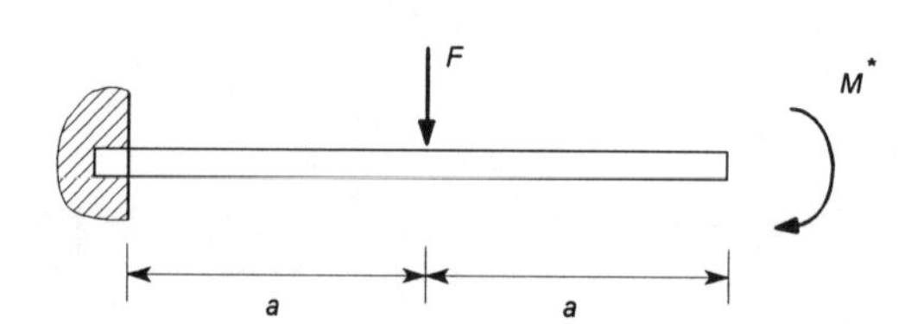

Gegeben: a, F, M*

Gesucht: Der Querkraft- und Biegemomentenverlauf im gesamten Balken.

Lösung: *Bereichseinteilung vornehmen und Koordinaten einführen. Schnitt durch jeden Bereich und GGB anwenden.*

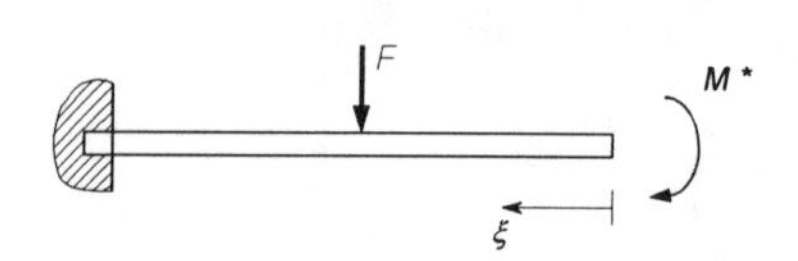

Das System besteht aus 2 Bereichen. Zweckmäßig ist die Koordinate vom freien Ende aus anzutragen. Die Berechnung der Lagerreaktionen ist nicht erforderlich.

I. Bereich: $0 \leq \xi < a$

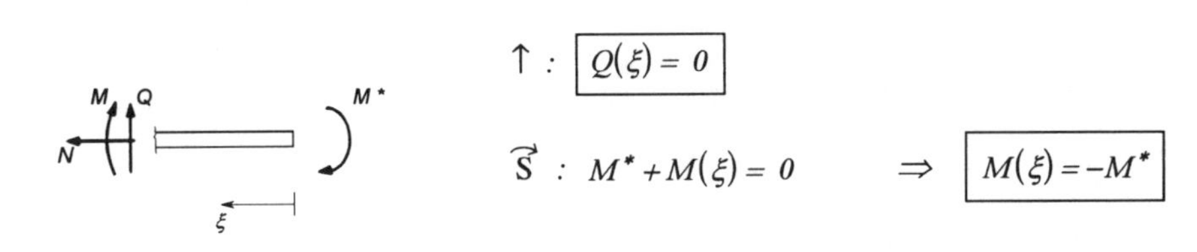

$$\uparrow : \boxed{Q(\xi) = 0}$$

$$\curvearrowright S : M^* + M(\xi) = 0 \quad \Rightarrow \quad \boxed{M(\xi) = -M^*}$$

II. Bereich: $a < \xi < 2a$

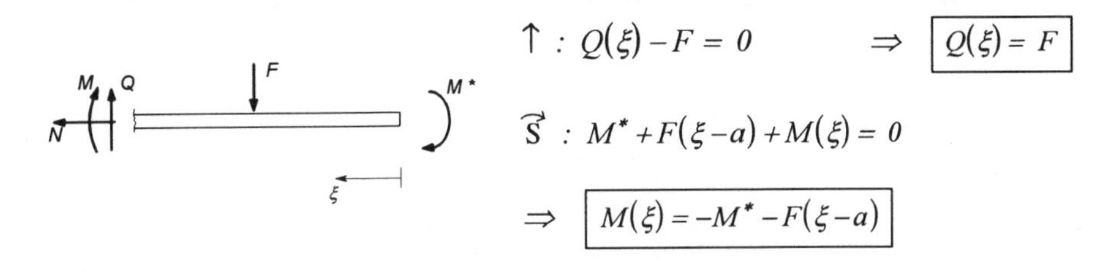

$$\uparrow : Q(\xi) - F = 0 \quad \Rightarrow \quad \boxed{Q(\xi) = F}$$

$$\curvearrowright S : M^* + F(\xi - a) + M(\xi) = 0$$

$$\Rightarrow \quad \boxed{M(\xi) = -M^* - F(\xi - a)}$$

Aufgabe 2.3.1.5

Ein statisch bestimmt gelagerter Balken wird durch eine Streckenlast q(x) und ein Einzelmoment belastet.

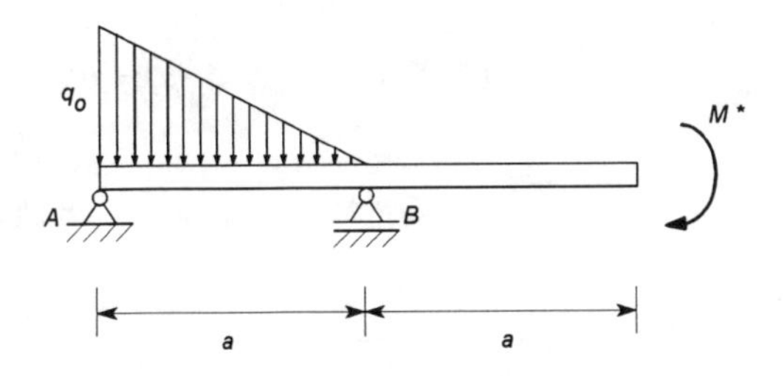

Gegeben: q_0, M*, a

Gesucht: Der Querkraft- und Biegemomentenverlauf im gesamten Balken.

Lösung: *1. Lagerreaktionen bestimmen. 2. Bereichseinteilung vornehmen und Koordinaten einführen. 3. Schnitt durch jeden Bereich und GGB anwenden.*

1. und 2. Lösungsschritt:

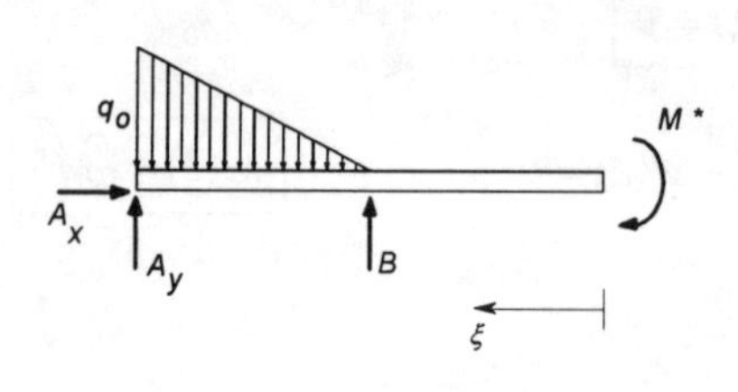

aus den GGB folgt:

$$\boxed{A_x = 0} \qquad \boxed{A_y = \frac{1}{3}q_0 a - \frac{M^*}{a}}$$

$$\boxed{B = \frac{1}{6}q_0 a + \frac{M^*}{a}}$$

Das System besteht aus 2 Bereichen. Zweckmäßig ist es, die Koordinate vom rechten Ende aus anzutragen.

3. Lösungsschritt:

I. Bereich: $0 \leq \xi < a$

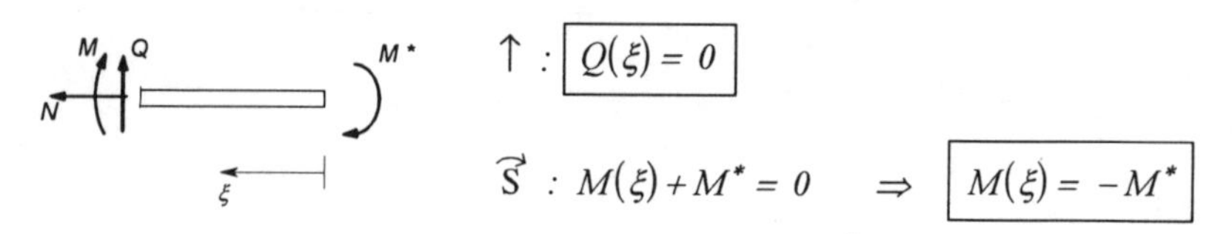

$$\uparrow : \boxed{Q(\xi) = 0}$$

$$\overset{\curvearrowright}{S} : M(\xi) + M^* = 0 \quad \Rightarrow \quad \boxed{M(\xi) = -M^*}$$

II. Bereich: $a < \xi < 2a$

$$\uparrow : Q(\xi) + B - \frac{1}{2}q(\xi)(\xi - a) = 0$$

$$\overset{\curvearrowright}{S} : M(\xi) + M^* - B(\xi - a) + \frac{1}{2}q(\xi)(\xi - a)\frac{1}{3}(\xi - a) = 0$$

Mit $q(\xi) = \frac{1}{a}q_0(\xi - a)$ *folgt:* $\boxed{Q(\xi) = \frac{1}{2a}q_0(\xi - a)^2 - B}$

sowie $\boxed{M(\xi) = B(\xi - a) - M^* - \frac{1}{6a}q_0(\xi - a)^3}$

Anmerkung: *Zur Berechnung der Auflagerreaktionen und des Momentenverlaufs im II. Bereich ist es sinnvoll, den Anteil der Streckenlast mit Hilfe der Schwerpunktsformel zu berücksichtigen.*

Aufgabe 2.3.1.6

Ein einseitig eingespannter Balken ist durch eine parabelförmige symmetrisch verteilte Streckenlast beansprucht.

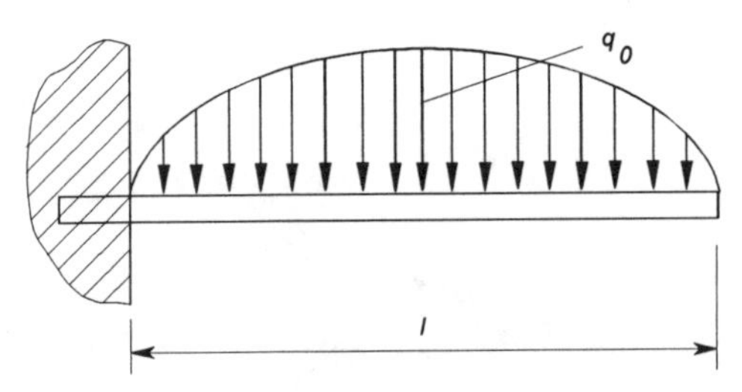

Gegeben: $q_{max} = q_0$, l

Gesucht: Der Querkraft- und Biegemomentenverlauf im gesamten Balken.

Lösung: *Zur Berechnung des Querkraft- und Momentenverlaufs sind die Integralformeln heranzuziehen.*

System besteht aus einem Bereich. Zweckmäßig ist die Koordinate vom freien Ende aus anzutragen. Berechnung der Lagerreaktionen ist nicht erforderlich.

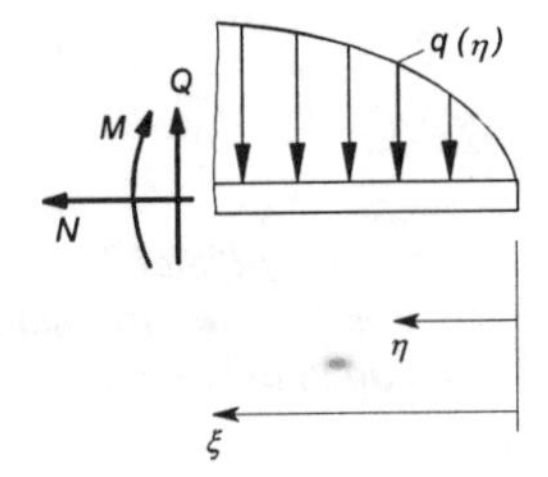

$$\uparrow : Q(\xi) - \int_0^{\xi} q(\eta)\,d\eta = 0 \qquad (1)$$

$$\overset{\curvearrowright}{S} : M(\xi) + \int_0^{\xi} q(\eta)(\xi-\eta)\,d\eta = 0 \qquad (2)$$

Bestimmung von $q(\eta)$: *parabelförmig* $\Rightarrow q(\eta) = a\eta^2 + b\eta + c$

Mit $q(\eta=0) = 0$, $q(\eta=l) = 0$ *und* $q\left(\eta = \frac{l}{2}\right) = q_0$ *ergibt sich für die Verteilung der*

Streckenlast:

$$\boxed{q(\eta) = \frac{4q_0}{\ell}\left(-\frac{\eta^2}{l} + \eta\right)} \qquad (3)$$

(3) in (1) und (2) ergibt nach Durchführung der Integration:

$$\boxed{Q(\xi) = \frac{4q_0}{\ell}\left(-\frac{\xi^3}{3l} + \frac{\xi^2}{2}\right)} \quad \textit{und} \quad \boxed{M(\xi) = -\frac{4q_0}{\ell}\left(-\frac{\xi^4}{12l} + \frac{\xi^3}{6}\right)}$$

Aufgabe 2.3.1.7

Ein homogener Balken der Masse m wird durch ein Festlager und eine Pendelstütze in der gezeichneten Lage gehalten. Das System wird nur durch das Eigengewicht des Balkens belastet.

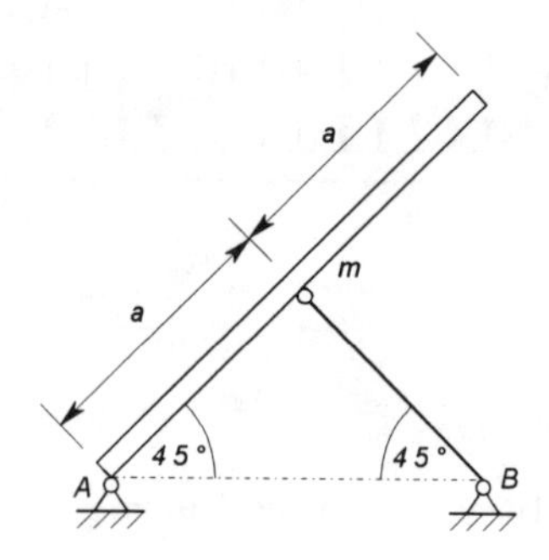

Gegeben: a, m

Gesucht: Der Schnittgrößenverlauf im Balken und in der Pendelstütze.

Lösung: *1. Lagerreaktionen bestimmen. 2. Bereichseinteilung vornehmen und Koordinaten einführen. 3. Schnitt durch jeden Bereich und GGB anwenden.*

1. und 2. Lösungsschritt:

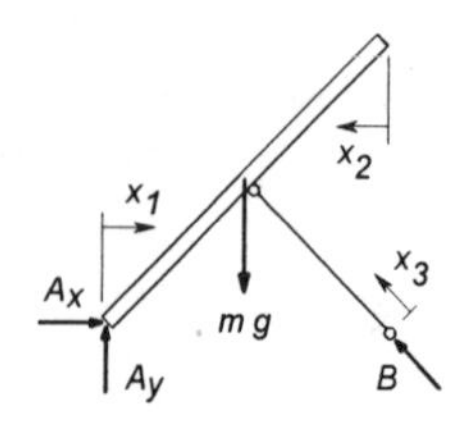

Pendelstütze entspricht dem mechanischen Modell "Stab", d.h. sie kann nur Axialkräfte aufnehmen. Somit ist die Richtung der Lagerkraft B vorgegeben. (Ergibt sich auch unmittelbar bei Ausnutzung der Gelenkbedingung).

Aus den GGB ergeben sich damit die Lagerreaktionen zu:

$$\boxed{A_x = \frac{1}{2}\, mg} \qquad \boxed{A_y = \frac{1}{2}\, mg} \qquad \boxed{B = \frac{1}{\sqrt{2}}\, mg} \qquad (1)$$

Das System besteht aus 3 Bereichen. Zweckmäßig ist die Einführung von 3 Koordinaten. Zur Bestimmung des Schnittgrößenverlaufs muß die Gewichtskraft des Balkens als Streckenlast berücksichtigt werden.

Es gilt: $mg = q_0 \cdot 2a \cos 45^\circ$ *und damit* $\boxed{q_0 = \frac{1}{2\sqrt{2}a}\, mg}$ (2)

3. Lösungsschritt:

I. Bereich: $0 \le x_1 < \frac{1}{\sqrt{2}}a$

$$\rightarrow : \; A_x + \frac{1}{\sqrt{2}}Q(x_1) + \frac{1}{\sqrt{2}}N(x_1) = 0 \qquad (3)$$

$$\uparrow : \; A_y - q_0 x_1 - \frac{1}{\sqrt{2}}Q(x_1) + \frac{1}{\sqrt{2}}N(x_1) = 0 \qquad (4)$$

$$\overset{\curvearrowright}{S} : \; A_y x_1 - A_x x_1 - q_0 x_1 \frac{x_1}{2} - M(x_1) = 0 \qquad (5)$$

Aus (3), (4), (5) folgt unter Berücksichtigung von (1) und (2):

$$\boxed{N(x_1) = \frac{mg}{\sqrt{2}}\left(\frac{x_1}{\sqrt{2}a} - 1\right)} \quad \boxed{Q(x_1) = -\frac{1}{2a}mg\,x_1} \quad \boxed{M(x_1) = -\frac{1}{2\sqrt{2}a}mg\,x_1^2}$$

II. Bereich: $0 \le x_2 < \frac{1}{\sqrt{2}}a$

$$\rightarrow : \; -\frac{1}{\sqrt{2}}Q(x_2) - \frac{1}{\sqrt{2}}N(x_2) = 0 \qquad (6)$$

$$\uparrow : \; \frac{1}{\sqrt{2}}Q(x_2) - \frac{1}{\sqrt{2}}N(x_2) - q_0\,x_2 = 0 \qquad (7)$$

$$\overset{\curvearrowright}{S} : \; M(x_2) + q_0\,x_2 \frac{x_2}{2} = 0 \qquad (8)$$

Aus (6), (7), (8) folgt unter Berücksichtigung von (1) und (2):

$$\boxed{N(x_2) = -\frac{1}{2a}mg\,x_2} \quad \boxed{Q(x_2) = \frac{1}{2a}mg\,x_2} \quad \boxed{M(x_2) = -\frac{1}{2\sqrt{2}a}mg\,x_2^2}$$

III. Bereich: $0 \le x_3 < a$

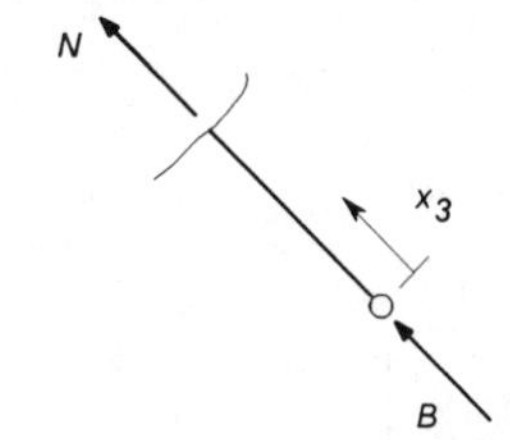

(Stab hat als Schnittgröße nur eine Axialkraft)

$$\nwarrow : \; N(x_3) + B = 0$$

$$\Rightarrow \quad \boxed{N(x_3) = -\frac{1}{\sqrt{2}}mg}$$

Aufgabe 2.3.1.8

Ein Gelenkträger (Gerberträger), der in A fest eingespannt und in B durch ein Loslager gehalten wird, ist durch eine konstante Streckenlast belastet.

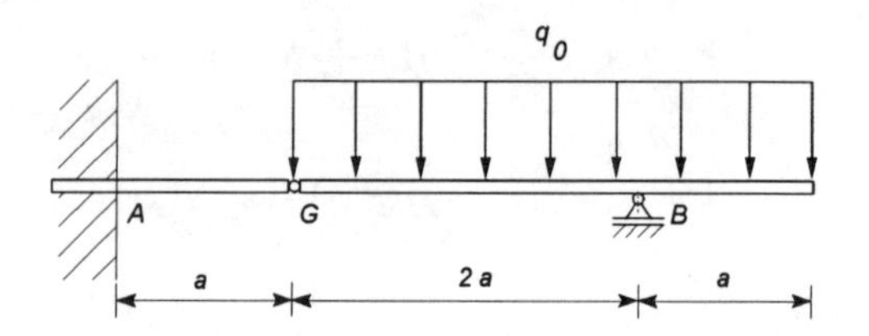

Gegeben: a, q_0

Gesucht: Der Querkraft- und Momentenverlauf im gesamten Bauteil.

Lösung: *1. Lagerreaktionen bestimmen. 2. Bereichseinteilung vornehmen und Koordinaten einführen. 3. Schnitt durch jeden Bereich und GGB anwenden.*

1. und 2. Lösungsschritt:

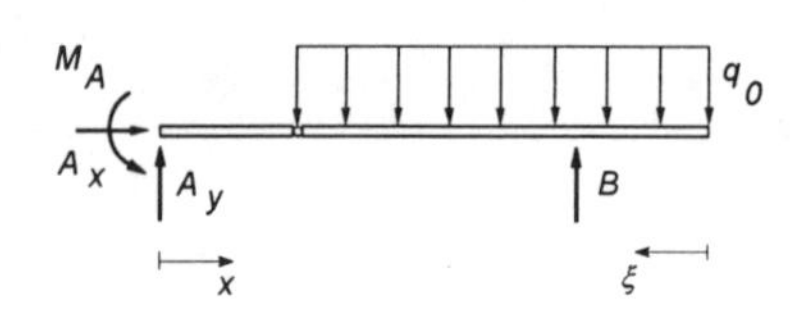

Die Lagerreaktionen ergeben sich nach Aufgabe 2.2.2.3 zu:

$$\boxed{A_x = 0} \qquad \boxed{A_y = \frac{3}{4} q_0 \, a}$$

$$\boxed{M_A = \frac{3}{4} q_0 \, a^2} \qquad \boxed{B = \frac{9}{4} q_0 \, a} \qquad (1)$$

Das System besteht aus 3 Bereichen. Zweckmäßig ist die Einführung von 2 Koordinaten.

3. Lösungsschritt

I. Bereich: $0 < x < a$

$$\uparrow : \; A_y - Q(x) = 0$$

Mit (1) folgt: $\boxed{Q(x) = \frac{3}{4} q_0 \, a}$

$$\overset{\curvearrowright}{S} : \; A_y x - M_A - M(x) = 0$$

Mit (1) folgt: $\boxed{M(x) = \frac{3}{4} q_0 \, a(x - a)}$

II. Bereich: $a < \xi < 3a$

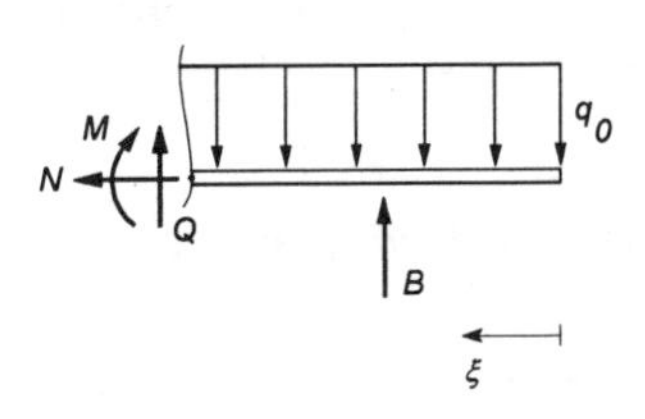

$$\uparrow : \; B - q_0\xi + Q(\xi) = 0$$

Mit (1) folgt: $\boxed{Q(\xi) = \frac{1}{4} q_0 (4\xi - 9a)}$

$$\curvearrowleft S : \; M(\xi) + \frac{1}{2} q_0 \xi^2 - B(\xi - a) = 0$$

Mit (1) folgt: $\boxed{M(\xi) = \frac{1}{4} q_0 \left(9a\xi - 9a^2 - 2\xi^2\right)}$

III. Bereich: $0 \le \xi < a$

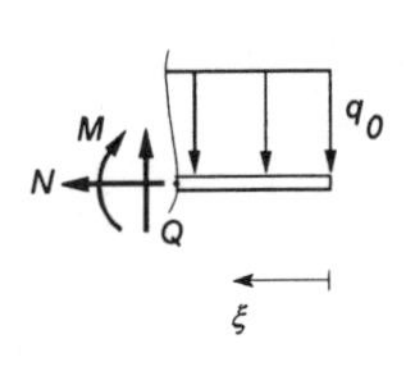

$$\uparrow : \; Q(\xi) - q_0\xi = 0 \qquad \Rightarrow \qquad \boxed{Q(\xi) = q_0\xi}$$

$$\curvearrowleft S : \; M(\xi) + \frac{1}{2} q_0 \xi^2 = 0$$

$$\Rightarrow \qquad \boxed{M(\xi) = -\frac{1}{2} q_0 \xi^2}$$

2.3.2 Rahmen und Bogenträger

Aufgabe 2.3.2.1

Ein Gelenkträger wird durch zwei Loslager und ein Festlager gehalten und durch eine Einzellast sowie eine konstante Streckenlast beansprucht.

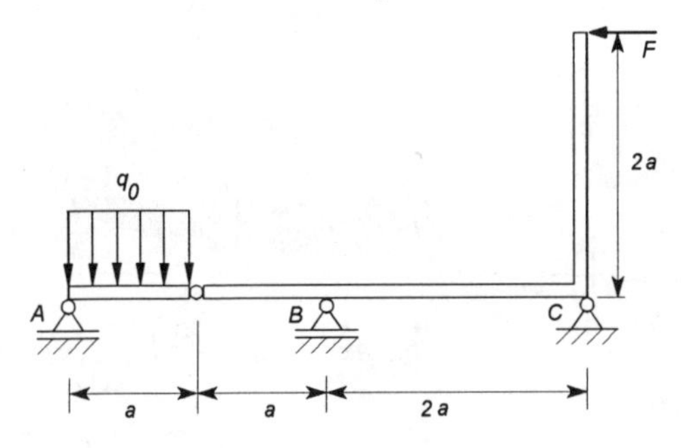

Gegeben: a, F, q_0

Gesucht: Der Querkraft- und Momentenverlauf im gesamten Bauteil.

Lösung: *1. Lagerreaktionen bestimmen. 2. Bereichseinteilung vornehmen und Koordinaten einführen. 3. Schnitt durch jeden Bereich und GGB anwenden.*

1. und 2. Lösungsschritt:

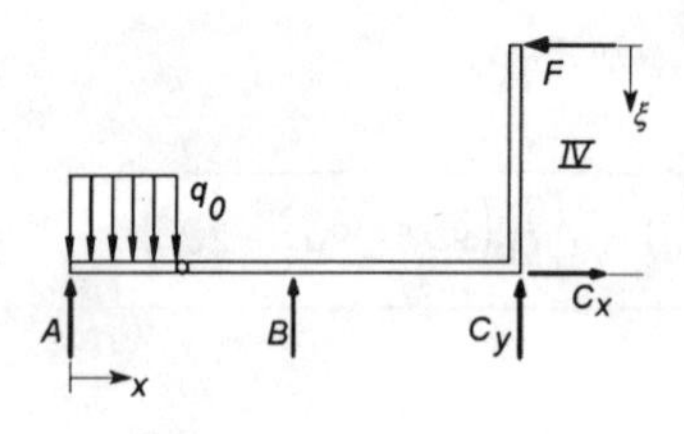

Aus den GGB und der Gelenkbedingung ergeben sich die Lagerreaktionen zu:

$$\boxed{A = \frac{1}{2} q_0 a} \quad \boxed{B = F + \frac{3}{4} q_0 a} \quad \boxed{C_x = F}$$

$$\boxed{C_y = -\left(F + \frac{1}{4} q_0 a\right)} \qquad (1)$$

Das System besteht aus 4 Bereichen. Zweckmäßig ist die Einführung von 2 Koordinaten.

3. Lösungsschritt

I. Bereich: $0 < x < a$

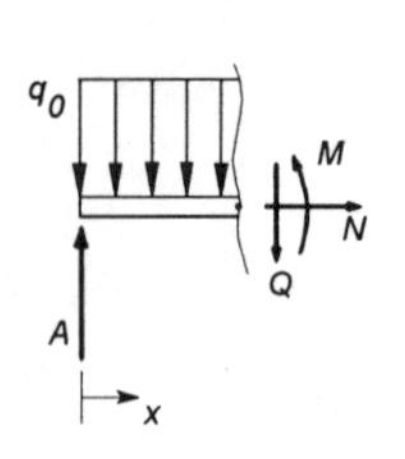

$$\uparrow: \; A - q_0 x - Q(x) = 0$$

Mit (1) folgt: $\boxed{Q(x) = \frac{1}{2} q_0 (a - 2x)}$

$$\overset{\frown}{S}: \; Ax - \frac{1}{2} q_0 x^2 - M(x) = 0$$

Mit (1) folgt: $\boxed{M(x) = \frac{1}{2} q_0 \left(ax - x^2\right)}$

II. Bereich: $a < x < 2a$

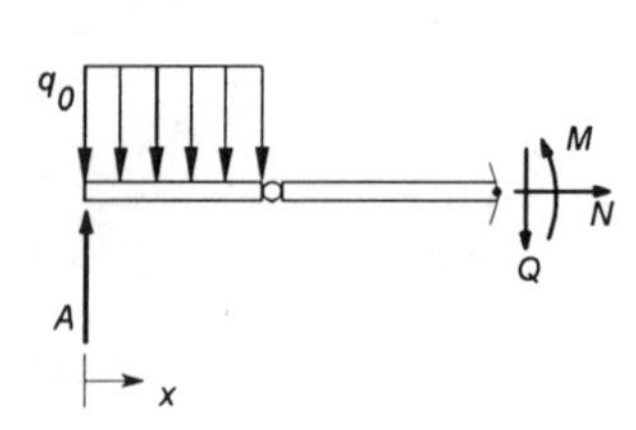

$$\uparrow: \; A - q_0\, a - Q(x) = 0$$

Mit (1) folgt: $\boxed{Q(x) = -\frac{1}{2} q_0\, a}$

$$\overset{\frown}{S}: \; Ax - q_0 a\left(x - \frac{a}{2}\right) - M(x) = 0$$

Mit (1) folgt: $\boxed{M(x) = \frac{1}{2} q_0\, a(a - x)}$

III. Bereich: $2a < x < 4a$

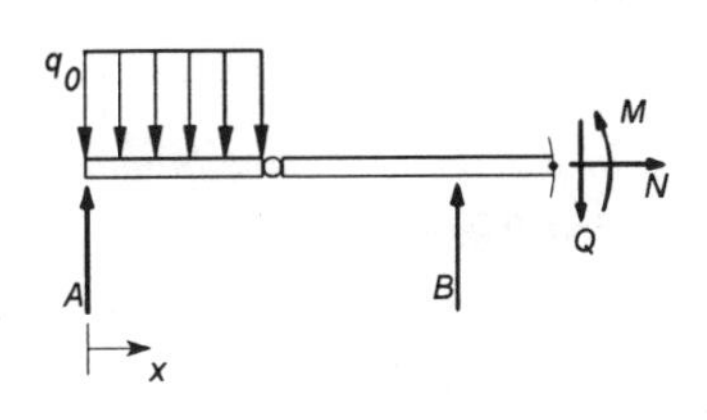

$$\uparrow: \; A - q_0 a + B - Q(x) = 0$$

Mit (1) folgt: $$\boxed{Q(x) = \frac{1}{4} q_0 a + F}$$

$$\curvearrowleft S: \; Ax - q_0 a\left(x - \frac{a}{2}\right) + B(x - 2a) - M(x) = 0$$

Mit (1) folgt: $$\boxed{M(x) = \frac{1}{4} q_0 a(x - 4a) + F(x - 2a)}$$

IV. Bereich: $0 < \xi < 2a$

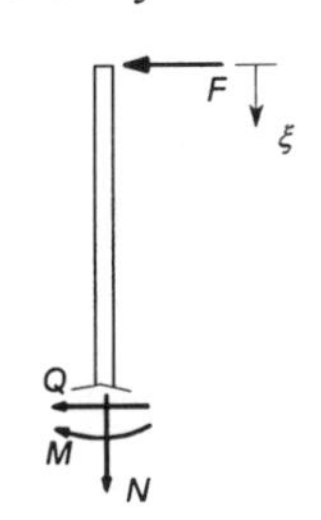

$$\rightarrow: \; -Q(\xi) - F = 0$$

$$\Rightarrow \quad \boxed{Q(\xi) = -F}$$

$$\curvearrowleft S: \; M(\xi) - F\xi = 0$$

$$\Rightarrow \quad \boxed{M(\xi) = F\xi}$$

Anmerkung: Zur Festlegung der Schnittkraftgruppe beim Rahmen siehe die Aufgabe 2.3.2.5.

Aufgabe 2.3.2.2

Ein in A und B gelagerter Dreigelenkbogen ist durch eine linear verteilte Streckenlast beansprucht.

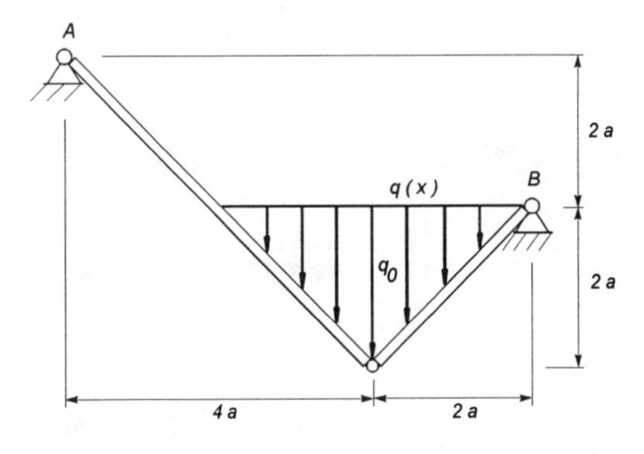

Gegeben: a, q_0

Gesucht: Der Querkraft- und Momentenverlauf im gesamten Bauteil.

Lösung: *1. Lagerreaktionen bestimmen. 2. Bereichseinteilung vornehmen und Koordinaten einführen. 3. Schnitt durch jeden Bereich und GGB anwenden.*

1. und 2. Lösungsschritt:

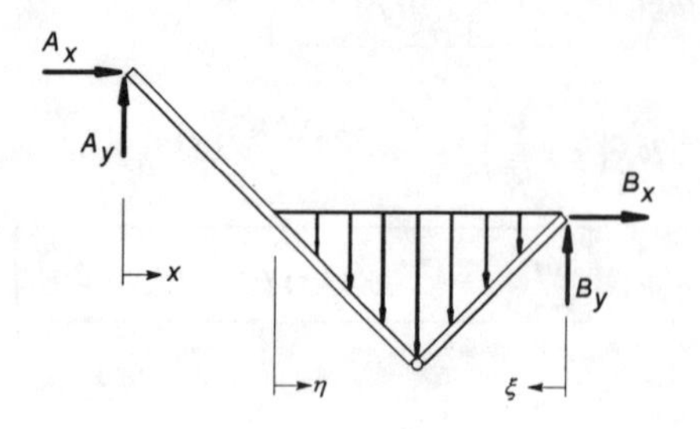

Aus den GGB und der Gelenkbedingung ergeben die Lagerreaktionen zu:

$$\boxed{A_x = -\frac{3}{4} q_0 a} \quad \boxed{A_y = \frac{11}{12} q_0 a}$$

$$\boxed{B_x = \frac{3}{4} q_0 a} \quad \boxed{B_y = \frac{13}{12} q_0 a} \qquad (1)$$

Das System besteht aus 3 Bereichen. Zweckmäßig ist die Einführung von 3 Koordinaten.

3. Lösungsschritt:

I. Bereich: $0 < x < 2a$

$$\nearrow: \; -Q(x) + A_x \sin 45^\circ + A_y \cos 45^\circ = 0$$

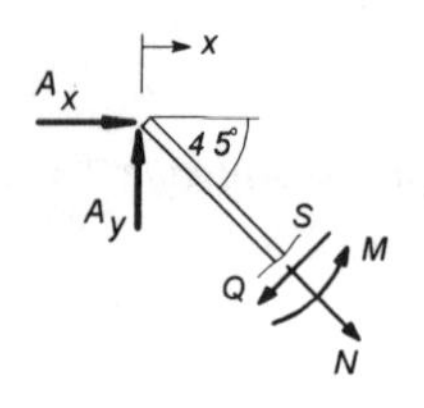

Mit (1) folgt: $\boxed{Q(x) = \frac{1}{6\sqrt{2}} q_0 a}$

$$\overset{\curvearrowright}{S}: \; A_x \cdot x + A_y x - M(x) = 0$$

Mit (1) folgt: $\boxed{M(x) = \frac{1}{6} q_0 a x}$

II. Bereich: $0 \le \eta \le 2a$

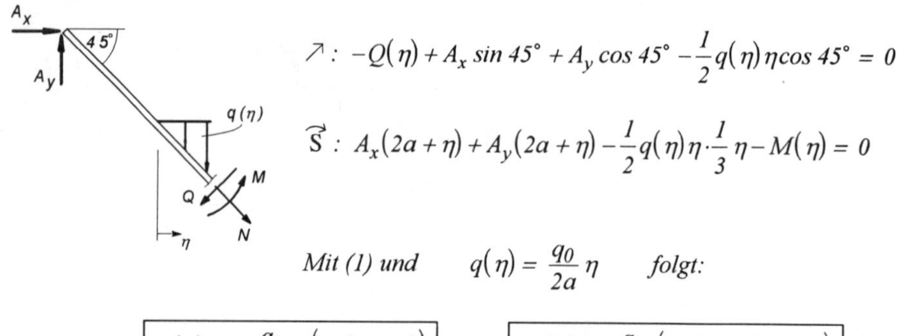

$$\nearrow: \; -Q(\eta) + A_x \sin 45^\circ + A_y \cos 45^\circ - \frac{1}{2} q(\eta)\, \eta \cos 45^\circ = 0$$

$$\overset{\curvearrowright}{S}: \; A_x(2a + \eta) + A_y(2a + \eta) - \frac{1}{2} q(\eta)\eta \cdot \frac{1}{3}\eta - M(\eta) = 0$$

Mit (1) und $q(\eta) = \frac{q_0}{2a}\eta$ *folgt:*

$$\boxed{Q(\eta) = \frac{q_0}{12\sqrt{2}a}\left(2a^2 - 3\eta^2\right)} \qquad \boxed{M(\eta) = \frac{q_0}{12a}\left(4a^3 + 2a^2\eta - \eta^3\right)}$$

III. Bereich: $0 < \xi \leq 2a$

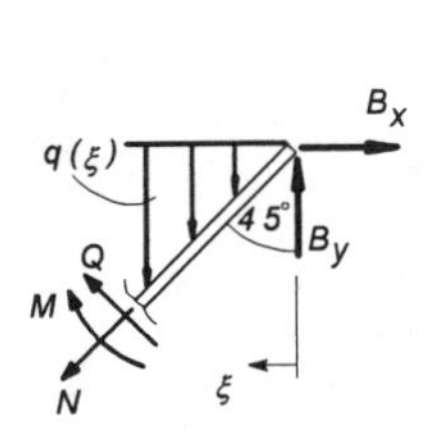

$$\nwarrow: \; -B_x \cos 45° + B_y \sin 45° - \frac{1}{2} q(\xi)\xi \sin 45° + Q(\xi) = 0$$

$$\overset{\curvearrowright}{S}: \; B_x\xi - B_y\xi + \frac{1}{2} q(\xi)\xi \cdot \frac{1}{3}\xi + M(\xi) = 0$$

Mit (1) und $q(\xi) = \frac{q_0}{2a}\xi$ *folgt:*

$$\boxed{Q(\xi) = \frac{q_0}{12\sqrt{2}a}\left(3\xi^2 - 4a^2\right)} \qquad \boxed{M(\xi) = \frac{q_0}{12a}\left(4a^2\xi - \xi^3\right)}$$

Aufgabe 2.3.2.3

Zwei gelenkig miteinander verbundene Träger sind in A und B gelagert. Das Bauteil wird an seinem freien Ende durch eine Einzellast beansprucht.

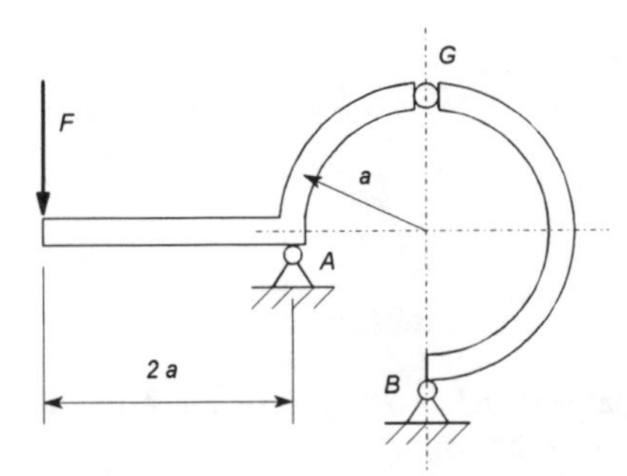

Gegeben: a, F

Gesucht: Der Querkraft- und Momentenverlauf im gesamten Bauteil.

Lösung: *1. Lagerreaktionen bestimmen. 2. Bereichseinteilung vornehmen und Koordinaten einführen. 3. Schnitt durch jeden Bereich und GGB anwenden.*

1. und 2. Lösungsschritt:

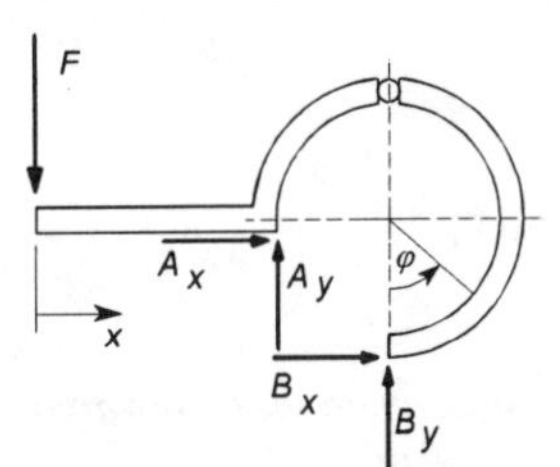

Aus den GGB und der Gelenkbedingung ergeben sich die Lagerreaktionen zu:

$$\boxed{A_x = 0} \quad \boxed{A_y = 3F} \quad \boxed{B_x = 0} \quad \boxed{B_y = -2F}$$

Das System besteht aus 2 Bereichen. Zweckmäßig ist die Einführung von 2 Koordinaten.

3. Lösungsschritt:

I. Bereich: $0 < x < 2a$

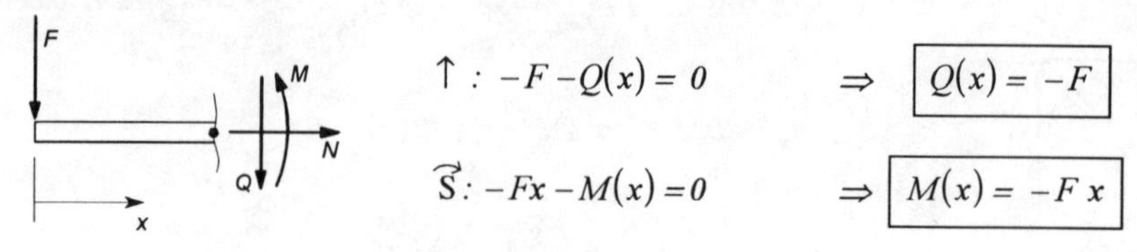

$$\uparrow: \; -F - Q(x) = 0 \quad \Rightarrow \quad \boxed{Q(x) = -F}$$

$$\overset{\curvearrowright}{S}: \; -Fx - M(x) = 0 \quad \Rightarrow \quad \boxed{M(x) = -F\,x}$$

II. Bereich: $0 < \varphi < \frac{3}{2}\pi$

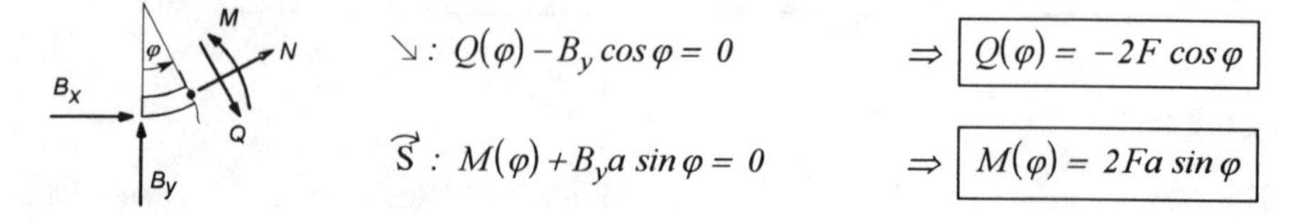

$$\searrow: \; Q(\varphi) - B_y \cos\varphi = 0 \quad \Rightarrow \quad \boxed{Q(\varphi) = -2F\cos\varphi}$$

$$\overset{\curvearrowright}{S}: \; M(\varphi) + B_y a \sin\varphi = 0 \quad \Rightarrow \quad \boxed{M(\varphi) = 2Fa\sin\varphi}$$

Kontrolle:

$M(\varphi = 0) = 0$ *(ok.)* $\qquad M\left(\varphi = \frac{3}{2}\pi\right) = -2Fa = M(x = 2a)$ *(ok.)*

$M(\varphi = \pi) = 0$ *(ok.)*

Aufgabe 2.3.2.4

Die in G gelenkig miteinander verbundenen Träger sind in A und B gelagert. Das System wird durch eine konstante Streckenlast beansprucht.

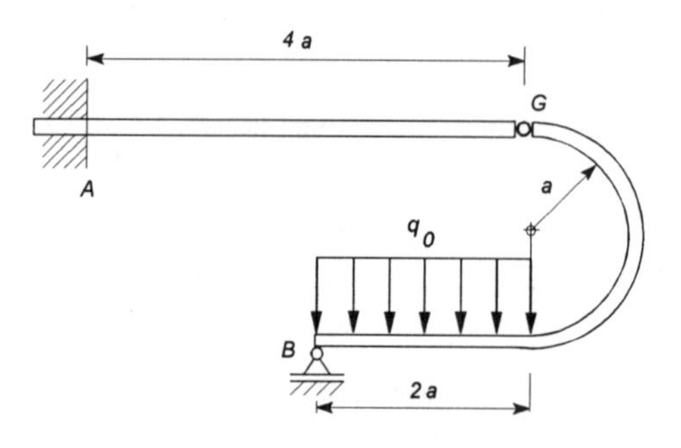

Gegeben: a, q_0

Gesucht: Der Querkraft- und Momentenverlauf im gesamten Bauteil.

Lösung: *1. Lagerreaktionen bestimmen. 2. Bereichseinteilung vornehmen und Koordinaten einführen. 3. Schnitt durch jeden Bereich und GGB anwenden.*

1. und 2. Lösungsschritt:

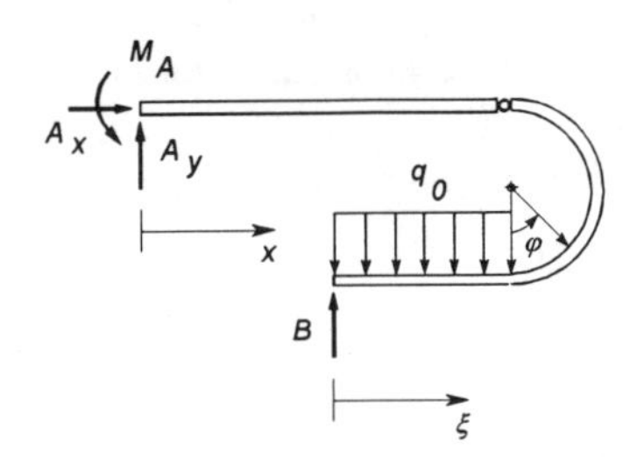

Die Lagerreaktionen ergeben sich nach Aufgabe 2.2.2.1 zu:

$$\boxed{A_x = 0} \quad \boxed{A_y = q_0 a} \quad \boxed{M_A = 4q_0a^2} \quad \boxed{B = q_0 a}$$

Das System besteht aus 3 Bereichen. Zweckmäßig ist die Einführung von 3 Koordinaten.

3. Lösungsschritt:

I. Bereich $0 < x < 4a$

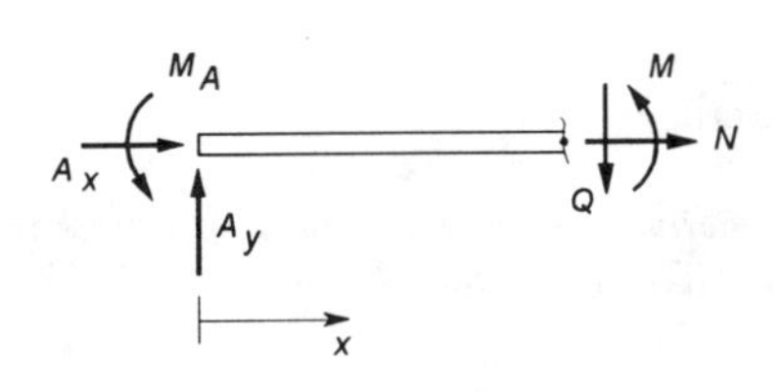

$$\uparrow : A_y - Q(x) = 0 \qquad \Rightarrow \boxed{Q(x) = q_0 a}$$

$$\overset{\curvearrowleft}{S} : -M(x) + A_y x - M_A = 0$$

$$\Rightarrow \boxed{M(x) = q_0 a(x - 4a)}$$

II. Bereich: $0 < \xi < 2a$

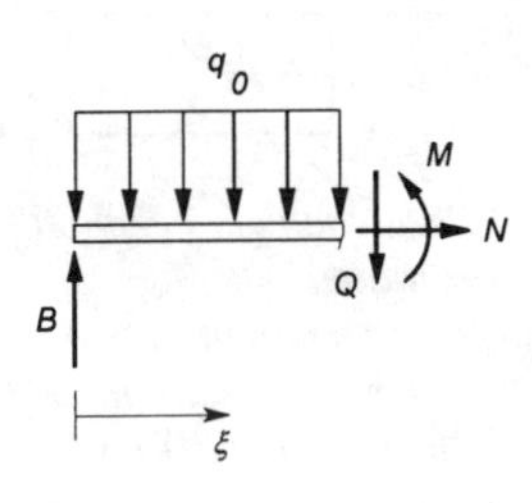

$$\uparrow : B - q_0\xi - Q(\xi) = 0$$

$$\Rightarrow \boxed{Q(\xi) = q_0(a - \xi)}$$

$$\overset{\curvearrowleft}{S} : B\xi - q_0 \frac{\xi^2}{2} - M(\xi) = 0$$

$$\Rightarrow \boxed{M(\xi) = \frac{1}{2} q_0 \left(2a\xi - \xi^2\right)}$$

III. Bereich: $0 < \varphi \le \pi$

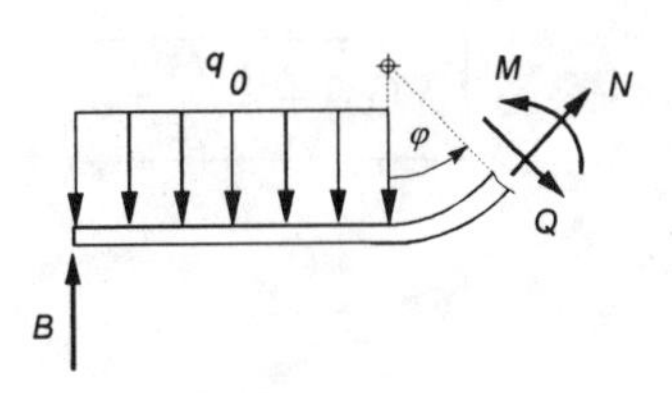

$$\searrow : Q(\varphi) - B\cos\varphi + q_0 2a\cos\varphi = 0$$

$$\Rightarrow \boxed{Q(\varphi) = -q_0 a\cos\varphi}$$

$$\overset{\curvearrowleft}{S} : B(2a + a\sin\varphi) - q_0 2a(a + a\sin\varphi) - M(\varphi) = 0$$

$$\Rightarrow \boxed{M(\varphi) = -q_0 a^2 \sin\varphi}$$

Aufgabe 2.3.2.5

Ein Rahmen der in A und B gelenkig gelagert ist, wird durch eine konstante Streckenlast beansprucht.

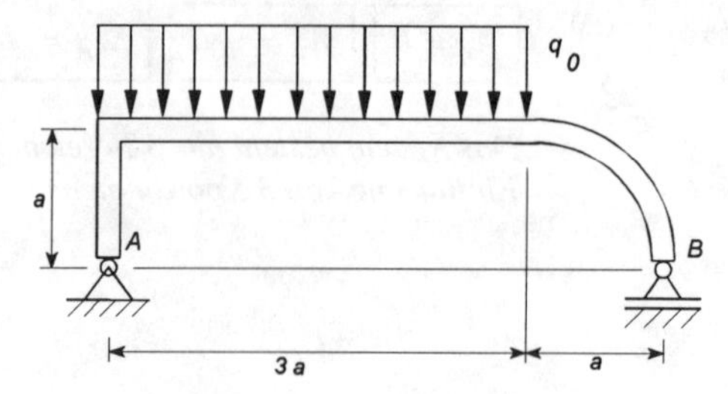

Gegeben: q_0, a

Gesucht: Der Schnittgrößenverlauf im gesamten Tragwerk.

Lösung: *1. Lagerreaktionen bestimmen. 2. Bereichseinteilung vornehmen und Koordinaten einführen. 3. Schnitt durch jeden Bereich und GGB anwenden.*

1. und 2. Lösungsschritt:

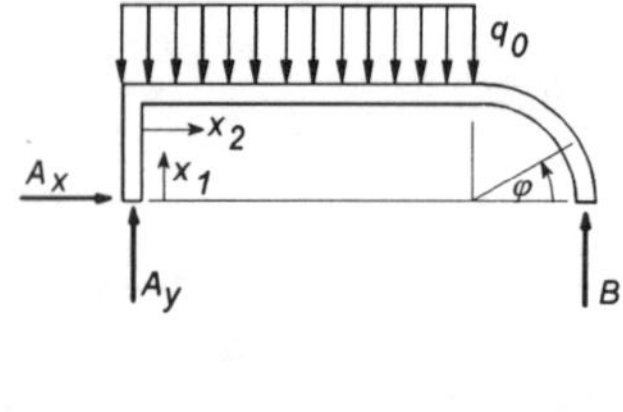

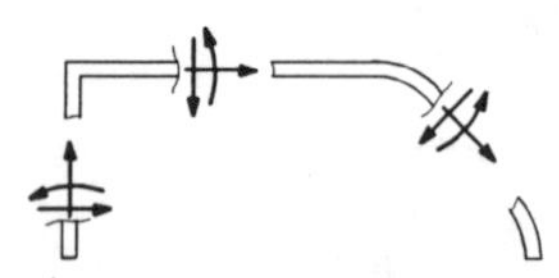

Aus den GGB ergeben sich die Lagerreaktionen zu:

$$\boxed{A_x = 0} \quad \boxed{A_y = \frac{15}{8} q_0 a} \quad \boxed{B = \frac{9}{8} q_0 a}$$

Das System besteht aus 3 Bereichen. Zweckmäßig ist die Einführung von 3 Koordinaten.
Zur Festlegung der Schnittkraftgruppen in den einzelnen Bereichen des Rahmens, beginnt man in einem äußeren Bereich (hier Bereich I) und "schiebt" anschließend die Schnittkraftgruppe wie ein begleitendes Dreibein über den gesamten Rahmen.

3. Lösungsschritt:

I. Bereich: $0 < x_1 < a$

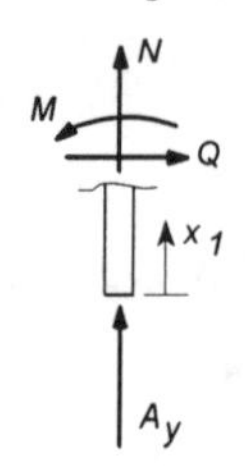

$$\uparrow: \; N(x_1) + A_y = 0 \quad \Rightarrow \quad \boxed{N(x_1) = -\frac{15}{8} q_0 a}$$

$$\rightarrow: \; \boxed{Q(x_1) = 0}$$

$$\overset{\curvearrowright}{S}: \; \boxed{M(x_1) = 0}$$

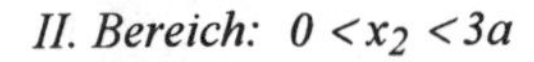

II. Bereich: $0 < x_2 < 3a$

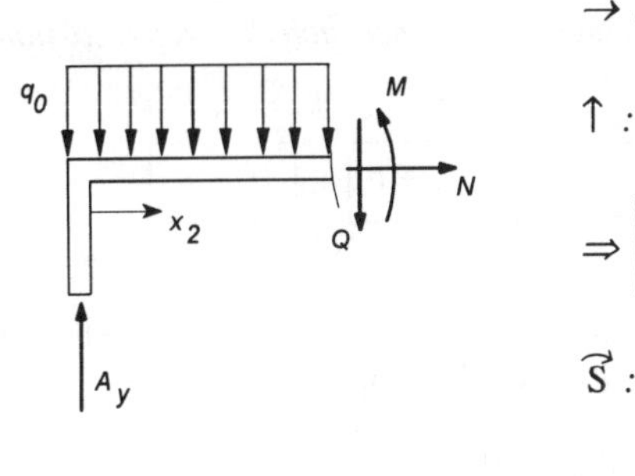

$$\rightarrow : \quad \boxed{N(x_2) = 0}$$

$$\uparrow : \quad -Q(x_2) - q_0 x_2 + A_y = 0$$

$$\Rightarrow \quad \boxed{Q(x_2) = \frac{1}{8} q_0 (15a - 8x_2)}$$

$$\overset{\curvearrowright}{S} : \quad -M(x_2) + A_y x_2 - \frac{1}{2} q_0 x_2^2 = 0$$

$$\Rightarrow \quad \boxed{M(x_2) = \frac{1}{8} q_0 \left(15ax_2 - 4x_2^2\right)}$$

III. Bereich: $0 < \varphi < \frac{\pi}{2}$

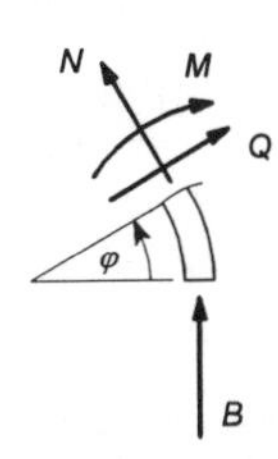

$$\nwarrow : \quad N(\varphi) + B\cos\varphi = 0 \qquad \Rightarrow \quad \boxed{N(\varphi) = -\frac{9}{8} q_0 a \cos\varphi}$$

$$\nearrow : \quad Q(\varphi) + B\sin\varphi = 0 \qquad \Rightarrow \quad \boxed{Q(\varphi) = -\frac{9}{8} q_0 a \sin\varphi}$$

$$\overset{\curvearrowright}{S} : \quad M(\varphi) - Ba(1 - \cos\varphi) = 0 \qquad \Rightarrow \quad \boxed{M(\varphi) = \frac{9}{8} q_0 a^2 (1 - \cos\varphi)}$$

Aufgabe 2.3.2.6

Der in A und B gelenkig gelagerte Rahmen wird an seinem freien Ende durch eine Einzellast beansprucht.

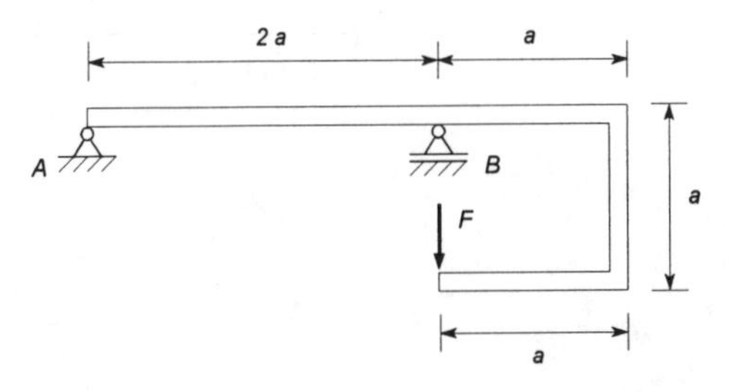

Gegeben: F, a

Gesucht: Der Schnittgrößenverlauf im gesamten Tragwerk.

Lösung: *1. Lagerreaktionen bestimmen. 2. Bereichseinteilung vornehmen und Koordinaten einführen. 3. Schnitt durch jeden Bereich und GGB anwenden.*

1. und 2. Lösungsschritt:

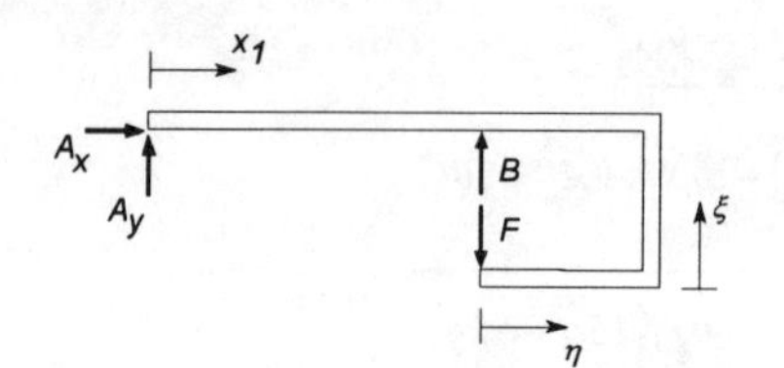

Aus den GGB ergeben sich die Lagerreaktionen zu:

$\boxed{A_x = 0}$ $\boxed{A_y = 0}$ $\boxed{B = F}$

Das System besteht aus 4 Bereichen. Zweckmäßig ist die Einführung von 3 Koordinaten. Zur Festlegung der einzelnen Schnittkraftgruppen siehe Aufgabe 2.3.2.5.

3. Lösungsschritt:

I. Bereich: $0 \le x_1 < 2a$

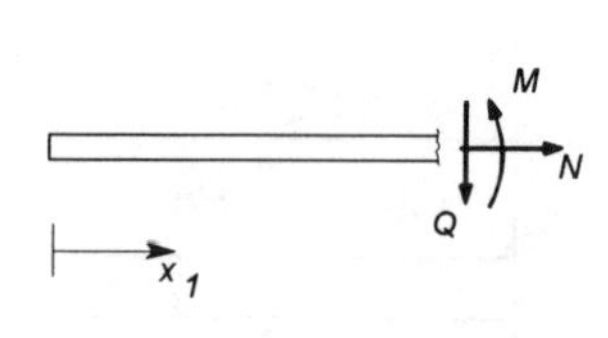

$\uparrow: \quad \boxed{Q(x_1) = 0}$

$\rightarrow: \quad \boxed{N(x_1) = 0}$

$\overset{\frown}{S}: \quad \boxed{M(x_1) = 0}$

II. Bereich: $2a < x_1 < 3a$

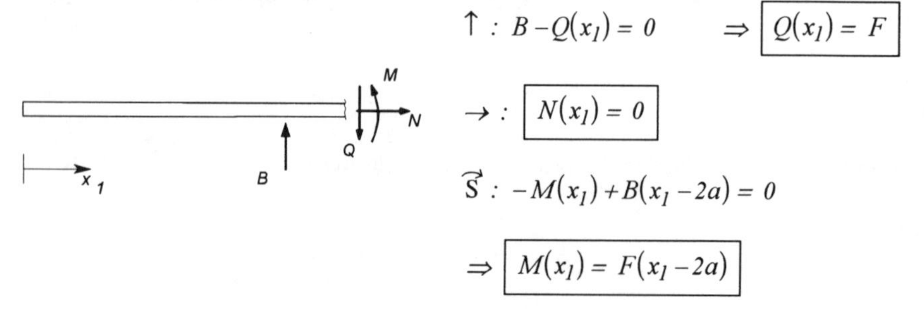

$\uparrow: \quad B - Q(x_1) = 0 \qquad \Rightarrow \boxed{Q(x_1) = F}$

$\rightarrow: \quad \boxed{N(x_1) = 0}$

$\overset{\frown}{S}: \quad -M(x_1) + B(x_1 - 2a) = 0$

$\Rightarrow \boxed{M(x_1) = F(x_1 - 2a)}$

III. Bereich: $0 \le \xi \le a$

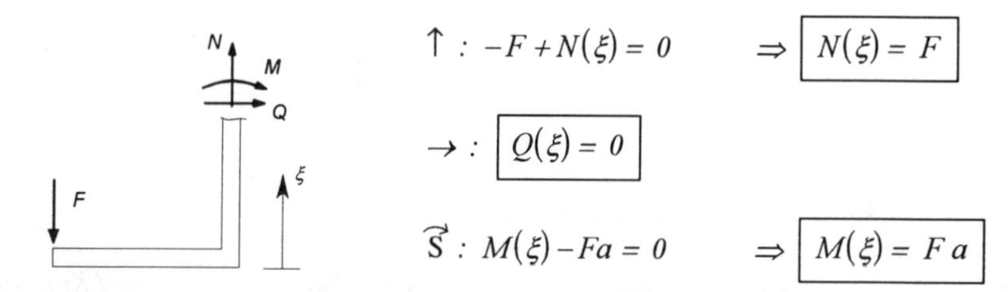

$\uparrow: \quad -F + N(\xi) = 0 \qquad \Rightarrow \boxed{N(\xi) = F}$

$\rightarrow: \quad \boxed{Q(\xi) = 0}$

$\overset{\frown}{S}: \quad M(\xi) - Fa = 0 \qquad \Rightarrow \boxed{M(\xi) = F\,a}$

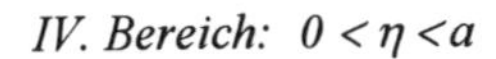

IV. Bereich: $0 < \eta < a$

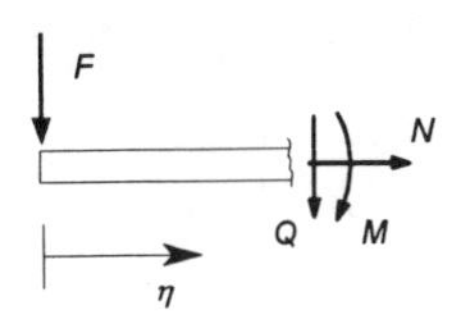

$\rightarrow: \quad \boxed{N(\eta) = 0}$

$\uparrow: \quad -F - Q(\eta) = 0 \qquad \Rightarrow \quad \boxed{Q(\eta) = -F}$

$\overset{\curvearrowright}{S}: \quad M(\eta) - F\eta = 0 \qquad \Rightarrow \quad \boxed{M(\eta) = F\eta}$

Aufgabe 2.3.2.7

Ein Rahmen der in A und B gelenkig gelagert ist, wird durch eine konstante Streckenlast und eine Einzelkraft beansprucht.

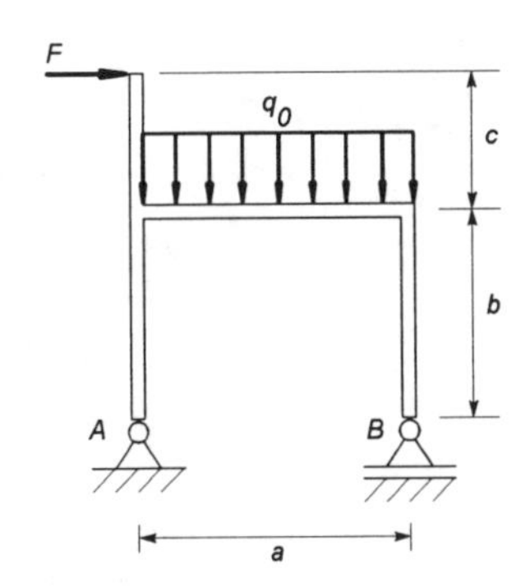

Gegeben: q_0, F, b = c = a

Gesucht: Der Schnittgrößenverlauf im gesamten Tragwerk.

Lösung: *1. Lagerreaktionen bestimmen. 2. Bereichseinteilung vornehmen und Koordinaten einführen. 3. Schnitt durch jeden Bereich und GGB anwenden.*

1. und 2. Lösungsschritt:

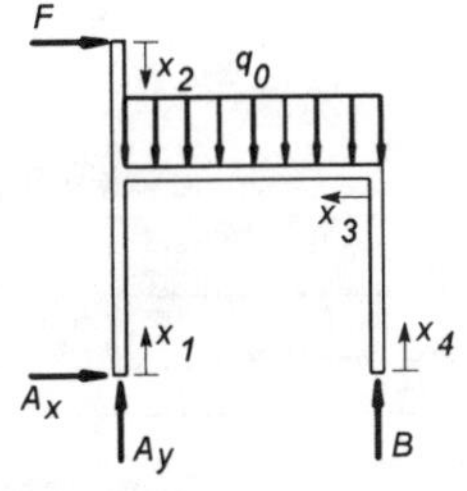

Aus der Aufgabe 2.2.1.3 ergeben sich die Lagerreaktionen mit b=c=a zu:

$\boxed{A_x = -F} \qquad \boxed{A_y = \frac{1}{2}q_0 a - 2F} \qquad \boxed{B = \frac{1}{2}q_0 a + 2F}$

Das System besteht aus 4 Bereichen. Zweckmäßig ist die Einführung von 4 Koordinaten. Die Festlegung der einzelnen Schnittkraftgruppen erfolgt analog der Aufgabe 2.3.2.5, wobei man ausgehend vom I. Bereich die Schnittkraftgruppe über die einzelnen "Äste" des Rahmens schiebt.

3. Lösungsschritt:

I. Bereich: $0 < x_1 < a$

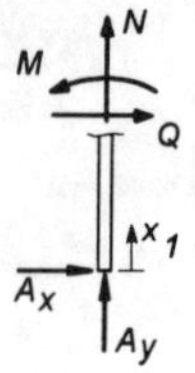

$$\uparrow: \; A_y + N(x_1) = 0 \qquad \Rightarrow \boxed{N(x_1) = 2F - \frac{1}{2}q_0 a}$$

$$\rightarrow: \; A_x + Q(x_1) = 0 \qquad \Rightarrow \boxed{Q(x_1) = F}$$

$$\overset{\curvearrowright}{S}: \; -M(x_1) - A_x x_1 = 0 \qquad \Rightarrow \boxed{M(x_1) = F x_1}$$

II. Bereich: $0 < x_2 < a$

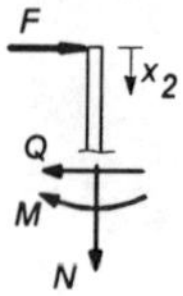

$$\uparrow: \; \boxed{N(x_2) = 0}$$

$$\rightarrow: F - Q(x_2) = 0 \qquad \Rightarrow \boxed{Q(x_2) = F}$$

$$\overset{\curvearrowright}{S}: \; F x_2 + M(x_2) = 0 \qquad \Rightarrow \boxed{M(x_2) = -F x_2}$$

III. Bereich: $0 < x_3 < a$

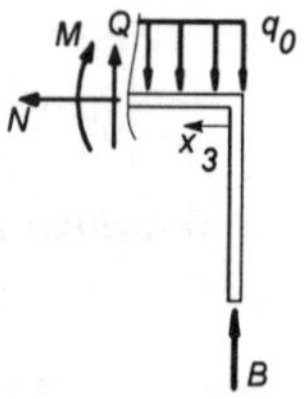

$$\uparrow: \; Q(x_3) - q_0 x_3 + B = 0 \qquad \Rightarrow \boxed{Q(x_3) = \frac{1}{2}q_0(2x_3 - a) - 2F}$$

$$\rightarrow: \; \boxed{N(x_3) = 0}$$

$$\overset{\curvearrowright}{S}: \; M(x_3) + \frac{1}{2}q_0 x_3^2 - B x_3 = 0$$

$$\Rightarrow \boxed{M(x_3) = \frac{1}{2}q_0(a - x_3)x_3 + 2F x_3}$$

IV. Bereich: $0 < x_4 < a$

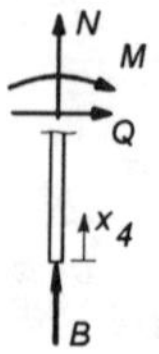

$$\uparrow: \; N(x_4) + B = 0 \qquad \Rightarrow \boxed{N(x_4) = -\frac{1}{2}q_0 a - 2F}$$

$$\rightarrow: \; \boxed{Q(x_4) = 0}$$

$$\overset{\curvearrowright}{S}: \; \boxed{M(x_4) = 0}$$

Anmerkung: Beim Übergang vom Bereich I zum Bereich II (Verzweigungspunkt) tritt ein Sprung im Momentenverlauf auf. Der Betrag der Momentenänderung entspricht dem Schnittgrößenmoment im dritten Bereich an der Verzweigungsstelle, also $M(x_3 = a)$.

2.4 Grafische Statik

2.4.1 Grundaufgaben der Statik

Aufgabe 2.4.1.1

Eine Kreisscheibe ist durch die Kräfte F_1, F_2 und F_3 belastet.

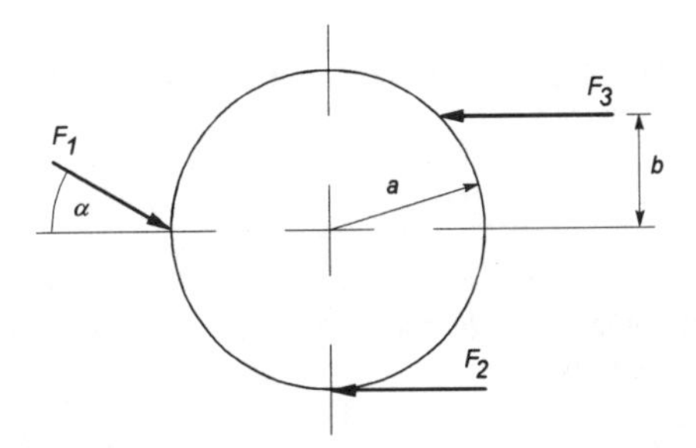

Gegeben: $F_1 = 30$ N, $F_2 = 35$ N, $F_3 = 40$ N, a = 3,5 m, b = 2,5 m, $\alpha = 30°$

Gesucht: Die Größe, Richtung und Lage der Resultierenden mit der Parallelogrammtechnik.

Lösung: *Parallelogrammkonstruktion*

Bei der Bestimmung der Resultierenden mit Hilfe der Parallelogrammkonstruktion werden Lage- und Kräfteplan gemeinsam gezeichnet. Unabhängig von den gewählten Maßstabsfaktoren ergibt sich qualitativ folgendes Ergebnis:

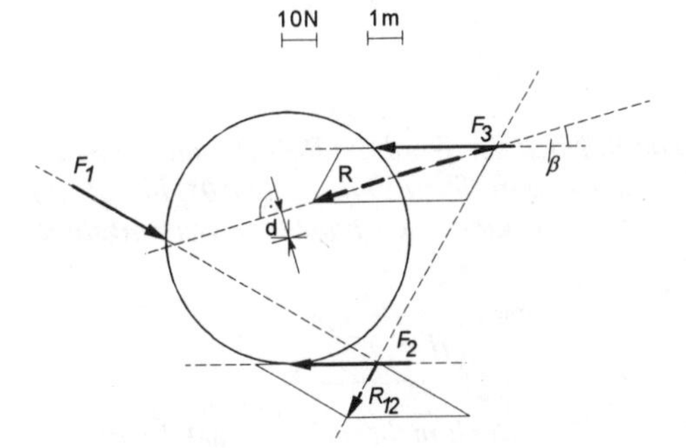

Beginnend mit der Teilresultierenden R_{12} *aus* F_1 *und* F_2 *erhält man die Resultierende R durch Zusammenfügen von* R_{12} *und* F_3. *Durch Ausmessen folgt:*

$R = 51\,N$	$\beta = 17\,°$	$d = 0{,}7\,m$

Beginnend mit der Teilresultierenden aus F_1 *und* F_3 *gelangt man zu den gleichen Ergebnissen.*

Anmerkung: Die rechnerische Lösung liefert $R = 51{,}26\,N$, $\beta = 17{,}01\,°$ *und* $d = 0{,}67\,m$.
Zur Lösung mit dem Seileckverfahren siehe Aufgabe 2.4.1.2.

Aufgabe 2.4.1.2

Eine Kreisscheibe ist durch die Kräfte F_1, F_2 und F_3 belastet.

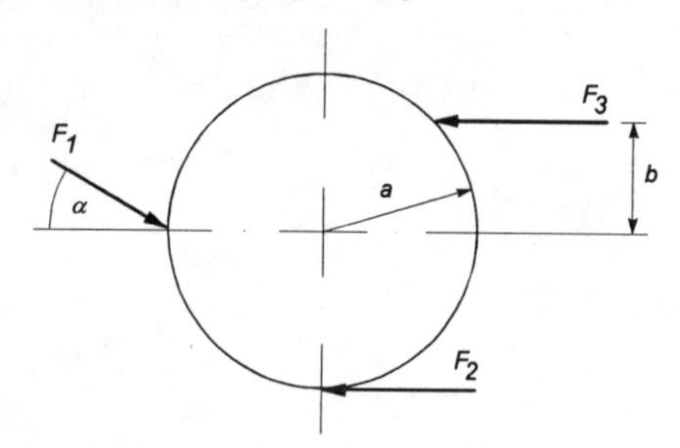

Gegeben: $F_1 = 30$ N, $F_2 = 35$ N, $F_3 = 40$ N, a = 3,5 m, b = 2,5 m, $\alpha = 30°$

Gesucht: Die Größe, Richtung und Lage der Resultierenden mit dem Seileckverfahren.

Lösung: *Seileckverfahren*

Bei der Bestimmung der Resultierenden mit Hilfe des Seileckverfahrens sind Lage- und Kräfteplan getrennt zu zeichnen. Unabhängig von den gewählten Maßstabsfaktoren ergibt sich qualitativ folgendes Ergebnis:

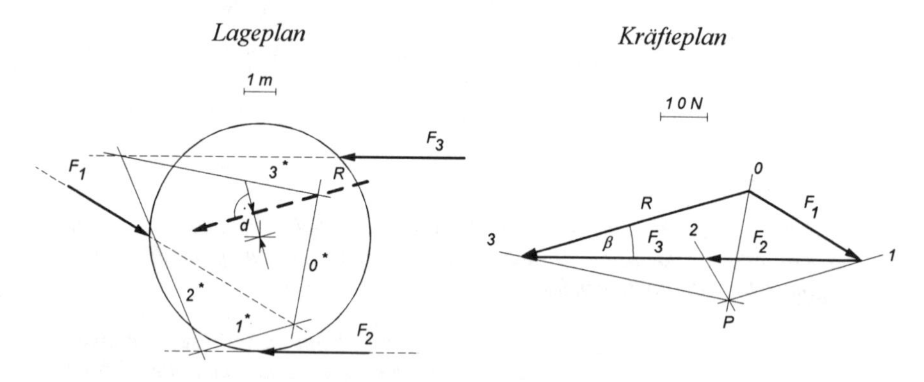

Aus dem Kräfteplan ergibt sich die Resultierende R. Nach der Wahl des Pols P erhält man die Polstrahlen 0 bis 3 im Kräfteplan und die zu ihnen parallelen Seilstrahlen 0 bis 3* im Lageplan. Der Schnittpunkt derSeilstrahlen 0* und 3* ergibt einen Punkt der Wirkungslinie von R.*

Durch Ausmessen folgt: | $R = 51\ N$ | $\beta = 17°$ | $d = 0,7\ m$ |

Anmerkung: Die Lage des Pols ist beliebig. Er sollte jedoch nicht auf einer der Kraftrichtungen liegen. Die rechnerische Lösung liefert $R = 51,26\ N$, $\beta = 17,01°$ und $d = 0,67\ m$. Zur Lösung mit Hilfe der Parallelogrammkonstruktion siehe Aufgabe 2.4.1.1.

Aufgabe 2.4.1.3

Ein einseitig fest eingespannter Balken ist durch die vertikalen Kräfte F_1, F_2, F_3, F_4 und F_5 belastet.

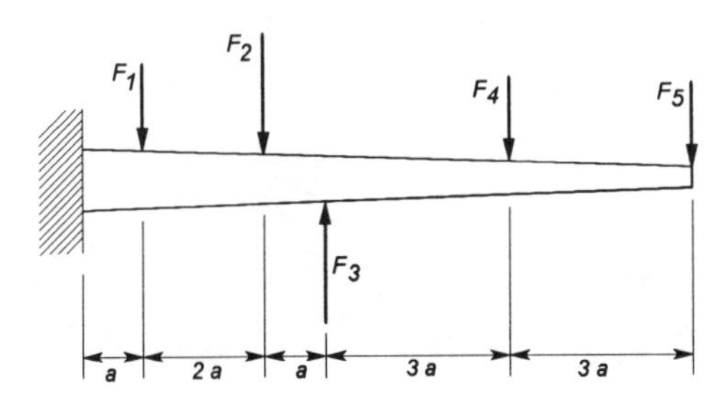

Gegeben: $F_1 = F_4 = F_5 = 20$ N, $F_2 = F_3 = 30$ N, a = 1 m

Gesucht: Die Resultierende und deren Abstand zur festen Einspannung mit dem Seileckverfahren.

Lösung: *Seileckverfahren*

Bei der Bestimmung der Resultierenden mit Hilfe des Seileckverfahrens sind Lage- und Kräfteplan getrennt zu zeichnen. Unabhängig von den gewählten Maßstabsfaktoren ergibt sich qualitativ folgendes Ergebnis:

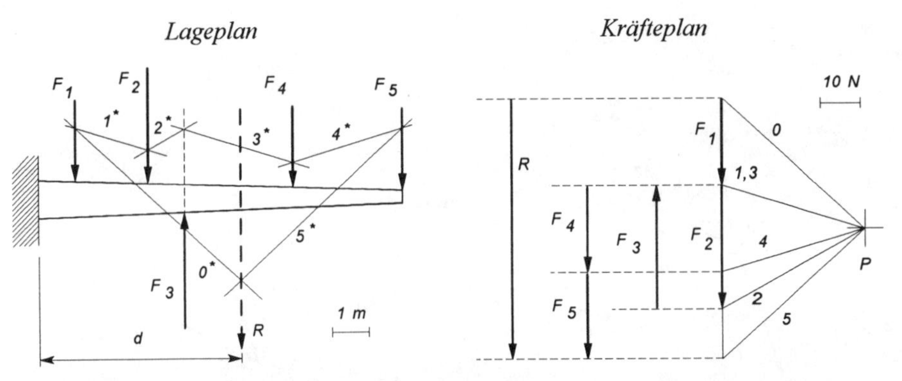

Aus dem Kräfteplan ergibt sich die Resultierende R. Nach der Wahl des Pols P erhält man die Polstrahlen 0 bis 5 im Kräfteplan (1 und 3 fallen zusammen) und die zu ihnen parallelen Seilstrahlen 0 bis 5* im Lageplan. Der Schnittpunkt der Seilstrahlen 0* und 5* ergibt einen Punkt der Wirkungslinie von R.*

Durch Ausmessen folgt: $R = 60\ N$ $d = 5{,}5\ m$

Anmerkung: Die Lage des Pols ist beliebig. Er sollte jedoch nicht auf einer der Kraftrichtungen liegen. Die rechnerische Lösung liefert R=60 N und d=5,5 m.

Aufgabe 2.4.1.4

Zwei Stäbe S_1 und S_2 werden durch die Kraft F belastet.

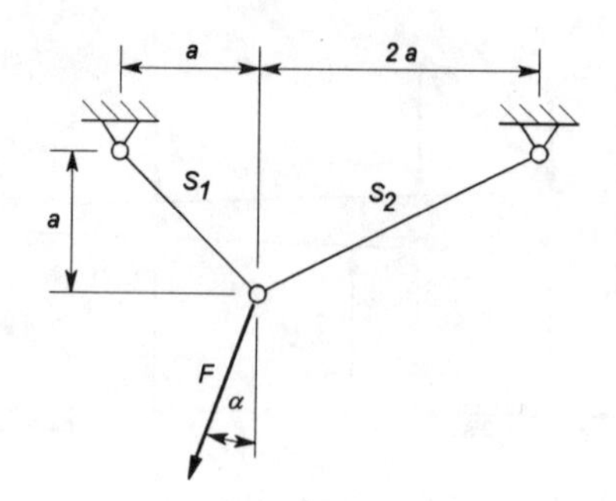

Gegeben: F = 40 N, a = 2 m, α = 20°

Gesucht: Die Zerlegung der Kraft in die beiden Stabrichtungen.

Lösung: *Zerlegung einer Kraft in 2 Richtungen ⇒ Dreikräftesatz.*

Bei der Zerlegung der Kraft werden Lage- und Kräfteplan getrennt gezeichnet. Unabhängig von den gewählten Maßstabsfaktoren ergibt sich dabei qualitativ folgendes Ergebnis:

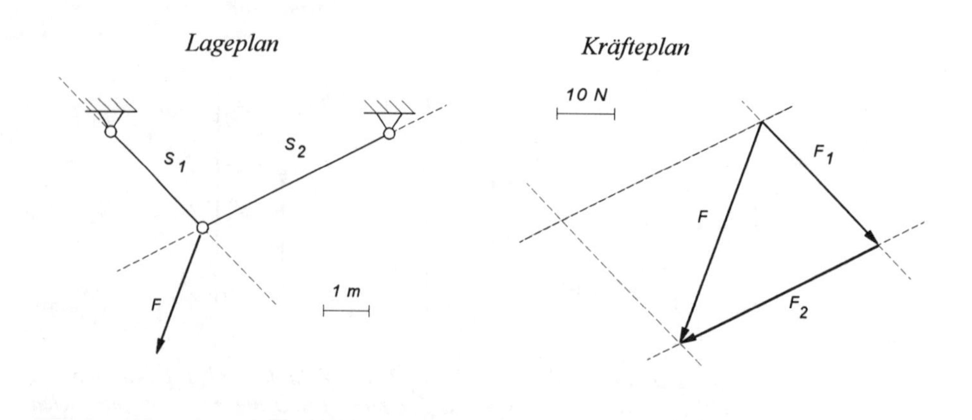

Durch Ausmessen folgt: $F_1 = 29\ N$ $F_2 = 38\ N$

Anmerkung: Die Kräfte F_1 und F_2 entsprechen den Belastungen der beiden Stäbe. Die rechnerische Lösung liefert $F_1 = 29{,}27\ N$ und $F_2 = 38{,}21\ N$.

Aufgabe 2.4.1.5

Ein Schild ist mit 3 Stäben S_1, S_2 und S_3 an der Wand befestigt. Das Schild ist durch seine Gewichtskraft G belastet.

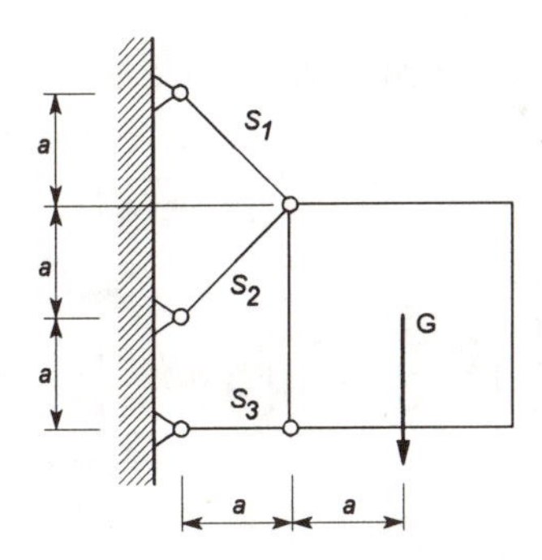

Gegeben: G = 50 N, a = 0,25 m

Gesucht: Die Zerlegung der Gewichtskraft in die Stabrichtungen.

Lösung: *Zerlegung einer Kraft in drei Richtungen ⇒ CULMANN-Verfahren.*

Bei der Zerlegung der Kraft mit dem CULMANN-Verfahren sind Lage- und Kräfteplan getrennt zu zeichnen. Unabhängig von den gewählten Maßstabsfaktoren ergibt sich qualitativ folgendes Ergebnis:

Lageplan *Kräfteplan*

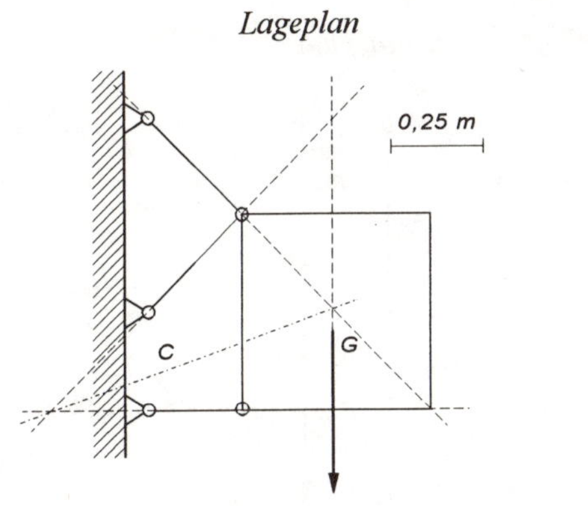

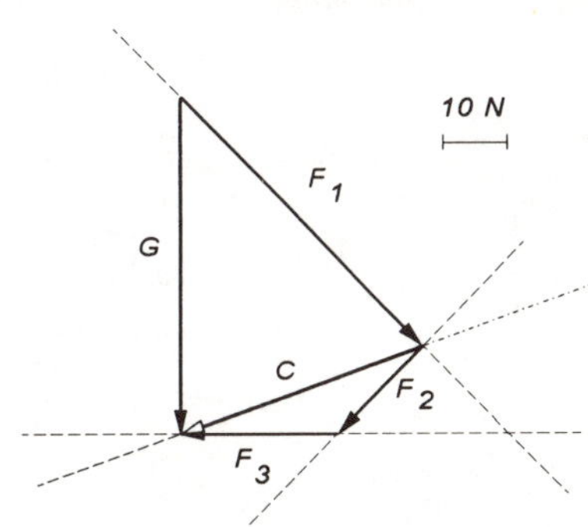

Hier wurde die CULMANNsche Gerade zwischen den Schnittpunkten der Wirkungslinien von G mit S_1 und S_2 mit S_3 gewählt. Insgesamt gibt es drei Möglichkeiten zur Wahl der CULMANNschen Geraden, die alle zum gleichen Ergebnis führen.

Durch Ausmessen folgt: $F_1 = 53\ N$ $F_2 = 18\ N$ $F_3 = 25\ N$

Anmerkung: Die Kräfte F_1 bis F_3 entsprechen den Belastungen (Zug oder Druck) der Stäbe. Die rechnerische Lösung liefert $F_1 = 53{,}03\ N$, $F_2 = 17{,}68\ N$ und $F_3 = 25\ N$.

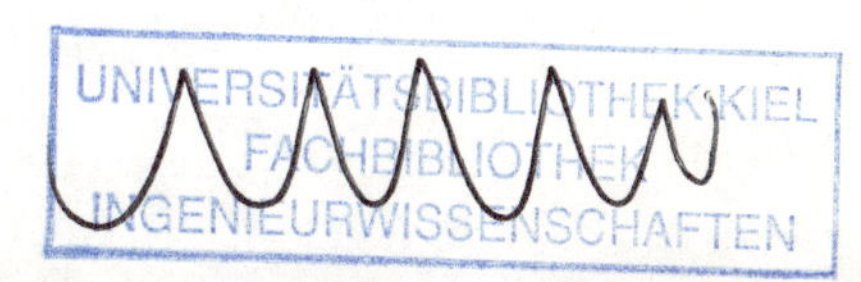

2.4.2 Grafische Ermittlung von Auflager- und Schnittreaktionen

Aufgabe 2.4.2.1

Ein in A und B gelagerter Rahmen ist durch die drei parallelen Kräfte F_1, F_2 und F_3 belastet.

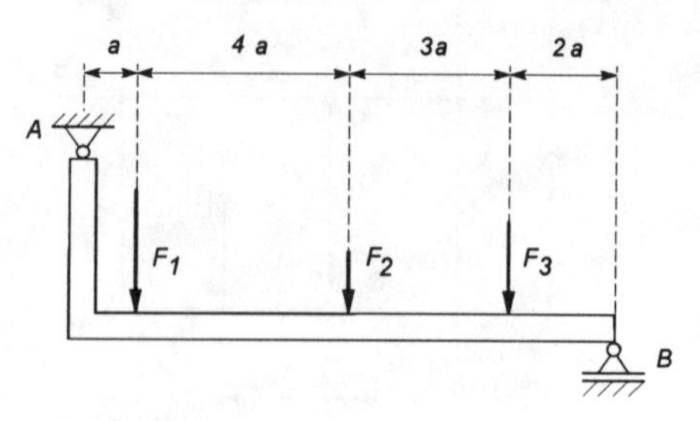

Gegeben: $F_1 = 20$ N, $F_2 = 10$ N, $F_3 = 15$ N, a = 1 m

Gesucht: Die Auflagerreaktionen in A und B.

Lösung: *Seileckverfahren*

Bei der Bestimmung der Auflagerkräfte mit Hilfe des Seileckverfahrens sind Lage- und Kräfteplan getrennt zu zeichnen. Unabhängig von den gewählten Maßstabsfaktoren ergibt sich qualitativ folgendes Ergebnis:

Lageplan

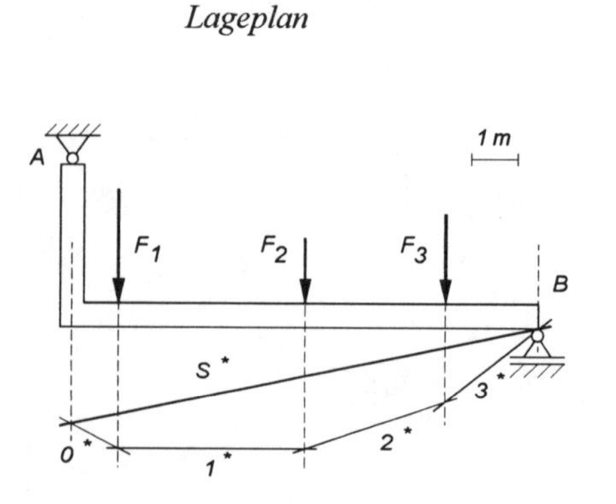

Kräfteplan

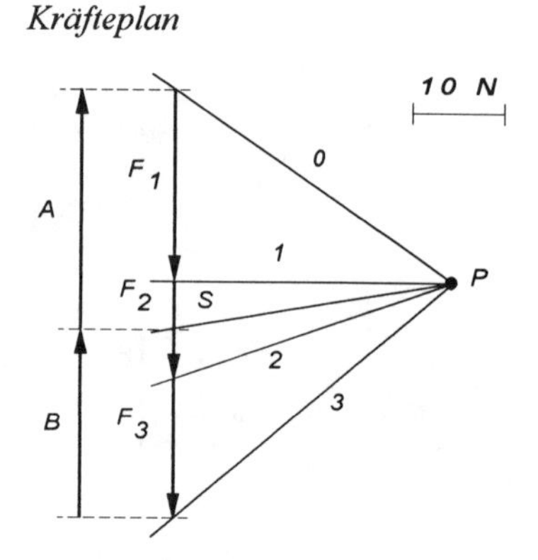

Die Parallele zur Schlußlinie s teilt im Kräfteplan die Resultierende in die beiden Auflagerkräfte A und B.*

Durch Ausmessen folgt: $A = 26\ N$ $B = 19\ N$

Anmerkung: Die rechnerische Lösung liefert $A = 26\ N$ und $B = 19\ N$.

Aufgabe 2.4.2.2

Ein in A und B gelagerter Rahmen ist durch die Kräfte F_1, F_2 und F_3 belastet.

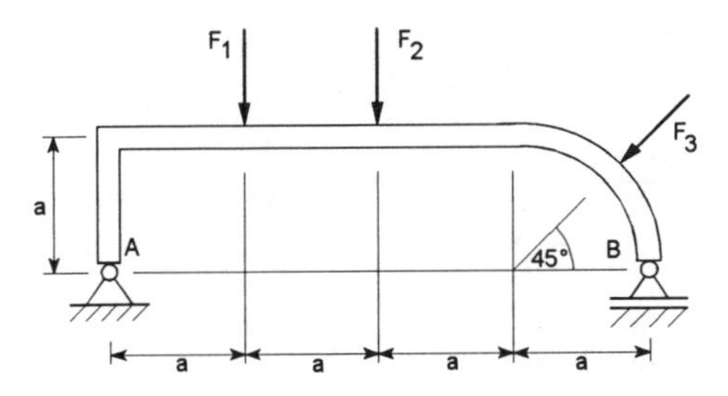

Gegeben: $F_1 = 10$ N, $F_2 = 10$ N, $F_3 = 14$ N, a = 2 m

Gesucht: Die Auflagerreaktionen in A und B.

Lösung: *Seileckverfahren*

Bei der Bestimmung der Auflagerkräfte mit Hilfe des Seileckverfahrens sind Lage- und Kräfteplan getrennt zu zeichnen. Unabhängig von den gewählten Maßstabsfaktoren ergibt sich qualitativ folgendes Ergebnis:

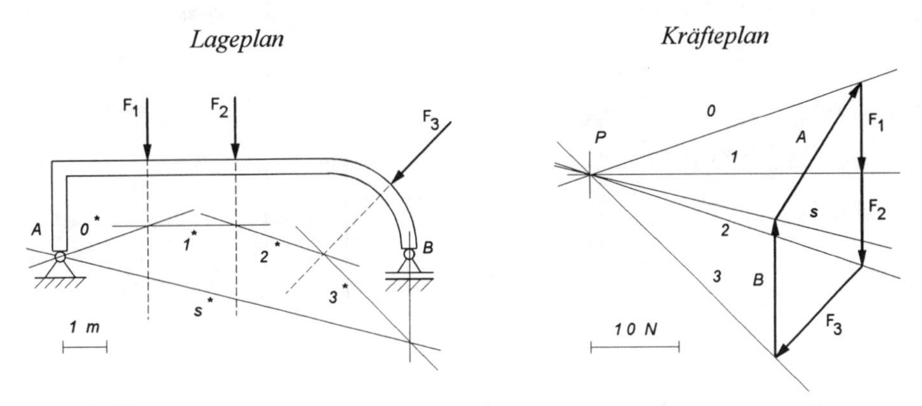

Bei der Lösung zeichnet man den Seilstrahl 0 durch das Gelenk des Lagers A, weil dies zunächst der einzige bekannte Punkt der Wirkungslinie von A ist. Über die Parallele zur Schlußlinie s* im Kräfteplan und die bekannte Richtung von B ergeben sich anschließend die Auflagerreaktionen.*

Durch Ausmessen folgt: $\boxed{A = 18\ N}$ $\boxed{B = 15\ N}$

Anmerkung: Die rechnerische Lösung liefert A = 17,95 N und B = 15 N (s. Aufgabe 2.2.1.4).

Aufgabe 2.4.2.3

Ein in A fest eingespannter Balken ist durch die Kräfte F_1 und F_2 belastet.

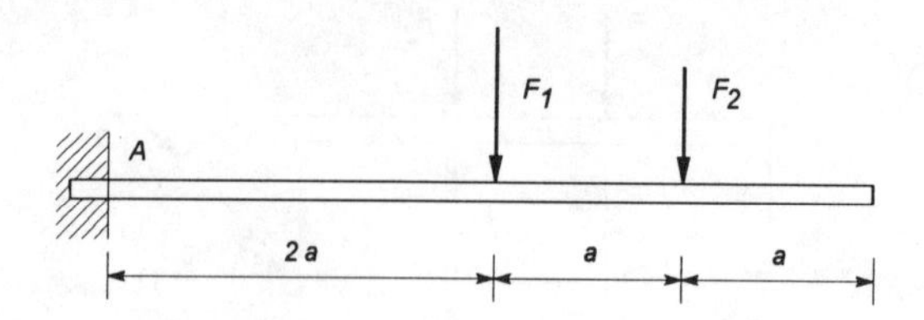

Gegeben: $F_1 = 20$ N, $F_2 = 15$ N, a = 2,5 m

Gesucht: Die Auflagerreaktionen in A.

Lösung: *Seileckverfahren*

Bei der Bestimmung der Auflagerreaktionen mit Hilfe des Seileckverfahrens sind Lage- und Kräfteplan getrennt zu zeichnen. Unabhängig von den gewählten Maßstabsfaktoren ergibt sich qualitativ folgendes Ergebnis:

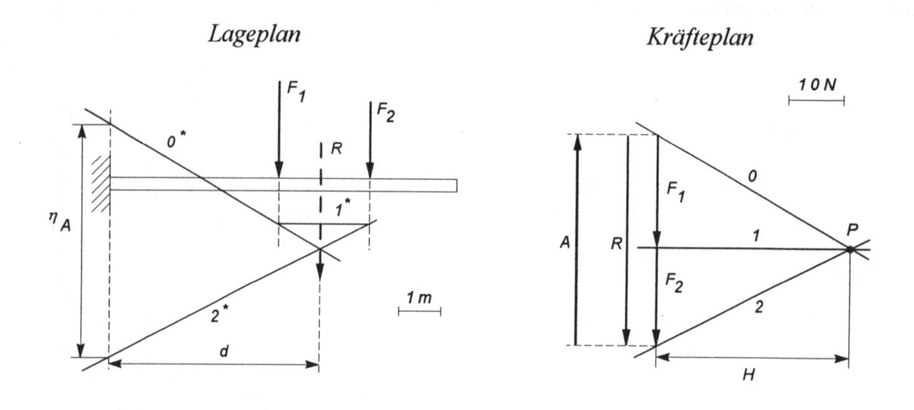

Bei der Lösung mit dem Seileckverfahren läßt sich keine Schlußlinie zeichnen (offenes Seileck). Das Einspannmoment M_A ergibt sich als Produkt aus Resultierende R und Abstand d bzw. als Produkt aus Polabstand H und Strecke η_A.

Durch Ausmessen folgt: $\boxed{A = 35\ N}$ $\boxed{M_A = 213\ Nm}$

Anmerkung: Die rechnerische Lösung liefert $A = 35$ N und $M_A = 212{,}5$ N.

Aufgabe 2.4.2.4

Ein starrer Rahmen wird durch die Stäbe S_1, S_2 und S_3 gehalten und durch die Kräfte F_1 und F_2 belastet.

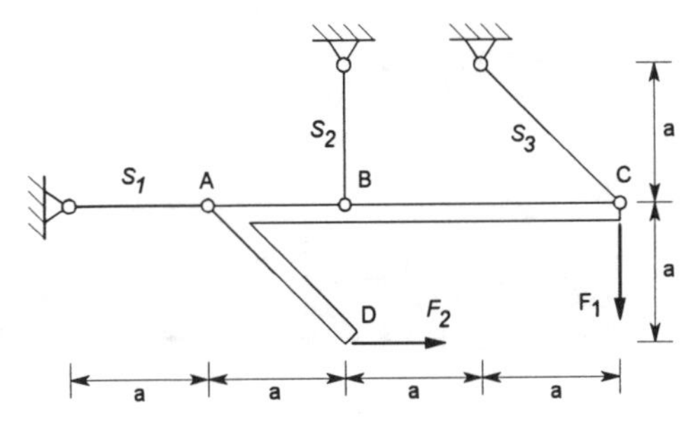

Gegeben: $F_1 = 80$ kN, $F_2 = 40$ kN

Gesucht: Die Stabkräfte S_1, S_2 und S_3.

Lösung: *Resultierende aus F_1 und F_2 bilden, anschließend CULMANN-Verfahren anwenden.*

Bei der Bestimmung der Stabkräfte mit Hilfe des CULMANN-Verfahrens sind Lage- und Kräfteplan getrennt zu zeichnen. Unabhängig von den gewählten Maßstabsfaktoren ergibt sich qualitativ folgendes Ergebnis:

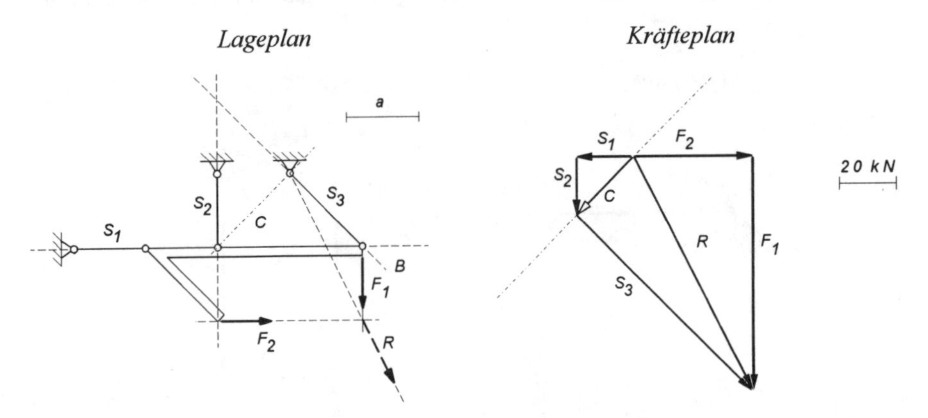

Hier wurde für die CULMANNsche Gerade die Verbindungslinie zwischen den Schnittpunkten der Wirkungslinien von R mit S_3 und S_1 mit S_2 gewählt. Insgesamt gibt es drei Möglichkeiten zur Wahl der CULMANNschen Geraden, die alle zum gleichen Ergebnis führen.

Durch Ausmessen folgt:

$S_1 = -20\,kN$ *(Druckstab)*	$S_1 = \ 20\,kN$ *(Zugstab)*	$S_3 = \ 85\,kN$ *(Zugstab)*

Anmerkung: Die rechnerische Lösung liefert S_1 = -20 kN, S_2 = 20 kN und S_3 = 84,85 kN.

Aufgabe 2.4.2.5

Das in A und B gelagerte Fachwerk wird durch zwei an Knotenpunkten angreifende Einzellasten beansprucht.

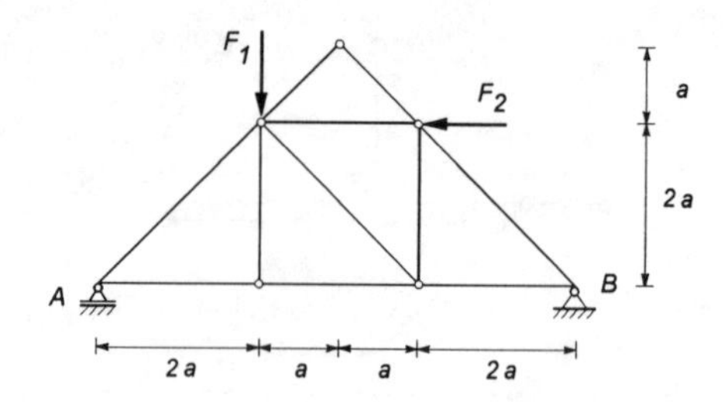

Gegeben: $F_1 = 200$ N, $F_2 = 100$ N, a = 5 m

Gesucht: Die Auflagerreaktionen in A und B.

Lösung: *Resultierende aus F_1 und F_2 bilden, anschließend Dreikräftesatz anwenden.*

Bei der Bestimmung der Auflagerkräfte werden Lage- und Kräfteplan getrennt gezeichnet. Unabhängig von den gewählten Maßstabsfaktoren ergibt sich qualitativ folgendes Ergebnis:

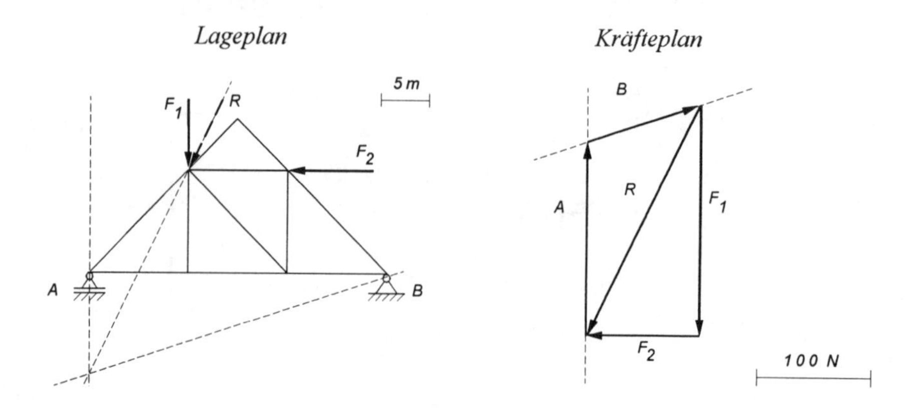

Die Wirkungslinie von A ist vorgegeben ⇒ der Dreikräftesatz kann angewandt werden.

Durch Ausmessen folgt: **A = 170 N** **B = 110 N**

Anmerkung: Die rechnerische Lösung liefert A = 166,7 N und B = 105,4 N (s. Aufgabe 2.2.1.5).

Aufgabe 2.4.2.6

Das abgebildete Tragwerk besteht aus zwei durch das Gelenk G verbundene Fachwerkträger. Das Tragwerk ist in A und B gelagert und durch die Kräfte F_1 und F_2 belastet.

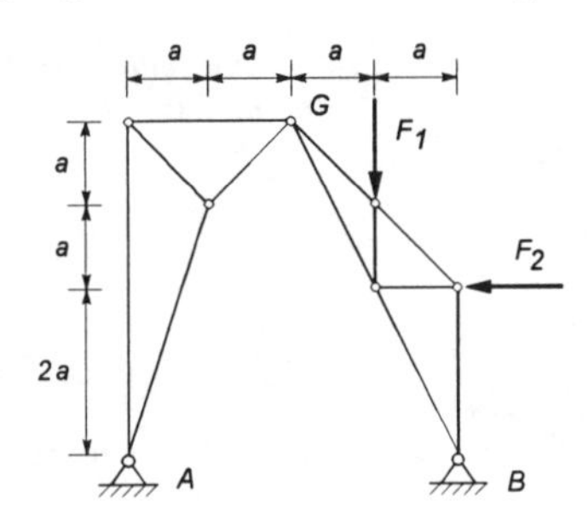

Gegeben: $F_1 = F_2 = 100$ N, a = 2 m

Gesucht: Die Auflagerreaktionen in A und B sowie die Gelenkkraft.

Lösung: *Resultierende aus F_1 und F_2 bilden, anschließend Dreikräftesatz anwenden.*

Bei der Bestimmung der Schnittgrößen werden Lage- und Kräfteplan getrennt gezeichnet. Unabhängig von den gewählten Maßstabsfaktoren ergibt sich qualitativ folgendes Ergebnis:

Lageplan *Kräfteplan*

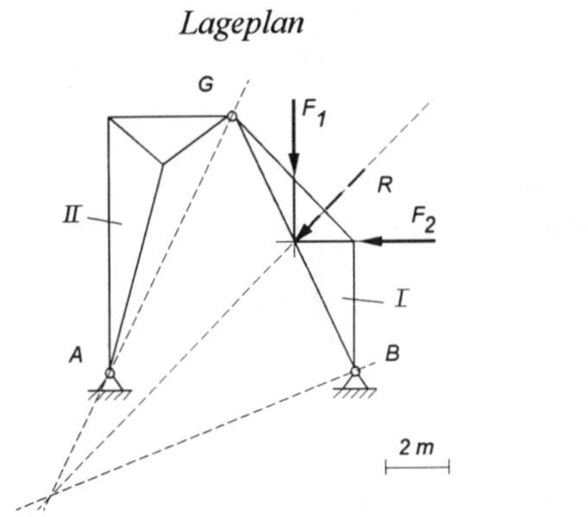

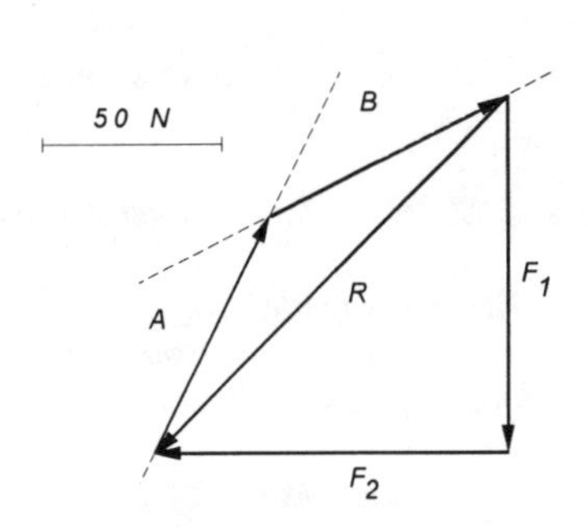

Weil nur ein Teil des Dreigelenkbogens belastet ist, ist die Wirkungslinie von A bekannt (Gelenkbedingung) und der Dreikräftesatz kann angewandt werden. Dies führt zu den Auflagerreaktionen A und B.

Durch Ausmessen folgt: $A = 84\ N$ $B = 67\ N$

Bei Betrachtung des linken, unbelasteten Fachwerkes (Trägerteil II) ergibt sich sofort die Gelenkkraft G. Es gilt:

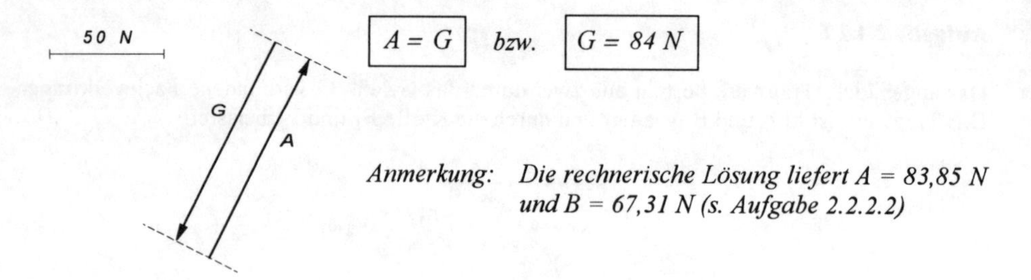

$\boxed{A = G}$ *bzw.* $\boxed{G = 84\ N}$

Anmerkung: *Die rechnerische Lösung liefert $A = 83{,}85\ N$ und $B = 67{,}31\ N$ (s. Aufgabe 2.2.2.2)*

Aufgabe 2.4.2.7

Der abgebildete Dreigelenkrahmen ist durch die Kraft F belastet.

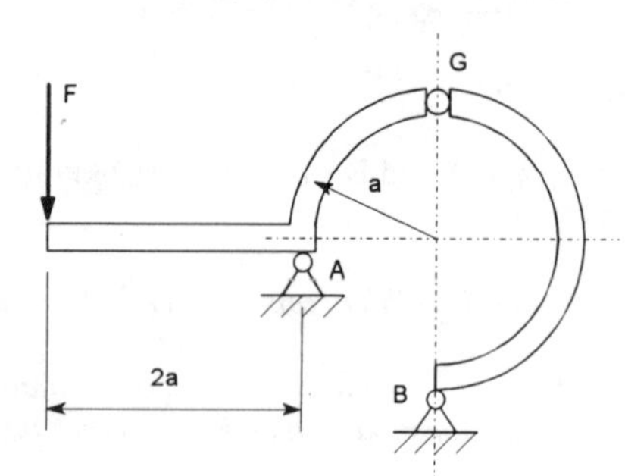

Gegeben: F = 10 N, a = 1 m

Gesucht: Die Auflagerreaktionen in A und B.

Lösung: *Seileckverfahren unter Ausnutzung der Gelenkbedingung.*

Bei der Bestimmung der Auflagerkräfte mit Hilfe des Seileckverfahrens sind Lage- und Kräfteplan getrennt zu zeichnen. Unabhängig von den gewählten Maßstabsfaktoren ergibt sich qualitativ folgendes Ergebnis:

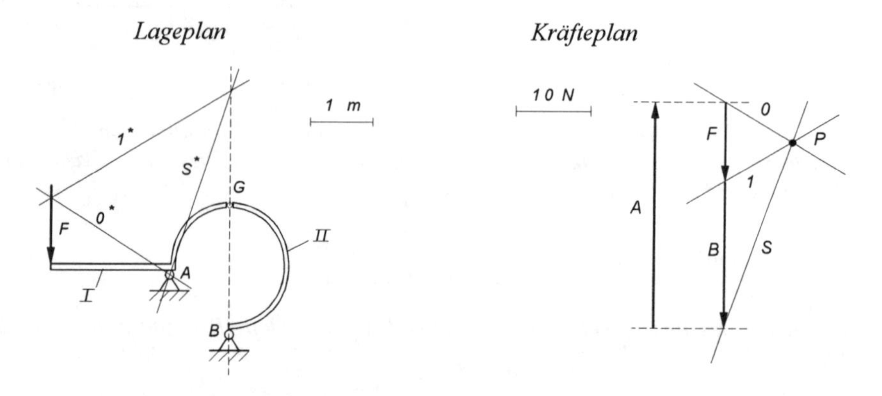

Da nur ein Teil des Dreigelenkrahmens belastet ist, ist die Wirkungslinie von B bekannt (Gelenkbedingung) und aus dem Dreikräftesatz folgt die Wirkungslinie von A. Die drei Kräfte A, B und F sind parallel und die Anwendung des Seileckverfahrens liefert die Auflagerreaktionen.

Durch Ausmessen folgt: $\boxed{A = 30\ N}$ $\boxed{B = 20\ N}$

Anmerkung: Die rechnerische Lösung liefert ebenfalls A = 30 N und B = 20 N (s. Aufgabe 2.3.2.3).

Aufgabe 2.4.2.8

Ein Balken wird durch ein Festlager und eine Pendelstütze in der gezeichneten Lage gehalten. Am freien Ende des Balkens wirkt eine Einzelkraft in vertikaler Richtung.

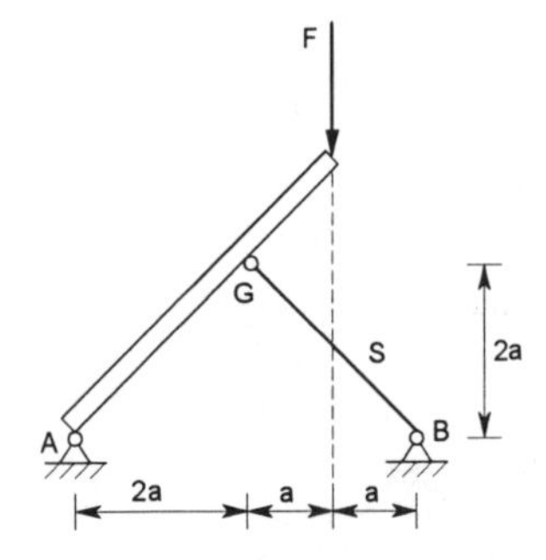

Gegeben: F = 30 N, a = 2 m

Gesucht: Die Auflagerreaktionen in A und B.

Lösung: *Zerlegung einer Kraft in zwei Richtungen ⇒ Dreikräftesatz.*

Bei der Bestimmung der Auflagerkräfte werden Lage- und Kräfteplan getrennt gezeichnet. Unabhängig von den gewählten Maßstabsfaktoren ergibt sich qualitativ folgendes Ergebnis:

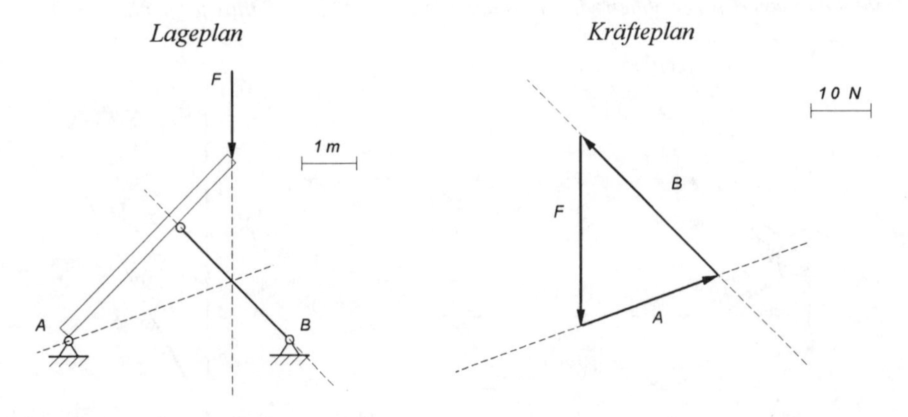

Die Wirkungslinie von B ist durch den Stab vorgegeben. Die Auflagerreaktionen ergeben sich sofort durch Anwendung des Dreikräftesatzes.

Durch Ausmessen folgt: $\boxed{A = 24\ N}$ $\boxed{B = 32\ N}$

Anmerkung: *Die rechnerische Lösung liefert $A = 23{,}72\ N$ und $B = 31{,}82\ N$ (s. Aufgabe 2.3.1.7).*

Aufgabe 2.4.2.9

Zwei Rollen mit den Massen m_1 und m_2 sind durch einen starren Stab gelenkig miteinander verbunden und liegen, wie abgebildet, auf einem Keil auf.

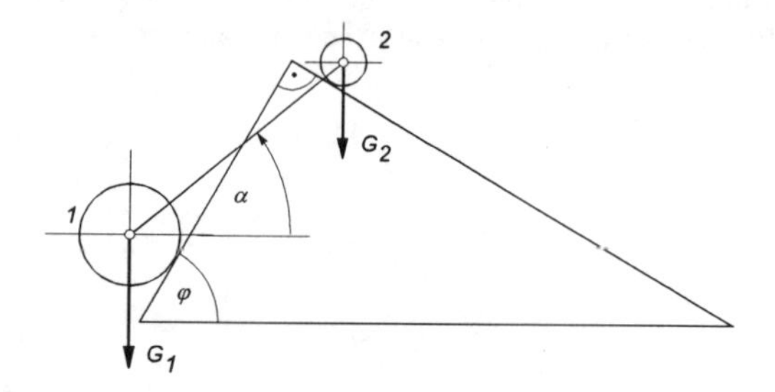

Gegeben: $G_1 = 35$ N, $G_2 = 25$ N, $\varphi = 60°$

Gesucht: Die Kräfte zwischen den Walzen und dem Keil, der Winkel α sowie die Stabkraft S.

Lösung: *Anwendung des Dreikräftesatzes auf das Gesamt- und ein Teilsystem.*

Bei der Bestimmung der Schnittgrößen werden Lage- und Kräfteplan getrennt gezeichnet. Unabhängig von den gewählten Maßstabsfaktoren ergibt sich qualitativ folgendes Ergebnis:

Lageplan

Kräfteplan

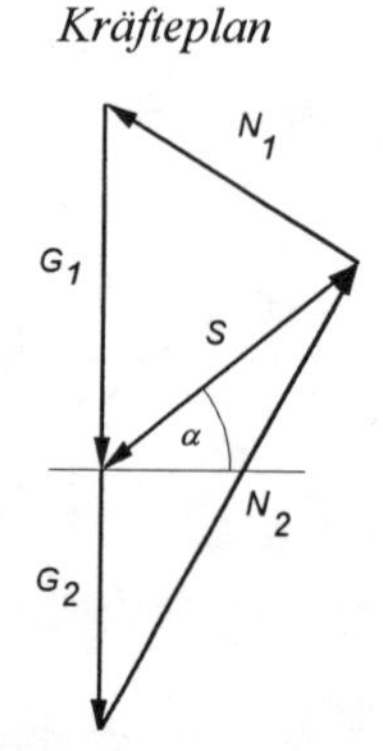

Zwischen den Rollen und dem Keil treten nur Normalkräfte auf ⇒ der Kräfteplan für das Gesamtsystem (Stab mit beiden Rollen) kann gezeichnet werden (äußeres Krafteck). Man erhält die Normalkräfte N_1 und N_2. Aus dem Dreikräftesatz für eine Walze ergeben sich S und α (inneres Krafteck).

Durch Ausmessen folgt: $\boxed{N_1 = 30\ N}$ $\boxed{N_2 = 52\ N}$ $\boxed{S = 33\ N}$ $\boxed{\alpha = 38°}$

Anmerkung: *In dem vorliegenden Fall bietet es sich an, den Kräfteplan des Teilsystems in den Kräfteplan des Gesamtsystems einzuzeichnen. Die rechnerische Lösung liefert $N_1 = 30\ N$, $N_2 = 51{,}96\ N$, $S = 32{,}79\ N$ und $\alpha = 37{,}59°$ (s. Aufgabe 2.2.3.2.).*

2.5 Fachwerke

2.5.1 Knotenpunktgleichgewichtsverfahren

Aufgabe 2.5.1.1

Das abgebildete Fachwerk wird mit 2 Kräften F_1 und F_2 belastet.

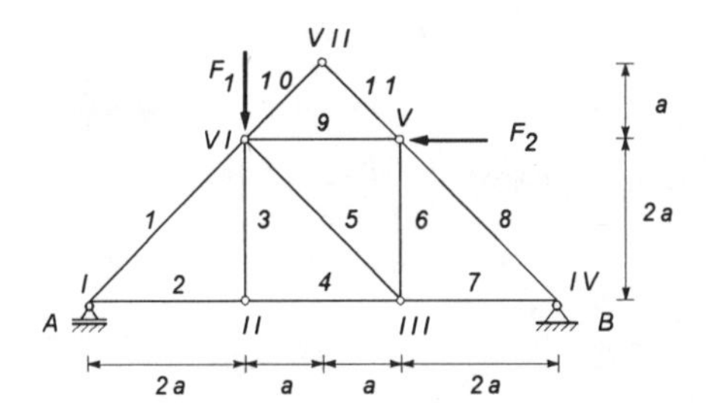

Gegeben: $F_1 = 900\ N$, $F_2 = 300\ N$, a

Gesucht: Die Stabkräfte S_1 bis S_{11} mit Hilfe des Knotenpunktgleichgewichtsverfahrens.

Lösung: *1. Auflagerreaktionen bestimmen. 2. Nullstäbe bestimmen. 3. Knotenpunktgleichgewichte aufstellen.*

1. Schritt: Auflagerkräfte
Die Auflagerreaktionen ergeben sich nach Aufgabe 2.2.1.5 zu:

$$B_x = F_2 = 300\ N \quad , \qquad A = \frac{2F_1 + F_2}{3} = 700\ N \quad , \qquad B_y = \frac{F_1 - F_2}{3} = 200\ N$$

2. Schritt: Nullstäbe
Mit den Regeln für Nullstäbe (s. Hahn S.53) ergibt sich :

$\boxed{S_3 = 0\ N}$ $\boxed{S_{10} = 0\ N}$ $\boxed{S_{11} = 0\ N}$

3. Schritt: Knotenpunktgleichgewichte

Knoten I:

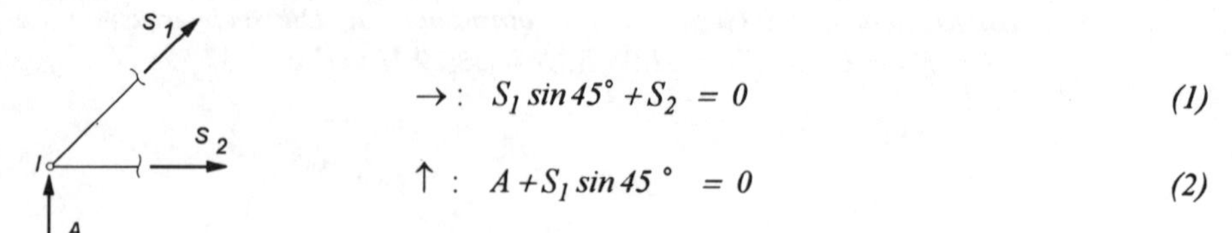

$$\rightarrow:\quad S_1 \sin 45° + S_2 = 0 \tag{1}$$

$$\uparrow:\quad A + S_1 \sin 45° = 0 \tag{2}$$

Aus (1) und (2) und $S_3=0$ folgt : $\boxed{S_1 = -989{,}95\ N}$ $\boxed{S_2 = 700 N}$ $\boxed{S_4 = S_2 = 700\ N}$

Knoten IV:

$$\rightarrow:\quad B_x - S_7 - S_8 \sin 45° = 0 \tag{3}$$

$$\uparrow:\quad B_y + S_8 \sin 45° = 0 \tag{4}$$

Aus (3) und (4) folgt : $\boxed{S_8 = -282{,}84\ N}$ $\boxed{S_7 = 500\ N}$

Knoten V:

$$\rightarrow:\quad -S_9 - F_2 + S_8 \sin 45° = 0 \tag{5}$$

$$\uparrow:\quad -S_6 - S_8 \sin 45° = 0 \tag{6}$$

Aus (5) und (6) folgt : $\boxed{S_6 = 200 N}$ $\boxed{S_9 = -500 N}$

Knoten III:

$$\uparrow:\quad S_6 + S_5 \sin 45° = 0 \tag{7}$$

Aus (7) folgt : $\boxed{S_5 = -282{,}84 N}$

Anmerkungen: *Ein positives Vorzeichen bei den Stabkräften bedeutet Zugstab, ein negatives Vorzeichen Druckstab. Zur Lösung mit dem RITTERschen Schnittverfahren siehe Aufgabe 2.5.2.1 bzw. mit dem CREMONA-Plan siehe Aufgabe 2.5.3.1.*

Aufgabe 2.5.1.2

Das abgebildete Fachwerk wird durch die Kraft F belastet.

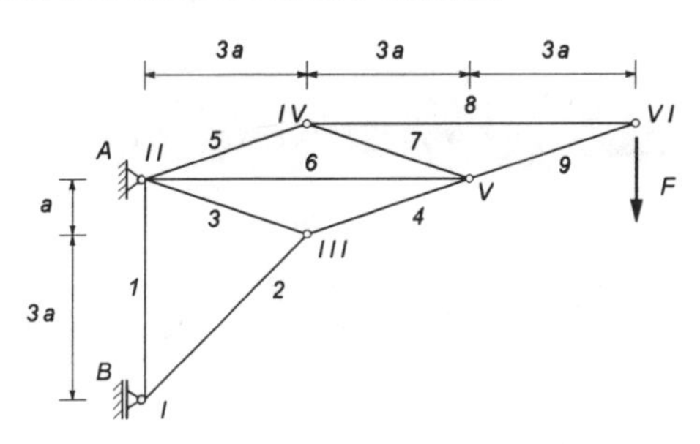

Gegeben: F = 4000 N, a

Gesucht: Die Stabkräfte S_1 bis S_9 mit Hilfe des Knotenpunktgleichgewichtsverfahrens.

Lösung: *1. Auflagerreaktionen bestimmen. 2. Nullstäbe bestimmen. 3. Knotenpunktgleichgewichte aufstellen.*

1. Schritt: Auflagerreaktionen

Die Auflagerreaktionen ergeben sich mit Hilfe der GGB zu:

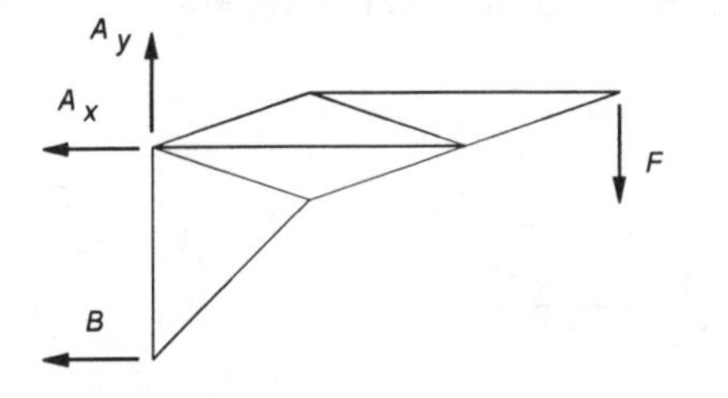

$$B = -9000\ N$$

$$A_x = 9000\ N$$

$$A_y = 4000\ N$$

2. Schritt: Nullstäbe

Nullstäbe sind anhand der Regeln (Hahn S. 53) nicht zu erkennen.

3. Schritt: Knotenpunktgleichgewichte

Knoten VI:

$\rightarrow: \quad -S_8 - S_9 \cos\alpha = 0 \qquad (1)$

$\uparrow: \quad -S_9 \sin\alpha - F = 0 \qquad (2)$

Mit $\alpha = \arctan\dfrac{a}{3a} = 18{,}435°$ *folgt:* $\boxed{S_9 = -12649{,}11\ N}$ $\boxed{S_8 = 12000\ N}$

Knoten IV:

$\rightarrow: \quad S_8 + S_7 \cos\alpha - S_5 \cos\alpha = 0 \qquad (3)$

$\uparrow: \quad -S_5 \sin\alpha - S_7 \sin\alpha = 0 \qquad (4)$

Aus (3) und (4) folgt: $\boxed{S_7 = -6324{,}56\ N}$ $\boxed{S_5 = 6324{,}56\ N}$

Knoten I:

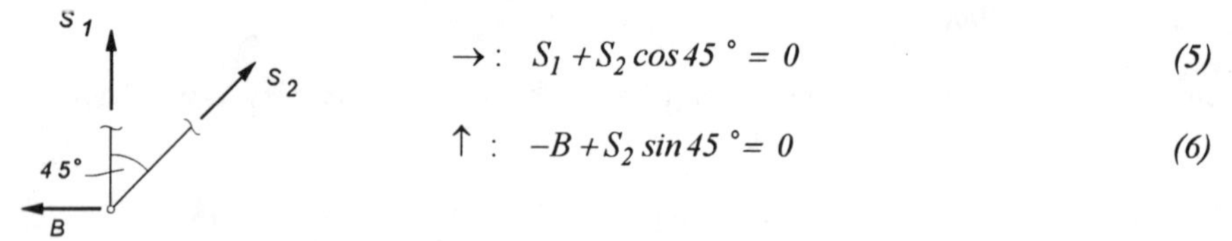

$\rightarrow: \quad S_1 + S_2 \cos 45° = 0 \qquad (5)$

$\uparrow: \quad -B + S_2 \sin 45° = 0 \qquad (6)$

Aus (5) und (6) folgt: $\boxed{S_2 = -12727{,}92\ N}$ $\boxed{S_1 = 9000\ N}$

Knoten V:

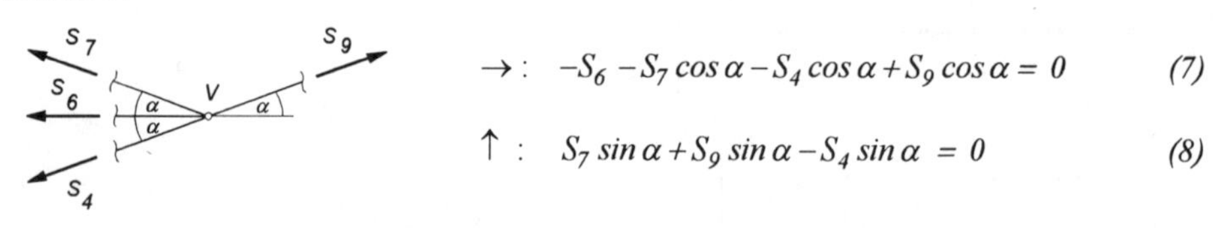

$\rightarrow: \quad -S_6 - S_7 \cos\alpha - S_4 \cos\alpha + S_9 \cos\alpha = 0 \qquad (7)$

$\uparrow: \quad S_7 \sin\alpha + S_9 \sin\alpha - S_4 \sin\alpha = 0 \qquad (8)$

Aus (7) und (8) folgt: $\boxed{S_4 = -18973{,}66\ N}$ $\boxed{S_6 = 12000\ N}$

Knoten III:

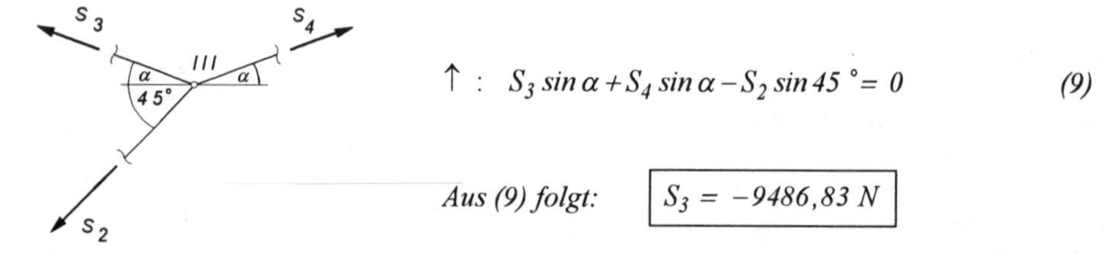

$\uparrow: \quad S_3 \sin\alpha + S_4 \sin\alpha - S_2 \sin 45° = 0 \qquad (9)$

Aus (9) folgt: $\boxed{S_3 = -9486{,}83\ N}$

Anmerkungen: *Ein positives Vorzeichen bei den Stabkräften bedeutet Zugstab, ein negatives Vorzeichen Druckstab. Zur Lösung mit dem RITTERschen Schnittverfahren siehe Aufgabe 2.5.2.2 bzw. mit dem CREMONA-Plan siehe Aufgabe 2.5.3.2.*

2.5.2 RITTERsches Schnittverfahren

Aufgabe 2.5.2.1

Das abgebildete Fachwerk wird mit 2 Kräften F_1 und F_2 belastet.

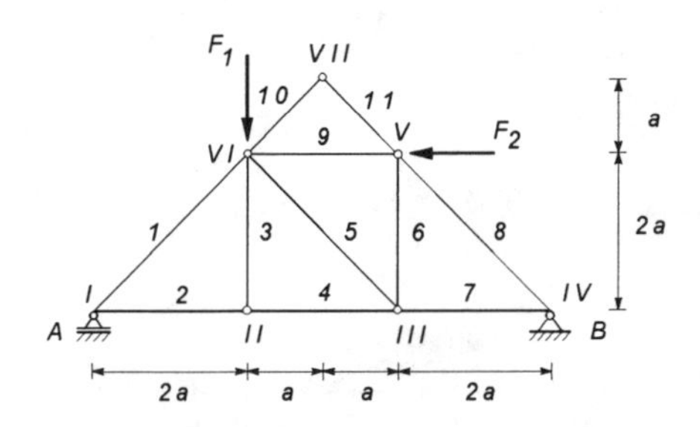

Gegeben: $F_1 = 900$ N, $F_2 = 300$ N, a

Gesucht: Die Stabkräfte S_4, S_5, S_6, S_7 und S_9 mit Hilfe des RITTERschen Schnittverfahrens.

Lösung: *1. Auflagerreaktionen bestimmen. 2. RITTERschen Schnitt durchführen und GGB anwenden.*

1. Schritt: Auflagerreaktionen

Die Auflagerreaktionen ergeben sich nach Aufgabe 2.2.1.5 zu:

$$B_x = 300\ N\ , \qquad A = 700\ N \qquad und \qquad B_y = 200\ N$$

2. Schritt: RITTERscher Schnitt und GGB

Der RITTERsche Schnitt erfolgt durch drei Stäbe, die nicht durch einen Punkt gehen (zusätzliche Nullstäbe dürfen mitgeschnitten werden).

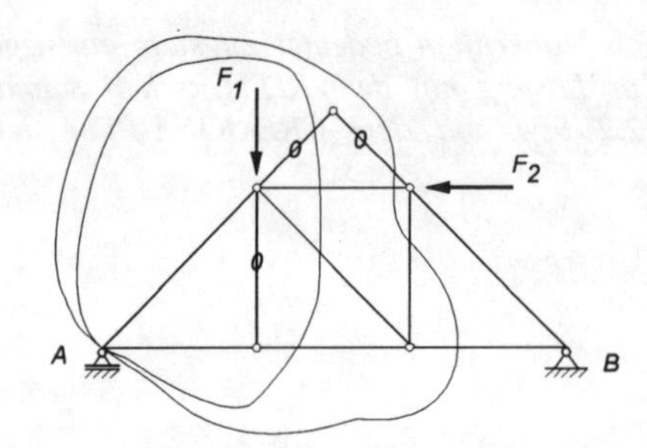

Mit Hilfe der Nullstab-Regeln folgt:

$S_3 = 0\ N$ $S_{10} = 0\ N$ $S_{11} = 0\ N$

Schnitt S_4-S_5-S_9 :

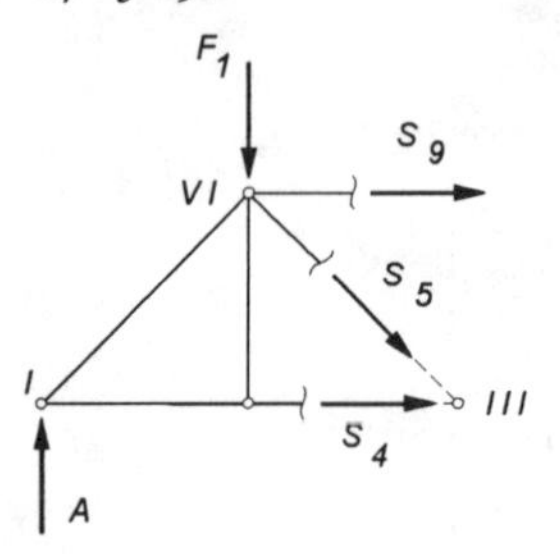

$\overset{\curvearrowright}{\mathrm{VI}}: \quad A\,2a - S_4\,2a = 0 \qquad (1)$

$\overset{\curvearrowright}{\mathrm{III}}: \quad A\,4a - F_1\,2a + S_9\,2a = 0 \qquad (2)$

$\overset{\curvearrowright}{\mathrm{I}}: \quad F_1\,2a + S_9\,2a + S_5\,2a\sqrt{2} = 0 \qquad (3)$

Aus (1), (2) und (3) folgt : $S_4 = 700\,N$ $S_9 = -500\,N$ $S_5 = -282{,}94\,N$

Schnitt S_6-S_7-S_9 :

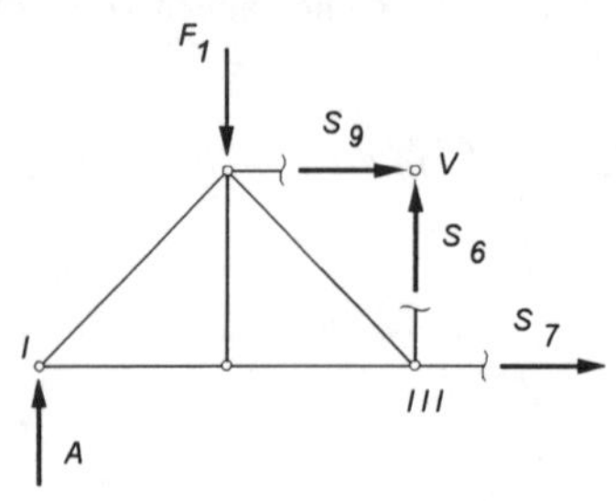

$\overset{\curvearrowright}{\mathrm{V}}: \quad A\,4a - F_1\,2a - S_7\,2a = 0 \qquad (4)$

$\overset{\curvearrowright}{\mathrm{III}}: \quad A\,4a - F_1\,2a + S_9\,2a = 0 \qquad (5)$

$\overset{\curvearrowright}{\mathrm{I}}: \quad F_1\,2a + S_9\,2a - S_6\,4a = 0 \qquad (6)$

Aus (4), (5) und (6) folgt : $S_7 = 500\,N$ $S_9 = -500\,N$ $S_6 = 200\,N$

Anmerkungen: *Ein positives Vorzeichen bei den Stabkräften bedeutet Zugstab, ein negatives Vorzeichen Druckstab. Dieses Verfahren ist besonders zur Ermittlung einzelner Stabkräfte geeignet.*

Aufgabe 2.5.2.2

Das abgebildete Fachwerk wird durch die Kraft F belastet.

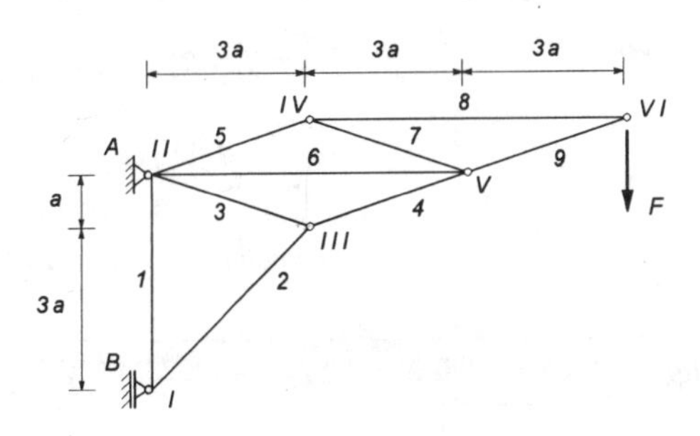

Gegeben: F = 4000 N, a

Gesucht: Die Stabkräfte S_1, S_3, S_4, S_5, S_6 mit Hilfe des RITTERschen Schnittverfahrens.

Lösung: *1. Auflagerreaktionen bestimmen. 2. RITTERschen Schnitt durchführen und GGB anwenden.*

1. Schritt: Auflagerreaktionen

Die Auflagerreaktionen ergeben sich mit Hilfe der GGB zu:

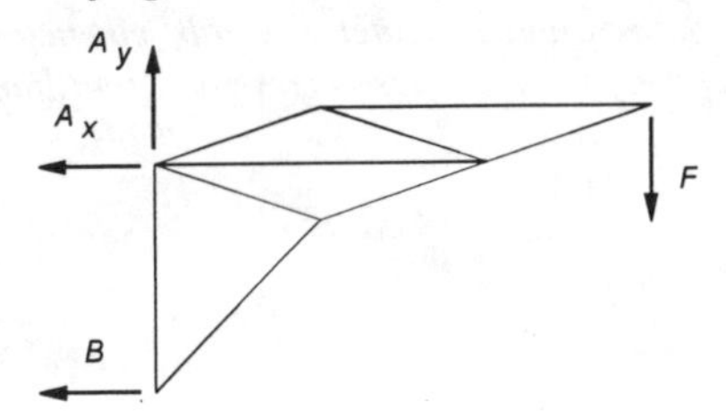

$$B = -9000\ N$$

$$A_x = 9000\ N$$

$$A_y = 4000\ N$$

2. Schritt: RITTERscher Schnitt und GGB

Der RITTERsche Schnitt erfolgt durch drei Stäbe, die nicht durch einen Punkt gehen.

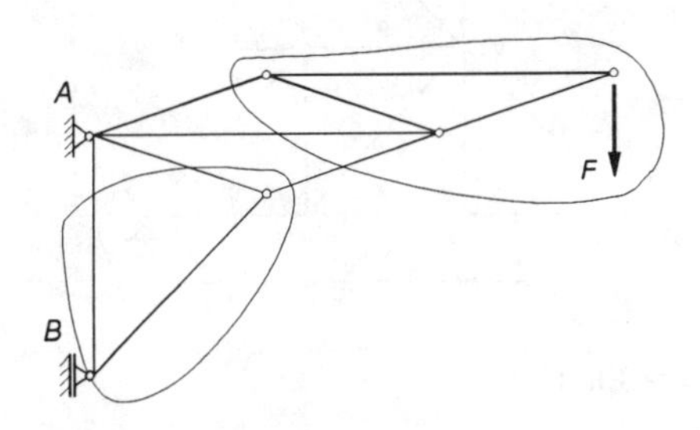

Schnitt S_1-S_3-S_4:

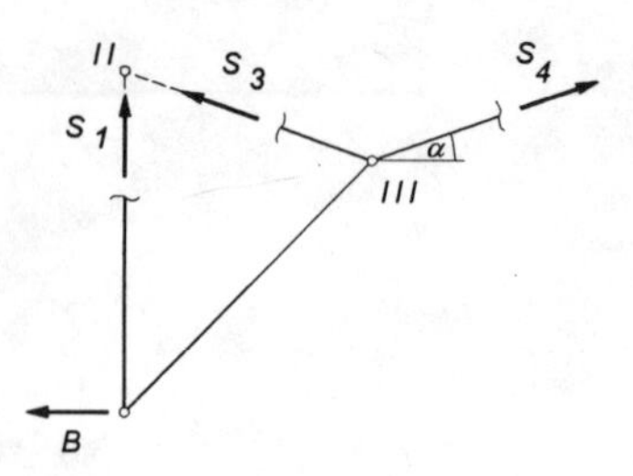

$$\overset{\curvearrowright}{III}: \quad S_1\, 3a + B\, 3a = 0 \qquad (1)$$

$$\uparrow: \quad S_1 + S_3 \sin\alpha + S_4 \sin\alpha = 0 \qquad (2)$$

$$\rightarrow: \quad -B - S_3 \cos\alpha + S_4 \cos\alpha = 0 \qquad (3)$$

Geometrie: $\alpha = \arctan\dfrac{a}{3a} = 18{,}435\,°$

Aus (1), (2) und (3) folgt: $\boxed{S_1 = 9000\ N}$ $\boxed{S_4 = -18973{,}66\ N}$ $\boxed{S_3 = -9486{,}83\ N}$

Schnitt S_5-S_6-S_4:

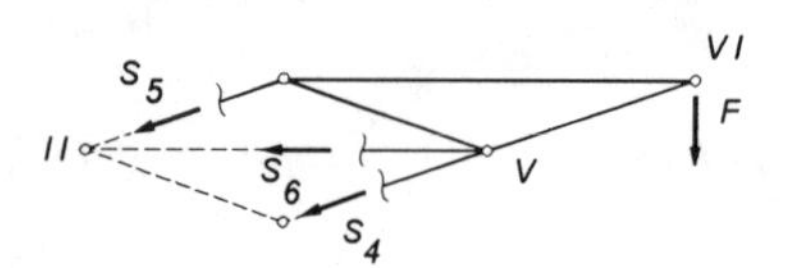

$$\overset{\curvearrowright}{V}: \quad -S_5\, 6a \sin\alpha + F\, 3a = 0 \qquad (4)$$

$$\overset{\curvearrowright}{II}: \quad S_4\, 6a \sin\alpha + F\, 9a = 0 \qquad (5)$$

$$\overset{\curvearrowright}{VI}: \quad -S_5\, 6a \sin\alpha + S_6\, a = 0 \qquad (6)$$

Aus (4), (5) und (6) folgt: $\boxed{S_5 = 6324{,}56\ N}$ $\boxed{S_4 = -18973{,}6\ N}$ $\boxed{S_6 = 12000\ N}$

Anmerkungen: *Ein positives Vorzeichen bei den Stabkräften bedeutet Zugstab, ein negatives Vorzeichen Druckstab. Dieses Verfahren ist besonders zur Ermittlung einzelner Stabkräfte geeignet.*

2.5.3 CREMONA-Plan

Aufgabe 2.5.3.1

Das abgebildete Fachwerk wird mit 2 Kräften F_1 und F_2 belastet.

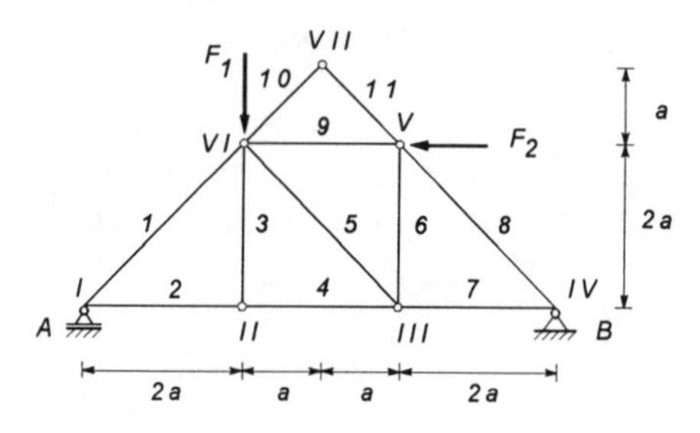

Gegeben: $F_1 = 900$ N, $F_2 = 300$ N, a

Gesucht: Die Stabkräfte S_1 bis S_{11} mit Hilfe des CREMONA-Plans.

Lösung: *1. Auflagerreaktionen bestimmen. 2. Polygone in Lageplan einzeichnen. 3. CREMONA-Plan konstruieren. 4. Einzelkraftecke für Knoten zeichnen. 5. Ergebnisse (mit Vorzeichen) bestimmen.*

1. Schritt: Auflagerkräfte

Die Bestimmung der Auflagerkräfte ist vorab notwendig, da kein zweistäbiger Knoten vorliegt, an dem mit der Konstruktion begonnen werden kann. Die Auflagerreaktionen ergeben sich nach Aufgabe 2.2.1.5 zu:

$$B_x = 300\ N\ , \qquad A = 700\ N \quad \text{und} \quad B_y = 200\ N$$

mit den im Lageplan angegebenen Richtungen.

2. Schritt: Lageplan

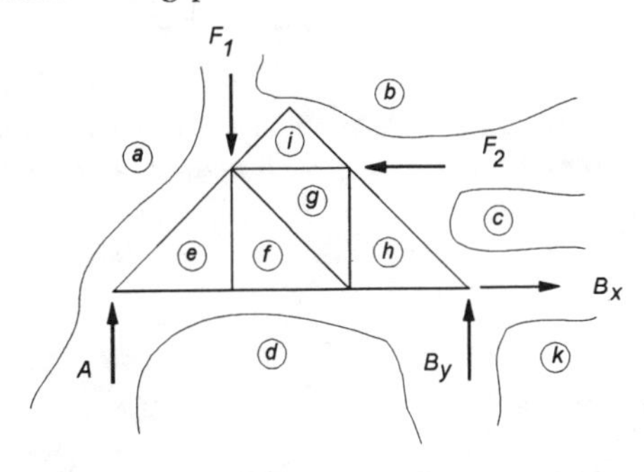

Der Umlaufsinn wird mathematisch negativ d.h. im Uhrzeigersinn gewählt.

3. Schritt: Kräfteplan

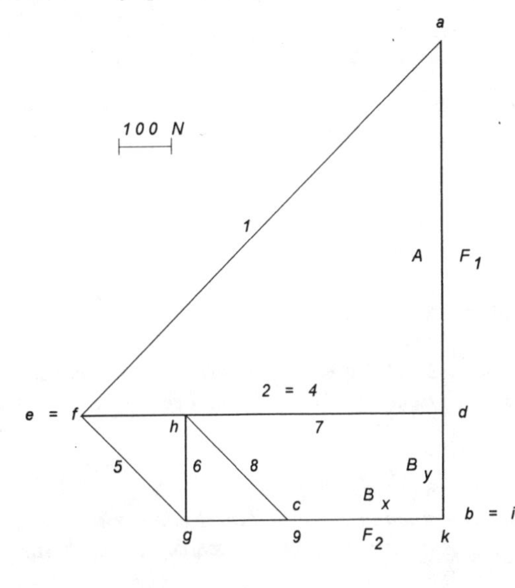

d	→	*a*	:	*A*
a	→	*b*	:	F_1
b	→	*c*	:	F_2
c	→	*k*	:	B_x
k	→	*d*	:	B_y
b	→	*i*	:	*10*
b	→	*i*	:	*11*
d	→	*e*	:	*2*
a	→	*e*	:	*1*
e	→	*f*	:	*3*
d	→	*f*	:	*4*
f	→	*g*	:	*5*
i	→	*g*	:	*9*
g	→	*h*	:	*6*
d	→	*h*	:	*7*
h	→	*c*	:	*8*

4. Schritt: Einzelkraftecke

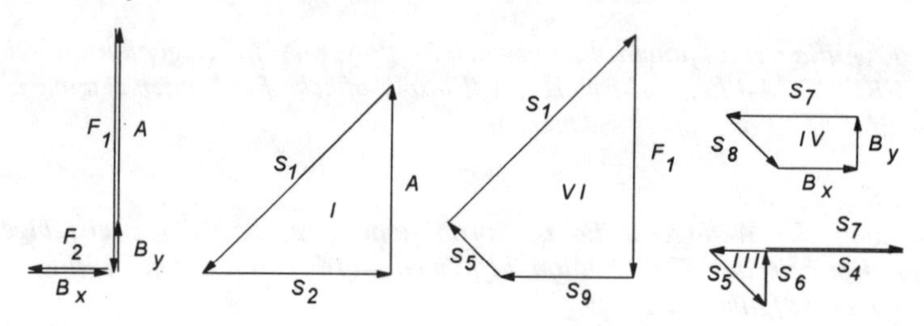

5. Schritt: Ergebnisse

S_i	S_1	S_2	S_3	S_4	S_5	S_6	S_7	S_8	S_9	S_{10}	S_{11}
[N]	*-990*	*+700*	*0*	*+700*	*-282,5*	*+200*	*+500*	*-282,5*	*-500*	*0*	*0*

Anmerkungen: *Ein positives Vorzeichen bei den Stabkräften bedeutet Zugstab, ein negatives Vorzeichen Druckstab. Die Anzahl der Polygone wird reduziert, wenn die Nullstäbe vorab bestimmt werden. (Die Polygone b und i bzw. e und f fallen dann jeweils zusammen).*

Aufgabe 2.5.3.2

Das abgebildete Fachwerk wird durch die Kraft F belastet.

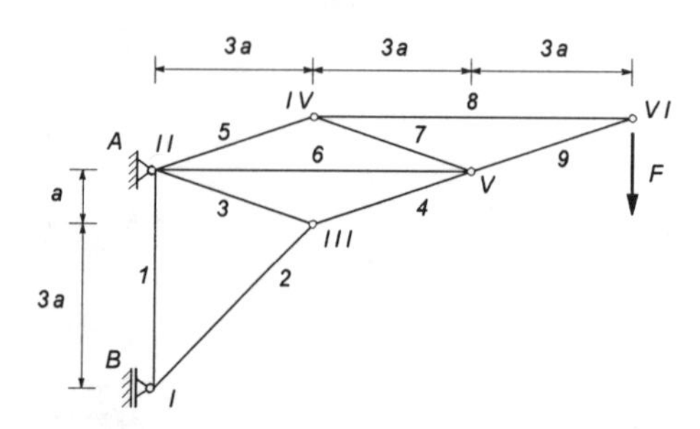

Gegeben: F = 4000 N, a

Gesucht: Die Stabkräfte S_1 bis S_9 mit Hilfe des CREMONA-Plans.

Lösung: *1. Auflagerreaktionen bestimmen. 2. Polygone in Lageplan einzeichnen. 3. CREMONA-Plan konstruieren. 4. Einzelkraftecke für Knoten zeichnen. 5. Ergebnisse (mit Vorzeichen) bestimmen.*

1. Schritt: Auflagerkräfte
Weil die äußere Last F an einem zweistäbigen Knoten angreift und die Richtung einer Auflagerkraft (Lager B) bekannt ist, können die Auflagerreaktionen zeichnerisch mitbestimmt werden.

2. Schritt: Lageplan

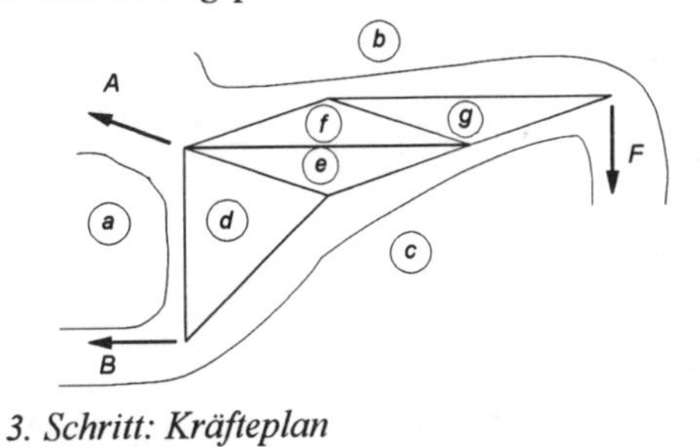

Der Umlaufsinn wird mathematisch negativ (d.h. im Uhrzeigersinn) gewählt.

3. Schritt: Kräfteplan

$b \rightarrow c : F$

$b \rightarrow g : 8$
$c \rightarrow g : 9$

$b \rightarrow f : 5$
$g \rightarrow f : 7$

$f \rightarrow e : 6$
$c \rightarrow e : 4$

$e \rightarrow d : 3$
$c \rightarrow d : 2$

$c \rightarrow a : B$
$d \rightarrow a : 1$

$a \rightarrow b : A$

4. Schritt: Einzelkraftecke

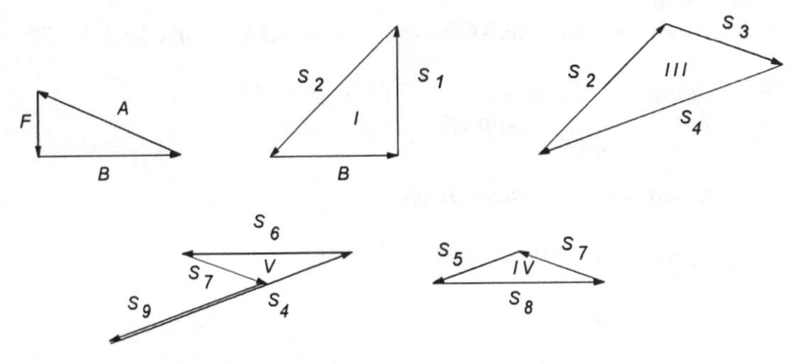

5. Schritt: Ergebnisse

Für die Auflagerkräfte erhält man: $A = 9850\ N$ *und* $B = -9000\ N$

Die Stabkräfte ergeben sich zu:

S_i	S_1	S_2	S_3	S_4	S_5	S_6	S_7	S_8	S_9
[kN]	9	-12,75	-9,45	-19	6,35	12	-6,35	12	-12,7

Anmerkungen: *Ein positives Vorzeichen bei den Stabkräften bedeutet Zugstab, ein negatives Vorzeichen Druckstab.*

Aufgabe 2.5.3.3

Das abgebildete Fachwerk wird mit 2 Kräften F_1 und F_2 belastet.

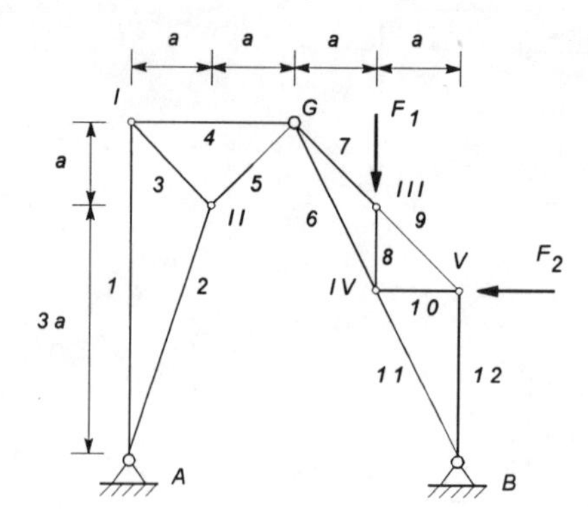

Gegeben: $F_1 = 800$ N, $F_2 = 800$ N, a

Gesucht: Die Stabkräfte S_1 bis S_{12} mit Hilfe des CREMONA-Plans.

Lösung: *Es ist zweckmäßig, das Fachwerk in zwei Teilsysteme aufzuteilen und nach folgenden Schritten vorzugehen: 1. Auflagerreaktionen bestimmen. 2. Polygone in Lageplan einzeichnen. 3. CREMONA-Plan konstruieren. 4. Einzelkraftecke für Knoten zeichnen. 5. Ergebnisse (mit Vorzeichen) bestimmen.*

1. Schritt: Auflagerkräfte
Die Auflagerreaktionen und die Gelenkkraft ergeben sich nach Aufgabe 2.2.2.2 zu:

$$A_x = 300\ N \qquad B_x = 500\ N \qquad G_x = 300\ N$$
$$A_y = 600\ N \qquad B_y = 200\ N \qquad G_y = 600\ N$$

mit den im Lageplan angegebenen Richtungen.

2. Schritt: Lageplan für beide Teilsysteme

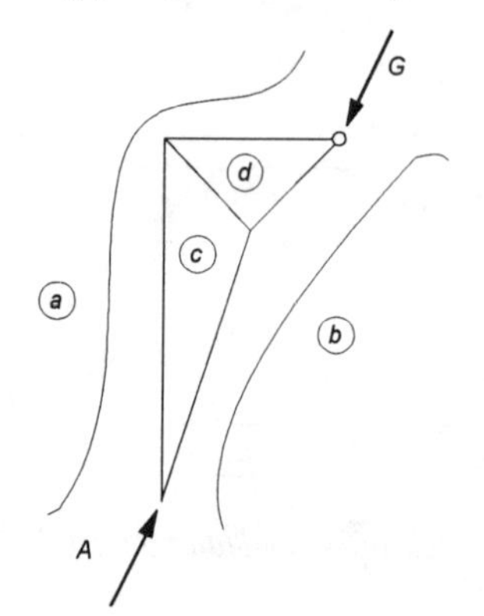

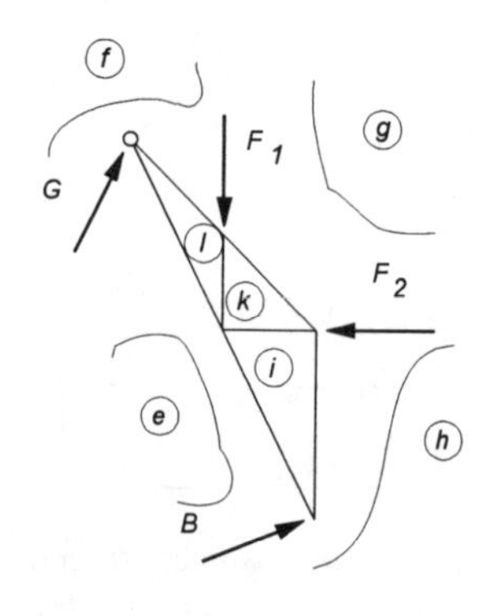

3. Schritt: Kräfteplan

Linkes Teilsystem

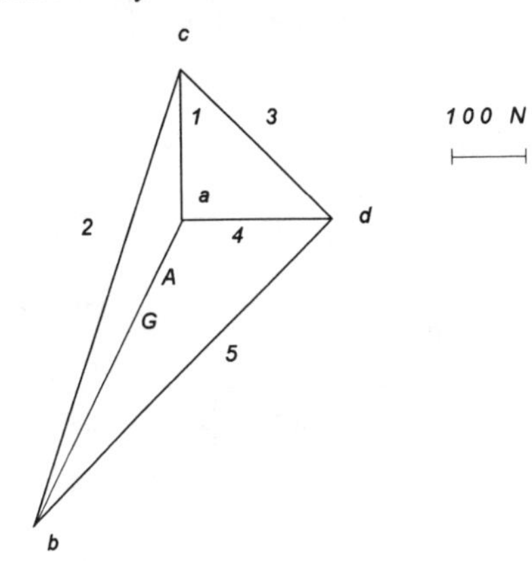

b	$\rightarrow$	a	:	A
b	$\rightarrow$	c	:	2
a	$\rightarrow$	c	:	1
c	$\rightarrow$	d	:	3
a	$\rightarrow$	d	:	4
d	$\rightarrow$	b	:	5

Rechtes Teilsystem

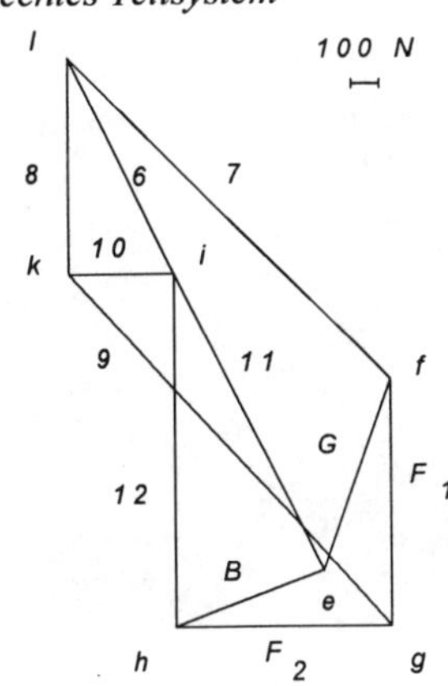

e	$\rightarrow$	f	:	G
f	$\rightarrow$	g	:	F_1
g	$\rightarrow$	h	:	F_2
h	$\rightarrow$	e	:	B
e	$\rightarrow$	l	:	6
f	$\rightarrow$	l	:	7
l	$\rightarrow$	k	:	8
g	$\rightarrow$	k	:	9
k	$\rightarrow$	i	:	10
h	$\rightarrow$	i	:	12
e	$\rightarrow$	i	:	11

4. Schritt: Einzelkraftecke

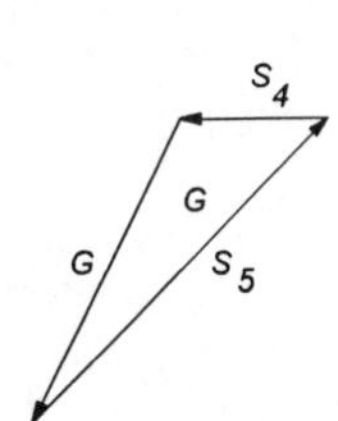

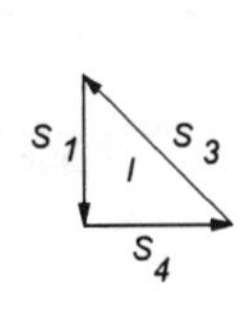

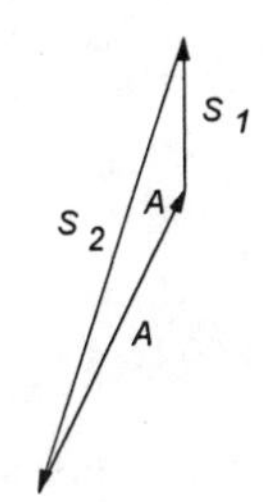

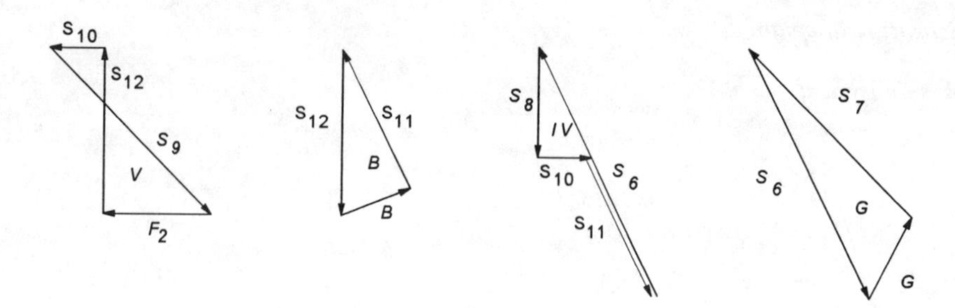

5. Schritt: Ergebnisse (rechnerische Ergebnisse zur Kontrolle)

	S_1	S_2	S_3	S_4	S_5	S_6	S_7
$S_i\,[N]$	300	-950	-425	300	-850	2010	-1700
$S_{i\,rech}\,[N]$	300	-948,68	-424,26	300	-848,52	2012,46	-1697,06

	S_8	S_9	S_{10}	S_{11}	S_{12}
$S_i\,[N]$	-800	-1700	400	1120	-1200
$S_{i\,rech}\,[N]$	-800	-1697,06	400	1118,03	-1200

Anmerkungen: *Ein positives Vorzeichen bei den Stabkräften bedeutet Zugstab, ein negatives Vorzeichen Druckstab.*

2.5.4 Spezielle Probleme

Aufgabe 2.5.4.1

Das abgebildete nichteinfache Fachwerk wird mit der Kraft F belastet.

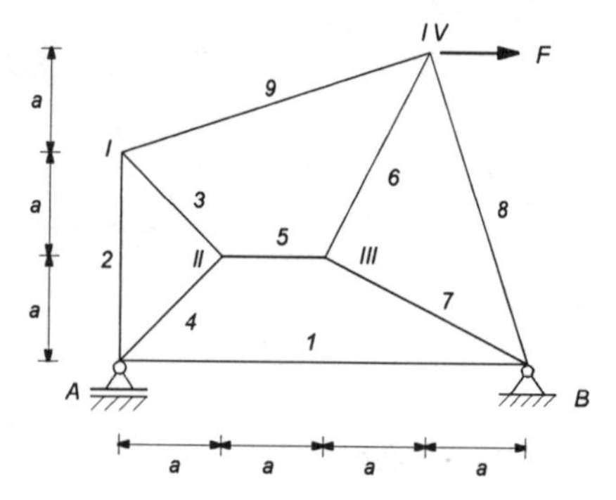

Gegeben: F = 800 N, a

Gesucht: Die Stabkräfte S_1 bis S_9 und die Auflagerreaktionen mit Hilfe des CREMONA-Plans.

Lösung: *1. Polygone in Lageplan einzeichnen. 2. CREMONA-Plan konstruieren. 3. Maßstabsfaktor bestimmen. 4. Einzelkraftecke zeichnen. 5. Ergebnisse bestimmen.*

1. Schritt: Lageplan

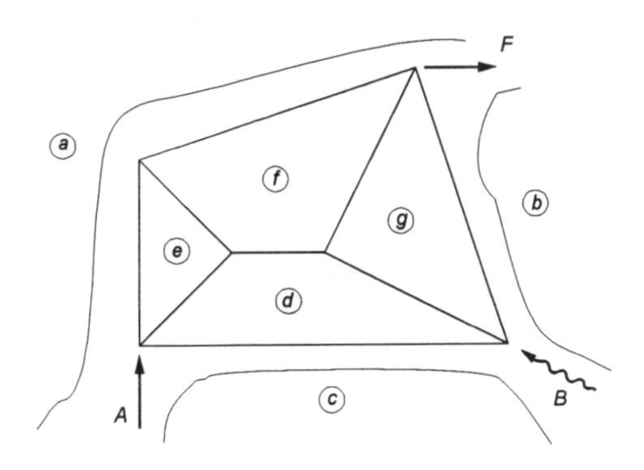

2. Schritt: Kräfteplan

Da eine Konstruktion des CREMONA-Plans mit bestimmtem Maßstab nicht möglich ist, wird eine Stabkraft in beliebiger Größe angenommen: $|S_5{}^*| = 1500\ \text{N}$

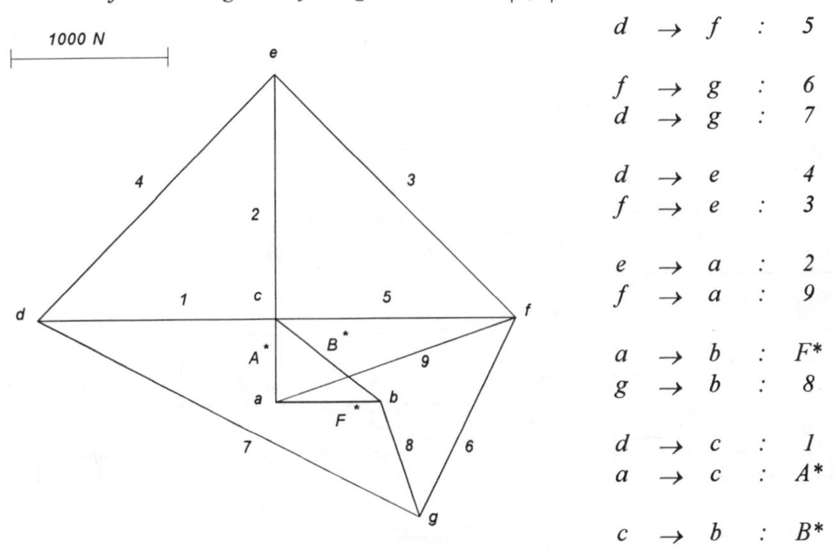

3. Schritt: Maßstabsfaktor

Aus dem CREMONA-Plan wird die äußere Last mit $F^* = 335$ N bestimmt. Ihre tatsächliche Größe ist $F = 800$ N und damit ergibt sich der Maßstabsfaktor zu:

$$m = \frac{F}{F^*} = \frac{800}{335} = 2,388 \qquad \textit{und für die Stabkräfte folgt:} \qquad S_i = m \cdot S_i^*$$

4. Schritt: Einzelkraftecke

Der Umlaufsinn ergibt sich aus dem Krafteck der äußeren Lasten (F-B-A). Er ist mathematisch negativ.

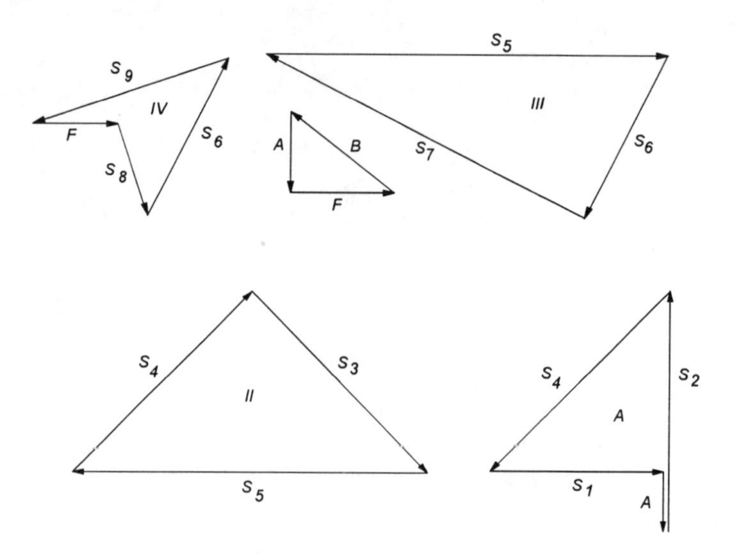

5. Schritt: Ergebnisse (Zum Vergleich auch rechnerische Ergebnisse)

$F^* = 335\,N$	$F = 800\,N$	
$A^* = -250\,N$	$A = -597\,N$	$(A_{rech} = -600\,N)$
$B^* = 420\,N$	$B = 1003\,N$	$(B_{rech} = 1000\,N)$

	S_1	S_2	S_3	S_4	S_5
$S_i^*[N]$	750	1000	-1065	-1065	-1500
$S_i[N]$	1791	2388	-2543	-2543	-3582
$S_{i\,rech}[N]$	1800	2400	-2546	-2546	-3600

	S_6	S_7	S_8	S_9
$S_i^*[N]$	-670	-1345	370	790
$S_i[N]$	-1600	-3212	884	1887
$S_{i\,rech}[N]$	-1609	-3219	885	1897

Anmerkung: *Ein positives Vorzeichen bei den Stabkräften bedeutet Zugstab, ein negatives Vorzeichen Druckstab.*

Aufgabe 2.5.4.2

Das abgebildete Fachwerk wird an einem Innenknoten mit der Kraft F belastet.

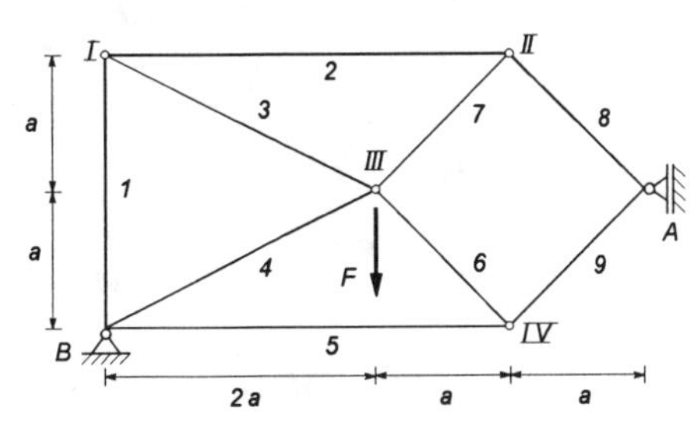

Gegeben: F = 600 N, a

Gesucht: Die Stabkräfte S_1 bis S_9 mit Hilfe des CREMONA-Plans.

Lösung: *1. Auflagerreaktionen bestimmen. 2. Belastungsumordnung vornehmen. 3. CREMONA-Pläne für Ersatzsysteme zeichnen. 4. Ergebnisse der Ersatzsysteme überlagern.*

1. Schritt: Auflagerkräfte

Die Auflagerreaktionen ergeben sich mit Hilfe der GGB zu:

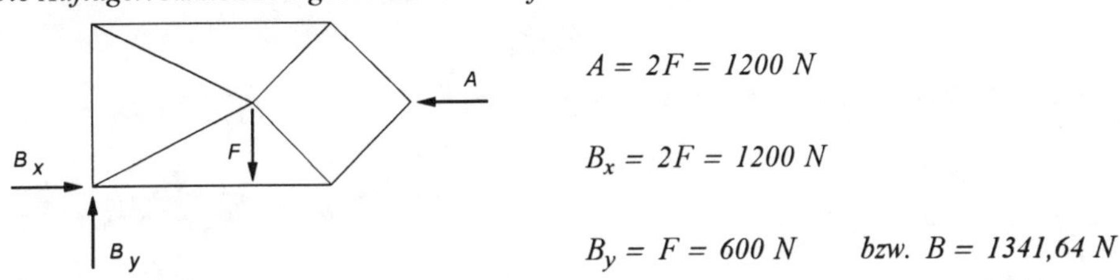

$A = 2F = 1200\ N$

$B_x = 2F = 1200\ N$

$B_y = F = 600\ N$ bzw. $B = 1341{,}64\ N$

2. Schritt: Belastungsumordnung

Zur Bearbeitung des Fachwerks mit dem CREMONA-Plan muß die Belastung an einem äußeren Knoten vorliegen. Dies ist durch eine Belastungsumordnung möglich. Die Aufspaltung in die beiden Ersatzsysteme erfolgt dabei folgendermaßen:

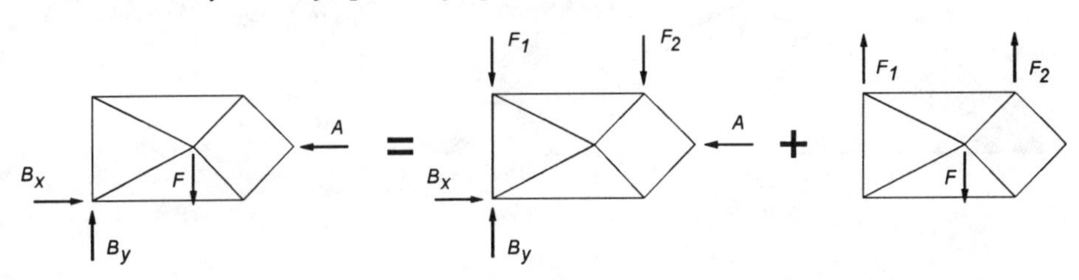

Die Hilfskräfte ergeben sich durch Anwendung der GGB auf ein Ersatzsystem. Es gilt:

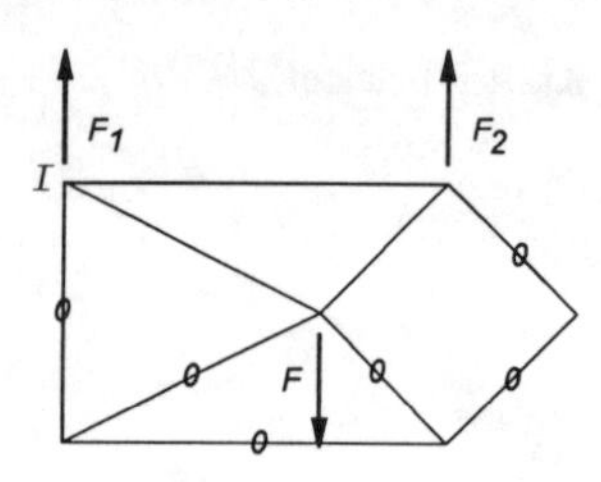

$$\uparrow: \quad F_1 + F_2 - F = 0$$

$$\overset{\curvearrowright}{I}: \quad F\,2a - F_2\,3a = 0$$

und damit:

$$F_1 = \frac{1}{3}F = 200\,N \qquad \text{und} \qquad F_2 = \frac{2}{3}F = 400\,N$$

3. Schritt: CREMONA-Pläne

Lageplan 1. Ersatzsystem

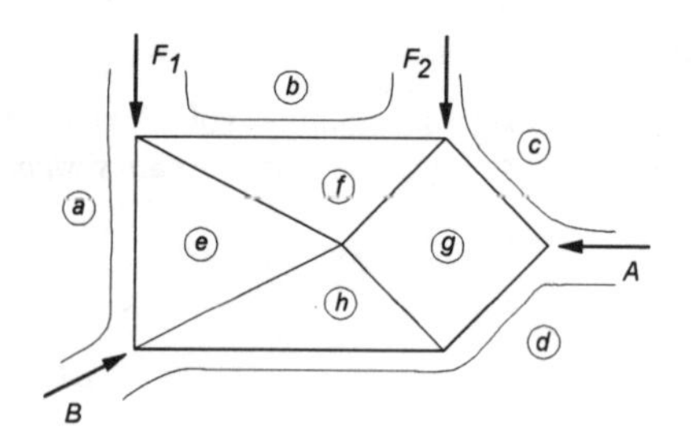

Lageplan 2. Ersatzsystem

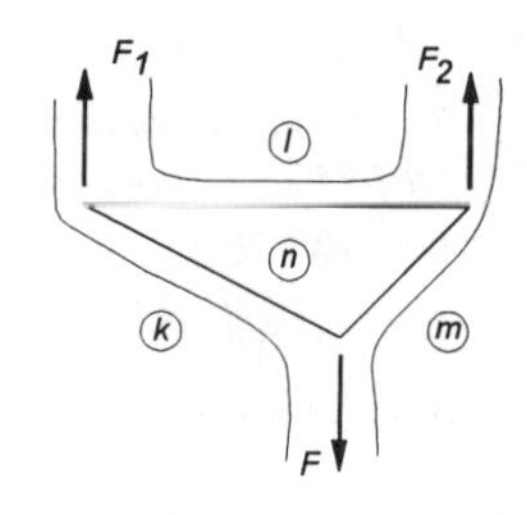

Kräfteplan 1. Ersatzsystem

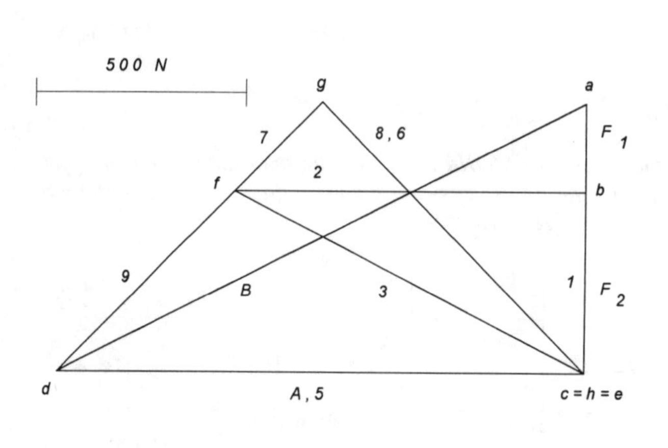

$a \rightarrow b : F_1$
$b \rightarrow c : F_2$
$c \rightarrow d : A$
$d \rightarrow a : B$

$c \rightarrow g : 8$
$d \rightarrow g : 9$

$g \rightarrow h : 6$
$d \rightarrow h : 5$

$h \rightarrow e : 4$
$a \rightarrow e : 1$

$e \rightarrow f : 3$
$b \rightarrow f : 2$

$f \rightarrow g : 7$

Kräfteplan 2. Ersatzsystem

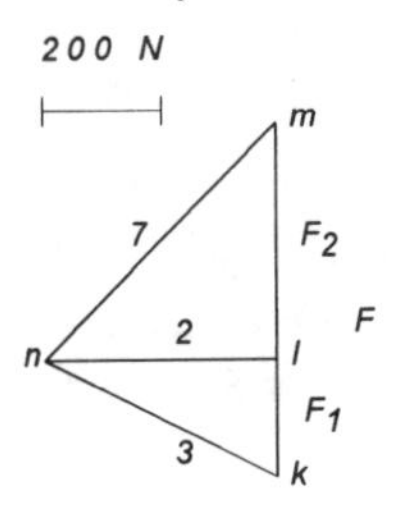

m	$\rightarrow$	k	:	F
k	$\rightarrow$	l	:	F_1
l	$\rightarrow$	m	:	F_2
m	$\rightarrow$	n	:	7
k	$\rightarrow$	n	:	3
l	$\rightarrow$	n	:	2

Einzelkraftecke 1. Ersatzsystem

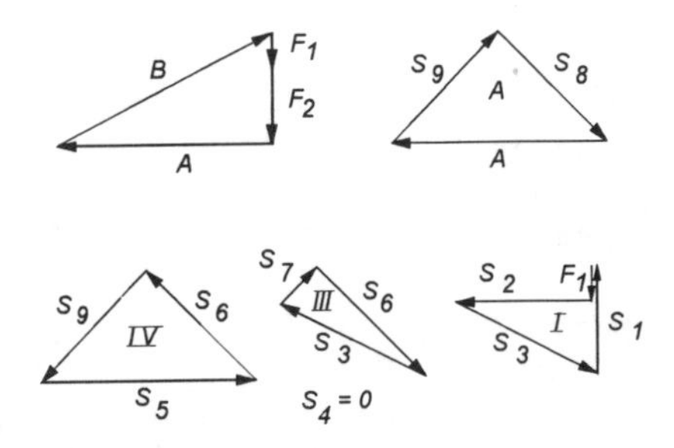

Einzelkraftecke 2. Ersatzsystem

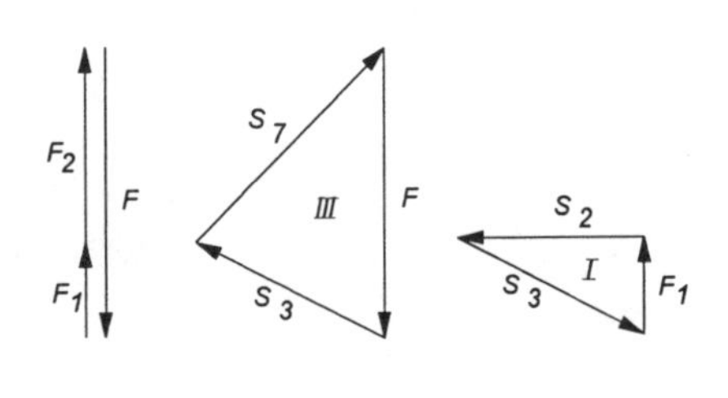

4. Schritt: Ergebnisse (zum Vergleich auch rechnerische Ergebnisse)

Die Stabkräfte ergeben sich aus der Überlagerung der beiden Ersatzsysteme. Damit gilt:

$S_i = S_{i1} + S_{i2}$ *und man erhält für die Stabkräfte:*

	S_1	S_2	S_3	S_4	S_5
$S_{i1}[N]$	0	-400	445	0	0
$S_{i2}[N]$	-600	-800	890	0	-1200
$S_i[N]$	-600	-1200	1335	0	-1200
$S_{i\,rech}[N]$	-600	-1200	1341	0	-1200

	S_6	S_7	S_8	S_9
$S_{i1}[N]$	0	565	0	0
$S_{i2}[N]$	850	285	-850	-850
$S_i[N]$	850	850	-850	-850
$S_{i\,rech}[N]$	849	849	-849	-849

Anmerkungen: *Ein positives Vorzeichen bei den Stabkräften bedeutet Zugstab, ein negatives Vorzeichen Druckstab.*

2.6 Seilstatik

Aufgabe 2.6.1

Ein Wetterballon ist mittels eines Seils (Länge L^*, spez. Gewicht γ^*) am Boden verankert. Auf den Ballon wirken die Auftriebskraft F_A und die Windkraft F_W. Am Boden wird zwischen der Seiltangente und der Horizontalen der Winkel β gemessen. Für das Seil kann ein schwacher Durchhang angenommen werden.

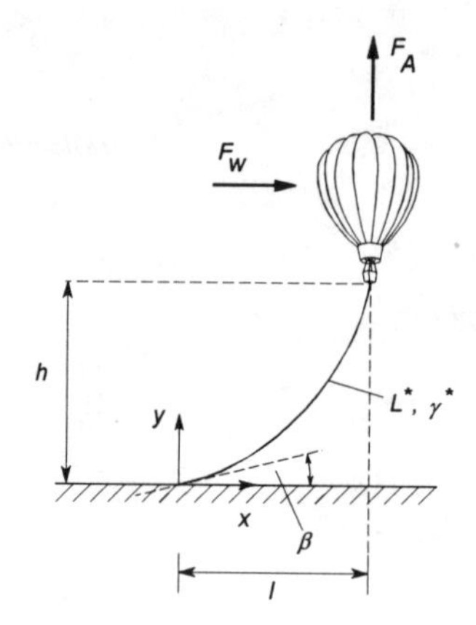

Gegeben: $L^*, \gamma^*, F_A, \beta$

Gesucht: 1. Die auf den Ballon wirkende Windkraft F_W,
2. die Gleichung der Seilkurve.

Lösung:

zu 1. Windkraft:

Ballon und Seil freischneiden und auf beide Freikörperbilder die GGB anwenden

$$\uparrow: \quad F_A - V_{max} = 0 \quad \Rightarrow \quad F_A = V_{max} \tag{1}$$

$$\rightarrow: \quad F_w - H = 0 \quad \Rightarrow \quad H = F_w \tag{2}$$

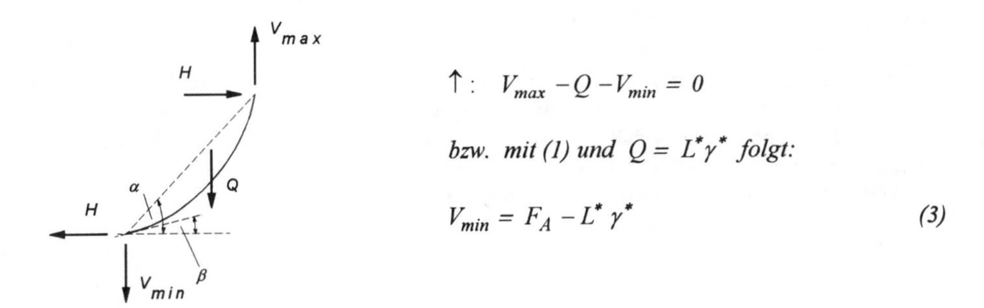

$$\uparrow: \quad V_{max} - Q - V_{min} = 0$$

bzw. mit (1) und $Q = L^* \gamma^*$ *folgt:*

$$V_{min} = F_A - L^* \gamma^* \tag{3}$$

Weil die Richtung der Seilkraft immer mit der Tangente an die Seilkurve übereinstimmt, erhält man an der Verankerungsstelle:

$\tan\beta = \dfrac{V_{min}}{H}$ *bzw. mit (2) und (3):*

$$\boxed{F_w = H = \frac{F_A - L^* \gamma^*}{\tan\beta}} \tag{4}$$

zu 2. Seilkurve:

Für schwachen Durchhang gilt: $y'' = \dfrac{q}{H}$ *und mit* $q = \dfrac{L^* \gamma^*}{\ell}$ *folgt durch Integration:*

$$y' = \frac{L^* \gamma^*}{\ell H} x + C_1 \qquad \text{bzw.} \qquad y = \frac{L^* \gamma^*}{2 \ell H} x^2 + C_1 x + C_2 \tag{5}$$

also ein quadratisches Polynom (Parabel) als Seilkurve. Die Länge ℓ *ist durch die wahre Seillänge bestimmt. Es gilt: (s. Hahn S. 63)*

$$\ell = \frac{L^* \cos\alpha}{1 + \dfrac{Q^2}{24 H^2} \cos^4 \alpha} \qquad \text{wobei} \qquad \alpha = \arctan\left(\frac{h}{\ell}\right) \qquad \text{gilt und sich mit}$$

$$h = y_{(x=\ell)} = \frac{L^* \gamma^*}{2 \ell H} \ell^2 + \tan\beta \cdot \ell \qquad \text{zu} \qquad \alpha = \arctan\left(\frac{L^* \gamma^*}{2H} + \tan\beta\right) \qquad \text{ergibt.}$$

Die Integrationskonstanten folgen aus den Randbedingungen:

$$y(x=0) = 0 \qquad \text{und} \qquad y'(x=0) = \tan\beta \qquad \text{zu} \qquad C_1 = \tan\beta \qquad \text{und} \qquad C_2 = 0$$

und für die Seilkurve folgt: $\boxed{y = \dfrac{L^* \gamma^*}{2 \ell H} x^2 + \tan\beta \cdot x}$

Aufgabe 2.6.2

Eine Boje ist mit einem *masselosen* Seil am Punkt A im Flußbett verankert. Durch die Strömung wirkt eine von x abhängige Belastung q(x) auf das Seil sowie die Kraft F auf die Boje. Die Belastung des Seils fällt von ihrem Maximum q_0 an der Boje *linear* bis auf null am Punkt A ab. Die Boje mit der Gewichtskraft G erfährt in der dargestellten Situation die Auftriebskraft F_a. Es kann schwacher Durchhang angenommen werden.

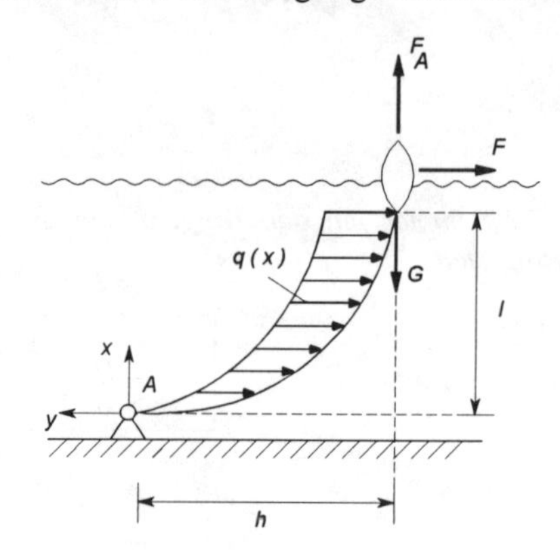

Gegeben: G, ℓ, F = 0,2 G, F_A = 2,5 G, q_0

Gesucht: 1. Die Gleichung der Seilkurve,
2. den Abstand der Boje von der Verankerung,
3. die Verankerungskräfte.

Lösung:

zu 1. Seilkurve:

Aus der Aufgabenstellung folgt für die Belastungsfunktion: $q(x)=ax+b$ *und mit*

$q(x=0)=0$ *und* $q(x=\ell)=q_0$ *ergibt sich:* $a=\frac{q_0}{\ell}$ *sowie* $b=0$

und damit: $$q(x)=\frac{q_0}{\ell}\cdot x \qquad (1)$$

Bei schwachem Durchhang gilt: $y''=\frac{q(x)}{H}$ *und mit (1) folgt:* $$y''=\frac{q_0}{\ell H}\cdot x \qquad (2)$$

bzw. $$y'=\frac{q_0}{2\ell H}x^2+C_1 \qquad (3)$$ *und* $$y=\frac{q_0}{6\ell H}x^3+C_1x+C_2 \qquad (4)$$

Die Konstanten in (4) bestimmen sich aus den Randbedingungen an die Seilkurve:

aus der Geometrie folgt: $y(x=0)=0$ *und mit (4) ergibt sich:* $C_2=0$ *(5)*

aus der Tangentenbedingung der Seilkraft folgt:

$$y'(x=\ell)=\frac{V}{H} \qquad \textit{und mit (3) ergibt sich:} \qquad C_1=\frac{V}{H}-\frac{q_0}{2H}\ell \tag{6}$$

Zur Berechnung von V und H wird die Boje freigeschnitten und die GGB werden angesetzt.

$$\rightarrow: \quad F+V=0 \quad \Rightarrow \quad V=-F$$

$$\text{bzw.} \quad V=-\frac{1}{5}G \tag{7}$$

$$\uparrow: \quad F_A-G-H=0 \quad \Rightarrow \quad H=F_A-G$$

$$\text{bzw.} \quad H=\frac{3}{2}G \tag{8}$$

Gleichungen (7) und (8) eingesetzt ergibt:
$$\boxed{y=\frac{q_0}{9\ell G}x^3-\left(\frac{2}{15}+\frac{q_0\ell}{3G}\right)x}$$

zu 2. Bojenabstand:

Nach dem gewählten Koordinatensystem gilt: $\quad h=-y(x=\ell)$

und nach Einsetzen in die Gleichung der Seilkurve folgt:
$$\boxed{h=\frac{2q_0\ell^2}{9G}+\frac{2\ell}{15}}$$

zu 3. Verankerungskräfte

Seil freischneiden und GGB anwenden

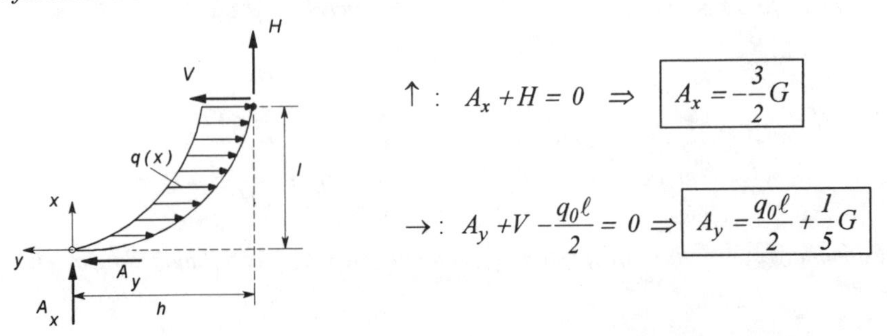

$$\uparrow: \quad A_x+H=0 \quad \Rightarrow \quad \boxed{A_x=-\frac{3}{2}G}$$

$$\rightarrow: \quad A_y+V-\frac{q_0\ell}{2}=0 \Rightarrow \boxed{A_y=\frac{q_0\ell}{2}+\frac{1}{5}G}$$

Anmerkung: *Eine alternative Bestimmung des Abstandes h kann durch eine Momentenbetrachtung am Seil erfolgen.*

$$\overset{\curvearrowleft}{A}: \quad \frac{q_0\ell}{2}\,\frac{2\ell}{3}-V\cdot\ell-H\cdot h=0 \qquad \textit{und damit ebenfalls} \qquad h=\frac{2q_0\ell^2}{9G}+\frac{2}{15}\ell$$

Aufgabe 2.6.3

Ein massebehaftetes Seil ist zwischen den beiden Auflagepunkten A und B aufgehängt. Auf dem Seil befindet sich eine masselose Rolle (Radius r), an die eine Masse m angehängt ist. Die Rolle kann sich auf dem Seil frei bewegen. Unter dem Einfluß der Schwerkraft stellt sich der in der Abbildung dargestellte Gleichgewichtszustand ein. Für das Seil kann ein schwacher Durchhang angenommen werden.

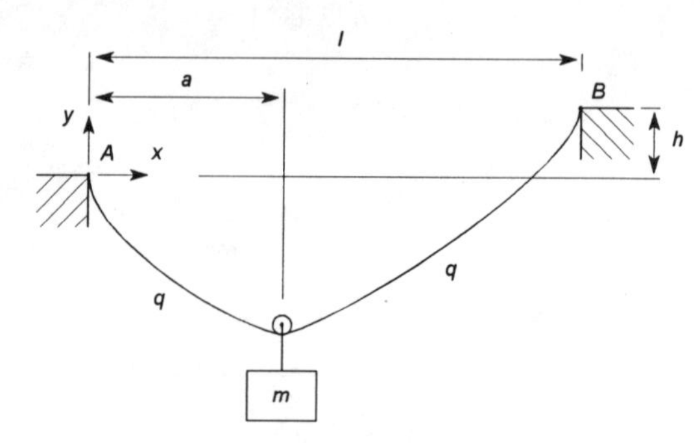

Gegeben: ℓ, q, m, g, h, r<<ℓ, Horizontalzug H

Gesucht: 1. Die Gleichung der Seilkurve,
2. den Abstand der Walze vom linken Auflagerpunkt.

Lösung:

zu 1. Seilkurve:

Zur Bestimmung der Seilkurve genügt es, wegen $r << \ell$, das Seil in zwei Bereiche aufzuteilen. Für die beiden Bereiche gilt unter Berücksichtigung des schwachen Durchhangs:

Bereich I $(0 \le x \le a)$

$$y''_I = \frac{q}{H} \qquad (1)$$

$$\Rightarrow \quad y'_I = \frac{q}{H}x + C_1 \qquad (2)$$

$$\Rightarrow \quad y_I = \frac{q}{2H}x^2 + C_1 x + C_2 \qquad (3)$$

Bereich II $(a \le x \le \ell)$

$$y''_{II} = \frac{q}{H} \qquad (4)$$

$$\Rightarrow \quad y'_{II} = \frac{q}{H}x + D_1 \qquad (5)$$

$$\Rightarrow \quad y_{II} = \frac{q}{2H}x^2 + D_1 x + D_2 \qquad (6)$$

Zur Bestimmung der vier Integrationskonstanten stehen vier Randbedingungen zur Verfügung.

erster Bereich: $y_I(x=0) = 0 \qquad y'_I(x=0) = -\frac{V_A}{H}$

zweiter Bereich: $y_{II}(x=\ell) = h \qquad y'_{II}(x=\ell) = \frac{V_B}{H}$

Eingesetzt in die Gleichungen (1) bis (6) ergibt für die Konstanten:

$$C_1 = -\frac{V_A}{H} \quad (7) \qquad C_2 = 0 \qquad D_1 = \frac{V_B - q\ell}{H} \quad (8) \qquad D_2 = h + \frac{q\ell^2}{2H} - \frac{V_B \ell}{H} \quad (9)$$

Zur Bestimmung der Vertikalkomponenten der Seilkraft in den beiden Auflagern wird das Seil geschnitten und die GGB auf das Gesamtsystem angewandt (siehe Anmerkung).

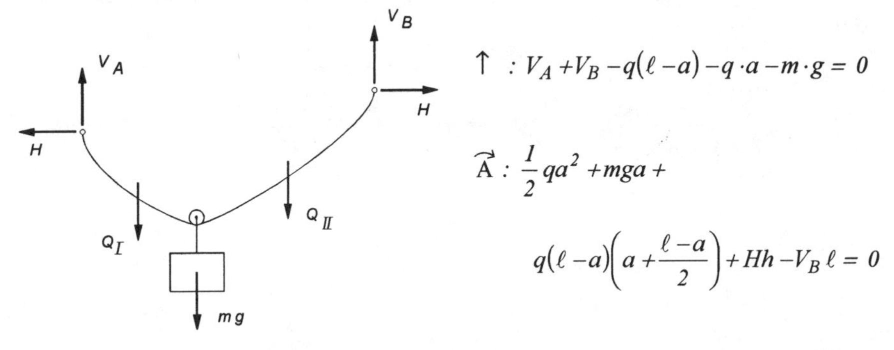

$$\uparrow \; : V_A + V_B - q(\ell - a) - q \cdot a - m \cdot g = 0$$

$$\overset{\curvearrowleft}{A} : \frac{1}{2} q a^2 + mga + q(\ell - a)\left(a + \frac{\ell - a}{2}\right) + Hh - V_B \ell = 0$$

und damit: $$V_A = \frac{q\ell}{2} + \frac{\ell - a}{\ell} mg - \frac{h}{\ell} H \quad (10) \qquad \text{und} \qquad V_B = \frac{q\ell}{2} + \frac{h}{\ell} H + \frac{a}{\ell} mg \quad (11)$$

Gleichungen (10) und (11) in (7) bis (9) eingesetzt ergibt mit (3) bzw. (6):

$$\boxed{\begin{aligned} y_I(x) &= \frac{q}{2H} x^2 + \left(\frac{h}{\ell} - \frac{\ell - a}{\ell}\frac{mg}{H} - \frac{q\ell}{2H}\right) x & \text{für } 0 \le x \le a \\ y_{II}(x) &= \frac{q}{2H} x^2 + \left(\frac{h}{\ell} + \frac{a}{\ell}\frac{mg}{H} - \frac{q\ell}{2H}\right) x - \frac{amg}{H} & \text{für } a \le x \le \ell \end{aligned}} \quad (12)$$

zu 2. Abstand der Masse vom Lager
Rolle freischneiden und GGB anwenden

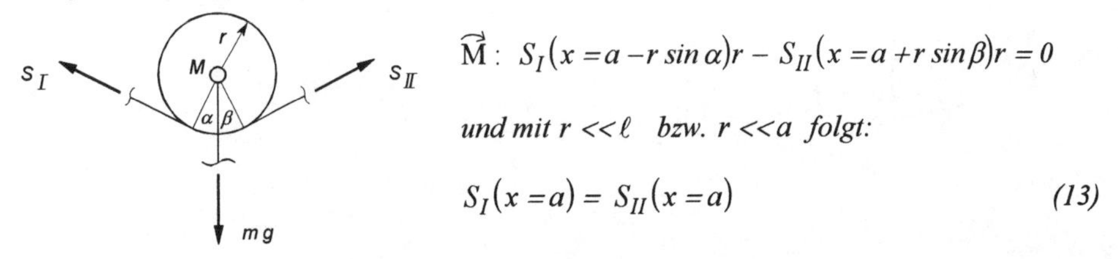

$$\overset{\curvearrowleft}{M} : S_I(x = a - r \sin\alpha) r - S_{II}(x = a + r \sin\beta) r = 0$$

und mit $r \ll \ell$ *bzw.* $r \ll a$ *folgt:*

$$S_I(x = a) = S_{II}(x = a) \quad (13)$$

Mit H = konst. im gesamten Seil folgt zunächst aus (14): $V_I(x = a) = V_{II}(x = a)$

und damit für die Steigung der Seilkurve: $$y_I'(x = a) = -y_{II}'(x = a) \quad (14)$$

(12) in (14) eingesetzt liefert: $$\boxed{a = \frac{q\ell^2 + mg\ell - 2hH}{2q\ell + 2mg}}$$

Anmerkung: *Nach dem Erstarrungsprinzip können die GGB auf das Seil, da es sich im statischen Gleichgewicht befindet, wie auf einen starren Körper angewandt werden.*

Aufgabe 2.6.4

Eine im Auflager A aufgehängte Kette (q_0) wird durch einen im Lager B befestigten Faden ($q = 0$) gehalten.

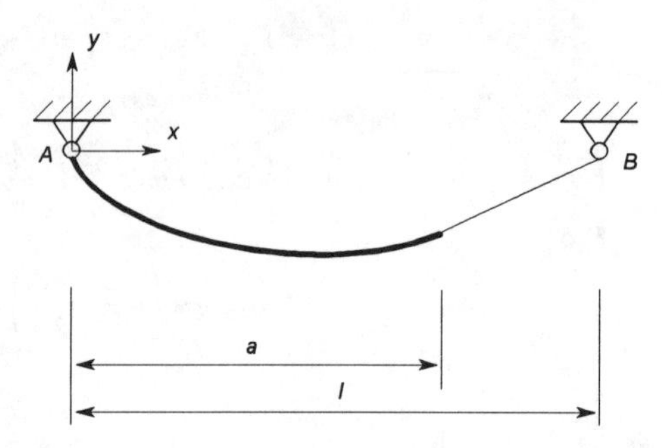

Gegeben: q_0, ℓ, a, Horizontalzug H

Gesucht:
1. Die Auflagerreaktionen in A und B,
2. die Gleichung des Durchhangs im Bereich $0 \le x \le \ell$,
3. den Ort und die Größe des maximalen Durchhangs.

Lösung:

zu 1. Auflagerreaktionen

Gesamtsystem freischneiden und GGB anwenden (siehe Anmerkung)

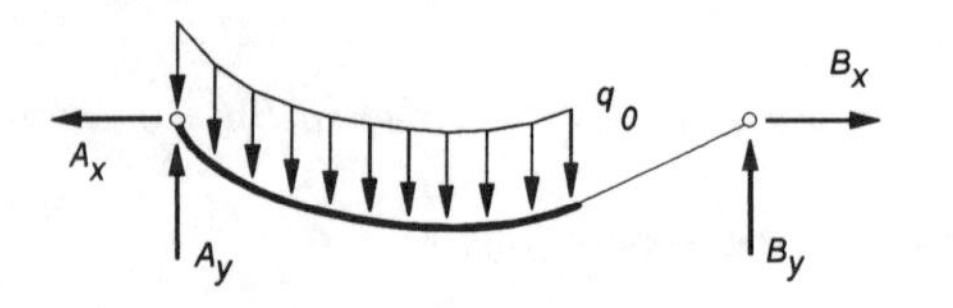

$$\rightarrow : A_x - B_x = 0 \quad (1)$$

$$\uparrow : A_y + B_y - q_0 a = 0 \quad (2)$$

$$\overset{\curvearrowright}{A} : B_y \ell - q_0 a \frac{a}{2} = 0 \quad (3)$$

Aus (1) bis (3) folgt mit H = konst. im gesamten Seil:

$$\boxed{A_x = B_x = H} \qquad \boxed{A_y = q_0 \left(a - \frac{a^2}{2\ell} \right)} \qquad \boxed{B_y = \frac{q_0 a^2}{2\ell}}$$

zu 2. Gleichung des Durchhangs

Zur Bestimmung der Seilkurve ist das Seil in zwei Bereiche aufzuteilen. Für die beiden Bereiche gilt unter Berücksichtigung des schwachen Durchhangs:

Bereich I $(0 \le x \le a)$

$$y_I'' = \frac{q_0}{H} \quad (4)$$

$$y_I' = \frac{q_0}{H} x + C_1 \quad (5)$$

$$y_I = \frac{q_0}{2H} x^2 + C_1 x + C_2 \quad (6)$$

Bereich II $(a \le x \le \ell)$

$$y_{II}'' = 0 \quad (7)$$

$$y_{II}' = D_1 \quad (8)$$

$$y_{II} = D_1 x + D_2 \quad (9)$$

Zur Bestimmung der vier Integrationskonstanten stehen zwei Rand- und zwei Übergangsbedingungen zur Verfügung.

Randbedingungen: $y_I(x=0) = 0 \qquad y_{II}(x=\ell) = 0$

Übergangsbedingungen: $y_I(x=a) = y_{II}(x=a) \qquad y_I'(x=a) = y_{II}'(x=a)$

Eingesetzt in die Gleichungen (4) bis (9) ergibt:

$$C_1 = \frac{q_0 a^2}{2H\ell} - \frac{q_0 a}{H} \qquad C_2 = 0 \qquad D_1 = \frac{q_0 a^2}{2H\ell} \qquad D_2 = -\frac{q_0 a^2}{2H}$$

bzw.

$$\boxed{y_I(x) = \frac{q_0}{2H} x^2 + \left(\frac{q_0 a^2}{2H\ell} - \frac{q_0 a}{H}\right) x} \quad (10) \quad \text{und} \quad \boxed{y_{II}(x) = \frac{q_0 a^2}{2H\ell} x - \frac{q_0 a^2}{2H}} \quad (11)$$

zu 3. maximaler Durchhang

Der maximale Durchhang liegt im Bereich der Kette, also innerhalb $0 \le x \le a$. *Für den Durchhang gilt:*

$$\eta_I(x) = -y_I(x) \quad \text{bzw. mit (10):} \quad \eta_I(x) = -\frac{q_0}{2H} x^2 - \left(\frac{q_0 a^2}{2H\ell} - \frac{q_0 a}{H}\right) x$$

Die Stelle des maximalen Durchhangs bestimmt sich aus der Bedingung: $\dfrac{d\eta_I(x)}{dx} = 0$

$$\Rightarrow \quad x_{max} = a - \frac{a^2}{2\ell} \quad \text{und (10) liefert:} \quad \boxed{\eta_{max} = \eta_I(x = x_{max}) = \frac{q_0 a^2}{2H} + \frac{q_0 a^4}{8H\ell^2} - \frac{q_0 a^3}{2H\ell}}$$

Anmerkung: *Nach dem Erstarrungsprinzip können die GGB auf das Seil, da es sich im statischen Gleichgewicht befindet, wie auf einen starren Körper angewandt werden.*

Aufgabe 2.6.5

Ein Wetterballon ist mittels eines Seils (Länge L*, spez. Gewicht γ*) am Boden verankert. Auf den Ballon wirken die Auftriebskraft F_A und die Windkraft F_W. Am Boden wird zwischen der Seiltangente und der Horizontalen der Winkel β gemessen. Für das Seil kann *kein* schwacher Durchhang angenommen werden.

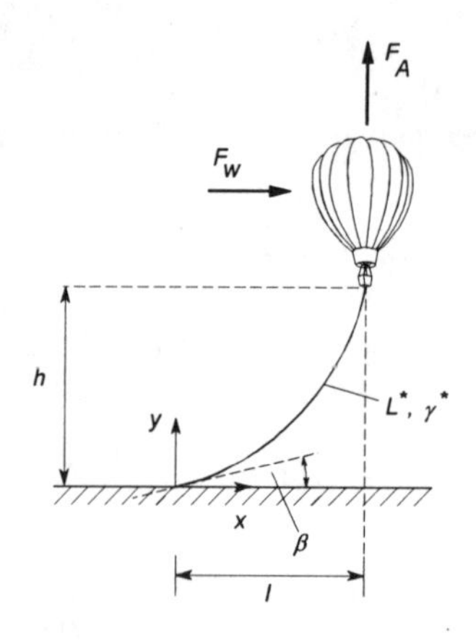

Gegeben: $L^*, \gamma^*, F_A, \beta$

Gesucht:
1. Die auf den Ballon wirkende Windkraft F_W,
2. die Gleichung der Seilkurve.

Lösung:

zu 1. Windkraft:

Ballon und Seil freischneiden und auf beide Freikörperbilder die GGB anwenden.

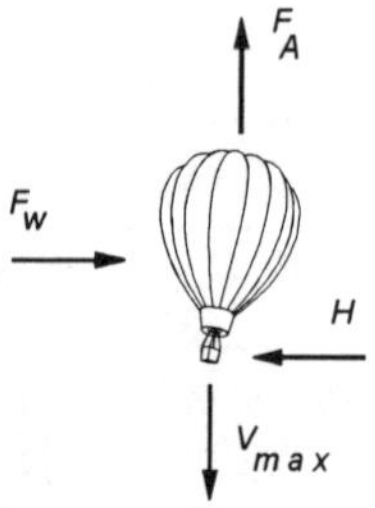

$$\uparrow: \quad F_A - V_{max} = 0 \quad \Rightarrow \quad F_A = V_{max} \qquad (1)$$

$$\rightarrow: \quad F_w - H = 0 \quad \Rightarrow \quad H = F_w \qquad (2)$$

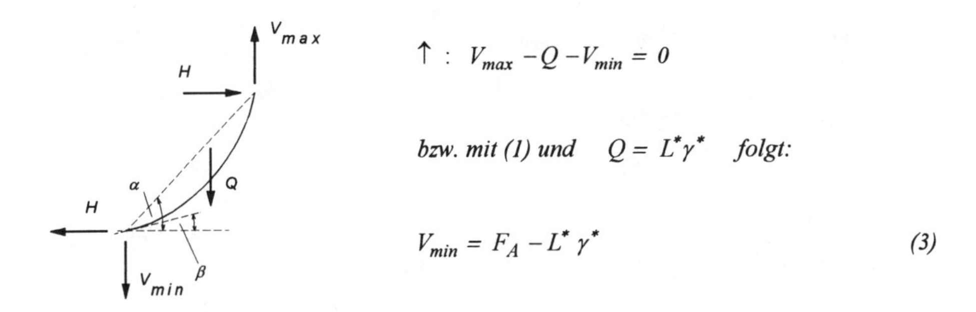

$$\uparrow : \quad V_{max} - Q - V_{min} = 0$$

bzw. mit (1) und $Q = L^{*}\gamma^{*}$ *folgt:*

$$V_{min} = F_A - L^{*}\gamma^{*} \qquad (3)$$

Weil die Richtung der Seilkraft immer mit der Tangente an die Seilkurve übereinstimmt, erhält man an der Verankerungsstelle:

$$\tan\beta = \frac{V_{min}}{H} \qquad \text{bzw. mit (2) und (3):} \qquad \boxed{F_w = H = \frac{F_A - L^{*}\gamma^{*}}{\tan\beta}} \qquad (4)$$

zu 2. Seilkurve

Bei starkem Durchhang gilt: $y'' = \frac{\gamma^{*}}{H}\sqrt{1 + y'^2}$ *bzw. folgt mit* $\gamma^{*} = konst.$

$$y' = \sinh\left[\frac{\gamma^{*}}{H}(x - x_0)\right] \qquad \text{und} \qquad y = \frac{H}{\gamma^{*}}\left\{\cosh\left[\frac{\gamma^{*}}{H}(x - x_0)\right] + c\right\} \qquad (5)$$

Aus den Randbedingungen: $y(x=0) = 0$ *und* $y'(x=0) = \tan\beta$ *ergeben sich die*

Konstanten c und x_0 *zu:* $c = -\cosh\left(\frac{\gamma^{*}}{H}x_0\right)$, $x_0 = -\frac{H}{\gamma^{*}}\operatorname{arcsinh}(\tan\beta)$

und aus (5) folgt :

$$\boxed{y = \frac{H}{\gamma^{*}}\left\{\cosh\left[\frac{\gamma^{*}}{H}x + \operatorname{arcsinh}(\tan\beta)\right] - \cosh\left[\operatorname{arcsinh}(\tan\beta)\right]\right\}}$$

mit $H = \frac{F_A - L^{*}\gamma^{*}}{\tan\beta}$ *nach Gleichung (4).*

2.7 Schwerpunkt und Flächenträgheitsmomente

2.7.1 Schwerpunkt von Flächen

Aufgabe 2.7.1.1

Berechnen Sie die Schwerpunktskoordinaten des dargestellten Dreiecks bzgl. des x-y Koordinatensystems unter Anwendung der Definitionsformeln.

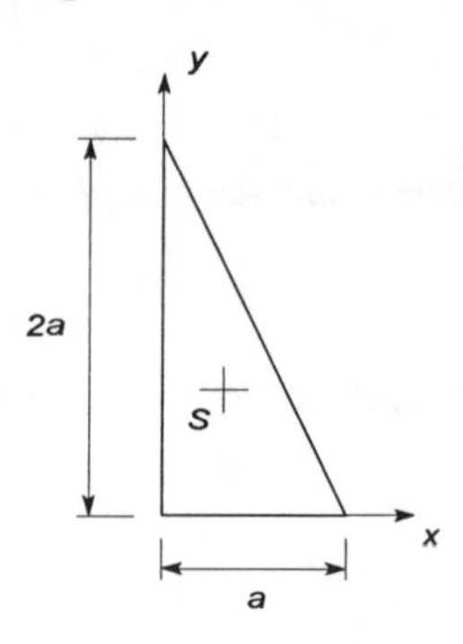

Gegeben: a

Gesucht: Die Schwerpunktskoordinaten x_S und y_S.

Lösung: *Für die Schwerpunktskoordinaten gilt (s. Hahn, S. 77):*

$$x_s = \frac{\int x dA}{\int dA} \qquad y_s = \frac{\int y dA}{\int dA} \qquad \text{bzw.} \qquad x_s = \frac{1}{A}\int x dA \qquad y_s = \frac{1}{A}\int y dA$$

Mit den Funktionen für die Berandung des Profils: $y(x) = -2x + 2a \qquad x(y) = -\frac{1}{2}y + a$

und der Querschnittsfläche $A = a^2$ *lauten die Gleichungen für die Schwerpunktskoordinaten:*

$$x_s = \frac{1}{a^2}\int_0^a \int_0^{y(x)} x dy dx \qquad \text{und} \qquad y_s = \frac{1}{a^2}\int_0^{2a} \int_0^{x(y)} y dx dy$$

Nach Durchführung der 1. Integration und Einsetzen der Grenzfunktionen folgt:

$$x_s = \frac{1}{a^2}\int_0^a \left(-2x^2 + 2ax\right) dx \qquad \text{und} \qquad y_s = \frac{1}{a^2}\int_0^a \left(-\frac{1}{2}y^2 + ay\right) dy$$

Nach Durchführung der 2. Integration und Einsetzen der Grenzen ergibt sich schließlich:

$$x_S = \frac{1}{3}\,a \qquad y_S = \frac{2}{3}\,a$$

Anmerkung: *Der Schwerpunkt des Dreiecks ist gleich dem Schnittpunkt der Seitenhalbierenden.*

Aufgabe 2.7.1.2

Die nachfolgende Abbildung zeigt den trapezförmigen Querschnitt eines Biegebalkens.

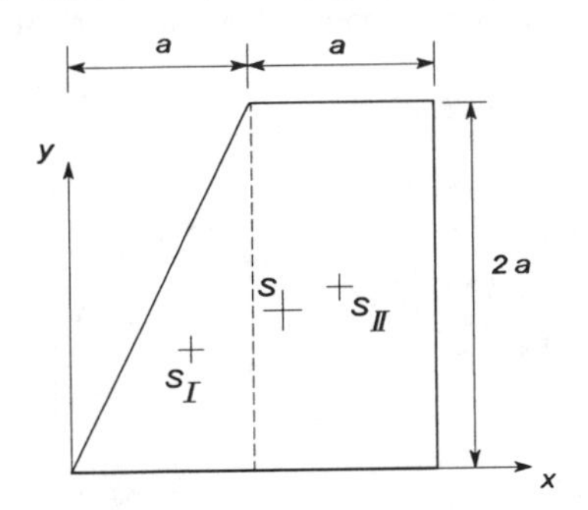

Gegeben: a

Gesucht: Die Schwerpunktskoordinaten x_S und y_S.

Lösung: *Zur Ermittlung der Schwerpunktslage ist es sinnvoll, die Gesamtfläche in Teilflächen zu zerlegen. Die Schwerpunktskoordinaten berechnen sich in diesem Falle durch (s. Hahn S. 78):*

$$x_S = \frac{\sum x_i A_i}{\sum A_i} \qquad \text{und} \qquad y_S = \frac{\sum y_i A_i}{\sum A_i} \tag{1}$$

Für die beiden Teilflächen gilt:

$$\textit{Teilfläche I (Dreieck):} \quad x_I = \frac{2}{3}a \qquad y_I = \frac{2}{3}a \qquad A_I = a^2 \tag{2}$$

$$\textit{Teilfläche II (Rechteck):} \quad x_{II} = \frac{3}{2}a \qquad y_{II} = a \qquad A_{II} = 2a^2 \tag{3}$$

Bei der Aufteilung in zwei Teilflächen lautet Gleichung (1) ausgeschrieben:

$$x_s = \frac{x_I A_I + x_{II} A_{II}}{A_I + A_{II}} \qquad bzw. \qquad y_s = \frac{y_I A_I + y_{II} A_{II}}{A_I + A_{II}}$$

und mit (2) und (3) ergibt sich: $\boxed{x_s = \frac{11}{9} a}$ $\boxed{y_s = \frac{8}{9} a}$

Anmerkung: Der Schwerpunkt S liegt auf der Verbindungsgeraden der Teilschwerpunkte S_I und S_{II} und teilt die Strecke im Verhältnis A_{II} / A_I.

Aufgabe 2.7.1.3

Betrachtet wird ein quadratischer Scheibenquerschnitt mit zwei Aussparungen.

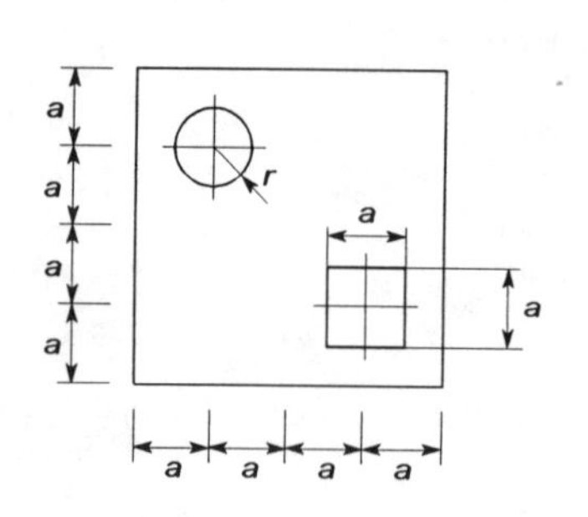

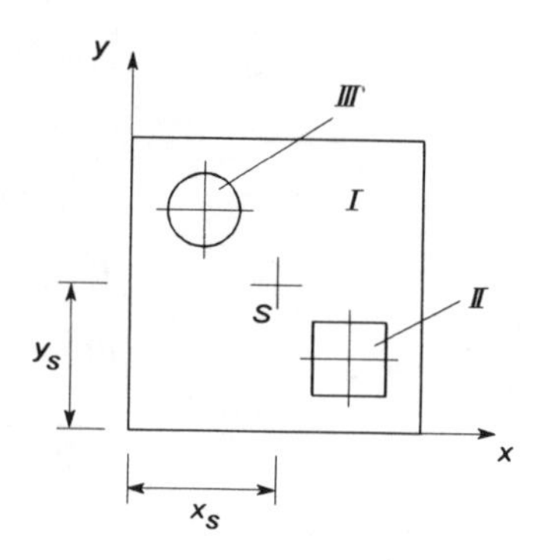

Gegeben: a = 10 mm; $r = \frac{a}{\sqrt{\pi}}$

Gesucht: Die Schwerpunktskoordinaten x_s und y_s.

Lösung: *Zur Ermittlung der Schwerpunktslage ist es sinnvoll, die Gesamtfläche in Teilflächen zu zerlegen. Die Schwerpunktskoordinaten berechnen sich in diesem Falle durch (s. Hahn S. 78):*

$$x_s = \frac{\sum x_i A_i}{\sum A_i} \qquad und \qquad y_s = \frac{\sum y_i A_i}{\sum A_i} \tag{1}$$

Für die einzelnen Teilflächen gilt:

Teilfläche I: $x_I = 2a \qquad y_I = 2a \qquad A_I = (4a)^2 = 16a^2$ *(2)*

Teilfläche II: $x_{II} = 3a \qquad y_{II} = a \qquad A_{II} = a^2$ *(3)*

Teilfläche III: $x_{III} = a \qquad y_{III} = 3a \qquad A_{III} = \pi r^2 = a^2$ *(4)*

Bei der Aufteilung in drei Teilflächen lautet Gleichung (1) ausgeschrieben:

$$x_s = \frac{x_I A_I - x_{II} A_{II} - x_{III} A_{III}}{A_I - A_{II} - A_{III}} \qquad \text{bzw.} \qquad y_s = \frac{y_I A_I - y_{II} A_{II} - y_{III} A_{III}}{A_I - A_{II} - A_{III}}$$

und mit (2) bis (4) ergibt sich: $\boxed{x_s = 2a = 20\,mm}$ $\boxed{y_s = 2a = 20\,mm}$

Anmerkung: *Die Teilflächen II und III sind Aussparungen, d.h. sie werden in Gleichung (1) mit einem Minuszeichen berücksichtigt.*

2.7.2 Flächenträgheitsmomente

Aufgabe 2.7.2.1

Die nachfolgende Abbildung zeigt einen dreieckförmigen Querschnitt eines auf Druck beanspruchten Stabes.

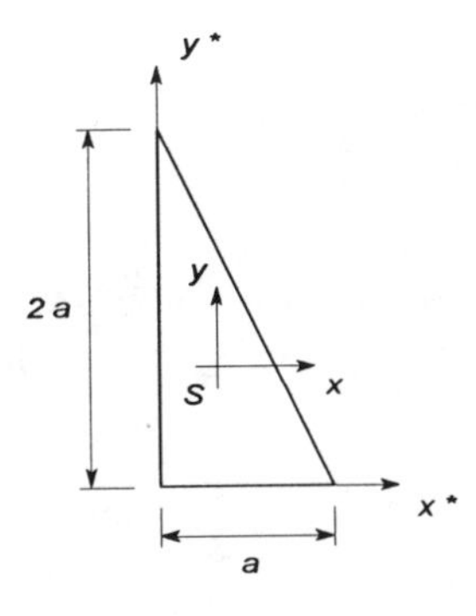

Gegeben: a

Gesucht:
1. Die Flächenträgheitsmomente bzgl. des x*-y* Koordinatensystems,
2. das kleinste Flächenträgheitsmoment des Querschnitts.

Lösung:

zu 1. Flächenträgheitsmomente:

Für die Flächenträgheitsmomente gilt (s. Hahn S. 81):

$$J_{xx} = \int_{(A)} y^2 dA \qquad J_{yy} = \int_{(A)} x^2 dA \qquad J_{xy} = -\int_{(A)} xy dA$$

Mit den Funktionen für die Berandung des Profils: $x(y) = -\frac{1}{2}y + a \qquad y(x) = -2x + 2a$

schreiben sich die Gebietsintegrale zu:

$$J^*_{xx} = \int_0^{2a}\int_0^{x(y)} y^2 dxdy \qquad J^*_{yy} = \int_0^{a}\int_0^{y(x)} x^2 dydx \qquad J^*_{xy} = -\int_0^{a}\int_0^{y(x)} xydydx$$

Nach Durchführung der 1. Integration und Einsetzen der Grenzen folgt:

$$J^*_{xx} = \int_0^{2a}\left(-\frac{y^3}{2} + ay^2\right)dy \qquad J^*_{yy} = \int_0^{a}\left(-2x^3 + 2ax^2\right)dx \qquad J^*_{xy} = -\int_0^{a} x\left(\frac{-2x+2a}{2}\right)^2 dx$$

Nach Durchführung der 2. Integration und Einsetzen der Grenzen ergibt sich schließlich:

$$\boxed{J^*_{xx} = \frac{2}{3}a^4} \qquad \boxed{J^*_{yy} = \frac{a^4}{6}} \qquad \boxed{J^*_{xy} = -\frac{a^4}{6}}$$

zu 2. minimales Flächenträgheitsmoment:
Das kleinste Flächenträgheitsmoment ergibt sich bzgl. einer Hauptachse durch den Schwerpunkt.

Für die Schwerachsen x und y gilt mit dem Satz von STEINER:

$$J_{xx} = J^*_{xx} - y_s^{*2} A \qquad J_{yy} = J^*_{yy} - x_s^{*2} A \qquad J_{xy} = J^*_{xy} + x^*_s y^*_s A$$

und mit den Schwerpunktskoordinaten $x^*_s = \frac{1}{3}a$ und $y^*_s = \frac{2}{3}a$ *(s. Aufgabe 2.7.1.1)*

erhält man: $J_{xx} = \frac{2}{9}a^4 \qquad J_{yy} = \frac{1}{18}a^4 \qquad J_{xy} = \frac{1}{18}a^4$ *und mit*

Hilfe der Transformationsformel ergeben sich die Hauptflächenträgheitsmomente zu: (s. Hahn S. 84):

$$J_{1,2} = \frac{J_{xx} + J_{yy}}{2} \pm \sqrt{\left(\frac{J_{xx} - J_{yy}}{2}\right)^2 + J_{xy}^2}$$ *bzw. eingesetzt und zusammengefaßt zu:*

$$\boxed{J_1 = 0{,}239a^4} \quad \textit{und} \quad \boxed{J_2 = 0{,}0387a^4}$$

Anmerkung: *Die Achse mit minimalem Flächenträgheitsmoment liegt unter einem Winkel von* $\alpha = 106{,}84°$ *zur positiven x-Achse. Dies entspricht der gefährdeten Ausknickrichtung.*

Aufgabe 2.7.2.2

Betrachtet wird ein quadratischer Scheibenquerschnitt mit zwei Aussparungen.

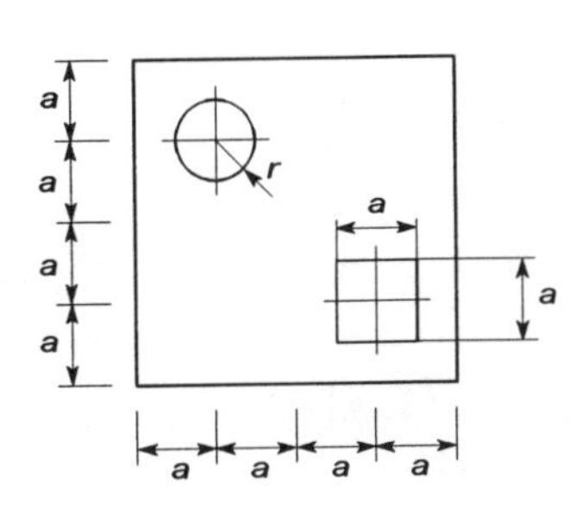

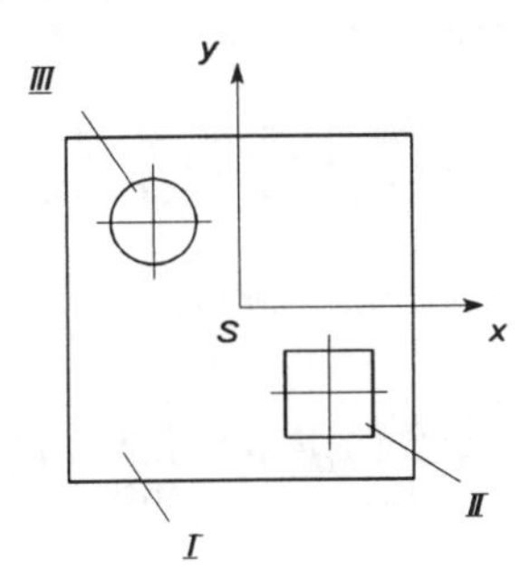

Gegeben: a = 10 mm; $r = \dfrac{a}{\sqrt{\pi}}$

Gesucht: Die Flächenträgheitsmomente bzgl. der Schwerpunktachsen x und y.

Lösung: *In dem vorliegenden Fall ist es zweckmäßig, mit den drei Teilflächen des Profils zu arbeiten. Für die einzelnen Teilflächen gilt:*

Teilfläche I (großes Quadrat):

$$J_{xx_I} = \frac{4a(4a)^3}{12} = \frac{256}{12}a^4 \qquad J_{yy_I} = \frac{4a(4a)^3}{12} = \frac{256}{12}a^4 \qquad J_{xy_I} = 0 \qquad (1)$$

Weil der Schwerpunkt der Grundfläche I mit dem Schwerpunkt des Gesamtprofils identisch ist (s. Aufgabe 2.7.1.3), entfällt der STEINER-Anteil.

Teilfläche II (kleines Quadrat):

Die Flächenträgheitsmomente bzgl. eines x-y*-Koordinatensystems im Schwerpunkt des kleinen Quadrates sind:*

$$J^*_{xx} = \frac{a^4}{12} \qquad J^*_{yy} = \frac{a^4}{12} \qquad J^*_{xy} = 0$$

Mit dem Satz von STEINER und: $x_{s_{II}} = a \quad y_{s_{II}} = -a$ *und* $A_{II} = a^2$ *ergibt sich:*

$$J_{xx_{II}} = \frac{a^4}{12} + a^2 a^2 = \frac{13}{12}a^4 \qquad J_{yy_{II}} = \frac{a^4}{12} + a^2 a^2 = \frac{13}{12}a^4 \qquad J_{xy_{II}} = a^4 \quad (2)$$

Teilfläche III (Kreis):

Die Flächenträgheitsmomente bzgl. eines x-y*-Koordinatensystems im Schwerpunkt des Kreises sind:*

$$J_{xx}^* = \frac{\pi r^4}{4} = \frac{a^4}{4\pi} \qquad J_{yy}^* = \frac{\pi r^4}{4} = \frac{a^4}{4\pi} \qquad J_{xy}^* = 0$$

Mit dem Satz von STEINER und $x_{s_{III}} = -a \quad y_{s_{III}} = a$ *und* $A_{III} = a^2$ *ergibt sich:*

$$J_{xx_{III}} = \frac{a^4}{4\pi} + a^2 a^2 = \left(\frac{1}{4\pi} + 1\right) a^4 \qquad J_{yy_{III}} = \frac{a^4}{4\pi} + a^2 a^2 = \left(\frac{1}{4\pi} + 1\right) a^4 \qquad J_{xy_{III}} = a^4 \quad (3)$$

Aus den Ergebnissen der Teilflächen berechnen sich die Flächenträgheitsmomente des Gesamtprofils zu:

$J_{xx} = J_{xx_I} - J_{xx_{II}} - J_{xx_{III}}$ *bzw. eingesetzt* $\boxed{J_{xx} = 191704\ mm^4}$

$J_{yy} = J_{yy_I} - J_{yy_{II}} - J_{yy_{III}}$ *bzw. eingesetzt* $\boxed{J_{yy} = 191704\ mm}$

$J_{xy} = J_{xy_I} - J_{xy_{II}} - J_{xy_{III}}$ *bzw. eingesetzt* $\boxed{J_{xy} = -20000\ mm^4}$

Aufgabe 2.7.2.3

Die nachfolgende Abbildung zeigt das Querschnittsprofil eines auf Knickung beanspruchten Trägers.

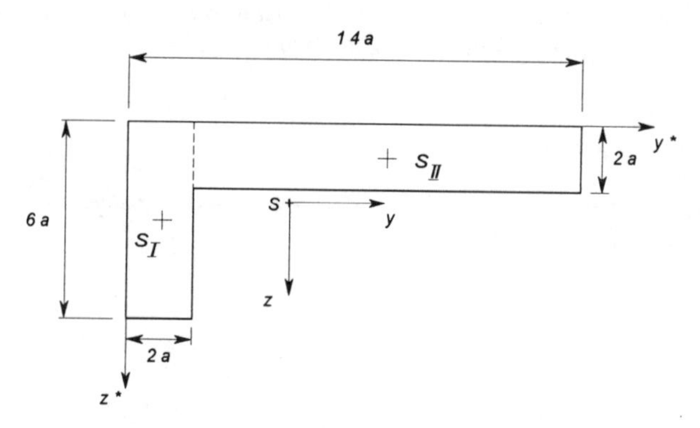

Gegeben: a

Gesucht: Die Flächenträgheitsmomente bzgl. der Schwerpunktachsen y und z sowie die Hauptflächenträgheitsmomente.

Lösung: *1. Lage des Schwerpunkts ermitteln. 2. y-z-Flächenträgheitsmomente bestimmen. 3. Transformation auf Hauptachsen durchführen*

1. Schritt: Schwerpunktskoordinaten

Es gilt: $y_s^* = \dfrac{y_{s_I}^* A_I + y_{s_{II}}^* A_{II}}{A_I + A_{II}}$ $\quad z_s^* = \dfrac{z_{s_I}^* A_I + z_{s_{II}}^* A_{II}}{A_I + A_{II}}$ *und mit*

$y_{s_I}^* = a \quad z_{s_I}^* = 3a \quad A_I = 12a^2$ *und* $y_{s_{II}}^* = 8a \quad z_{s_{II}}^* = a \quad A_{II} = 24a^2$

ergeben sich die Schwerpunktskoordinaten zu: $y_s^* = \dfrac{17}{3}a$ *und* $z_s^* = \dfrac{5}{3}a$

2. Schritt: Flächenträgheitsmomente

Teilfläche I:

Die Flächenträgheitsmomente bzgl. eines y'-z'-Koordinatensystems im Schwerpunkt der Teilfläche I sind:

$$J'_{yy} = \frac{2a(6a)^3}{12} = 36a^4 \qquad J'_{zz} = \frac{6a(2a)^3}{12} = 4a^4 \qquad J'_{yz} = 0$$

Mit dem Satz von STEINER und $y_{s_I} = -\dfrac{14}{3}a \quad z_{s_I} = \dfrac{4}{3}a$ *und* $A_I = 12a^2$

ergibt sich: $J_{yy_I} = 57{,}33a^4 \qquad J_{zz_I} = 265{,}33a^4 \qquad J_{yz_I} = 74{,}667a^4$

Teilfläche II:

Die Flächenträgheitsmomente bzgl. eines y'-z'-Koordinatensystems im Schwerpunkt der Teilfläche II sind:

$$J'_{yy} = \frac{12a(2a)^3}{12} = 8a^4 \qquad J'_{zz} = \frac{2a(12a)^3}{12} = 288a^4 \qquad J'_{yz} = 0$$

Mit dem Satz von STEINER und $y_{s_{II}} = \dfrac{7}{3}a \quad z_{s_{II}} = -\dfrac{2}{3}a$ *und* $A_{II} = 24a^2$

ergibt sich: $J_{yy_{II}} = 18{,}67a^4 \qquad J_{zz_{II}} = 418{,}67a^4 \qquad J_{yz_{II}} = 37{,}33a^4$

Aus den Ergebnissen für die Teilflächen berechnen sich die Flächenträgheitsmomente des Gesamtquerschnitts zu:

$$J_{yy} = J_{yy_I} + J_{yy_{II}} \qquad J_{zz} = J_{zz_I} + J_{zz_{II}} \qquad J_{yz} = J_{yz_I} + J_{yz_{II}}$$

bzw. eingesetzt: $\boxed{J_{yy} = 76a^4}$ $\boxed{J_{zz} = 684a^4}$ $\boxed{J_{yz} = 112a^4}$

3. Schritt: Transformation
Für die Hauptflächenträgheitsmomente gilt (s. Hahn S. 84):

$$J_{1,2} = \frac{J_{yy} + J_{zz}}{2} \pm \sqrt{\left(\frac{J_{yy} - J_{zz}}{2}\right)^2 + J_{yz}^2}$$

bzw. eingesetzt und zusammengefaßt:

$\boxed{J_1 = 703{,}975a^4}$ $\boxed{J_2 = 56{,}0247a^4}$

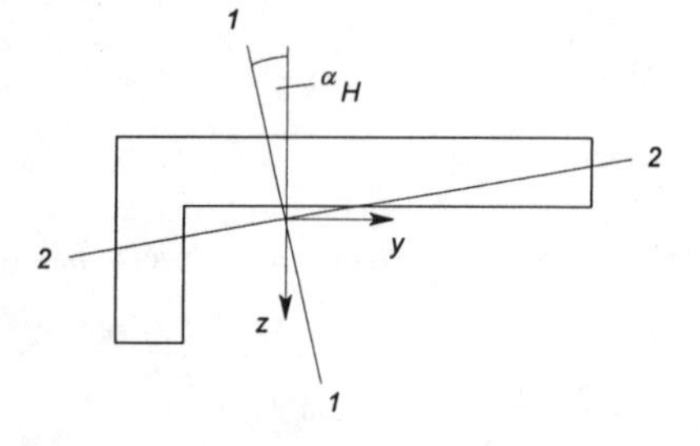

Anmerkung: Die Achse mit dem kleinsten Flächenträgheitsmoment liegt unter einem Winkel von $\alpha_H = -10{,}11°$ zur y-Achse. Dies entspricht der gefährdeten Ausknickrichtung.

2.8 Reibung

2.8.1 Haftreibung

Aufgabe 2.8.1.1

Eine Walze der Masse m liegt auf einer schiefen Ebene auf und wird durch ein Seil S gehalten. Zwischen der Walze und der Auflage wirkt der Haftreibungskoeffizient μ_0.

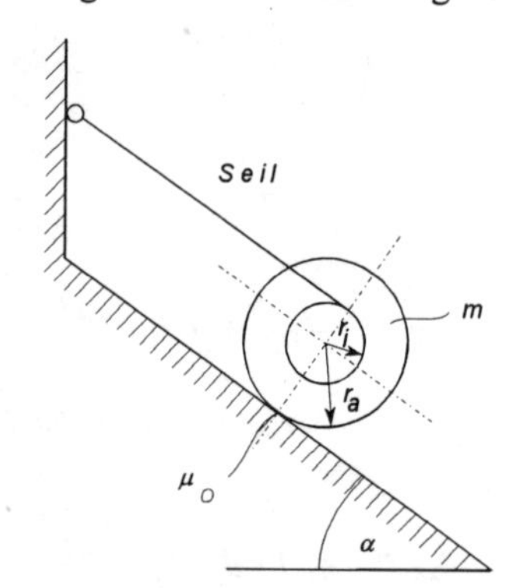

Gegeben: m, g, r_i, r_a, μ_0

Gesucht: Der maximal mögliche Neigungswinkel α, bei dem die Walze noch in Ruhe bleibt.

Lösung: *Es wird Gleichgewicht vorausgesetzt ⇒ Walze freischneiden und die GGB anwenden.*

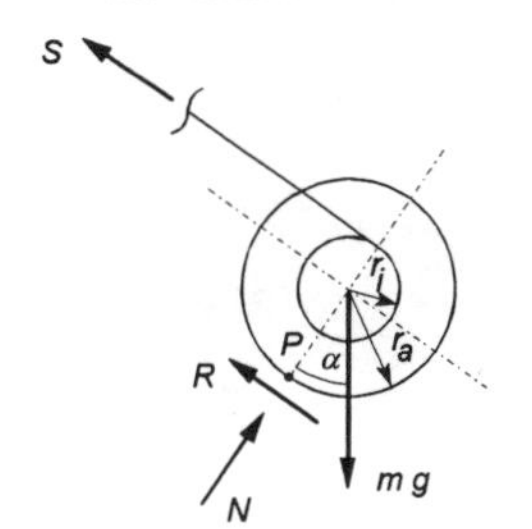

$$\nwarrow : S + R - mg\sin\alpha = 0 \qquad (1)$$

$$\nearrow : N - mg\cos\alpha = 0 \qquad (2)$$

$$\overset{\curvearrowleft}{P} : mgr_a\sin\alpha - S(r_a + r_i) = 0 \qquad (3)$$

Aus (1) bis (3) folgt: $S = \dfrac{mgr_a\sin\alpha}{r_a + r_i}$ $\qquad N = mg\cos\alpha$ $\qquad R = mg\sin\alpha\dfrac{r_i}{r_a + r_i}$

Nach dem COULOMBschen Haftreibungsgesetz gilt: $R \le \mu_0 N$

Eingesetzt ergibt: $mg\sin\alpha\dfrac{r_i}{r_a + r_i} \le \mu_0\, mg\cos\alpha$ *bzw.* $\boxed{\tan\alpha \le \mu_0\dfrac{r_i + r_a}{r_i}}$

Aufgabe 2.8.1.2

Eine Masse m wird mit Hilfe eines Hebels auf einer schiefen Ebene abgestützt. Zwischen der Masse und der Auflage wirkt der Haftreibungskoeffizient μ_0. Das System ist in Ruhe.

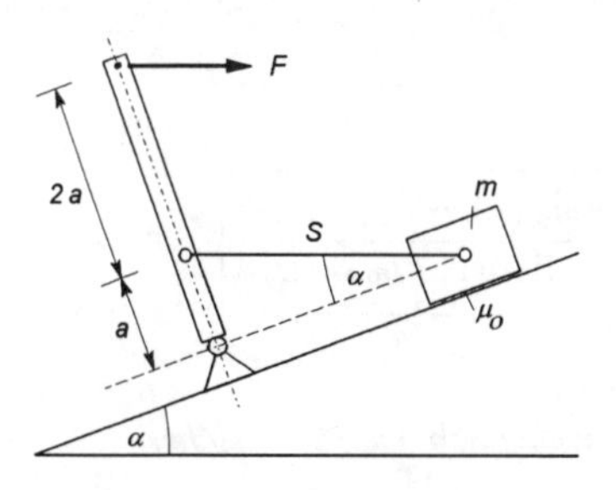

Gegeben: m, g, μ_0, α

Gesucht:
1. Die äußere Belastung F,
2. die Reibkraft in Abhängigkeit von der äußeren Belastung.

Lösung: *System ist in Ruhe ⇒ GGB und COULOMBsches Haftreibungsgesetz sind gültig.*

zu 1. äußere Belastung

Hebel freischneiden und GGB anwenden

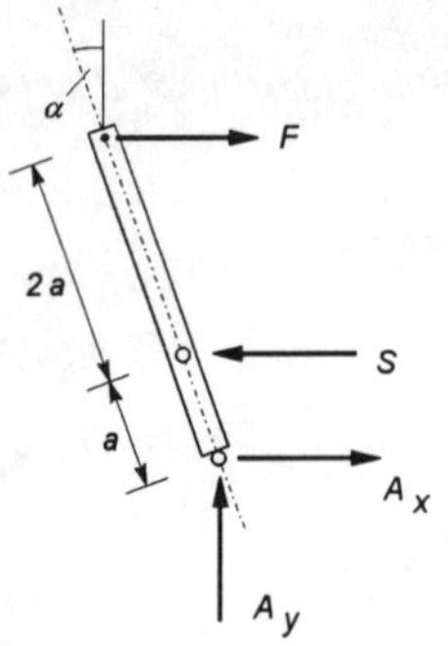

$$\overset{\curvearrowleft}{A}: -S a \cos\alpha + F\, 3a \cos\alpha = 0 \quad \Rightarrow S = 3F \tag{1}$$

$$\uparrow: \quad A_y = 0$$

$$\rightarrow: \quad F - S + A_x = 0$$

bzw. mit (1): $A_x = 2F$

Für den Betrag der Reibkraft gilt: $R \leq \mu_0 N$ *(COULOMBsches Haftreibungsgesetz)* (2)
Ihre Richtung ergibt sich aus den Gleichgewichtsbedingungen.
Entsprechend (2) ist für die äußere Belastung ein Bereich $F_I < F < F_{II}$ *möglich, bei dem das System in Ruhe verbleibt. Zur Berechnung der Grenzlasten ist in (2) das Gleichheitszeichen zu wählen und bzgl. der Richtung der Reibkraft eine Fallunterscheidung durchzuführen.*

Fall I: (Masse m beginnt gerade nach unten zu rutschen)

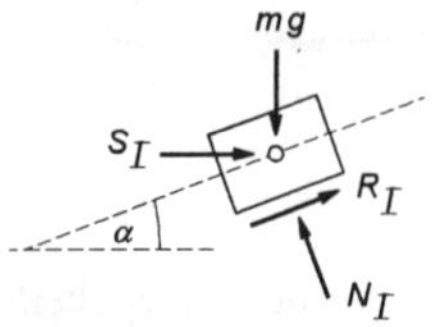

$$\rightarrow: \quad S_I + R_I \cos\alpha - N_I \sin\alpha = 0 \tag{3}$$

$$\uparrow: \quad N_I \cos\alpha + R_I \sin\alpha - m g = 0 \tag{4}$$

Mit (2) folgt aus (3) und (4): $N_I = \dfrac{m g}{\cos\alpha + \mu_0 \sin\alpha}$ $\qquad S_I = \dfrac{mg(\sin\alpha - \mu_0 \cos\alpha)}{\cos\alpha + \mu_0 \sin\alpha}$

bzw. mit (1)

$$\boxed{F_I = \frac{m g(\sin\alpha - \mu_0 \cos\alpha)}{3(\cos\alpha + \mu_0 \sin\alpha)}} \tag{5}$$

Fall II: (Masse m beginnt gerade nach oben zu rutschen)

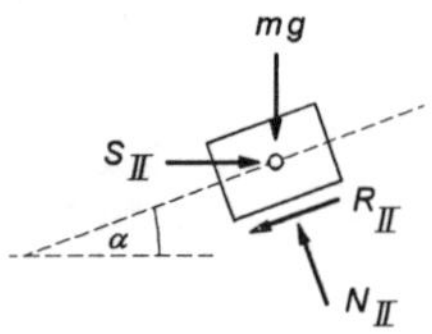

$$\rightarrow: \quad S_{II} - R_{II} \cos\alpha - N_{II} \sin\alpha = 0 \tag{6}$$

$$\uparrow: \quad N_{II} \cos\alpha - R_{II} \sin\alpha - m g = 0 \tag{7}$$

Mit (2) folgt aus (6) und (7): $N_{II} = \dfrac{mg}{\cos\alpha - \mu_0 \sin\alpha}$ $\qquad S_{II} = \dfrac{mg(\sin\alpha + \mu_0 \cos\alpha)}{\cos\alpha - \mu_0 \sin\alpha}$

bzw. mit (1)

$$\boxed{F_{II} = \frac{mg(\mu_0 \cos\alpha + \sin\alpha)}{3(\cos\alpha - \mu_0 \sin\alpha)}} \qquad (8)$$

Mit (5) und (8) folgt, daß für $F_I < F < F_{II}$ Haftreibung auftritt und innerhalb dieses Bereiches das System in Ruhe bleibt.

zu 2. Reibkraft

Eine Fallunterscheidung ist nicht erforderlich. Als Reaktionskraft ergeben sich Betrag und Richtung aus den GGB $\Rightarrow$ Masse freischneiden und GGB anwenden

$$\rightarrow: \quad S + R\cos\alpha - N\sin\alpha = 0 \qquad (9)$$

$$\uparrow: \quad N\cos\alpha + R\sin\alpha - mg = 0 \qquad (10)$$

Aus (9) und (10) folgt mit (1): $\boxed{R = mg\sin\alpha - 3F\cos\alpha}$ *für* $F_I < F < F_{II}$

Anmerkung: Bei einer äußeren Belastung von $F = \frac{1}{3} mg\tan\alpha$ ist die Reibkraft gerade Null bzw. findet eine Richtungsumkehr statt. Den qualitativen Verlauf zeigt nebenstehende Abbildung

Aufgabe 2.8.1.3

Ein Seil mit der längenbezogenen Masse m* wird von einer reibungsfrei gelagerten Rolle umgelenkt und liegt auf beiden Seiten mit der Länge L auf einer schiefen Ebene auf. Am rechten Seilende greift die Kraft F an. Der Haftreibkoeffizient zwischen Seil und Ebene ist μ_0.

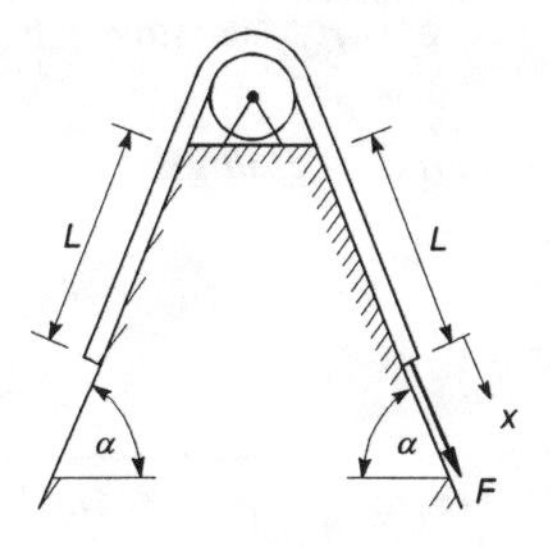

Gegeben: α, L, μ_0, m*, g

Gesucht: 1. Die Kraft F_{krit}, um das Seil vom Keil zu ziehen,
2. für F = 0 den Weg x_{krit}, damit das Seil von selbst vom Keil rutscht.

Lösung: *System ist in Ruhe ⇒ GGB und COULOMBsches Haftreibungsgesetz sind gültig.*

zu 1. Grenzlast:

Teile das Gesamtsystem in drei Teilsysteme auf und wende die GGB auf jedes einzelne Teilsystem an

1. Teilsystem: (aufliegendes Seil linke Seite)

$$\nearrow : S_1 - R_1 - G_1 \sin\alpha = 0 \quad (1)$$

$$\nwarrow : N_1 - G_1 \cos\alpha = 0 \quad (2)$$

2. Teilsystem: (Rolle und nicht aufliegendes Seil)

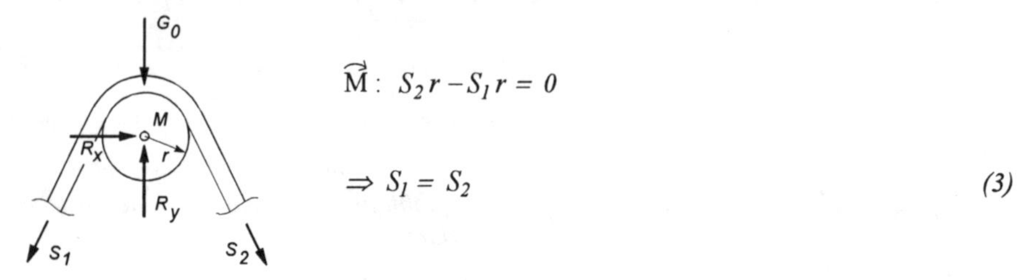

$$\overset{\curvearrowright}{M}: S_2 r - S_1 r = 0$$

$$\Rightarrow S_1 = S_2 \quad (3)$$

3. Teilsystem: (aufliegendes Seil rechte Seite)

$$\nearrow : N_2 - G_2 \cos\alpha = 0 \quad (4)$$

$$\nwarrow : S_2 + R_2 - G_2 \sin\alpha - F = 0 \quad (5)$$

Für den Grenzfall gilt: $R = \mu_0 N$ (6)

und mit $G_1 = m_1 g = m^* L g$ *und* $G_2 = m_2 g = m^* L g$

ergibt sich aus den Gleichungen (1) bis (6): $\boxed{F_{krit} = 2m^* L g \mu_0 \cos\alpha}$

zu 2. kritischer Weg

Gleichungen (1) bis (6) sind weiterhin gültig und unter Berücksichtigung der neuen Belastungen mit:

$$F = 0 \quad , \quad G_1(x_{krit}) = m^*(L - x_{krit})\,g \quad \text{und} \quad G_2(x_{krit}) = m^*(L + x_{krit})\,g$$

ergibt sich aus den Gleichungen (1) bis (6):

$$\boxed{x_{krit} = L\,\mu_0\,\frac{\cos\alpha}{\sin\alpha}}$$

Anmerkung: *Die kritische Last im ersten Teil der Aufgabe braucht nur die Reibkräfte zu überwinden, da sich die Gewichtsanteile der beiden aufliegenden Seilteile gegenseitig aufheben.*

2.8.2 Gleitreibung

Aufgabe 2.8.2.1

Eine Walze der Masse m_I rollt ohne zu gleiten eine schiefe Ebene (Winkel α) hinunter. Über ein Seil, das im Mittelpunkt der Walze eingehängt ist und über eine reibungsfreie Rolle umgelenkt wird, zieht die Walze eine Masse m_{II} auf einer zweiten schiefen Ebene (Winkel β) empor.

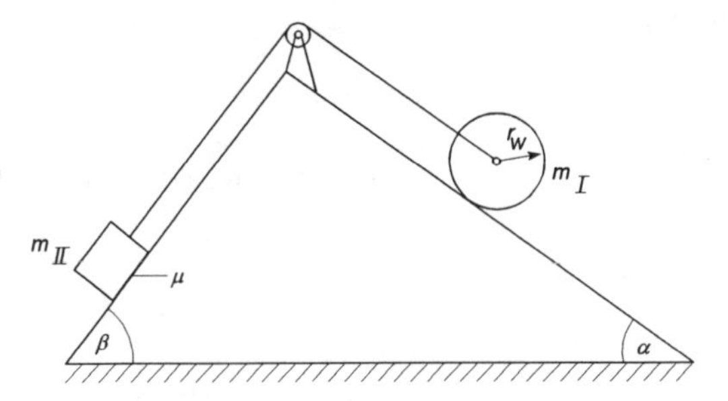

Gegeben: α, β, m_I, m_{II}

Gesucht: Der Gleitreibungskoeffizient μ zwischen der Masse m_{II} und der schiefen Ebene, damit die Bewegung beschleunigungsfrei abläuft.

Lösung: *Es handelt sich um eine beschleunigungsfreie Bewegung $\Rightarrow$ die GGB und das COULOMBsche Gleitreibungsgesetz sind gültig.*

Teile das Gesamtsystem in drei Teilsysteme auf und wende die GGB auf jedes Teilsystem an

1. Teilsystem: (Walze)

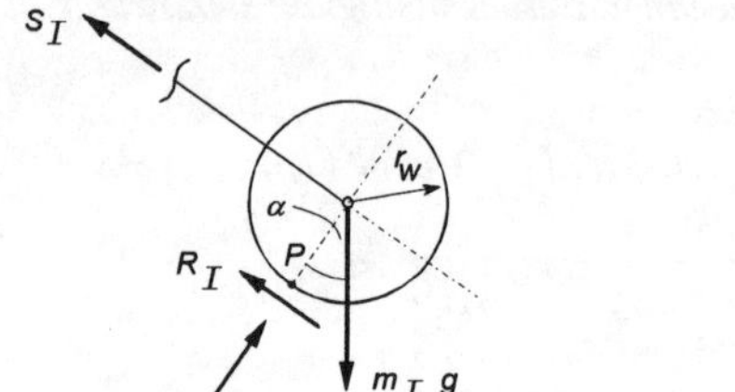

$\nearrow$: $N_I - m_I\, g \cos\alpha = 0$ (1)

$\nwarrow$: $S_I + R_I - m_I\, g \sin\alpha = 0$ (2)

$\overset{\curvearrowright}{P}$: $m_I\, g r_w \sin\alpha - S_I\, r_w = 0$ (3)

Aus (1) bis (3) folgt: $S_I = m_I\, g \sin\alpha$, $R_I = 0$, $N_I = m_I\, g \cos\alpha$

2. Teilsystem: (Rolle)

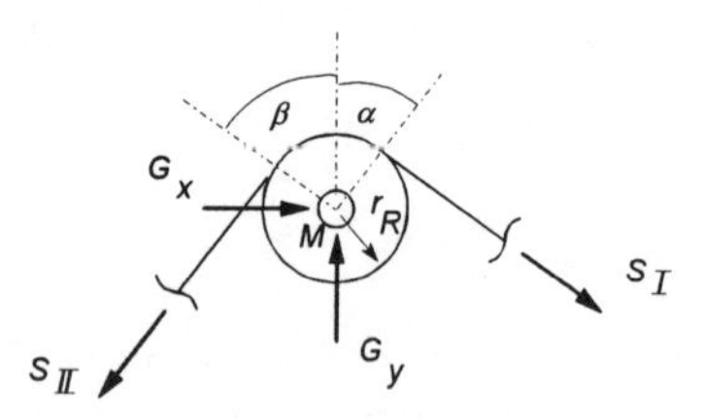

$\overset{\curvearrowright}{M}$: $S_I\, r_R - S_{II}\, r_R = 0$

$\Rightarrow$ $S_{II} = S_I$

bzw. $S_{II} = m_I\, g \sin\alpha$ (4)

3. Teilsystem: (Masse m_{II})

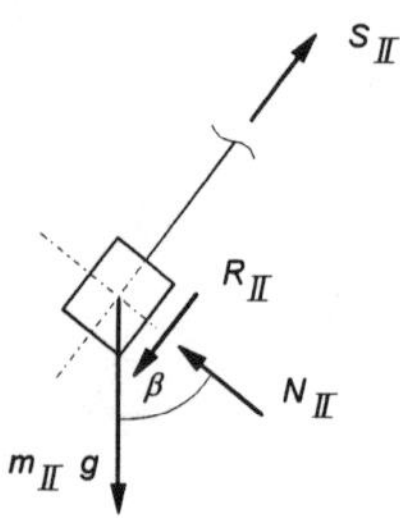

$\nearrow$: $S_{II} - R_{II} - m_{II}\, g \sin\beta = 0$ (5)

$\nwarrow$: $N_{II} - m_{II}\, g \cos\beta = 0$ (6)

Aus dem COULOMBschen Gleitreibungsgesetz folgt: $R_{II} = \mu\, N_{II}$

und mit (4) bis (6) ergibt sich:

$$\boxed{\mu = \frac{m_I \sin\alpha - m_{II} \sin\beta}{m_{II} \cos\beta}}$$

Aufgabe 2.8.2.2

Die beiden Schenkel einer Backenbremse sind in den Punkten A und B gelenkig gelagert. Das Bremsseil, das in den Punkten C und D an den Bremsbacken befestigt ist, wird von zwei reibungsfrei gelagerten Rollen umgelenkt und über eine dritte reibungsfreie Rolle mit der Kraft F belastet. Zwischen den Bremsbelägen und der Scheibe herrscht der Gleitreibungskoeffizient μ.

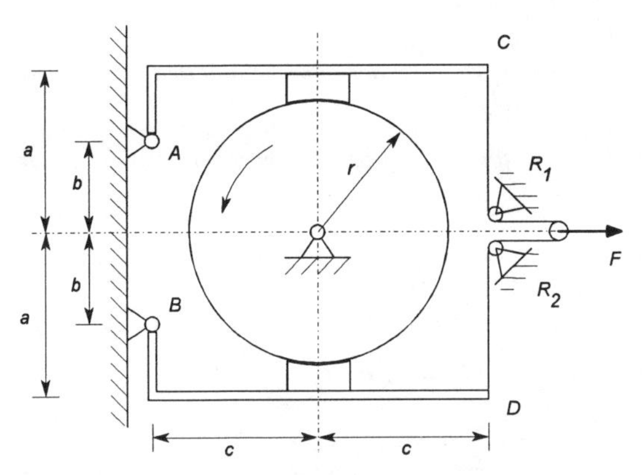

Gegeben: a, b, c, r, F, μ

Gesucht:
1. Die Seilkraft S,
2. das Bremsmoment M_B das an der Scheibe angreift,
3. die Auflagerreaktionen in den Punkten A und B.

Lösung: *Bremsvorrichtung ist in Ruhe $\Rightarrow$ die GGB sind gültig.*

zu 1. Seilkraft

Schneide Seil frei und wende die GGB an

$\rightarrow$: $-2S + F = 0 \quad \Rightarrow \quad \boxed{S = \frac{F}{2}}$

zu 2. Bremsmoment
Schneide den oberen und den unteren Bremsbacken frei und wende die GGB an.

$\rightarrow$: $A_x - R_o = 0$ (1)

$\uparrow$: $A_y + N_o - S = 0$ (2)

$\overset{\curvearrowleft}{A}$: $S\,2c - N_o\,c - R_o(r - b) = 0$ (3)

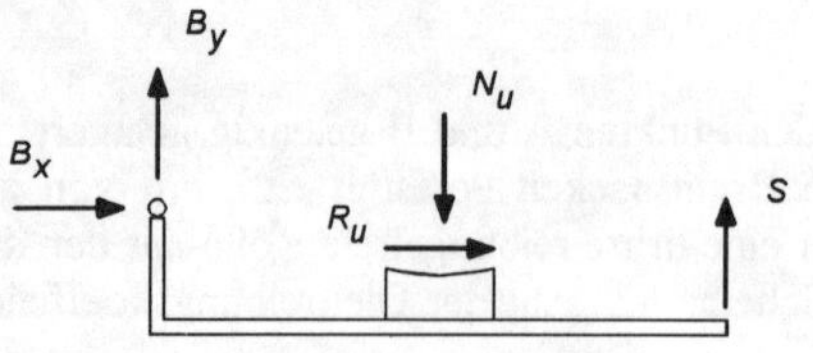

$$\rightarrow: \quad B_x + R_u = 0 \qquad (4)$$

$$\uparrow: \quad B_y - N_u + S = 0 \qquad (5)$$

$$\overset{\curvearrowleft}{B}: \quad N_u c - S\,2c - R_u(r-b) = 0 \qquad (6)$$

Bei drehender Scheibe herrscht zwischen der Scheibe und den Bremsbelägen Gleitreibung

$\Rightarrow \quad R = \mu N$ *und mit (3) bzw. (6) ergeben sich die Reibkräfte zu:*

$$R_o = \frac{Fc\mu}{c+\mu(r-b)} \quad (7) \qquad \text{und} \qquad R_u = \frac{Fc\mu}{c-\mu(r-b)} \quad (8)$$

Für das Bremsmoment gilt: $M_B = R_u r + R_o r$

bzw. mit(7) und (8):

$$\boxed{M_B = \frac{2\mu F r}{1-\mu^2\left(\frac{r-b}{c}\right)^2}}$$

zu 3. Auflagerreaktionen

Mit den Gleichungen (7) und (8) ergeben sich aus (1) bis (6) die Auflagerreaktionen zu:

$$\boxed{A_x = \frac{Fc\mu}{c+\mu(r-b)}} \qquad \boxed{A_y = F\left(\frac{-c}{c+\mu(r-b)} + \frac{1}{2}\right)}$$

$$\boxed{B_x = -\frac{Fc\mu}{c-\mu(r-b)}} \qquad \boxed{B_y = F\left(\frac{c}{c-\mu(r-b)} - \frac{1}{2}\right)}$$

Anmerkung: *Bei Rechtslauf der Scheibe ergibt sich das gleiche Bremsmoment. Die Reib-, Normal- und Auflagerkräfte für den oberen und den unteren Bremsbacken sind in diesem Falle jedoch zu vertauschen.*

2.8.3 Spezielle Probleme

Aufgabe 2.8.3.1

Ein Riemenantrieb, bestehend aus zwei gleich großen Riemenscheiben für An- bzw. Abtrieb und einer reibungsfrei gelagerten Spannrolle, wird über eine Feder (ungespannte Länge ℓ_0, Federsteifigkeit c) vorgespannt. Die Drehrichtung ist entgegengesetzt zum Uhrzeigersinn. Zwischen Riemenscheiben und Seil herrscht der Haftreibungskoeffizient μ_0.

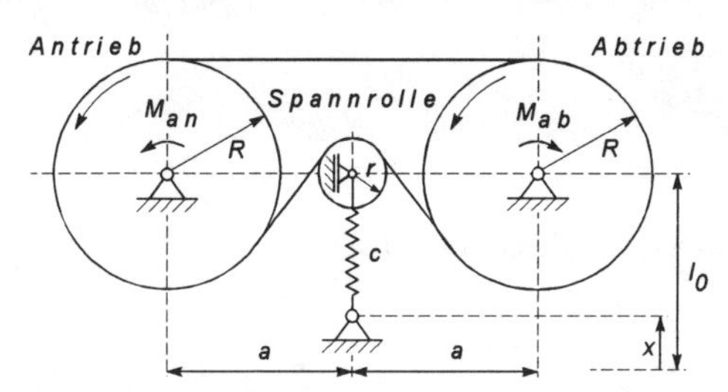

Gegeben: R, r, c, μ_0, a

Gesucht: Das maximal übertragbare Moment in Abhängigkeit vom Federvorspannweg x.

Lösung: *Es handelt sich um Seilreibung mit vorgegebenem Umschlingungswinkel. Für das Verhältnis der Seilkräfte gilt (s. Hahn S. 89).*

$$\frac{S_I}{S_{II}} \leq e^{\mu_0 \alpha} \qquad \text{EULER-EYTELWEIN-Formel} \qquad (1)$$

1. Schritt: Umschlingungswinkel

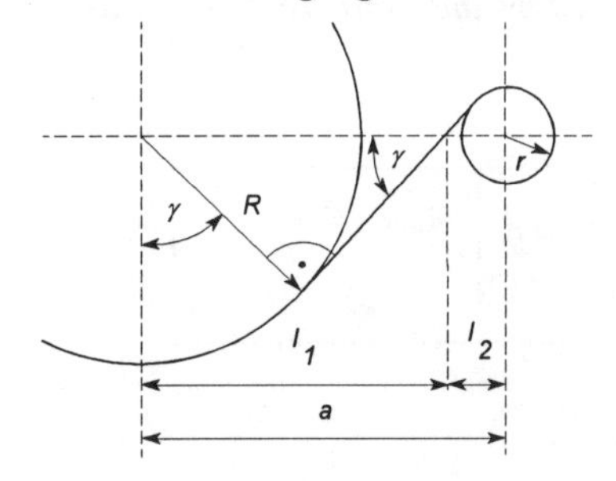

Aus der Geometrie folgt:

$$\frac{R}{\ell_1} = \sin\gamma \qquad \text{und} \qquad \frac{r}{\ell_2} = \sin\gamma$$

Mit $\ell_1 + \ell_2 = a$ *folgt damit:*

$$\sin\gamma = \frac{R+r}{a} \qquad (2)$$

und für den Umschlingungswinkel folgt: $$\alpha = \pi + \gamma = \pi + \arcsin\left(\frac{R+r}{a}\right) \qquad (3)$$

2. Schritt: Riemenkraft

Spannrolle freischneiden und GGB anwenden

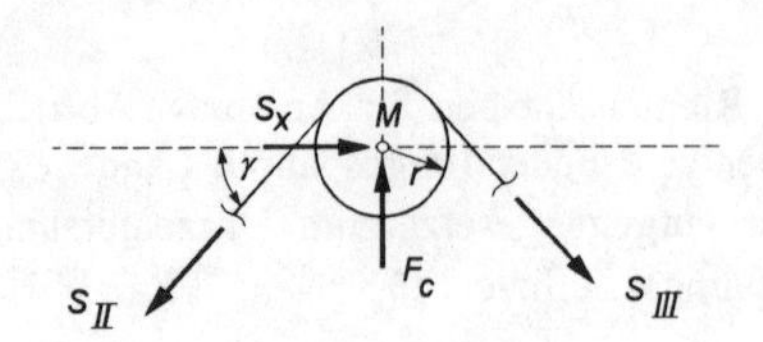

$$\overset{\curvearrowleft}{M}: \quad S_{III}\, r - S_{II}\, r = 0 \quad \Rightarrow S_{III} = S_{II} \tag{4}$$

$$\uparrow: \quad F_c - S_{II} \sin\gamma - S_{III} \sin\gamma = 0 \tag{5}$$

bzw. mit (2) und (4): $$S_{II} = \frac{F_c a}{2(R+r)} \tag{6}$$

3. Schritt: Scheibenmoment

Antriebsscheibe freischneiden und GGB anwenden

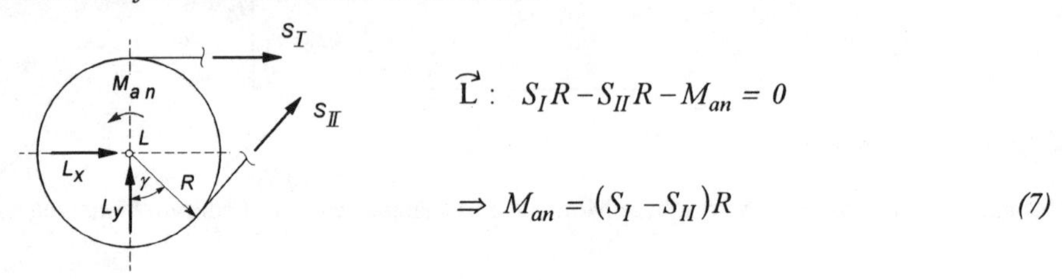

$$\overset{\curvearrowleft}{L}: \quad S_I R - S_{II} R - M_{an} = 0$$

$$\Rightarrow M_{an} = (S_I - S_{II}) R \tag{7}$$

Im Grenzfall gilt für die Riemenkraft nach (1): $S_I = S_{II} e^{\mu_0 \alpha}$ *und mit* $F_c = cx$

ergibt sich aus (6) und (7): $$M_{an_{max}} = \frac{c\,x\,a\,R}{2(R+r)} \left[e^{\mu_0 \left(\pi + \arcsin\frac{R+r}{a} \right)} - 1 \right]$$

Wegen der symmetrischen Anordnung gilt entsprechendes für die Abtriebsscheibe. Das maximal übertragbare Moment ist somit:

$$M_{max} = M_{an_{max}} = M_{ab_{max}} \quad \text{bzw.} \quad \boxed{M_{max} = \frac{c\,x\,a\,R}{2(R+r)} \left[e^{\mu_0 \left(\pi + \arcsin\frac{R+r}{a} \right)} - 1 \right]}$$

3 Elastostatik und elementare Festigkeitslehre

3.1 Spannungen, Verzerrungen, Stoffgesetz

Aufgabe 3.1.1

Ein im Punkt A fest eingespannter Balken wird durch die beiden Kräfte F_1 und F_2 belastet.

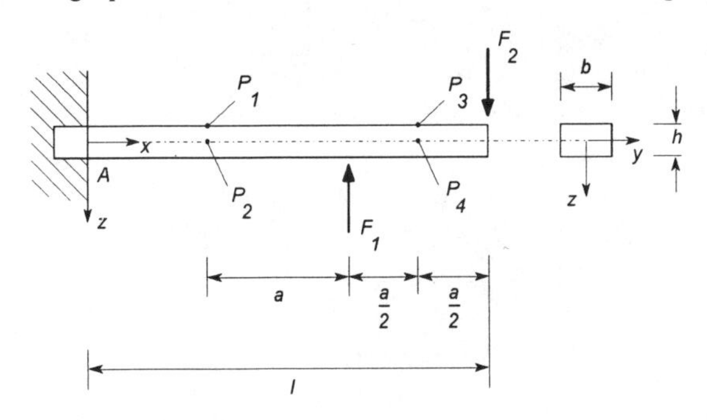

Gegeben: a, b, h, ℓ, $F_1 = F_2 = F$

Gesucht: Die MOHRschen Spannungskreise für die Punkte P_1 bis P_4 in der x-z-Ebene.

Lösung: *Zur Konstruktion der MOHRschen Kreise müssen die Komponenten der Spannungstensoren bekannt sein ⇒ Bauteil schneiden und GGB anwenden.*

Punkte P_1 und P_2

$\rightarrow: \quad \boxed{N = 0}$

$\uparrow: \quad Q + F_1 - F_2 = 0 \Rightarrow \boxed{Q = 0}$

$\curvearrowleft S: \quad M + F_2\xi - F_1(\xi - a) = 0 \quad \Rightarrow \boxed{M = -Fa}$

Im Bereich $a < \xi < \ell$ liegt reine Biegung vor, d.h. $\sigma_z = \tau_{xz} = 0$. Für die Normalspannungsverteilung infolge der Biegung gilt: $\sigma_x = \dfrac{M}{J_{yy}} z$. Damit ergibt sich für

Punkt P_1 $\quad \left(\xi = 2a, z = -\dfrac{h}{2}\right):$ $\quad \sigma_{ij} = \begin{pmatrix} \dfrac{6Fa}{bh^2} & 0 \\ 0 & 0 \end{pmatrix}$ $\quad$ *einachsiger Spannungszustand*

Punkt P_2 $\quad (\xi = 2a, z = 0):$ $\quad \sigma_{ij} = \begin{pmatrix} 0 & 0 \\ 0 & 0 \end{pmatrix}$ $\quad$ *(unbelastet)*

Punkte P_3 *und* P_4

$$\rightarrow: \boxed{N = 0}$$

$$\uparrow: Q - F_2 = 0 \Rightarrow \boxed{Q = F}$$

$$\overset{\curvearrowright}{S}: M + F\xi = 0 \Rightarrow \boxed{M = -F\xi}$$

Im Bereich $0 < \xi < a$ *liegt Querkraftbiegung vor. Für die Spannungsverteilung gilt:*

$$\sigma_x = \frac{M}{J_{yy}} z \quad , \quad \sigma_z = 0 \quad , \quad \tau_{xz} = \frac{Q}{J_{yy} b} S(z) \quad mit\ S(z) = \frac{b}{2}\left[\left(\frac{h}{2}\right)^2 - z^2\right] \quad \text{(s. Hahn. S. 129)}$$

Die Koordinaten der beiden Punkte eingesetzt ergibt:

Punkt P_3 $\quad \left(\xi = \frac{a}{2}, z = -\frac{h}{2}\right):$ $\quad \sigma_{ij} = \begin{pmatrix} \frac{3Fa}{bh^2} & 0 \\ 0 & 0 \end{pmatrix}$ $\quad$ *(einachsiger Spannungszustand)*

Punkt P_4 $\quad \left(\xi = \frac{a}{2}, z = 0\right):$ $\quad \sigma_{ij} = \begin{pmatrix} 0 & \frac{3}{2}\frac{F}{bh} \\ \frac{3}{2}\frac{F}{bh} & 0 \end{pmatrix}$ $\quad$ *(reiner Schubspannungszustand)*

Die MOHRschen Kreise haben damit folgendes Aussehen:

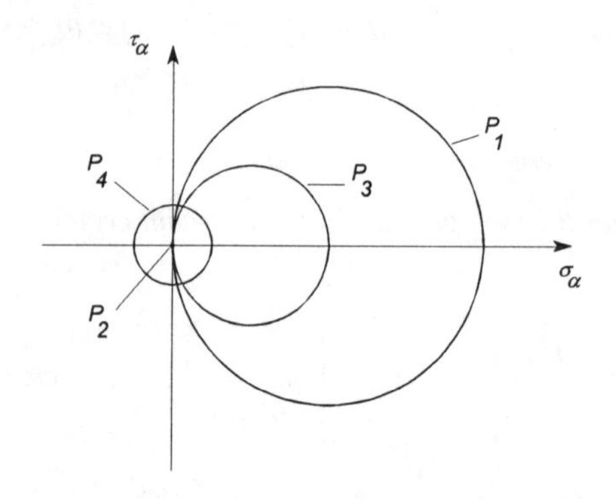

Aufgabe 3.1.2

Ein dünnwandiger zylindrischer Druckbehälter (Wandstärke h) ist durch den Innendruck p_0 und sein Eigengewicht belastet. Die Masse des oberen Deckels kann vernachlässigt werden.

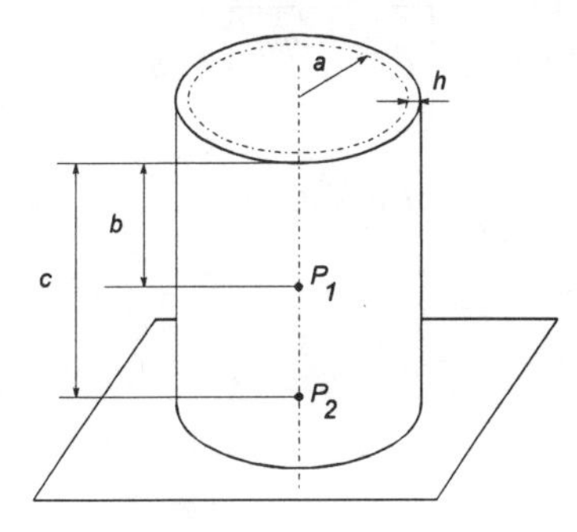

Gegeben: a = 1 m, h = 10 mm, b = 5 m, p_0 = 0,2 bar, ρ = 7500 kg/m³

Gesucht:
1. Der Spannungstensor im Punkt P_1,
2. der Abstand c vom oberen Deckel, bei dem sich ein einachsiger Spannungszustand einstellt,
3. die MOHRschen Spannungskreise für die Punkte P_1 und P_2.

Lösung:

zu 1. Spannungstensor: Zylinder schneiden und GGB anwenden

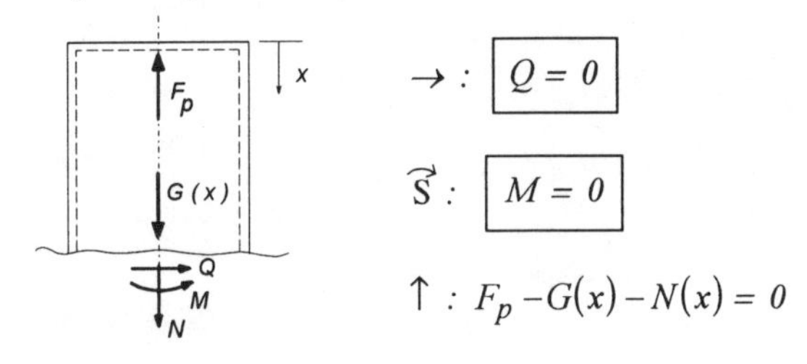

$$\rightarrow: \quad \boxed{Q = 0}$$

$$\curvearrowright S: \quad \boxed{M = 0}$$

$$\uparrow: \quad F_p - G(x) - N(x) = 0$$

Mit $F_p = p_0 A_{Deckel} = p_0 a^2 \pi$ *und* $G(x) = 2\pi a h \rho g x$ *folgt:*

$$\boxed{N(x) = p_0 a^2 \pi - 2\pi a h \rho g x}$$

Es liegt ein zweiachsiger Spannungszustand vor (freie Oberfläche) und entsprechend den Kesselformeln (s. Hahn S. 107) ergeben sich die Spannungskomponenten an der Stelle x = b zu:

$$\sigma_\ell = \frac{N(x=b)}{2\pi a h} = \frac{1}{2}\frac{a}{h} p_0 - \rho g b = 0{,}632\ N/mm^2 \quad \text{und} \quad \sigma_t = \frac{p_0 a}{2} = 2\ N/mm^2$$

Der Spannungstensor im Punkt P_1 ergibt sich damit zu: $\sigma_{ij} = \begin{pmatrix} 0{,}632 & 0 \\ 0 & 2 \end{pmatrix} N/mm^2$

zu 2. Abstand c

Ein einachsiger Spannungszustand liegt vor, wenn $\sigma_\ell = 0$ gilt.

Mit $\sigma_\ell = \frac{1}{2}\frac{a}{h} p_0 - \rho g x$ *folgt:* $\boxed{c = \frac{1}{2}\frac{a p_0}{\rho g h}}$ *bzw.* $\boxed{c = 15{,}6\ m}$

Der Spannungstensor im Punkt P_2 ergibt sich damit zu:

$$\sigma_{ij} = \begin{pmatrix} 0 & 0 \\ 0 & 2 \end{pmatrix} N/mm^2$$

zu 3. MOHRsche Kreise

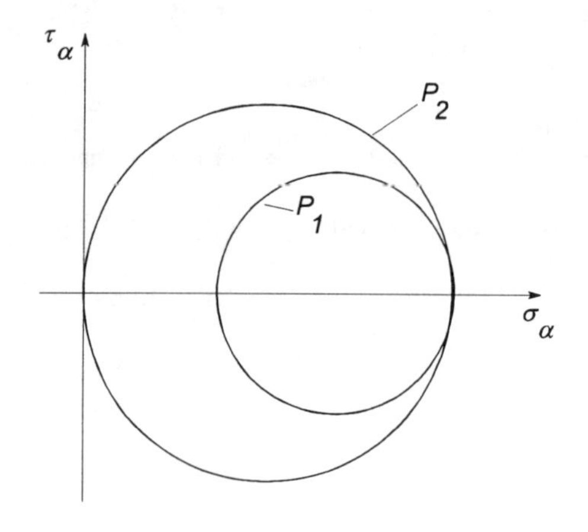

Aufgabe 3.1.3

Ein im Punkt A fest eingespannter Balken wird durch die beiden Kräfte F_1 und F_2 belastet.

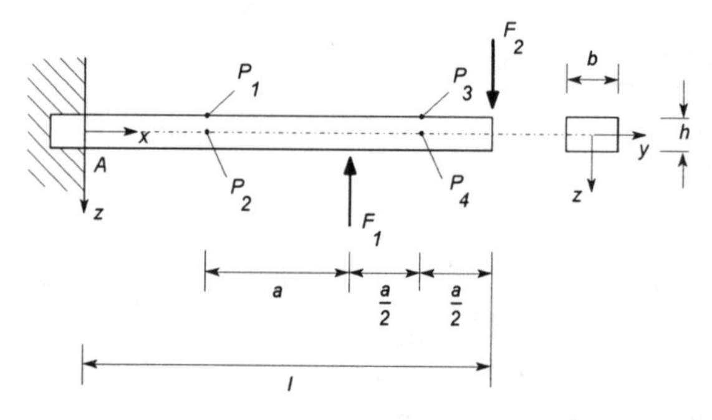

Gegeben: a, b, h, l, $F_1 = F_2 = F$

Gesucht: Die Komponenten der Verzerrungstensoren für die Punkte P_1 bis P_4.

Lösung: *Nach Aufgabe 3.1.1 werden die Spannungszustände in den Punkten P_1 bis P_4 durch folgende Tensoren beschrieben (dreidimensional):*

$$P_1:\ \sigma_{ij} = \begin{pmatrix} \frac{6Fa}{bh^2} & 0 & 0 \\ 0 & 0 & 0 \\ 0 & 0 & 0 \end{pmatrix} \qquad P_2:\ \sigma_{ij} = \begin{pmatrix} 0 & 0 & 0 \\ 0 & 0 & 0 \\ 0 & 0 & 0 \end{pmatrix}$$

$$P_3:\ \sigma_{ij} = \begin{pmatrix} \frac{3Fa}{bh^2} & 0 & 0 \\ 0 & 0 & 0 \\ 0 & 0 & 0 \end{pmatrix} \qquad P_4:\ \sigma_{ij} = \begin{pmatrix} 0 & 0 & \frac{3}{2}\frac{F}{bh} \\ 0 & 0 & 0 \\ \frac{3}{2}\frac{F}{bh} & 0 & 0 \end{pmatrix}$$

Mit dem verallgemeinerten HOOKEschen Gesetz (s. Hahn S. 118) ergeben sich die entsprechenden Verzerrungstensoren zu:

$$P_1:\ \varepsilon_{ij} = \frac{1}{E}\begin{pmatrix} \frac{6Fa}{bh^2} & 0 & 0 \\ 0 & -\upsilon\frac{6Fa}{bh^2} & 0 \\ 0 & 0 & -\upsilon\frac{6Fa}{bh^2} \end{pmatrix} \qquad P_2:\ \varepsilon_{ij} = \begin{pmatrix} 0 & 0 & 0 \\ 0 & 0 & 0 \\ 0 & 0 & 0 \end{pmatrix}$$

$$P_3:\ \varepsilon_{ij} = \frac{1}{E}\begin{pmatrix} \frac{3Fa}{bh^2} & 0 & 0 \\ 0 & -\upsilon\frac{3Fa}{bh^2} & 0 \\ 0 & 0 & -\upsilon\frac{3Fa}{bh^2} \end{pmatrix} \qquad P_4:\ \varepsilon_{ij} = \frac{1+\upsilon}{E}\begin{pmatrix} 0 & 0 & \frac{3}{2}\frac{F}{bh} \\ 0 & 0 & 0 \\ \frac{3}{2}\frac{F}{bh} & 0 & 0 \end{pmatrix}$$

Anmerkung: Bei P_4 ist darauf zu achten, daß die halben Schiebungen den Komponenten des Verzerrungstensors entsprechen, d.h. $\varepsilon_{xz} = \frac{1}{2}\gamma_{xz}$.

Aufgabe 3.1.4

Ausgehend von dem verallgemeinerten HOOKEschen Gesetz (s. Hahn S. 118, Gl. (3.55) und (3.56)) leite man die Stoffgesetze für die beiden Sonderfälle Ebener Spannungszustand und Ebener Verzerrungszustand her.

Lösung:

Das verallgemeinerte (3-dimensionale) HOOKEsche Gesetz lautet:

$$\varepsilon_x = \frac{1}{E}\left(\sigma_x - \upsilon\left(\sigma_y + \sigma_z\right)\right) \ , \quad \varepsilon_y = \frac{1}{E}\left(\sigma_y - \upsilon\left(\sigma_z + \sigma_x\right)\right) \ , \quad \varepsilon_z = \frac{1}{E}\left(\sigma_z - \upsilon\left(\sigma_x + \sigma_y\right)\right) \qquad (1)$$

sowie $$\gamma_{xy} = \frac{\tau_{xy}}{G} \ , \quad \gamma_{yz} = \frac{\tau_{yz}}{G} \ , \quad \gamma_{zx} = \frac{\tau_{zx}}{G} \qquad (2)$$

Der Ebene Spannungszustand (ESZ) ist gekennzeichnet durch: $\sigma_z = \tau_{yz} = \tau_{zx} = 0$ *(3)*
(3) in (1) bzw. (2) eingesetzt, ergibt für den ESZ:

$$\varepsilon_x = \frac{1}{E}\left(\sigma_x - \upsilon\sigma_y\right) \ , \quad \varepsilon_y = \frac{1}{E}\left(\sigma_y - \upsilon\sigma_x\right) \ , \quad \varepsilon_z = -\frac{\upsilon}{E}\left(\sigma_x + \sigma_y\right)$$

sowie $$\gamma_{xy} = \frac{\tau_{xy}}{G} \ , \quad \gamma_{yz} = \gamma_{zx} = 0$$

Anmerkung: Der ESZ läßt sich in einer dünnen Scheibe realisieren.

Der Ebene Verzerrungszustand (EVZ) ist gekennzeichnet durch: $\varepsilon_z = \gamma_{yz} = \gamma_{zx} = 0$ *(4)*
(4) in (1) bzw. (2) eingesetzt, ergibt für den EVZ:

$$\varepsilon_x = \frac{1+\upsilon}{E}\left[(1-\upsilon)\sigma_x - \upsilon\sigma_y\right] \ , \quad \varepsilon_y = \frac{1+\upsilon}{E}\left[(1-\upsilon)\sigma_y - \upsilon\sigma_x\right]$$

sowie $$\gamma_{xy} = \frac{\tau_{xy}}{G} \ , \quad \tau_{yz} = \tau_{zy} = 0 \quad \text{und} \quad \sigma_z = \upsilon\left(\sigma_x + \sigma_y\right).$$

Anmerkung: Der EVZ liegt in einem langen zylindrischen Körper, der durch konstante Linienkräfte längs der Mantellinien belastet ist, vor.

3.2 Zug und Druck in Stäben

Aufgabe 3.2.1

Ein zylindrischer Stab mit der Querschnittsfläche A ist im Punkt B aufgehängt und durch die Kraft F und sein Eigengewicht belastet.

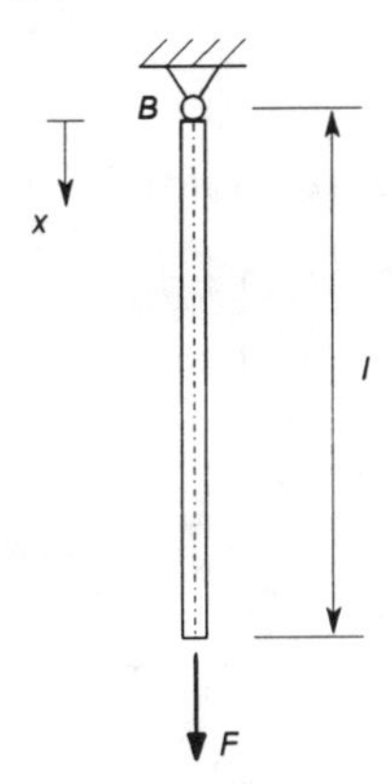

Gegeben: A, l, E, ρ, F,

Gesucht:
1. Der Normalkraftverlauf im Stab,
2. den Dehnungsverlauf im Stab,
3. die Verschiebungsfunktion,
4. die Verschiebung des Kraftangriffpunkts.

Lösung:

zu 1. Normalkraftverlauf: Stab schneiden und GGB anwenden

$$\uparrow: \; N(\xi) - F - G(\xi) = 0 \qquad (1)$$

$$\text{Mit } G(\xi) = m(\xi)g = \rho V(\xi)g = \rho A g \xi$$

$$\text{folgt:} \quad \boxed{N(\xi) = \rho g A \xi + F} \qquad (2)$$

zu 2. Dehnung: HOOKEsches Gesetz bei einachsigem Zug $\varepsilon = \frac{1}{E}\sigma$

Mit $\sigma = \frac{N}{A}$ *ergibt sich:* $\varepsilon(\xi) = \frac{\rho g}{E}\xi + \frac{F}{EA}$

bzw. mit $\xi = \ell - x$: $$\varepsilon(x) = \frac{\rho g}{E}(\ell - x) + \frac{F}{EA} \qquad (3)$$

zu 3. Verschiebungsfunktion: kinematische Gleichung $\varepsilon = \dfrac{du}{dx}$ *anwenden*

Es gilt: $u(x) = \int_0^x \varepsilon dx + u_0$ *und mit (3) folgt:* $u(x) = \frac{\rho g}{2E}\left(2\ell x - x^2\right) + \frac{F}{EA}x + u_0$

Aus der Randbedingung $u(x=0) = 0$ *ergibt sich die Integrationskonstante zu:* $u_0 = 0$

und damit $$\boxed{u(x) = \frac{\rho g}{2E}\left(2\ell x - x^2\right) + \frac{F}{EA}x} \qquad (4)$$

zu 4. Verschiebung des Kraftangriffspunktes

$u_F = u(x = \ell)$ *und mit Gl. (4) folgt:* $\boxed{u_F = \frac{F\ell}{EA} + \frac{\rho g}{2E}\ell^2}$

Aufgabe 3.2.2

Ein starrer masseloser Balken hängt an zwei gleich langen Drähten und ist durch die Kraft F belastet. Im ersten Lagerungsfall wird der Balken durch eine zusätzliche Gleithülse lotrecht geführt. Im zweiten Lagerungsfall kann er sich frei bewegen. Der Draht 1 besitzt die Querschnittsfläche A_1, der Draht 2 die Querschnittsfläche A_2. Der Elastizitätsmodul beider Drähte ist identisch.

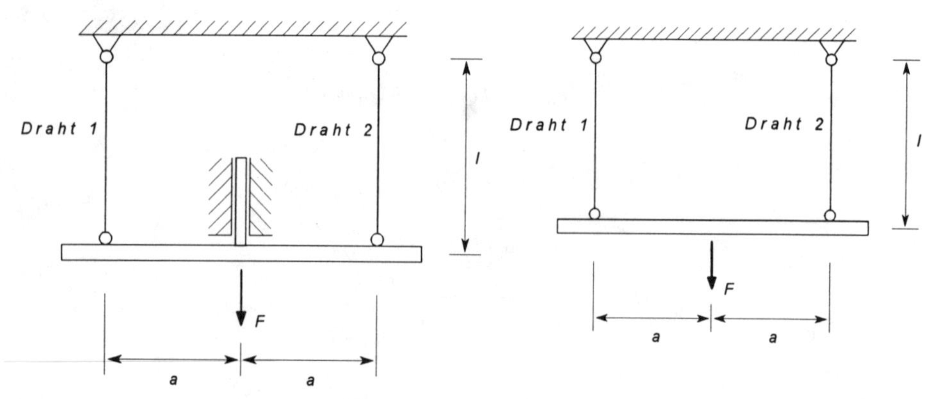

Gegeben: F, E, ℓ, $A_1 = A$, $A_2 = 3A$

Gesucht: Die Verschiebung u_F des Lastangriffspunkts für die beiden Lagerungsfälle.

Lösung:

Lagerungsfall I: System freischneiden und GGB anwenden.

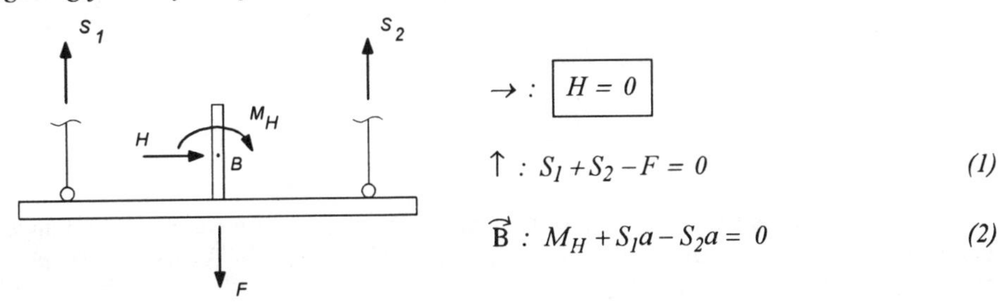

$\rightarrow: \boxed{H = 0}$

$\uparrow: S_1 + S_2 - F = 0 \qquad (1)$

$\overset{\curvearrowright}{B}: M_H + S_1 a - S_2 a = 0 \qquad (2)$

Für die 3 Unbekannten S_1, S_2, M_H stehen 2 Gleichungen zur Verfügung $\Rightarrow$ System ist 1-fach statisch unbestimmt.

Verformungsbedingung: $\Delta\ell_1 = \Delta\ell_2 \qquad (3)$

Mit der FLEA-Gleichung folgt: $\dfrac{S_1\ell}{EA_1} = \dfrac{S_2\ell}{EA_2} \qquad (4)$

Aus (1) und (4) folgt: $\boxed{S_1 = \frac{1}{4}F} \quad \boxed{S_2 = \frac{3}{4}F} \qquad (5)$

Eingesetzt in (4) ergibt:

$$\boxed{u_F = \Delta\ell_1 = \Delta\ell_2 = \frac{1}{4}\frac{F\ell}{EA}}$$

Anmerkung: aus (2) folgt mit (5) für das Hülsenmoment: $\boxed{M_H = \frac{1}{2}Fa}$

Lagerungsfall II: System freischneiden und GGB anwenden

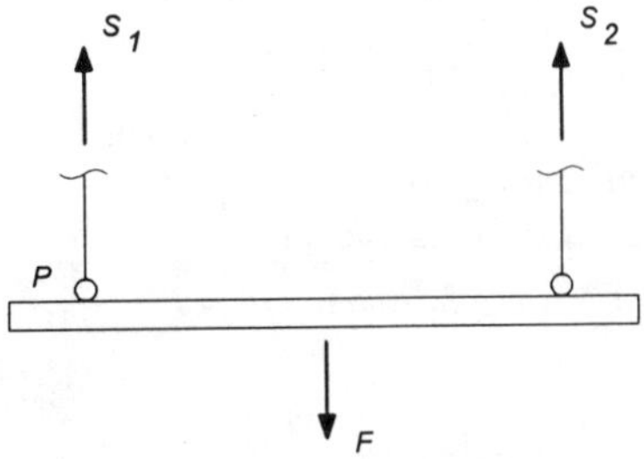

$\overset{\curvearrowright}{P}: Fa - S_2\, 2a = 0 \Rightarrow \boxed{S_2 = \frac{F}{2}}$

$\uparrow: S_1 + S_2 - F = 0 \Rightarrow \boxed{S_1 = \frac{F}{2}}$

Verlängerung der beiden Drähte:

$$\Delta\ell_1 = \frac{S_1\ell}{EA_1} = \frac{1}{2}\frac{F\ell}{EA} \quad , \qquad \Delta\ell_2 = \frac{S_2\ell}{EA_2} = \frac{1}{6}\frac{F\ell}{EA} \qquad (6)$$

Aus der Geometrie folgt für die Absenkung des Lastangriffpunktes: $u_F = \dfrac{\Delta\ell_1 + \Delta\ell_2}{2}$

bzw. mit (6) $$\boxed{u_F = \frac{2}{3}\frac{F\ell}{EA}}$$

Aufgabe 3.2.3

An eine vertikal gelagerte starre Welle mit dem Durchmesser d ist ein Stab der Länge ℓ horizontal angeschweißt. Die Dichte des Stabwerkstoffes ist ρ. Die Welle rotiert mit der konstanten Winkelgeschwindigkeit ω.

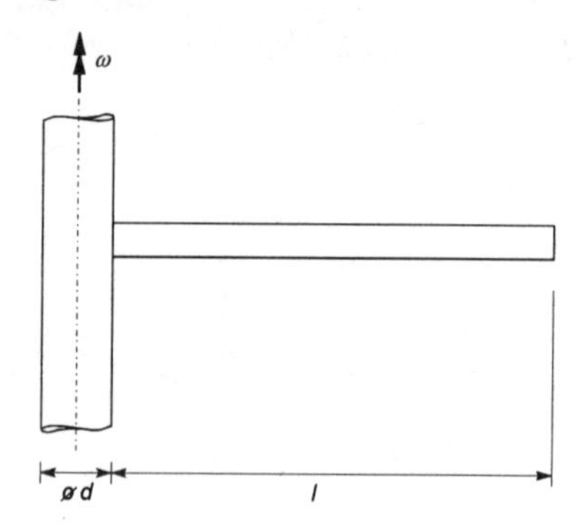

Gegeben: ℓ, d, mit d << ℓ, E, ρ, ω

Gesucht:
1. Die Normalspannung in der Mitte des Stabes und an der Nahtstelle zwischen Stab und Welle infolge der Rotation,
2. die Verlängerung Δl des Stabes.

Lösung:

zu 1. Normalspannung: Stab schneiden und Prinzip von d`ALEMBERT anwenden

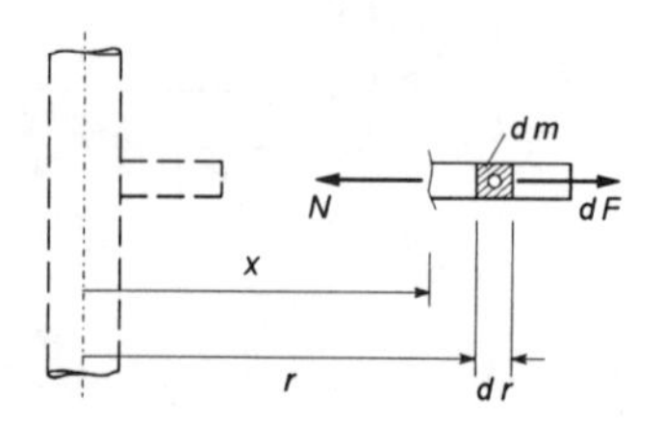

Prinzip von d'ALEMBERT
Für die Zentrifugalkraft des infinitesimalen Masseteilchens $dm = \rho dV = \rho A dr$ *gilt:*
$dF = \omega^2 r dm$ *bzw.* $dF = \omega^2 r \rho A dr$
In GGB eingesetzt ergibt sich mit $d \ll \ell$ *:*

$$\rightarrow: \ -N(x) + \int_x^\ell \omega^2 r \rho A dr = 0$$

Nach der Integration folgt:
$$\boxed{N(x) = \frac{1}{2}\omega^2 \rho A\left(\ell^2 - x^2\right)} \qquad (1)$$

und damit für die Normalspannung: $\boxed{\sigma(x) = \frac{1}{2}\omega^2\rho\left(\ell^2 - x^2\right)}$ (2)

Für die beiden Querschnitte ergibt sich:

$$\boxed{\sigma\left(x = \frac{d}{2}\right) \approx \sigma(x = 0) = \frac{1}{2}\omega^2\rho\ell^2} \qquad \boxed{\sigma\left(x = \frac{\ell + d}{2}\right) \approx \sigma\left(x = \frac{\ell}{2}\right) = \frac{3}{8}\omega^2\rho\ell^2}$$

zu 2. Verlängerung des Stabes

es gilt: $\Delta\ell = \int\limits_0^\ell \varepsilon(x)\,dx$, *mit* $\varepsilon = \frac{1}{E}\sigma$ *ergibt sich:*

$\Delta\ell = \int\limits_0^\ell \frac{1}{2E}\omega^2\rho\left(\ell^2 - x^2\right)dx$ *bzw. nach der Integration* $\boxed{\Delta\ell = \frac{1}{3E}\omega^2\rho\ell^3}$

Aufgabe 3.2.4

Zwischen zwei starren Wänden ist ein aus zwei masselosen Teilstäben zusammengeklebter Stempel spiel- und spannungsfrei gelagert. Zwischen dem Stempel und der Wand wirkt keine Reibung. Der gesamte Stempel wird gleichmäßig um $\Delta\vartheta$ erwärmt.

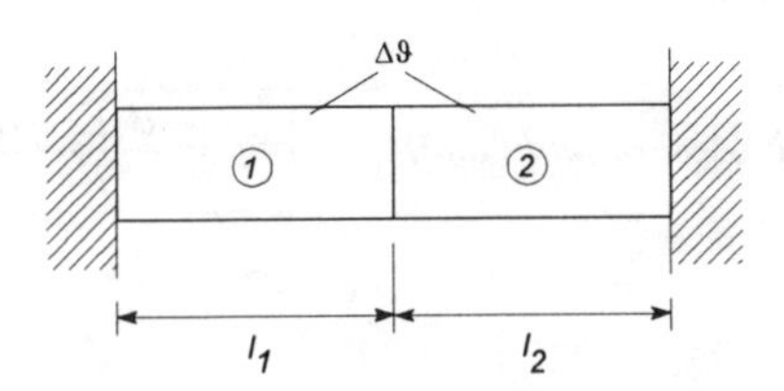

Gegeben: Stab 1: α_1, ℓ_1, E_1, $A_1 = A$
Stab 2: α_2, ℓ_2, E_2, $A_2 = A$

Gesucht:
1. Die Kraft, welche auf die starre Wand wirkt,
2. die Verschiebung der Klebestelle, wenn beide Teilstäbe die gleiche Länge besitzen $(\ell_1 = \ell_2)$.

Lösung:

zu 1. Lagerkraft: Stempel freischneiden und GGB anwenden

$\rightarrow: \; -B + C = 0 \quad \Rightarrow \quad \boxed{B = C}$ (1)

Zur Berechnung der beiden Lagerkräfte steht nur eine Gleichung zur Verfügung ⇒ System ist 1-fach statisch unbestimmt. Zur Lösung müssen die Verformungen berücksichtigt werden. Für die Stabverformung gilt allgemein:

$$\Delta\ell = (\varepsilon_{el} + \varepsilon_{th})\ell \quad mit \quad \varepsilon_{el} = \frac{\sigma}{E} = \frac{N}{EA} \quad und \quad \varepsilon_{th} = \alpha\Delta\vartheta$$

Auf die beiden Teilstäbe angewandt ergibt sich mit N = B im gesamten Stempel:

$$\Delta\ell_1 = \left(\frac{B}{E_1 A} + \alpha_1\Delta\vartheta\right)\ell_1 \quad und \quad \Delta\ell_2 = \left(\frac{B}{E_2 A} + \alpha_2\Delta\vartheta\right)\ell_2 \qquad (2)$$

Wegen der starren Lagerung lautet die Verformungsbedingung:

$$\Delta\ell = \Delta\ell_1 + \Delta\ell_2 = 0 \qquad (3)$$

(2) in (3) eingesetzt liefert für B bzw. C:

$$\boxed{B = C = -\frac{\alpha_1\ell_1 + \alpha_2\ell_2}{E_1\ell_2 + E_2\ell_1} AE_1E_2\Delta\vartheta} \qquad (4)$$

zu 2. Verschiebung der Klebestelle

Es gilt: $u_k = \Delta\ell_1 = \left(\frac{B}{E_1 A} + \alpha\Delta\vartheta\right)\ell_1$ *und aus (4) folgt mit* $\ell_1 = \ell_2 = \ell$:

$$B = -\frac{\alpha_1 + \alpha_2}{E_1 + E_2} AE_1E_2\Delta\vartheta \quad \text{und damit:} \quad \boxed{u_k = \frac{\alpha_1 E_1 - \alpha_2 E_2}{E_1 + E_2}\ell\Delta\vartheta}$$

Aufgabe 3.2.5

Das gezeigte ebene Stabwerk besteht aus 3 im Punkt G gelenkig miteinander verbundenen Stäben (Querschnitt A, Elastizitätsmodul E, Wärmeausdehnungskoeffizient α). Ohne daß sich eine Temperaturänderung in den Stäben 2 und 3 einstellt, wird der Stab 1 gleichmäßig erwärmt.

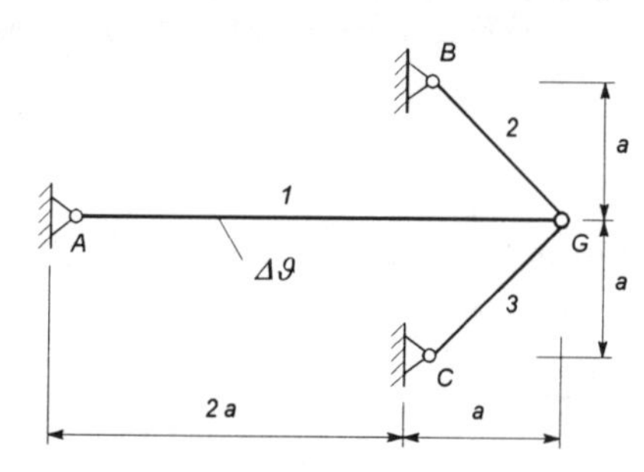

Gegeben: α, a, E, A, Δϑ

Gesucht: 1. Die Stabkraft im Stab 1 in Abhängigkeit von der Temperaturerhöhung $\Delta\vartheta$,
2. die Verschiebung des Punktes G in Abhängigkeit von der Temperaturerhöhung $\Delta\vartheta$.

Lösung:

zu 1. Stabkraft S_1: System freischneiden und GGB anwenden

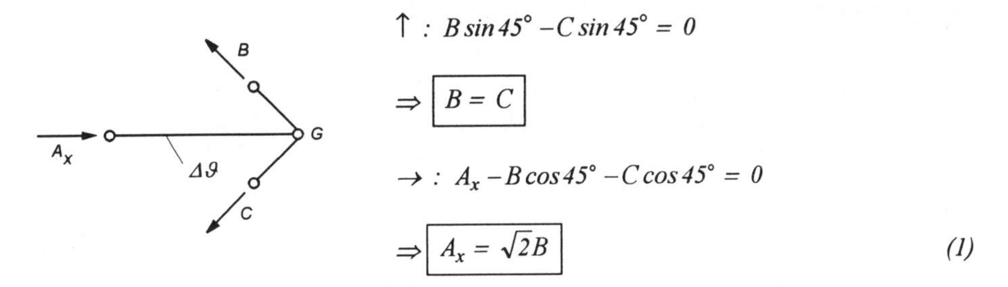

$$\uparrow: \; B\sin 45^\circ - C\sin 45^\circ = 0$$

$$\Rightarrow \boxed{B = C}$$

$$\rightarrow: \; A_x - B\cos 45^\circ - C\cos 45^\circ = 0$$

$$\Rightarrow \boxed{A_x = \sqrt{2}B} \qquad (1)$$

Für die beiden Unbekannten A_x und B steht eine Gleichung zur Verfügung $\Rightarrow$ System ist 1-fach statisch unbestimmt. Lösung mit Überlagerungsmethode:

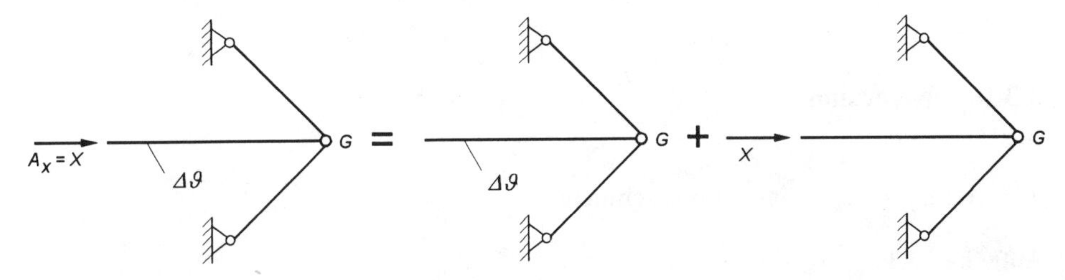

Für die Verlängerung des Stabes infolge der Erwärmung gilt:

$$\Delta\ell_\vartheta = \alpha 3a\Delta\vartheta \qquad (2)$$

Die Verschiebung des Lastangriffpunktes von X setzt sich aus der Verlängerung des Stabes 1 und der Verschiebung des Punktes G zusammen.

$$u_X = \Delta\ell_1 + u_G = \frac{X3a}{EA} + \frac{B\sqrt{2}a}{EA\cos 45^\circ} \qquad (3)$$

(Für die Verschiebung des Gelenkes siehe Hahn S. 105, Bild 3.22).

Die Verformungsbedingung (Lagerbedingung) lautet: $\Delta\ell_\vartheta = u_X$.

Eingesetzt ergibt sich mit (1): $X = A_x = \dfrac{3}{3+\sqrt{2}} \alpha E A \Delta \vartheta$

bzw. mit $S_1 = N_1 = -A_x$ $\boxed{S_1 = -\dfrac{3}{3+\sqrt{2}} \alpha E A \Delta \vartheta}$ *(Druckstab)*

zu 2. Verschiebung von G

$$u_G = (\varepsilon_{th} + \varepsilon_{e\ell})_1 \cdot 3a = \left(\alpha \Delta \vartheta + \frac{S_1}{EA} \right) 3a$$

Eingesetzt ergibt: $\boxed{u_G = \dfrac{3\sqrt{2}}{3+\sqrt{2}} \alpha a \Delta \vartheta}$

Anmerkung: Die Verschiebung des Gelenkes ergibt sich auch mit u_G aus Gl. (3).

3.3 Reine Torsion

3.3.1 Kreis- und Kreisringquerschnitte

Aufgabe 3.3.1.1

Eine Welle der Länge ℓ besitze im Fall 1 einen Kreisquerschnitt und im Fall 2 einen Kreisringquerschnitt. Die Welle wird durch ein Torsionsmoment M_T belastet.

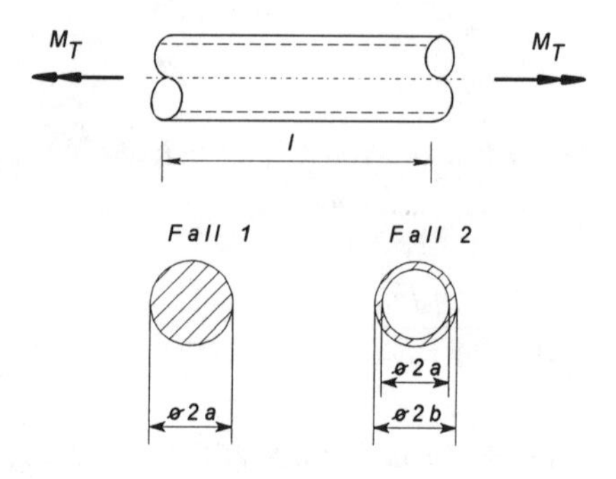

Gegeben: M_T, ℓ, a, b

Gesucht: 1. Für den Vollquerschnitt den Verdrehwinkel φ_1 und die maximale Schubspannung $\tau_{1_{max}}$,
2. für den Kreisringquerschnitt den Außendurchmesser b so, daß der Verdrehwinkel φ_2 gleich dem Verdrehwinkel φ_1 des Kreisquerschnitts ist und die maximale Schubspannung $\tau_{2_{max}}$,
3. das Schubspannungsverhältnis $\tau_{1_{max}}/\tau_{2_{max}}$ und das Massenverhältnis m_2/m_1.

Lösung:

zu 1. Verdrehwinkel φ_1 und Schubspannung $\tau_{1_{max}}$

Für den Verdrehwinkel gilt: $\varphi_1 = \vartheta_1 \cdot \ell = \dfrac{M_T}{GJ_{p1}} \cdot \ell$

und mit $J_{p_1} = \dfrac{\pi}{2}a^4$ *folgt* $\boxed{\varphi_1 = \dfrac{2M_T\ell}{\pi G a^4}}$

Die maximale Schubspannung liegt am Außenradius vor. Sie ergibt sich zu:

$$\tau_{1_{max}} = \frac{M_T}{J_{p_1}} \cdot a \quad \text{bzw.} \quad \boxed{\tau_{1_{max}} = \frac{2M_T}{\pi a^3}}$$

zu 2. Außendurchmesser b und Schubspannung $\tau_{2_{max}}$

Es soll gelten: $\varphi_2 = \dfrac{M_T\ell}{GJ_{p_2}} \overset{!}{=} \varphi_1 = \dfrac{M_T\ell}{GJ_{p_1}} \quad \Rightarrow \quad J_{p_2} = J_{p_1}$

Mit $J_{p_2} = \dfrac{\pi}{2}\left(b^4 - a^4\right)$ *folgt* $\dfrac{\pi}{2}a^4 = \dfrac{\pi}{2}\left(b^4 - a^4\right)$ *und damit* $\boxed{b = \sqrt[4]{2}a \approx 1{,}2\,a}$

Die maximale Schubspannung liegt wieder am Außenradius vor. Sie ergibt sich zu:

$$\tau_{2_{max}} = \frac{M_T}{J_{p_2}} \cdot b = \frac{2M_T b}{\pi\left(b^4 - a^4\right)} \quad \text{bzw. mit} \quad b = \sqrt[4]{2}a \quad \boxed{\tau_{2_{max}} = \frac{2M_T}{\pi a^3}\sqrt[4]{2}}$$

zu 3. Verhältnisse

Aus 1. und 2. folgt für das Schubspannungsverhältnis:

$$\frac{\tau_{2_{max}}}{\tau_{1_{max}}} = \frac{2M_T\sqrt[4]{2}\,\pi a^3}{\pi a^3 \cdot 2M_T} \quad \text{bzw.} \quad \boxed{\frac{\tau_{2_{max}}}{\tau_{1_{max}}} = \sqrt[4]{2} \approx 1{,}2}$$

Das Massenverhältnis ergibt sich zu:

$$\frac{m_2}{m_1} = \frac{\rho V_2}{\rho V_1} = \frac{\rho \ell A_2}{\rho \ell A_1} = \frac{A_2}{A_1} = \frac{\pi a^2}{\pi\left(b^2 - a^2\right)} = \frac{1}{\sqrt{2} - 1} \quad \text{bzw.} \quad \boxed{\frac{m_2}{m_1} \approx 2,41}$$

Man erkennt: einer geringen Spannungserhöhung steht eine relativ große Gewichtsersparnis gegenüber.

Aufgabe 3.3.1.2

Eine Welle der Länge 2ℓ besteht aus 2 Wellenstücken unterschiedlichen Materials. Die Welle wird durch ein Torsionsmoment M_T belastet.

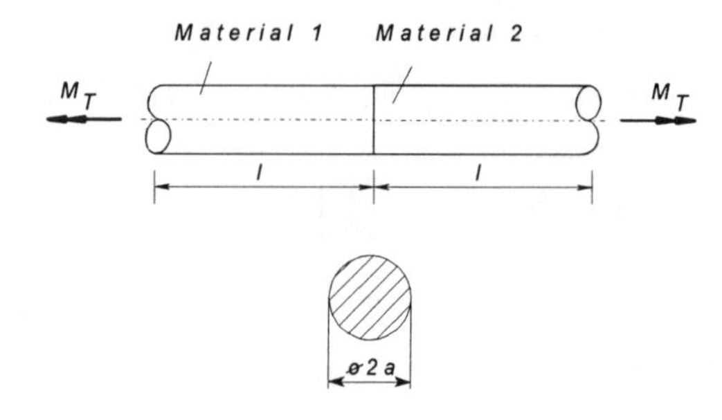

Gegeben: M_T, ℓ, a, G_1, G_2

Gesucht:
1. Die Verdrehung der Endquerschnitte zueinander,
2. die Verdrehung der Endquerschnitte zueinander, wenn das Wellenstück 1 als starr angenommen wird.

Lösung:

zu 1. Gesamtverdrehung φ_{ges}

Für die Gesamtverdrehung gilt: $\varphi_{ges} = \varphi_1 + \varphi_2$ (1)

und mit $\varphi_i = \dfrac{M_T \ell}{G_i J_P}$ *folgt* $\varphi_{ges} = \dfrac{M_T \ell}{G_1 J_p} + \dfrac{M_T \ell}{G_2 J_p}$

bzw. $$\boxed{\varphi_{ges} = \frac{M_T \ell}{J_p}\left(\frac{1}{G_1} + \frac{1}{G_2}\right)} \quad (2)$$

zu 2.Gesamtverdrehung φ_∞
Die Starrkörperbedingung des Wellenstückes 1 wird im Stoffgesetz durch $G_1 \to \infty$ *modelliert.*

Mit (1) folgt: $\varphi_\infty = \lim\limits_{G_1 \to \infty} \varphi_{ges} = \dfrac{M_T \ell}{J_p} \dfrac{1}{G_2} \quad \Rightarrow \quad \boxed{\varphi_\infty = \varphi_2}$

Anmerkung: Wie man aus (1) bzw. (2) erkennt, handelt es sich um eine "Reihenschaltung von Federn".

Aufgabe 3.3.1.3

Eine Welle der Länge ℓ ist aus einer Vollwelle und einer Hohlwelle unterschiedlichen Materials zusammengesetzt. Vollwelle und Hohlwelle können sich nicht gegeneinander verdrehen. Die zusammengesetzte Welle wird durch ein Torsionsmoment M_T belastet.

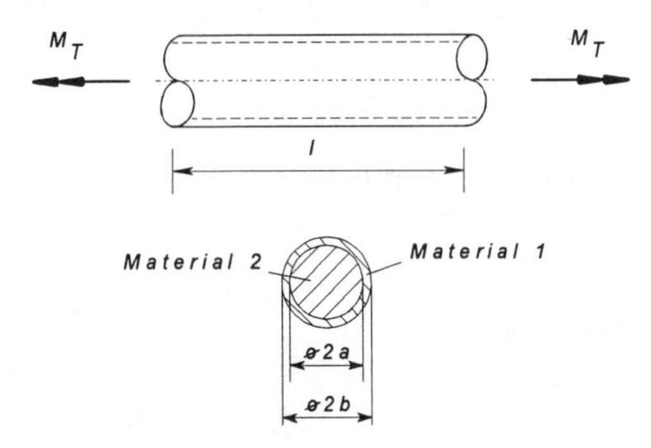

Gegeben: ℓ, a, $b = \sqrt{2}\,a$, M_T

Gesucht: Das Verhältnis G_1/G_2 so, daß die Hälfte des eingeleiteten Moments von der Vollwelle übertragen wird.

Lösung:

Verformungsbedingung: $\varphi_1 = \varphi_2$ *bzw.* $\dfrac{M_{T_1}\ell}{G_1 J_{p1}} = \dfrac{M_{T_2}\ell}{G_2 J_{p2}}$

Mit $M_{T_1} = M_{T_2} = \dfrac{M_T}{2}$ *folgt:*

$$\frac{G_1}{G_2} = \frac{J_{P_2}}{J_{P_1}} = \frac{\frac{\pi}{2}\left(b^4 - a^4\right)}{\frac{\pi}{2}a^4} = \left(\frac{b}{a}\right)^4 - 1 \quad \text{bzw.} \quad \boxed{\frac{G_1}{G_2} = 3}$$

3.3.2 Dünnwandige geschlossene Profile

Aufgabe 3.3.2.1

Ein dünnwandiges Profil mit der konstanten Wanddicke h wird durch ein Torsionsmoment M_T belastet.

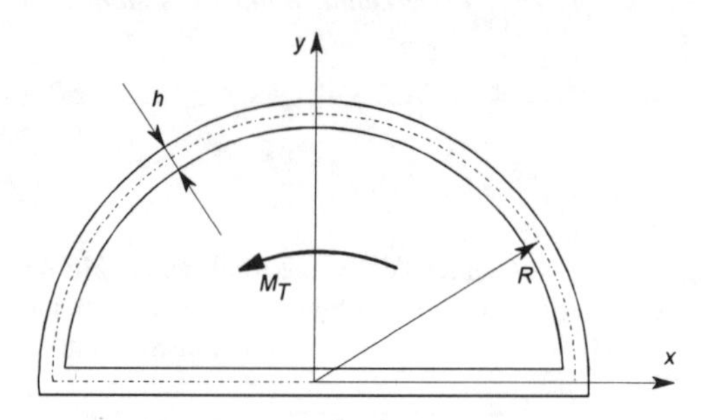

Gegeben: R, h, M_T

Gesucht:
1. Der spezifische Verdrehwinkel ϑ,
2. der Schubfluß t im gesamten Profil,
3. die Schubspannung τ im gesamten Profil.

Lösung: *das Profil ist dünnwandig und besteht aus einer geschlossenen Zelle $\Rightarrow$ BREDTsche Formeln (s. Hahn S. 124) anwenden*

zu 1. spezifischer Verdrehwinkel ϑ

1. BREDTsche Formel
$$t = \tau \cdot h = \frac{M_T}{2A} = konst \qquad (1)$$

2. BREDTsche Formel
$$2GA\vartheta = \oint \tau ds = t\oint \frac{ds}{h} \qquad (2)$$

(1) in (2): $\Rightarrow \quad \vartheta = \dfrac{M_T}{4GA^2}\oint \dfrac{ds}{h}$ *bzw. mit h = konst.* $\quad \vartheta = \dfrac{M_T}{4GA^2 h}\oint ds \qquad (3)$

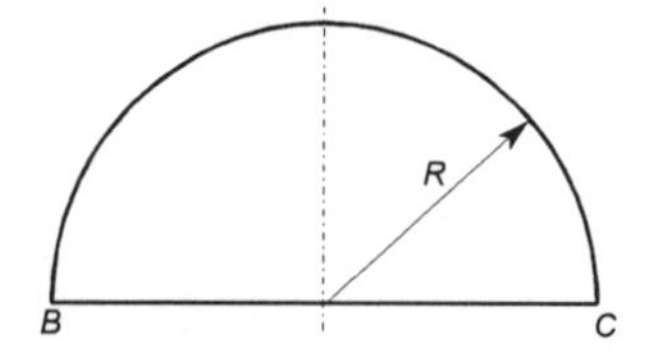

Das Umlaufintegral ergibt sich nach Abb. 2 zu:

$$\oint ds = \int_B^C ds + \int_C^B ds = 2R + R \cdot \pi = R(2+\pi)$$

Mit der vom Profil umschlossenen Fläche:

$A = \dfrac{1}{2} \cdot \pi R^2$ *folgt aus (3):* $\quad \vartheta = \dfrac{M_T \cdot R(2+\pi)}{4G \cdot \left(\dfrac{\pi R^2}{2}\right)^2 h}$ *bzw.* $\quad \boxed{\vartheta = \dfrac{M_T(2+\pi)}{G\pi^2 R^3 h}}$

zu 2. Schubfluß t

$$t = \frac{M_T}{2A} = \frac{M_T}{2 \cdot \left(\frac{\pi R^2}{2}\right)} \quad \text{bzw.} \quad \boxed{t = \frac{M_T}{\pi R^2}} \quad \text{im gesamten Profil}$$

zu 3. Schubspannung τ

Es gilt: $\tau = \frac{t}{h}$ *und mit* $h = konst.$ *ergibt sich:* $\boxed{\tau = \frac{M_T}{\pi R^2 h}}$ *im gesamten Profil.*

Aufgabe 3.3.2.2

Ein Träger der Länge ℓ mit dünnwandigem Profil wird durch ein Torsionsmoment M_T belastet.

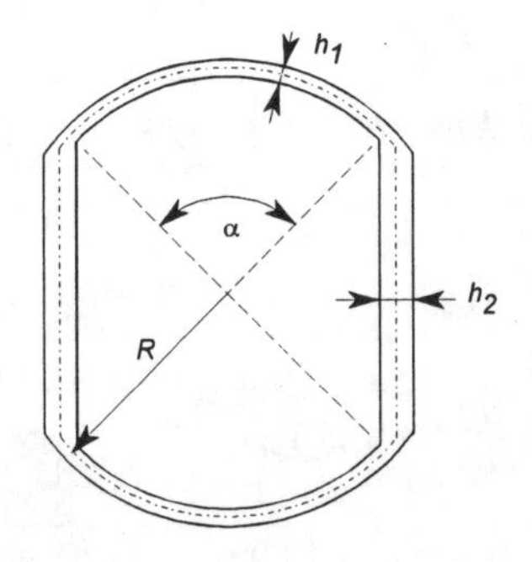

Gegeben: $G = 0{,}8 \cdot 10^7$ N/cm²
$\tau_{zul} = 8000$ N/cm²
$h_1 = 1$ cm, $h_2 = 2h_1$
$\ell = 10$ m, $R = 50$ cm
$\alpha = 90°$

Gesucht:
1. Die Torsionssteifigkeit GJ_T,
2. das zulässige Torsionsmoment M_{Tzul}, so daß τ_{zul} nicht überschritten wird,
3. den Winkel φ, um den sich die beiden Trägerenden bei einer Belastung mit M_{Tzul} gegeneinander verdrehen.

Lösung: *das Profil ist dünnwandig und besteht aus einer geschlossenen Zelle $\Rightarrow$ BREDTsche Formeln (s. Hahn S. 124) anwenden.*

zu 1. Torsionssteifigkeit GJ_T

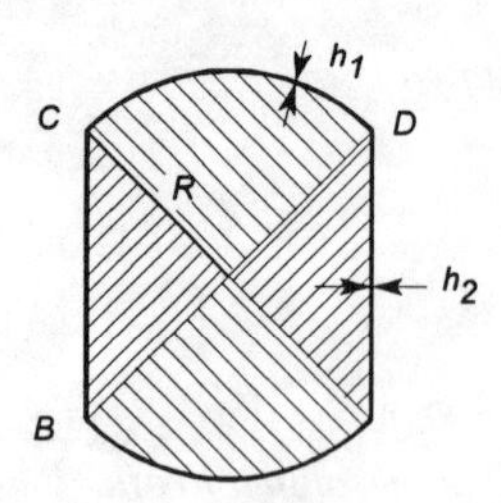

Für die Torsionssteifigkeit gilt:

$$GJ_T = G \cdot \frac{4A^2}{\Lambda} \quad \text{mit} \quad \Lambda = \oint \frac{ds}{h}$$

und A der vom Profil umschlossenen Fläche.

$$\text{Mit} \quad A = A_{\setminus\setminus\setminus} + A_{///} = \frac{1}{2} \cdot \pi R^2 + R^2 = R^2\left(\frac{\pi}{2} + 1\right)$$

$$\text{und} \quad \Lambda = 2\left(\int_B^C \frac{ds}{h_2} + \int_C^D \frac{ds}{h_1}\right) = 2\left(\frac{\sqrt{R^2 + R^2}}{h_2} + \frac{R\frac{\pi}{2}}{h_1}\right) = 2R\frac{\sqrt{2} + \pi}{h_2}$$

ergibt sich nach Einsetzen der Zahlenwerte: $\boxed{GJ_T = 5{,}8 \cdot 10^{12}\, Ncm^2}$

zu 2. zulässiges Torsionsmoment $M_{T_{zul}}$

Nach der 1. BREDTschen Formel gilt: $t = \dfrac{M_T}{2A}$ *und mit* $\tau_{max} = \dfrac{t}{h_{min}} \le \tau_{zul}$ *folgt:*

$$\boxed{M_{t_{zul}} = 2 \cdot A \cdot \tau_{zul} \cdot h_{min}} \quad \text{bzw.} \quad \boxed{M_{T_{zul}} = 1{,}03 \cdot 10^8 \;\; Ncm}$$

zu 3. Verdrehwinkel φ

Es gilt: $\varphi = \vartheta \cdot \ell$ *und mit* $\vartheta = \dfrac{M_T}{G \cdot J_T}$

folgt: $\varphi = \dfrac{M_{T_{zul}} \cdot \ell}{G \cdot J_T}$ *bzw.* $\boxed{\varphi = 0{,}0177\, rad = 1{,}016^\circ}$

Aufgabe 3.3.2.3

Ein dünnwandiges Profil wird durch ein Torsionsmoment M_T belastet. Das Profil besteht aus den Kammern 1 und 2. Die Wandstärke h ist im gesamten Profil konstant.

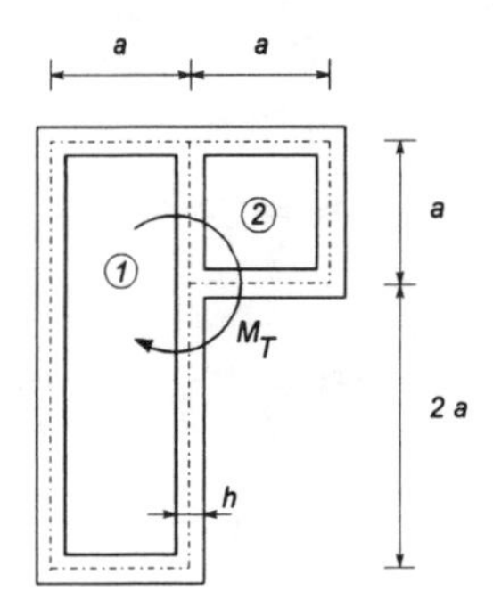

Gegeben: a, h, G, M_T

Gesucht:
1. Die Schubflüsse für das gesamte Profil,
2. die maximale Schubspannung τ_{max},
3. der spezifische Verdrehwinkel ϑ.

Für den Fall, daß der Zwischensteg zwischen den Kammern 1 und 2 entfernt wird
4. der Schubfluß t_0 im Profil,
5. die maximale Schubspannung $\tau_{0_{max}}$,
6. der spezifische Verdrehwinkel ϑ_0.

Lösung: *Das Profil ist dünnwandig und besteht aus zwei geschlossenen Zellen ⇒ BREDTsche Formel (s. Hahn S. 124) auf jede Zelle anwenden.*

zu 1. Schubflüsse: Unter Ausnutzung der Eckenbedingungen sind noch 3 unbekannte Schubflüsse t_1, t_2 und t_3 einzuführen.

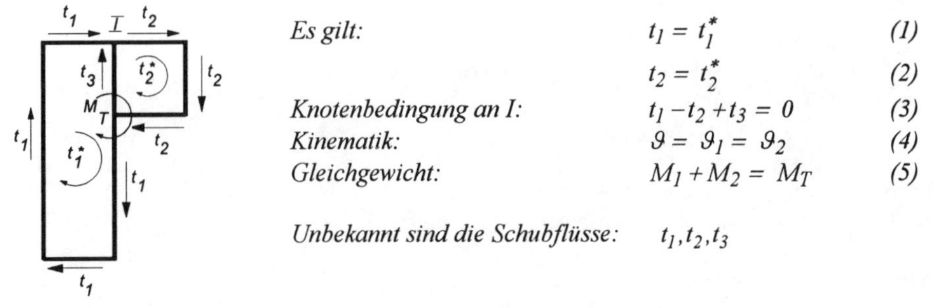

Es gilt: $t_1 = t_1^*$ (1)

$t_2 = t_2^*$ (2)

Knotenbedingung an I: $t_1 - t_2 + t_3 = 0$ (3)

Kinematik: $\vartheta = \vartheta_1 = \vartheta_2$ (4)

Gleichgewicht: $M_1 + M_2 = M_T$ (5)

Unbekannt sind die Schubflüsse: t_1, t_2, t_3

Aus (5) und der 1. BREDTschen Formel ($M_T = 2tA$) folgt:

$$M_T = 2t_1^* A_1 + 2t_2^* A_2$$

Mit (1) und (2) sowie den Teilflächen $A_1 = 3a^2$ *und* $A_2 = a^2$ *ergibt sich:*

$$M_T = 6t_1a^2 + 2t_2a^2 \qquad (6)$$

Aus (4) und der 2. BREDTschen Formel $(2G\vartheta = \frac{1}{A}\oint \frac{t}{h}ds)$ *folgt:*

$$\frac{1}{A_1}\oint_1 \frac{t}{h}\,ds = \frac{1}{A_2}\oint_2 \frac{t}{h}\,ds \qquad \text{bzw. eingesetzt:}$$

$$\frac{1}{A_1h}\left[t_1\cdot 2a + t_1\cdot a + t_1\cdot 3a + t_1a - t_3\cdot a\right] = \frac{1}{A_2h}\left[t_2\cdot a + t_2\cdot a + t_2\cdot a + t_3\cdot a\right]$$

oder zusammengefaßt: $7t_1 - 9t_2 - 4t_3 = 0$ (7)

Gl. (3) in (7) eingesetzt liefert: $t_2 = \frac{11}{13}t_1$ *und mit (6) ergibt sich schließlich* (8)

$$\boxed{t_1 = \frac{13}{100}\frac{M_T}{a^2}} \quad \text{sowie aus (8) und (3)} \quad \boxed{t_2 = \frac{11}{100}\frac{M_T}{a^2}} \quad \boxed{t_3 = \frac{-2}{100}\frac{M_T}{a^2}}$$

zu 2. maximale Schubspannung τ_{max}

$$\tau_{max} = \frac{t_{max}}{h} = \frac{t_1}{h} \quad \text{bzw.} \quad \boxed{\tau_{max} = \frac{13}{100}\frac{M_T}{a^2h}}$$

zu 3. spezifischer Verdrehwinkel ϑ

Es gilt: $\vartheta = \vartheta_1 = \vartheta_2$ *und mit der 2. BREDTschen Formel auf Zelle 2 angewandt folgt:*

$$\vartheta = \frac{1}{2GA_2h}\oint_2 t\,ds = \frac{1}{2Ga^2h}\left[3t_2a + t_3a\right] \quad \text{bzw.} \quad \boxed{\vartheta = \frac{31\,M_T}{200\,Ga^3h}}$$

zu 4. Schubfluß t_o *ohne Zwischensteg*

Mit 1. BREDTscher Formel $(M_T = 2tA)$ *folgt:*

$$t = \frac{M_T}{2A} = \frac{M_T}{2\cdot 4a^2} \quad \text{bzw.} \quad \boxed{t_0 = \frac{M_T}{8a^2}}$$

zu 5. maximale Schubspannung $\tau_{0_{max}}$ ohne Zwischensteg

$$\tau_{0_{max}} = \frac{t_0}{h} \quad \text{bzw.} \quad \boxed{\tau_{0_{max}} = \frac{M_T}{8a^2h}} \quad \text{im gesamten Profil}$$

zu 6. Verdrehwinkel ϑ_0 ohne Zwischensteg

Mit 2. BREDTscher Formel ($\vartheta = \frac{1}{2GA}\oint \frac{t}{h}\,ds$) folgt:

$$\vartheta_0 = \frac{t_0}{2G4a^2h}\oint ds = \frac{M_T}{2G4a^2h8a^2}\left[3a+2a+a+a+2a+a\right] \quad \text{bzw.} \quad \boxed{\vartheta_0 = \frac{5M_T}{32Ga^3h}}$$

Aufgabe 3.3.2.4

Ein dünnwandiges Profil wird durch ein Torsionsmoment M_T belastet. Das Profil besteht aus den Kammern 1 und 2. Die Wanddicke h ist im gesamten Profil konstant.

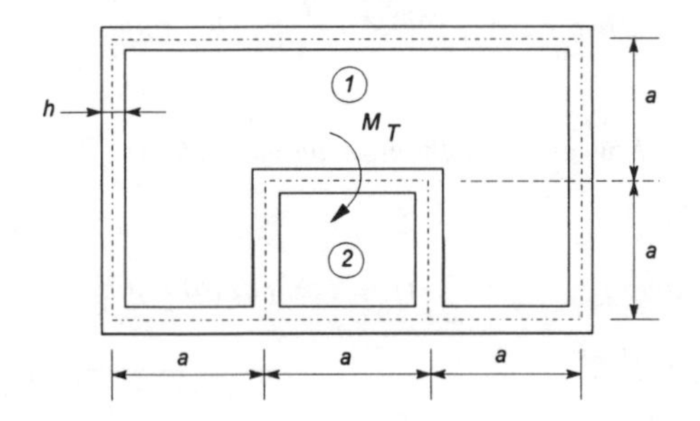

Gegeben: a, h, M_T, G

Gesucht:
1. Die Schubflüsse für das gesamte Profil,
2. die maximale Schubspannung τ_{max},
3. der spezifische Verdrehwinkel ϑ.

Lösung: *Das Profil ist dünnwandig und besteht aus zwei geschlossenen Zellen ⇒ BREDTsche Formeln (s. Hahn S. 124) auf jede Zelle anwenden.*

zu 1. Schubflüsse: Unter Ausnutzung der Eckenbedingungen sind noch drei unbekannte Schubflüsse t_1, t_2 und t_3 einzuführen.

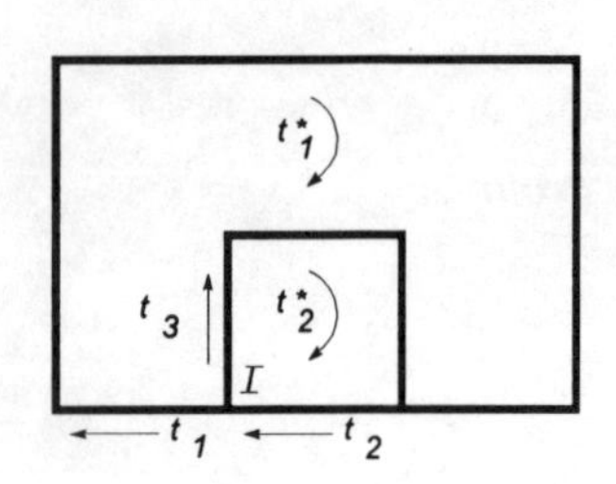

Es gilt:	$t_1 = t_1^*$	(1)
	$t_2 = t_2^*$	(2)
Knotenbedingung an I:	$-t_1 + t_2 - t_3 = 0$	(3)
Kinematik:	$\vartheta = \vartheta_1 = \vartheta_2$	(4)
Gleichgewicht:	$M_T = M_1 + M_2$	(5)

Unbekannt sind die Schubflüsse: t_1, t_2 *und* t_3.

Aus (5) und der 1. BREDTschen Formel ($M_T = 2tA$) *folgt:*

$$M_T = 2t_1^* \cdot A_1 + 2t_2^* A_2$$

Mit (1) und (2) sowie den Teilflächen $A_1 = 5a^2$ *und* $A_2 = a^2$ *ergibt sich:*

$$M_T = 10 t_1 a^2 + 2 t_2 a^2 \tag{6}$$

Aus (4) und der 2. BREDTschen Formel ($2G\vartheta = \frac{1}{A}\oint \frac{t}{h}\,ds$) *folgt:*

$$\frac{1}{A_1}\oint_1 \frac{t}{h}\,ds = \frac{1}{A_2}\oint_2 \frac{t}{h}\,ds \qquad \text{bzw. eingesetzt und zusammengefaßt:} \quad 9t_1 - 5t_2 - 18t_3 = 0 \tag{7}$$

Gl. (3) in (7) eingesetzt liefert: $\quad t_2 = \frac{27}{23} t_1 \quad$ *und mit (6) ergibt sich schließlich:* (8)

$$\boxed{t_1 = \frac{23}{284}\frac{M_T}{a^2}} \quad \text{sowie aus (8) und (3)} \quad \boxed{t_2 = \frac{27}{284}\frac{M_T}{a^2}} \quad \boxed{t_3 = \frac{4}{284}\frac{M_T}{a^2}}$$

zu 2. maximale Schubspannung τ_{max}

$$\tau_{max} = \frac{t_{max}}{h} = \frac{t_2}{h} \quad \text{bzw.} \quad \boxed{\tau_{max} = \frac{27}{284}\frac{M_T}{ha^2}}$$

zu 3. spezifischer Verdrehwinkel ϑ

Es gilt $\vartheta = \vartheta_1 = \vartheta_2$ *und mit der 2. BREDTschen Formel auf Zelle 2 angewandt folgt:*

$$\vartheta = \frac{1}{2GAh}\oint t\,ds = \frac{1}{2Ga^2h}(t_2 a + 3t_3 a) \quad \text{bzw.} \quad \boxed{\vartheta = \frac{39}{568}\frac{M_T}{Gha^3}}$$

3.3.3 Dünnwandige offene Profile

Aufgabe 3.3.3.1

Ein dünnwandiges geschlitztes Profil wird durch ein Torsionsmoment M_T belastet. Die Wanddicke des Profils ist nicht konstant.

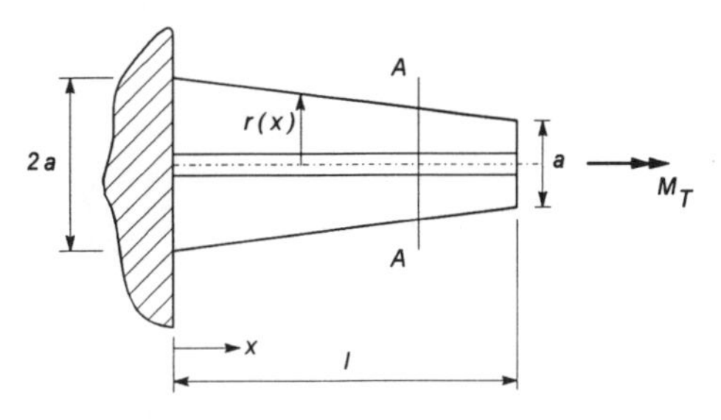

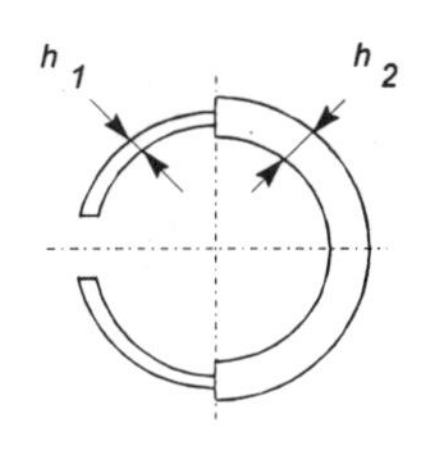

Gegeben: a, ℓ, $h_1 = h$, $h_2 = 2h$, G, M_T, $h \ll \ell$

Gesucht:
1. Die Konstanten A und B in der Formfunktion $r(x) = A(B - x)$ des Konus,
2. der örtliche Torsionswiderstand $GJ_T(x)$,
3. die Gleichung der Verdrehung $\varphi(x)$,
4. die Verdrehung des freien Konusendes $\varphi(x=\ell)$.

Lösung: *Das Profil ist dünnwandig und besteht aus einer* ***offenen*** *Zelle* $\Rightarrow$ *Föppel-Formel anwenden.*

zu 1. Konstanten der Formfunktion

Aus dem linearen Ansatz: $r(x) = A(B-x)$

und den Randbedingungen: $r(x=0) = a$ *und* $r(x=\ell) = \dfrac{a}{2}$

folgt: $\boxed{A = \dfrac{a}{2\ell} \quad , \quad B = 2\ell}$ *und damit* $\boxed{r(x) = \dfrac{a}{2\ell}(2\ell - x)}$

zu 2. örtlicher Torsionswiderstand $GJ_T(x)$

Für ein dünnwandiges offenes Profil gilt (Föppel-Formel, s. Hahn S. 142):

$$J_T = \sum_i \frac{1}{3}\ell_i h_i^3 \quad \text{und damit} \quad GJ_T(x) = G\left[\frac{1}{3}h^3 r\pi + \frac{1}{3}(2h)^3 r\pi\right]$$

bzw.
$$\boxed{GJ_T(x) = \frac{3G\pi h^3 a}{2\ell}(2\ell - x)} \qquad (1)$$

zu 3. Verdrehung $\varphi(x)$

Es gilt: $\varphi(x) = \int\limits_x \vartheta(x) dx$ *mit* $\vartheta(x) = \frac{M_T}{GJ_T(x)}$ *(s. Hahn S. 142)*

Eingesetzt ergibt: $\varphi(x) = \frac{2\ell M_T}{3G\pi h^3 a} \int \frac{dx}{2\ell - x} = -\frac{2\ell M_T}{3G\pi h^3 a} \ell n(2\ell - x) + C$

Aus der Randbedingung: $\varphi(x=0) = 0$ *(feste Einspannung) folgt die Integrationskonstante zu:* $C = \frac{2\ell M_T}{3G\pi h^3 a} \ell n(2\ell)$ *und damit*

$$\boxed{\varphi(x) = \frac{2\ell M_T}{3G\pi h^3 a} ln\left(\frac{2\ell}{2\ell - x}\right)}$$

zu 4. Verdrehung des freien Konusendes

$$\boxed{\varphi(x=\ell) = \frac{2\ell M_T}{3G\pi h^3 a} \ell n 2}$$

3.4 Biegung von Balken

3.4.1 Spannungen und Verformungen

Aufgabe 3.4.1.1

Ein einseitig fest eingespannter Balken der Länge 3a und der Höhe 2h (Querschnittsfläche A konstant) sei im Fall 1 durch eine Kraft F und im Fall 2 durch ein Moment M_B belastet.

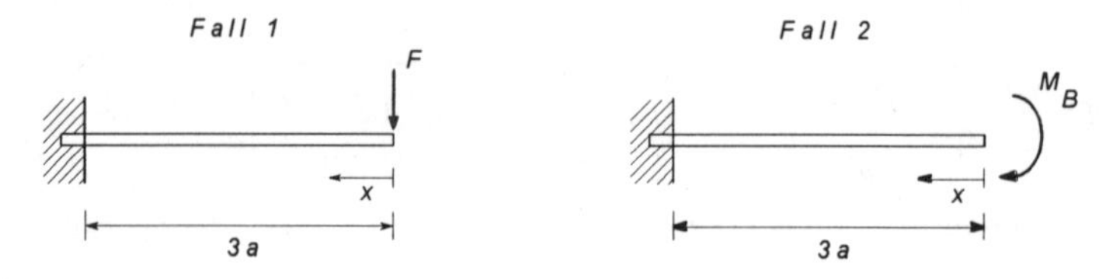

Gegeben: F, M_B, E, J_{yy}, a, h

Gesucht: Jeweils für beide Fälle

1. der Momentenverlauf M(x),
2. der Verlauf der Biegespannung σ_x über den Querschnitt an den Stellen $x_1 = a$ und $x_2 = 2a$, sowie der Betrag der maximalen Biegespannung an diesen Stellen.

Lösung:

zu 1. Momentenverlauf M(x)

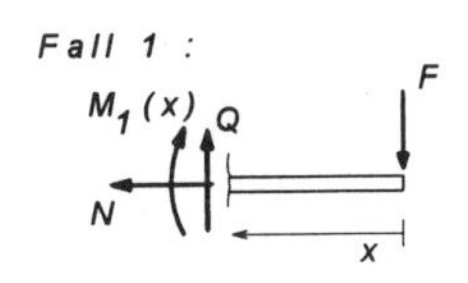

Momentengleichgewicht um den Schwerpunkt der Schnittfläche:

$$\overset{\curvearrowleft}{S}: \; M_1(x) + Fx = 0 \;\Rightarrow\; \boxed{M_1(x) = -F \cdot x}$$

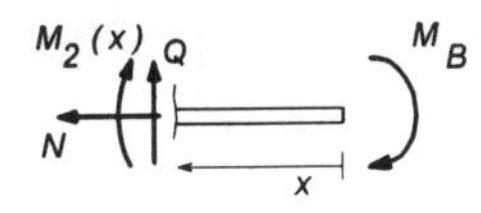

$$\overset{\curvearrowleft}{S}: \; M_2(x) + M_B = 0 \;\Rightarrow\; \boxed{M_2(x) = -M_B}$$

zu 2. Verlauf der Biegespannung

Es gilt: $\sigma_x = \dfrac{M(x)}{J_{yy}} z$ *(s. Hahn S. 126)*

Fall 1:

$$\sigma_{x_1}(a) = \frac{-F \cdot a}{J_{yy}} z \qquad \sigma_{x_{1max}}(a) = \frac{-F \cdot a \cdot h}{J_{yy}}$$

$$\sigma_{x_2}(2a) = \frac{-2F \cdot a}{J_{yy}} z \qquad \sigma_{x_{2max}}(2a) = \frac{-2F \cdot a \cdot h}{J_{yy}}$$

Fall 2:

$$\sigma_{x_1}(a) = \frac{-M_B}{J_{yy}} z \qquad \sigma_{x_{2max}}(a) = \frac{-M_B}{J_{yy}} h$$

$$\sigma_{x_2}(2a) = \frac{-M_B}{J_{yy}} z \qquad \sigma_{x_{2max}}(2a) = \frac{-M_B}{J_{yy}} h$$

Anmerkung: Im Fall 1 handelt es sich um Querkraftbiegung, im Fall 2 um reine Biegung.

Aufgabe 3.4.1.2

Ein einseitig fest eingespannter Balken mit der konstanten Höhe h ist an seinem freien Ende durch ein Moment M_B belastet. Die Breite des Balkens b(x) wird durch folgende Funktion beschrieben:

$$b(x) = b_0 \cdot e^{x/\ell}$$

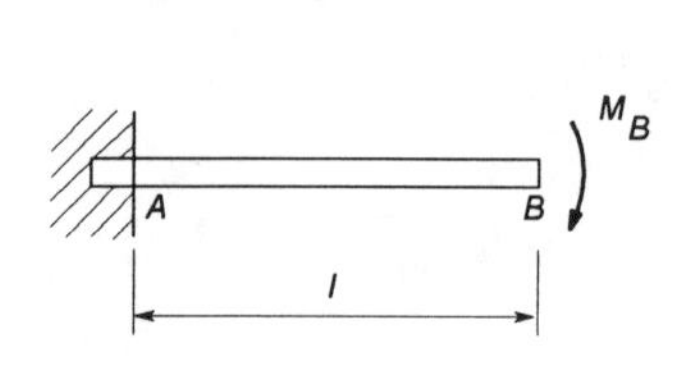

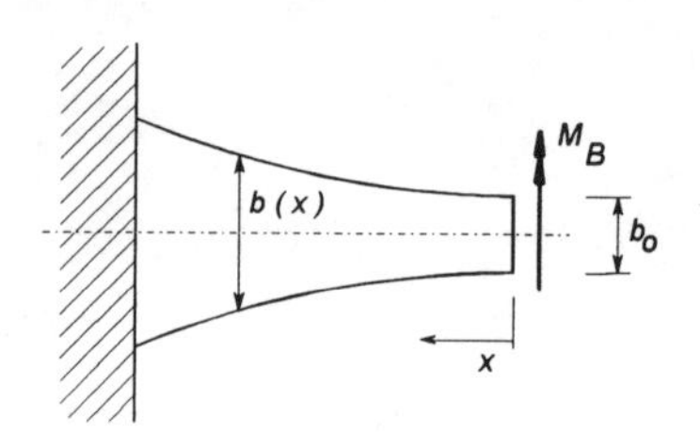

Gegeben: M_B, ℓ, h, b_0, E

Gesucht: Die Absenkung des Punktes B mit Hilfe der elastischen Biegelinie.

Lösung:

1. Schritt: Momentenverlauf:

$$\overset{\frown}{S}: \; M_B + M(x) = 0$$

$$\Rightarrow M(x) = -M_B \qquad (1)$$

2. Schritt: Integration der Differentialgleichung

Die Differentialgleichung der Biegelinie lautet: $w'' = -\dfrac{M}{EJ}$ *(s. Hahn S. 132)*

Mit (1) folgt: $w'' = \dfrac{M_B}{EJ(x)}$ *wobei* $J(x) = \dfrac{b(x)h^3}{12} = \dfrac{b_0 \cdot h^3}{12} e^{x/\ell}$ *gilt.*

Eingesetzt ergibt sich: $w''(x) = \dfrac{12 \cdot M_B}{Eb_0h^3} e^{-x/\ell}$ *und nach zweimaliger Integration*

$$w(x) = \frac{12M_B}{Eb_0h^3} \ell^2 e^{-x/\ell} + C_1x + C_2 \qquad (2)$$

3. Schritt: Konstanten bestimmen
Die Integrationskonstanten werden aus den Randbedingungen ermittelt.

Es gilt wegen der festen Einspannung: $w(x = \ell) = 0$ *und* $w'(x = \ell) = 0$

Eingesetzt in Gl. (2) liefert: $C_1 = \dfrac{12 M_B \ell}{E b_0 h^3 e}$ *und* $C_2 = -\dfrac{24 M_B \ell^2}{E b_0 h^3 e}$

und damit für die Biegelinie: $w(x) = \dfrac{12 M_B \ell}{E b_0 h^3}\left(\ell e^{-x/\ell} + \dfrac{x}{e} - \dfrac{2\ell}{e} \right)$

Für die Absenkung des Punktes B gilt: $\boxed{w_B = w(x=0) = \dfrac{12 M_B \ell^2}{E b_0 h^3}\left(1 - \dfrac{2}{e} \right)}$

Aufgabe 3.4.1.3

Ein einseitig fest eingespannter Balken ist durch eine Streckenlast q_0 belastet.

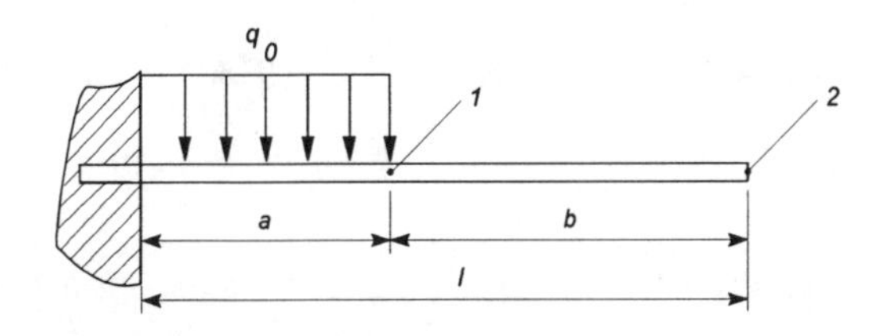

Gegeben: EJ, q_0, a, ℓ

Gesucht: 1. Die Auflagerreaktionen,
2. die Durchbiegung in den Punkten 1 und 2 mit Hilfe der elastischen Biegelinie.

Lösung:

zu 1. Auflagerreaktionen

$\rightarrow : \quad \boxed{A_x = 0}$

$\uparrow : \quad A_y - q_0 \cdot a = 0 \quad \Rightarrow \quad \boxed{A_y = q_0 \cdot a}$

$\overset{\curvearrowleft}{A} : \quad -M_E + \dfrac{q_0 a^2}{2} = 0 \Rightarrow \quad \boxed{M_E = \dfrac{q_0 a^2}{2}}$

zu 2. Durchbiegungen (es handelt sich um eine 2-Bereichsaufgabe!)

Bereich I: $0 < x < a$

$$\curvearrowleft S: \; M_I(x) + M_E - A_y \cdot x + \frac{q_0 x^2}{2} = 0$$

$$\Rightarrow M_I(x) = -\frac{1}{2} q_0 (x-a)^2$$

Bereich II: $a < x < \ell$

$$\curvearrowright S: \; M_{II}(x) = 0$$

Für die Differentialgleichung der Biegelinie folgt mit $EJw'' = -M$

Bereich I		*Bereich II*	
$EJw_I'' = \frac{1}{2} q_0 (x-a)^2$		$EJw_{II}'' = 0$	
$EJw_I' = \frac{1}{6} q_0 (x-a)^3 + C_1$	(1)	$EJw_{II}' = D_1$	(3)
$EJw_I = \frac{1}{24} q_0 (x-a)^4 + C_1 x + C_2$	(2)	$EJw_{II} = D_1 x + D_2$	(4)

Die Ermittlung der 4 Integrationskonstanten folgt aus 2 Rand- und 2 Übergangsbedingungen:

Randbedingungen: $w_I(0) = 0$ (5) $w_I'(0) = 0$ (6)

Übergangsbedingungen: $w_I(a) = w_{II}(a)$ (7) $w_I'(a) = w_{II}'(a)$ (8)

aus den Gleichungen (1) bis (8) folgt: $C_1 = \frac{q_0}{6} a^3$, $C_2 = -\frac{q_0}{24} a^4$

und damit $w_I(x) = \frac{q_0}{24EJ}\left[(x-a)^4 + 4a^3 x - a^4\right]$

sowie $D_1 = \frac{q_0 a^3}{6EJ}$, $D_2 = -\frac{q_0 a^4}{24EJ}$

und damit $w_{II}(x) = \frac{q_0 a^3}{24EJ}(4x - a)$

Für die Absenkung der Punkte 1 und 2 ergibt sich:

$$w_1 = w_I(x=a) = w_{II}(x=a) = \frac{q_0 a^4}{8EJ}$$

$$w_2 = w_{II}(x=\ell) = \frac{q_0 a^3}{24EJ}(4\ell - a)$$

Aufgabe 3.4.1.4

Ein dreifach geschichteter Balken der Breite d wird durch ein Biegemoment M_B belastet. Die einzelnen Schichten seien ideal miteinander verklebt und die Gültigkeit des NAVIERschen Geradliniengesetzes kann vorausgesetzt werden.

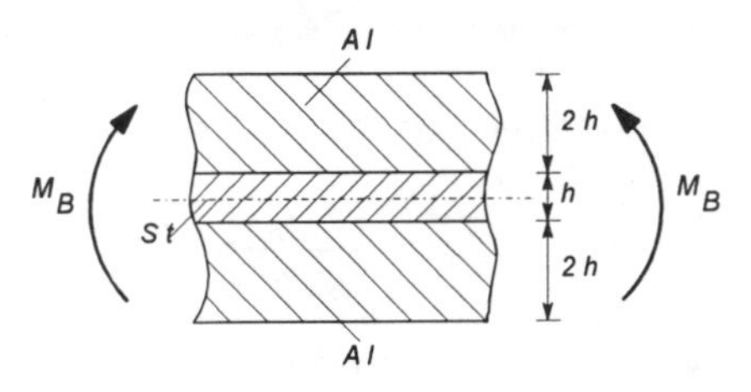

Gegeben: M_B, d, h, $E_{st} = 3E_{Al}$

Gesucht: 1. Die Krümmung κ,
2. die maximale Dehnung ε_{max},
3. die Dehnungs- und Spannungsverteilung über den Querschnitt.

Lösung:

zu 1. Krümmung

Für reine Biegung gilt: $\kappa = \frac{1}{\rho} = \frac{M_B}{EJ}$ *(s. Hahn S. 132)*

Mit $EJ = (EJ)_{St} + 2 \cdot (EJ)_{A\ell}$ *und* $(EJ)_{St} = E_{St} \cdot \frac{dh^3}{12}$

und $(EJ)_{A\ell} = E_{A\ell}\left[\frac{d(2h)^3}{12} + \left(\frac{3}{2}h\right)^2 d \cdot 2h\right]$

ergibt sich: $EJ = \frac{127}{12} dh^3 E_{A\ell}$ *und damit* $\boxed{\kappa = \frac{12 M_B}{127 dh^3 E_{A\ell}}}$

zu 2. maximale Dehnung

Aus dem NAVIERschen Geradliniengesetz folgt: $\varepsilon = \kappa z$

und mit $z_{max} = \frac{5}{2}h$ *ergibt sich:* $\boxed{\varepsilon_{max} = \frac{60 M_B}{254 dh^2 E_{A\ell}}}$

zu 3. Dehnungs- und Spannungsverteilung

Für die Dehnungsverteilung gilt: $\varepsilon(z) = \kappa z = \dfrac{12 M_B}{127 d h^3 E_{A\ell}} z$,

also eine lineare Verteilung über den gesamten Querschnitt.

Die Spannungsverteilung ergibt sich aus dem HOOKEschen Gesetz: $\sigma = E\varepsilon$

und damit für $|z| < \dfrac{h}{2}$: $\sigma = \dfrac{12 M_B}{127 d h^3} z$

bzw. für $\dfrac{h}{2} < |z| < \dfrac{5}{2} h$: $\sigma = \dfrac{12 M_B}{127 d h^3} \dfrac{E_{St}}{E_{A\ell}} z$,

also eine bereichsweise lineare Spannungsverteilung mit einer Unstetigkeit in der Klebestelle.

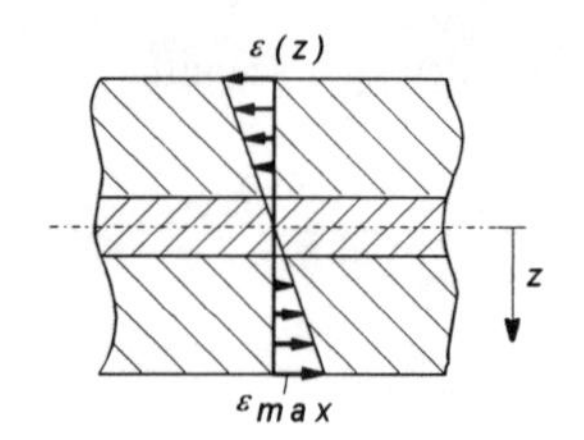

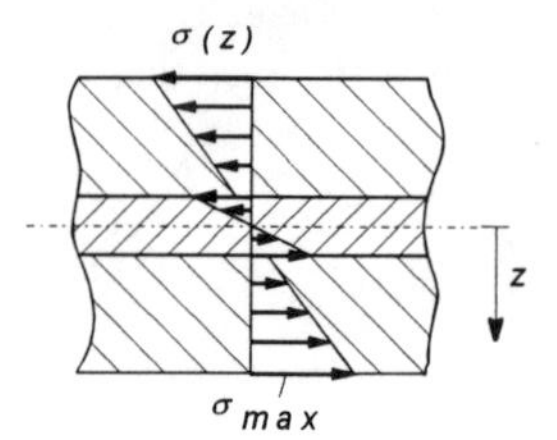

3.4.2 Verformungsberechnung mit der Überlagerungsmethode

Aufgabe 3.4.2.1

Ein einseitig fest eingespannter Balken der Länge 3a ist durch eine Streckenlast q_0 und eine Einzelkraft F belastet.

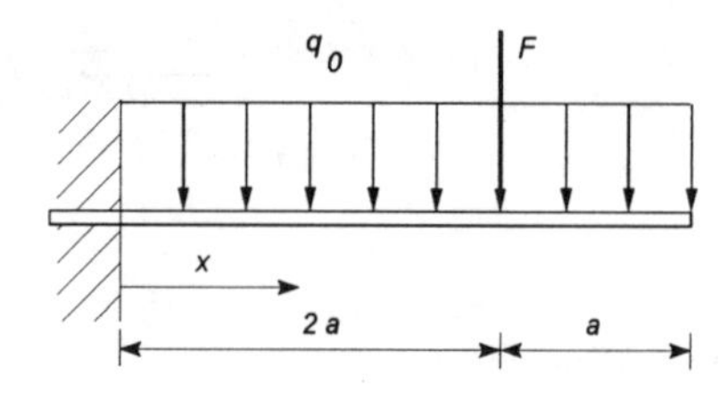

Gegeben: q_0, F, a, EJ

Gesucht: Die Durchbiegung an der Stelle x = 3a.

Lösung: (sinnvoll ist die Anwendung der Überlagerungsmethode)
Zur Berechnung der Gesamtabsenkung werden die Anteile aus der Verformung in Folge der Streckenlast und der Einzelkraft überlagert.

Fall I *Fall II*

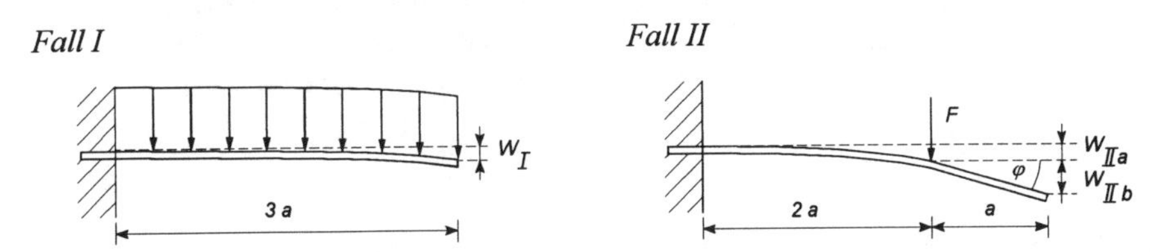

Für die Gesamtdurchbiegung des freien Endes gilt:

$$w_{ges} = w_I + w_{IIa} + w_{IIb}$$

Die einzelnen Anteile ergeben sich sofort mit Hilfe der MYOSOTIS-Formeln (s. Hahn S. 137) zu:

$$w_I = \frac{q_0 (3a)^4}{8EJ} \quad , \quad w_{IIa} = \frac{F(3a)^3}{3EJ} \quad \textit{und} \quad w_{IIb} = -\varphi a = \frac{F(2a)^2}{2EJ} \cdot a = \frac{2Fa^3}{EJ}$$

und damit:

$$\boxed{w = \frac{a^3}{EJ}\left(\frac{81}{8} q_0 a + 11F\right)}$$

Aufgabe 3.4.2.2

Ein Kragträger wird an seinem äußeren Ende durch eine Einzelkraft F belastet.

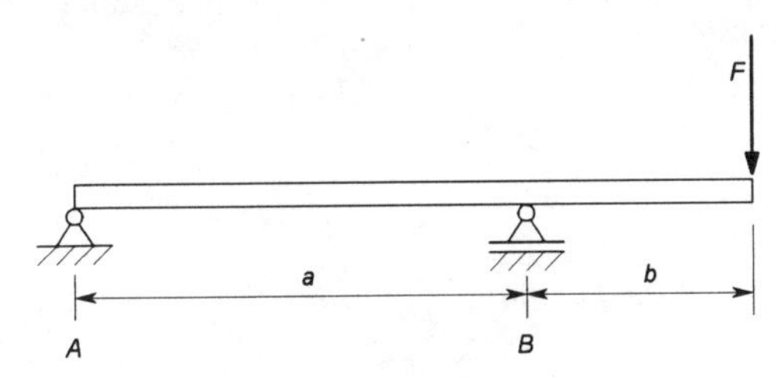

Gegeben: a = 2b, F, EJ

Gesucht: Die Absenkung des Lastangriffpunktes durch Anwendung der MYOSOTIS-Formeln.

Lösung:

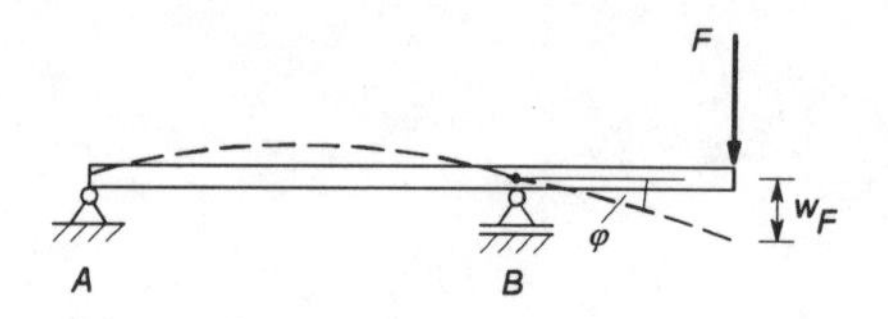

Durch die Kraft verformt sich die gerade Balkenlängsachse wie in der nebenstehenden Abbildung dargestellt. Der Neigungswinkel am Lager B beträgt φ.

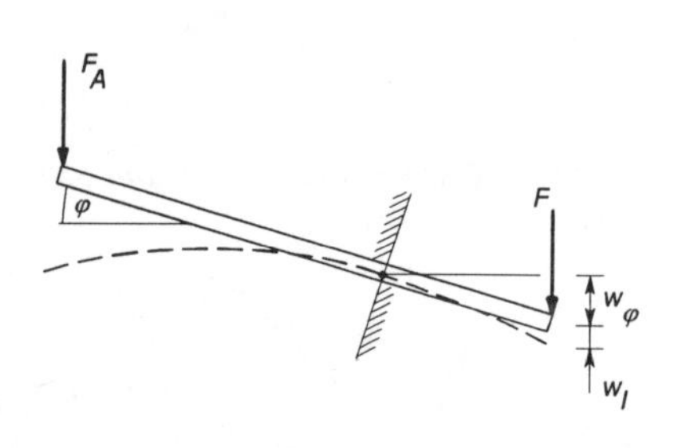

Zur Anwendung der MYOSOTIS-Formeln betrachten wir einen an der Stelle B fest eingespannten, im unbelasteten Zustand unter dem Winkel φ geneigten, Balken. Wird dieser Balken am linken freien Ende mit der Auflagerkraft F_A und am rechten freien Ende mit der Kraft F belastet, stellt sich die gleiche Biegelinie wie in dem ursprünglichen Problem ein.

Für die gesuchte Absenkung gilt demnach:

$$w_F = w_\varphi + w_I$$

bzw.

$$w_F = \varphi \cdot b + \frac{Fb^3}{3EJ} \qquad (1)$$

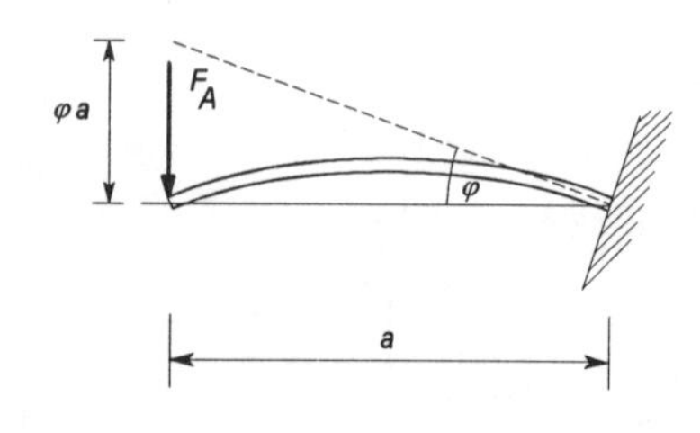

Bestimmung von φ: Zur Bestimmung von φ betrachten wir das linke Balkenteil. Die höhere Lage des Punktes A im unbelasteten schräg eingespannten Balken gegenüber der festen Einspannung muß durch die Durchbiegung aufgrund F_A kompensiert werden.

Mit Hilfe der MYOSOTIS-Formeln folgt:

$$\varphi \cdot a = \frac{F_A a^3}{3EJ}$$

und mit $F_A = \frac{b}{a} F$ *ergibt sich für den Verdrehwinkel:*

$$\boxed{\varphi = \frac{abF}{3EJ}} \qquad (2)$$

Gl. (2) in (1) eingesetzt ergibt: $w_F = \frac{abF}{3EJ} b + \frac{Fb^3}{3EJ}$ *bzw. mit* $b = 2a$: $\boxed{w_F = \frac{Fb^3}{EJ}}$

Aufgabe 3.4.2.3

Ein einseitig fest eingespannter Rahmen ist im Punkt A durch ein Einzelmoment M_B belastet.

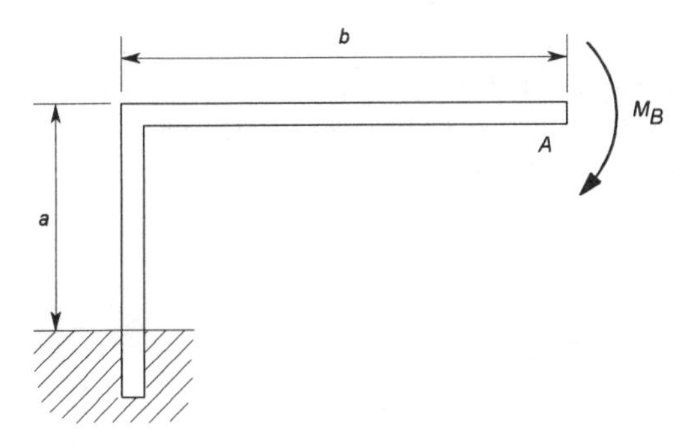

Gegeben: EJ, M_B, a = b/2

Gesucht: Die Absenkung des Punktes A.

Lösung: *(Sinnvoll ist die Anwendung der Überlagerungsmethode)*
Zur Berechnung der Gesamtabsenkung werden die Anteile aus der Verformung des vertikalen und des horizontalen Balkens überlagert.

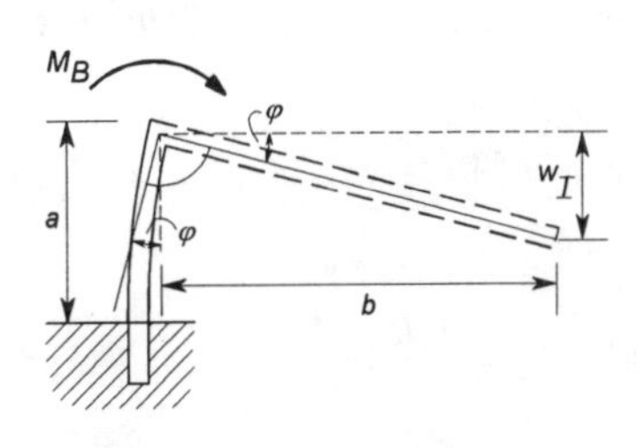

Für die Absenkung des Punktes A in Folge der Verformung des vertikalen Balkens gilt:

$$w_I = \varphi \cdot b$$

Mit den MYOSOTIS-Formeln (s. Hahn S. 137) folgt:

$$w_I = \frac{M_B \cdot a}{EJ} \cdot b$$

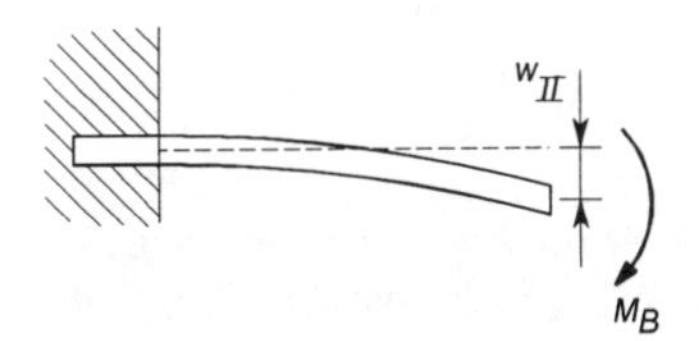

Für die Absenkung des Punktes A in Folge der Verformung des horizontalen Balkens gilt:

$$w_{II} = \frac{M_B b^2}{2EJ} \qquad \text{(s. Hahn S. 137)}$$

Die Gesamtdurchbiegung ergibt sich aus der Überlagerung: $w_A = w_I + w_{II}$

und damit $w_A = \dfrac{M_B ab}{EJ} + \dfrac{M_B b^2}{2EJ}$ *bzw.* $\boxed{w_A = \dfrac{M_B b^2}{EJ}}$

3.4.3 Schiefe Biegung

Aufgabe 3.4.3.1

Ein einseitig fest eingespannter Balken der Länge ℓ wird an seinem freien Ende durch eine Kraft F belastet. Der Balken besitzt einen rechteckigen Querschnitt. Die Last greift unter einem Winkel φ zur vertikalen Symmetrieachse an.

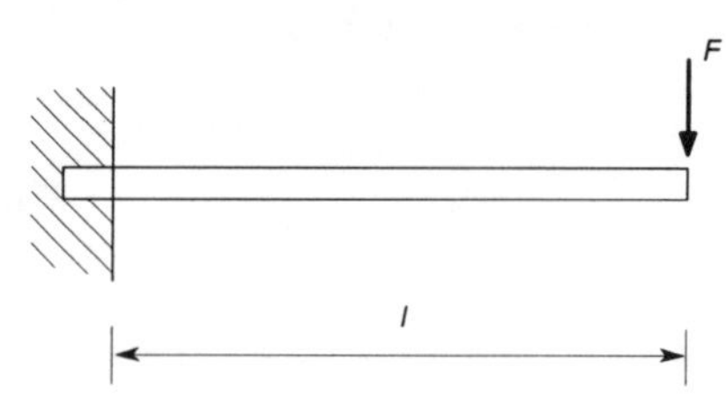

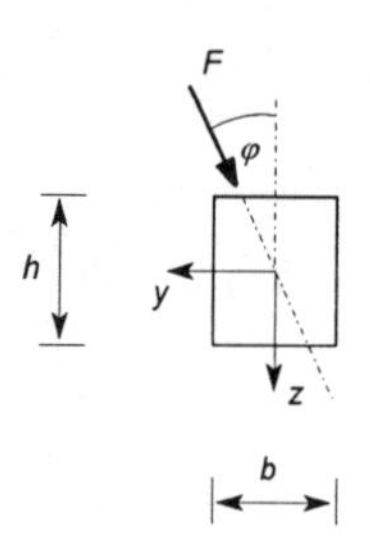

Gegeben: F, ℓ, b, h = 2b, EJ, φ = 20°

Gesucht:
1. Die Lage der neutralen Schicht,
2. die Koordinaten des Punktes mit maximaler Zugspannung,
3. der Betrag der maximalen Zugspannung.

Lösung: *Es liegt schiefe Biegung vor, da der Biegemomentenvektor nicht in Richtung einer Hauptachse liegt.*

zu 1. neutrale Schicht
Für die Lage der neutralen Schicht gilt (s. Hahn S. 143):

$$\tan\beta = \frac{J_{yy}}{J_{zz}} \cdot \tan\varphi \quad \text{und mit} \quad J_{yy} = \frac{bh^3}{12} \quad \text{und} \quad J_{zz} = \frac{b^3 h}{12} \quad \text{folgt:}$$

$$\tan\beta = 4\tan\varphi \quad \text{bzw.} \quad \boxed{\beta = 55{,}5^\circ}$$

zu 2. Punkt maximaler Zugspannung
Die maximale Spannung tritt in dem Punkt mit maximalem Abstand von der neutralen Schicht und an der Stelle mit maximalem Biegemoment auf. Mit $M_{max} = F\ell$ an der Einspannstelle folgt:

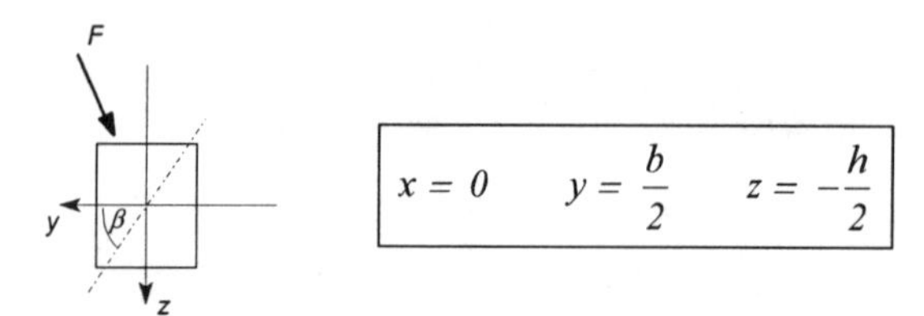

$$\boxed{x = 0 \qquad y = \frac{b}{2} \qquad z = -\frac{h}{2}}$$

zu 3. Größe der maximalen Zugspannung
Für die maximale Zugspannung bei einem Rechteckquerschnitt gilt (s. Hahn S. 143):

$$\sigma_{max} = 6M\left(\frac{\cos\varphi}{bh^2} + \frac{\sin\varphi}{b^2h}\right) \quad \text{und damit} \quad \sigma_{max} = \frac{6F\ell}{10b^3}(2\cos\varphi + 5\sin\varphi)$$

bzw.

$$\boxed{\sigma_{max} = 2{,}15\frac{F\ell}{b^3}}$$

Aufgabe 3.4.3.2

Ein einseitig fest eingespannter Balken der Länge ℓ ist an seinem freien Ende durch ein Einzelmoment belastet. Den Querschnitt des Balkens zeigt Abb. 2.

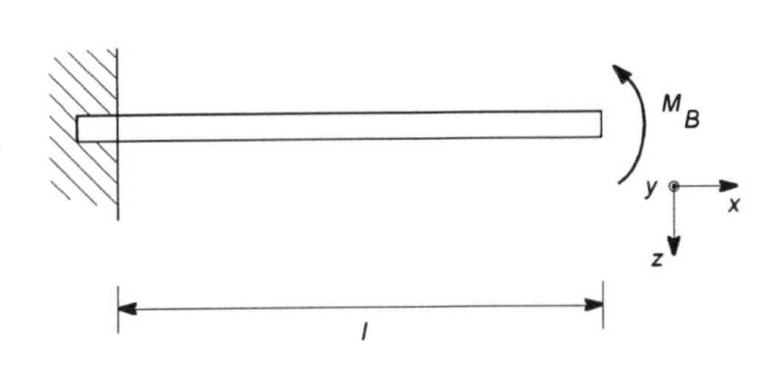

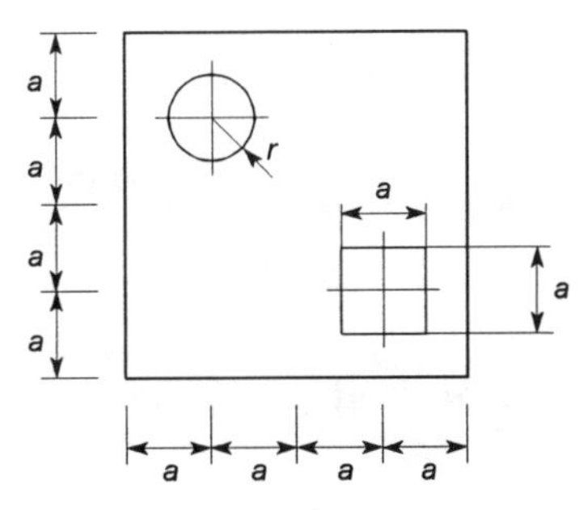

Gegeben: ℓ, E, a = 10 mm, r = $a/\sqrt{\pi}$

Gesucht:
1. Die Lage der neutralen Schicht,
2. den Ort und die Größe der maximalen Zugspannung.

Lösung:

zu 1. Lage der neutralen Schicht
Für die Lage der neutralen Schicht gilt allgemein (s. Hahn S. 144)

$$\tan\beta = \frac{M_z J_{yy} - M_y J_{zy}}{M_y J_{zz} - M_z J_{zy}}$$

Die Flächenträgheitsmomente ergeben sich zu (siehe Aufgabe 2.9.3.2):

$$J_{yy} = 191704 mm^4 \;, \quad J_{zz} = 191704 mm^4 \;, \quad J_{yz} = -20000 mm^4$$

Mit $M_z = 0$ *folgt:* $\tan\beta = -\frac{J_{zy}}{J_{zz}} = \frac{20000\ mm^4}{191704\ mm^4}$ *bzw.* $\boxed{\beta = 5{,}96°}$

zu 2. maximale Zugspannung

Die maximale Spannung tritt in dem Punkt mit maximalem Abstand von der neutralen Schicht und an der Stelle mit dem größten Biegemoment auf. Da M(x) = konst. folgt:

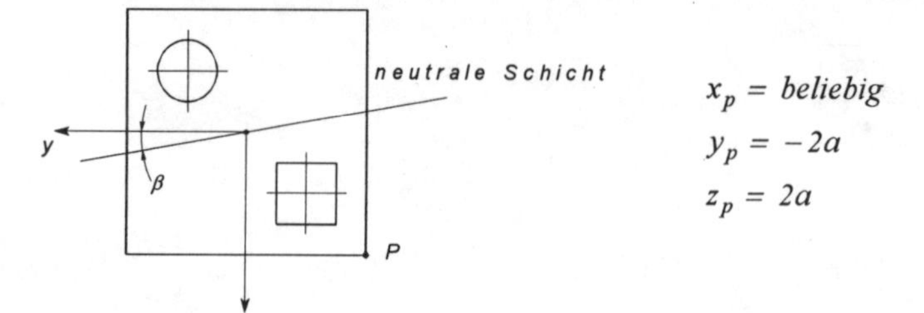

$$x_p = \text{beliebig}$$
$$y_p = -2a$$
$$z_p = 2a$$

und mit $\sigma_x = \dfrac{\left(M_y J_{zy} - M_z J_{yy}\right) y + \left(M_y J_{zz} - M_z J_{zy}\right) z}{J_{zz} J_{yy} - J_{yz}^2}$

ergibt sich: $\sigma_{x_{max}} = \dfrac{J_{zy} y_p + J_{zz} z_p}{J_{zz} J_{yy} - J_{yz}^2} \cdot M_B$ *bzw.* $\boxed{\sigma_{x_{zug\,max}} = 1000 \dfrac{N}{mm^2}}$

3.5 Querkraftschub in dünnwandigen Profilen

3.5.1 Dünnwandige, geschlossene Profile

Aufgabe 3.5.1.1

Ein dünnwandiger Träger mit dem abgebildeten Profil wird durch eine Querkraft F beansprucht.

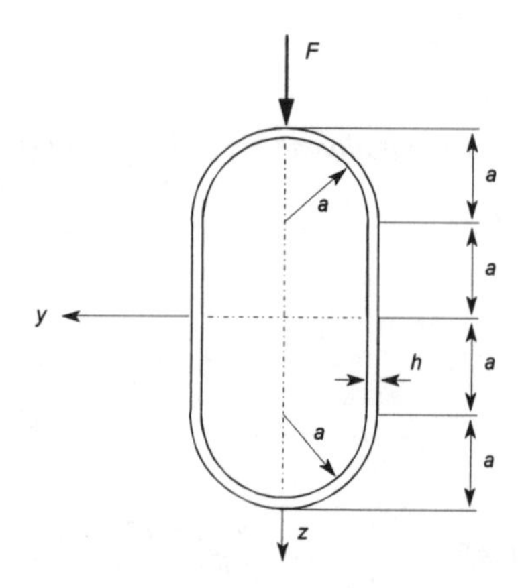

Gegeben: F, a, h (h<<a)

Gesucht: 1. Das Flächenträgheitsmoment J_{yy},
2. die Schubflüsse im gesamten Querschnitt,
3. die Größe der maximalen Schubspannung.

Lösung: *Problem ist symmetrisch ⇒ Betrachtung einer Profilhälfte ist ausreichend.*

zu 1. Flächenträgheitsmoment

Für den oberen linken Viertelkreis gilt: $J_{yy_I} = \frac{1}{4}(3\pi + 8)a^3 h$

Für den Steg ergibt sich: $J_{yy_{II}} = \frac{2}{3}a^3 h$

Wegen der Doppelsymmetrie gilt: $J_{yy} = 4J_{yy_I} + 2J_{yy_{II}}$

bzw. $$J_{yy} = \frac{1}{3}(9\pi + 28)a^3 h \qquad (1)$$

zu 2. Schubflüsse

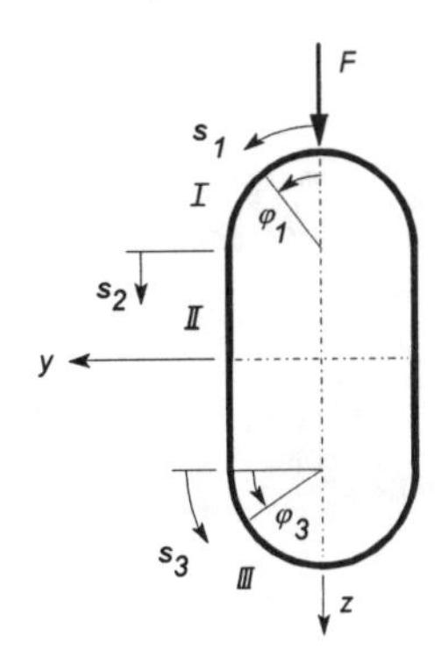

Das Halbprofil ist in 3 Bereiche einzuteilen.
Für die Schubflüsse gilt allgemein:

Für die einzelnen Bereiche folgt damit:

$$t(s) = -\frac{F}{J_{yy}}S(s) + t_0 \quad \text{mit} \quad S(s) = \int_0^s hz\,ds$$

Bereich I: $\left(0 \le \varphi_1 \le \frac{\pi}{2}\right)$

$$z = -a(1 + \cos\varphi_1) \quad , \quad ds = ds_1 = a\,d\varphi_1$$

$$\Rightarrow \quad S(\varphi_1) = -a^2 h(\varphi_1 + \sin\varphi_1 + 1)$$

mit $t_{01} = 0$ *(Symmetrie) folgt:*

$$t(\varphi_1) = \frac{F}{J_{yy}}a^2 h(\varphi_1 + \sin\varphi_1 + 1)$$

Bereich II: $z = -(a - s_2)\,, \quad ds = ds_2$

$(0 \leq s_2 \leq 2a)$ $\Rightarrow \quad S(s_2) = -h\left(as_2 - \frac{1}{2}s_2^2\right)$

$$mit\ t_{0_2} = t(\varphi_1)\Big|_{\varphi_1=\frac{\pi}{2}} = \frac{F}{J_{yy}}a^2h\left(\frac{\pi}{2}+1\right) \quad folgt:$$

$$\boxed{t(s_2) = \frac{F}{J_{yy}}\left[h\left(as_2 - \frac{1}{2}s_2^2\right) + a^2h\left(\frac{\pi}{2}+1\right)\right]}$$

Bereich III: $z = a(1 + \sin\varphi_3) \quad , \quad ds = ds_3 = ad\varphi_3$

$\left(0 \leq \varphi_3 \leq \frac{\pi}{2}\right)$ $\Rightarrow S(\varphi_3) = a^2h(\varphi_3 + 1 - \cos\varphi_3)$

$$mit \quad t_{0_3} = t(s_2)\big|_{s_2=2a} = t_{0_2} \quad folgt:$$

$$\boxed{t(\varphi_3) = \frac{F}{J_{yy}}\left[-a^2h(\varphi_3 + 1 - \cos\varphi_3) + a^2h\left(\frac{\pi}{2}\right)+1\right]}$$

zu 3. maximale Schubspannung

Es gilt: $\tau = \frac{t}{h}$, *mit h = konst. im gesamten Profil folgt:* $\tau_{max} = \frac{t_{max}}{h}$

Für die einzelnen Bereiche gilt damit:

Bereich I: $\frac{\partial t(\varphi_1)}{\partial\varphi_1} = 0 \Rightarrow \varphi_{m1} = \frac{\pi}{2}$ *und damit* $\tau_{max_I} = \frac{1}{h}t(\varphi_1)\Big|_{\varphi_1=\frac{\pi}{2}}$

$$bzw. \quad \tau_{max_I} = \frac{F}{J_{yy}}a^2\left(\frac{\pi}{2}+1\right) \tag{2}$$

Bereich II: $\frac{\partial t(s_2)}{\partial s_2} = 0 \Rightarrow s_{m2} = a$ *und damit* $\tau_{max_I} = \frac{1}{h}t(s_2)\big|_{s_2=a}$

$$bzw. \quad \tau_{max_{II}} = \frac{F}{J_{yy}}\frac{3+\pi}{2}a^2 \tag{3}$$

Bereich III: $\frac{\partial t(\varphi_3)}{\partial\varphi_3} = 0 \Rightarrow \varphi_{m3} = 0$ *und damit* $\tau_{max_{III}} = \frac{1}{h}t(\varphi_3)\big|_{\varphi_3=0}$

$$bzw. \quad \tau_{max_{III}} = \frac{F}{J_{yy}}a^2\left(\frac{\pi}{2}+1\right) \tag{4}$$

Der Vergleich der Gleichungen (2) bis (4) zeigt:

$$\tau_{max} = \tau_{max_{II}} = \frac{3+\pi}{2} a^2 \frac{F}{J_{yy}} \quad \text{bzw. mit (1):} \quad \boxed{\tau_{max} = \frac{3(3+\pi)}{2(9\pi+28)} \frac{F}{ah}}$$

Aufgabe 3.5.1.2

Das in der Abbildung gezeichnete dünnwandige Querschnittsprofil eines Trägers wird durch die Querkraft Q_z belastet.

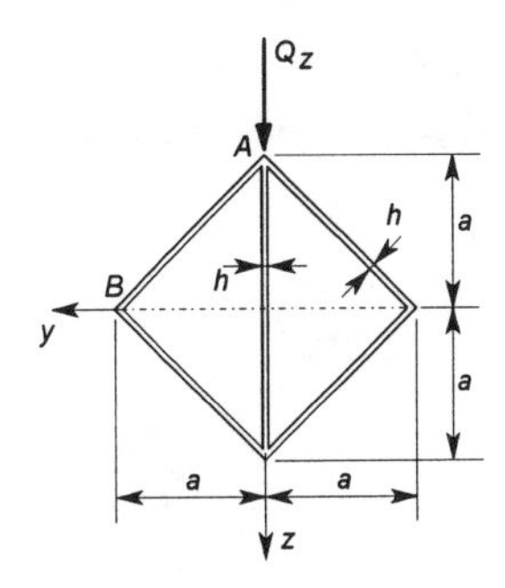

Gegeben: Q_z, a, h (h<<a)

Gesucht: 1. Den Schubflußverlauf im gesamten Profil,
2. den Ort und die Größe der maximalen Schubspannung.

Lösung: *Problem ist symmetrisch ⇒ Betrachtung einer Profilhälfte ist ausreichend.*

zu 1. Schubflußverlauf

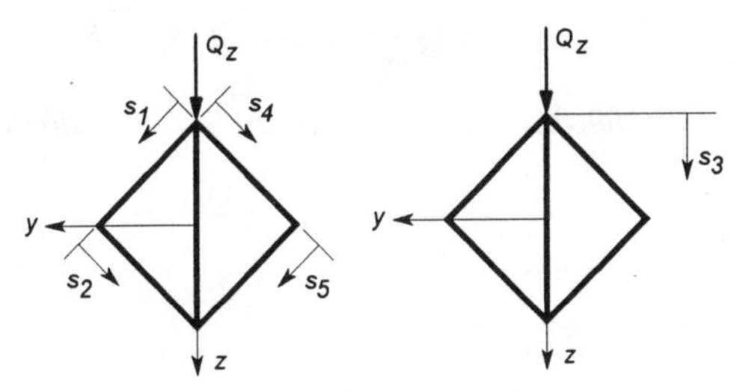

Das Profil ist in 5 Bereiche einzuteilen. Betrachtet werden die Bereiche I bis III. Wegen der Symmetrie gilt $t_1 = t_4$ und $t_2 = t_5$.

1. Schritt: Bestimmung der Koordinatenfunktionen
Für die Schubflüsse gilt allgemein:

$$t(s) = -\frac{Q_z}{J_{yy}} S(s) + t_0 \quad \text{mit} \quad S(s) = \int_0^s hz\,ds$$

Für die einzelnen Bereiche folgt damit:

Bereich I: $\left(0 \le s_1 \le \sqrt{2}a\right)$

$$z = -a + s_1 \cos 45^\circ\,, \qquad ds = ds_1$$

$$\Rightarrow S(s_1) = h\left(-as_1 + \frac{1}{2}s_1^2 \cos 45^\circ\right) \quad \text{und damit}$$

$$\boxed{t(s_1) = -\frac{Q_z}{J_{yy}} h\left(-as_1 + \frac{1}{2}s_1^2 \cos 45^\circ\right) + t_{01}} \qquad (1)$$

Bereich II: $\left(0 \le s_2 \le \sqrt{2}a\right)$

$$z_2 = s_2 \sin 45^\circ\,, \qquad ds = ds_2$$

$$\Rightarrow S(s_2) = \frac{1}{2}hs_2^2 \cos 45^\circ \quad \text{und damit}$$

$$\boxed{t(s_2) = -\frac{Q_z}{J_{yy}}\frac{1}{2}hs_2^2 \cos 45^\circ + t_{02}} \qquad (2)$$

Bereich III: $\left(0 \le s_3 \le 2a\right)$

$$z_3 = -a + s_3\,, \qquad ds = ds_3$$

$$\Rightarrow S(s_3) = h\left(-as_3 + \frac{1}{2}s_3^2\right) \quad \text{und damit}$$

$$\boxed{t(s_3) = -\frac{Q_z}{J_{yy}} h\left(-as_3 + \frac{1}{2}s_3^2\right) + t_{03}} \qquad (3)$$

2. Schritt: Bestimmung der Konstanten

Zur Bestimmung der Integrationskonstanten t_{01}, t_{02} und t_{03} wird neben den Knotenbedingungen noch ausgenutzt, daß das Profil nicht tordiert wird, d.h. keine Verdrillung erfährt.

Es gilt also: $\vartheta = 0$ *bzw. mit* $\vartheta = \frac{1}{2GA}\oint \tau ds$ *(s. Hahn S. 124):*

$$\oint \tau ds = \oint \frac{t}{h} ds = 0 \quad \text{für das gesamte Profil bzw. jede einzelne Zelle.}$$

Für die linke Zelle folgt:

$$\oint \tau ds = \int_0^{\sqrt{2}a} \frac{t_1}{h} ds_1 + \int_0^{\sqrt{2}a} \frac{t_2}{h} ds_2 - \int_0^{2a} \frac{t_3}{h} ds_3 = 0 \qquad (4)$$

Gleichungen (1) bis (3) eingesetzt, integriert und zusammengefaßt ergibt:

$$-\frac{1}{3}\frac{Q_z}{J_{yy}} a^3 + \frac{a}{h}\left(\sqrt{2}t_{01} + \sqrt{2}t_{02} - 2t_{03}\right) = 0 \qquad (5)$$

Zwei weitere Gleichungen gewinnt man aus den Knotenbedingungen in den Punkten A und B.

Knotenbedingung im Punkt A: $-t_{01} - t_{03} - t_{04} = 0 \quad$ *bzw.* $\quad t_{03} = -2t_{01} \qquad (6)$

Knotenbedingung im Punkt B: $t(s_1)\big|_{s_1=\sqrt{2}a} = t(s_2)\big|_{s_2=0}$ *bzw.* $t_{02} = \frac{\sqrt{2}}{2}\frac{Q_z}{J_{yy}}ha^2 + t_{01}$ *(7)*

Aus (5) bis (7) berechnen sich die Konstanten zu:

$$t_{01} = -\frac{1}{3\left(2+\sqrt{2}\right)}\frac{Q_z}{J_{yy}}a^2h \quad , \quad t_{02} = \frac{2\left(2-3\sqrt{2}\right)}{3\left(2+\sqrt{2}\right)}\frac{Q_z}{J_{yy}}a^2h \quad , \quad t_{03} = \frac{2}{3\left(2+\sqrt{2}\right)}\frac{Q_z}{J_{yy}}a^2h$$

und die Schubflüsse ergeben sich zu:

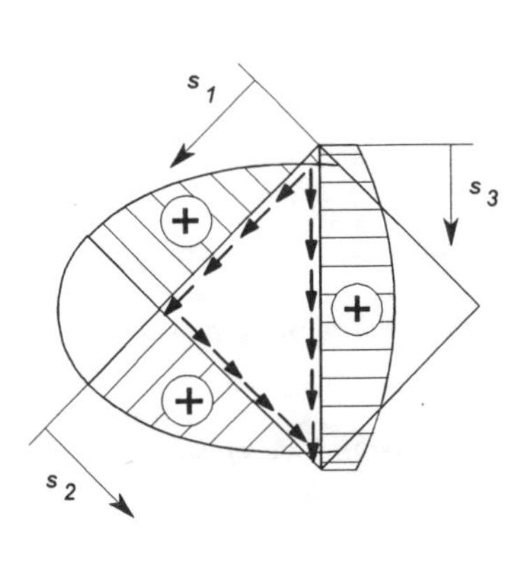

$$t(s_1) = \frac{Q_z}{J_{yy}}h\left[as_1 - \frac{\sqrt{3}}{4}s_1^2 + \frac{1}{3\left(2+\sqrt{2}\right)}a^2\right]$$

$$t(s_2) = \frac{Q_z}{J_{yy}}h\left[\frac{\sqrt{2}}{4}s_2^2 + \frac{3\sqrt{2}+2}{3\left(2+\sqrt{2}\right)}a^2\right]$$

$$t(s_3) = \frac{Q_z}{J_{yy}}h\left[as_3 - \frac{1}{2}s_3^2 + \frac{2}{3\left(2+\sqrt{2}\right)}a^2\right]$$

zu 2. maximale Schubspannung

Es gilt: $\tau = \frac{t}{h}$, *mit h = konst. im gesamten Profil folgt:* $\tau_{max} = \frac{t_{max}}{h}$

Für die einzelnen Bereiche gilt damit:

$$\frac{\partial t(s_1)}{\partial s_1} = 0 \;\Rightarrow\; s_{m1} = \sqrt{2}a \quad \text{und damit} \quad t_{max_I} = 0{,}6095\frac{Q_z}{J_{yy}}ha^2$$

$$\frac{\partial t(s_2)}{\partial s_2} = 0 \;\Rightarrow\; s_{m2} = 0 \quad \text{und damit} \quad t_{max_{II}} = 0{,}6095\frac{Q_z}{J_{yy}}ha^2$$

$$\frac{\partial t(s_3)}{\partial s_3} = 0 \;\Rightarrow\; s_{m3} = a \quad \text{und damit} \quad t_{max_{III}} = 0{,}6953\frac{Q_z}{J_{yy}}ha^2$$

Man erkennt: $t_{max} = t_{max_{III}} = t(s_3 = a)$ *und damit* $\boxed{\tau_{max} = \frac{t_{max}}{h} = 0.6953\frac{Q_z}{J_{yy}}a^2}$

Aufgabe 3.5.1.3

Ein einseitig fest eingespannter Balken aus einem dünnwandigen Hohlprofil mit Zwischensteg wird an seinem freien Ende durch eine Einzelkraft F belastet.

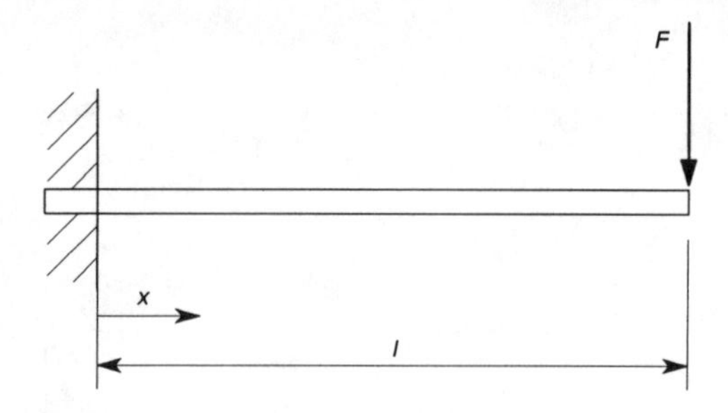

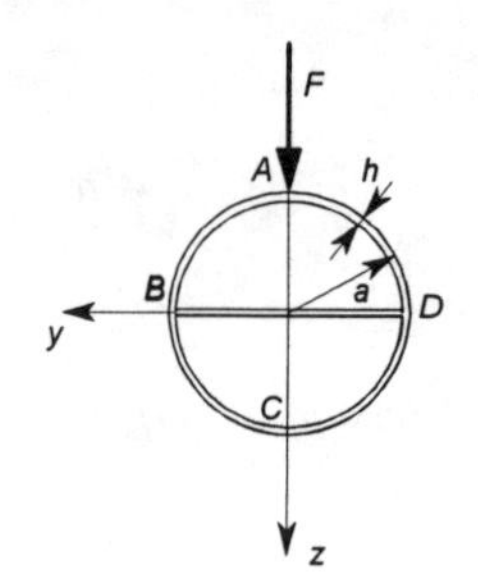

Gegeben: F, ℓ, a, h (h<<a)

Gesucht:
1. Der Schubflußverlauf im gesamten Profil,
2. der Ort und die Größe der maximalen Schubspannung.

Lösung: *Problem ist symmetrisch ⇒ Betrachtung einer Profilhälfte ist ausreichend.*

zu 1. Schubflußverlauf

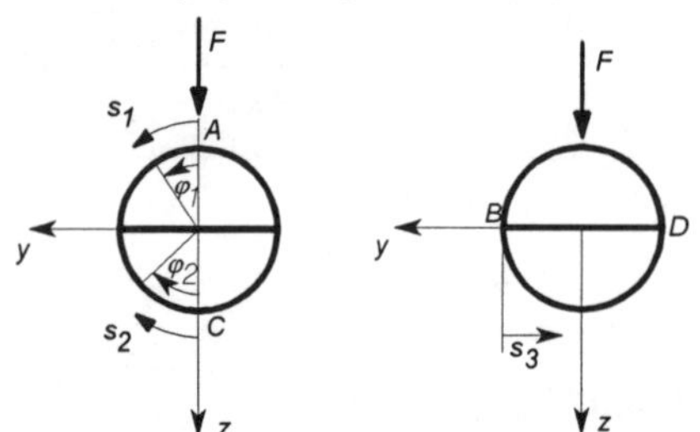

Das Halbprofil ist in 3 Bereiche einzuteilen.

Für die Schubflüsse gilt allgemein:

$$t(s) = -\frac{Q_z}{J_{yy}} S(s) + t_0 \quad mit \quad S(s) = \int_0^s hz\,ds$$

Für die einzelnen Bereiche folgt damit:

Bereich I: $\left(0 \le \varphi_1 \le \frac{\pi}{2}\right)$

$$z = -a\cos\varphi_1 \quad , \quad ds = ds_1 = a\,d\varphi_1$$

$$\Rightarrow S(\varphi_1) = -a^2 h \sin\varphi_1$$

$$und\ damit \quad t(\varphi_1) = \frac{Q_z}{J_{yy}} a^2 h \sin\varphi_1 + t_{01} \tag{1}$$

Bereich II: $\left(0 \le \varphi_2 \le \frac{\pi}{2}\right)$

$$z = a\cos\varphi_2 \quad , \quad ds = ds_2 = a\,d\varphi_2$$

$$\Rightarrow S(\varphi_2) = a^2 h \sin\varphi_2$$

$$und\ damit \quad t(\varphi_2) = -\frac{Q_z}{J_{yy}} a^2 h \sin\varphi_2 + t_{02} \tag{2}$$

Bereich III: $z = 0 \quad , \quad ds = ds_3 \quad \Rightarrow \quad S(s_3) = 0$

$(0 \le s_3 \le a)$ *und damit* $t(s_3) = t_{03}$ *(3)*

Auf der Symmetrieachse verschwindet der Schubfluß, d.h.:

$$t(\varphi_1 = 0) = t_{01} = 0 \quad , \quad t(\varphi_2 = 0) = t_{02} = 0 \quad , \quad t(s_3 = a) = t_{03} = 0$$

und für den Schubflußverlauf ergibt sich mit den Gleichungen (1) bis (3) unter Berücksichtigung des konstanten Querkraftverlaufes längs des Balkens $Q_z = F$:

$$\boxed{t(\varphi_1) = \frac{F}{J_{yy}} a^2 h \sin\varphi_1} \qquad \boxed{t(\varphi_2) = -\frac{F}{J_{yy}} a^2 h \sin\varphi_2} \qquad \boxed{t(s_3) = 0}$$

zu 2. maximale Schubspannung

Es gilt: $\tau = \dfrac{t}{h}$, *mit h = konst. im gesamten Profil folgt:* $\tau_{max} = \dfrac{t_{max}}{h}$ *und mit*

$$t_{max} = t\left(\varphi_1 = \frac{\pi}{2}\right) = \frac{F}{J_{yy}} a^2 h \qquad \text{ergibt sich:} \qquad \boxed{\tau_{max} = \frac{F}{J_{yy}} a^2}$$

3.5.2 Dünnwandige, offene Profile

Aufgabe 3.5.2.1

Ein dünnwandiges Profil mit dem abgebildeten Querschnittsprofil wird durch eine Kraft Q_z im Schubmittelpunkt belastet.

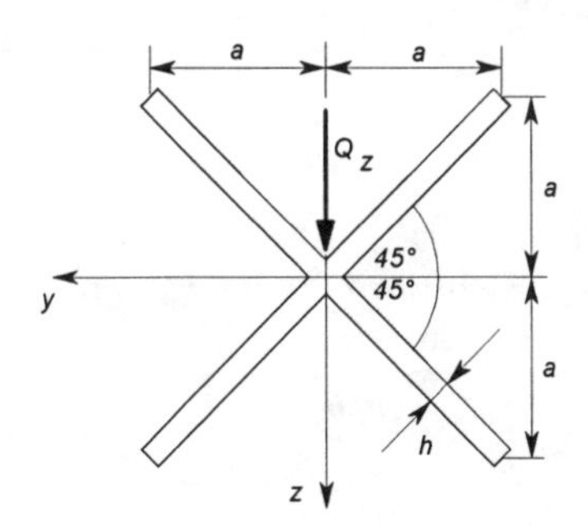

Gegeben: Q_z, a, h (h<<a)

Gesucht:
1. Der Schubflußverlauf im gesamten Querschnitt,
2. der Ort und die Größe der maximalen Schubspannung.

Lösung: *Problem ist symmetrisch ⇒ Betrachtung einer Profilhälfte ist ausreichend.*

zu 1. Schubflußverlauf

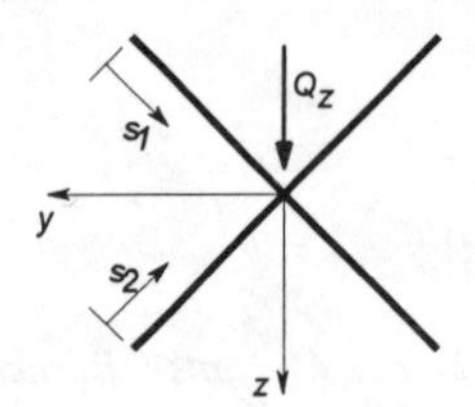

Das Halbprofil ist in 2 Bereiche einzuteilen. Für die Schubflüsse gilt allgemein:

$$t(s) = -\frac{Q_z}{J_{yy}} S(s) + t_0 \quad mit \quad S(s) = \int_0^s hzds$$

Für die einzelnen Bereiche folgt damit:

Bereich I: $\quad z = -\left(a - s_1 \sin 45°\right)\ , \quad ds = ds_1$

$\left(0 \le s_1 \le \sqrt{2}a\right) \quad \Rightarrow \quad S(s_1) = -h\left(as_1 - \frac{1}{2}s_1^2 \sin 45°\right)$

Mit $t_{01} = 0$ *(freier Rand) folgt:*

$$\boxed{t(s_1) = \frac{Q_z}{J_{yy}} h\left(as_1 - \frac{1}{2}s_1^2 \sin 45°\right)}$$

Bereich II: $\quad z = a - s_2 \sin 45°\ , \quad ds = ds_2$

$\left(0 \le s_2 \le \sqrt{2}a\right) \quad \Rightarrow \quad S(s_2) = h\left(as_2 - \frac{1}{2}s_2^2 \sin 45°\right)$

Mit $t_{02} = 0$ *(freier Rand) folgt:*

$$\boxed{t(s_2) = -\frac{Q_z}{J_{yy}} h\left(as_2 - \frac{1}{2}s_2^2 \sin 45°\right)}$$

zu 2. maximale Schubspannung

Es gilt: $\tau = \frac{t}{h}$, *mit h = konst. im gesamten Profil folgt:* $\tau_{max} = \frac{t_{max}}{h}$

Mit $t(s_1) = -t(s_2)$ *genügt die Betrachtung des 1. Bereiches.*

$$\frac{\partial t(s_1)}{\partial s_1} = 0 \quad \Rightarrow \quad s_{m1} = \sqrt{2}a \ \ und\ damit \quad \boxed{\tau_{max} = \frac{t_{max}}{h} = \frac{\sqrt{2}}{2}\frac{Q_z}{J_{yy}}a^2}$$

Aufgabe 3.5.2.2

Das abgebildete dünnwandige Querschnittsprofil wird durch die Kraft Q beansprucht. Die y- und z-Achsen sind die Hauptachsen.

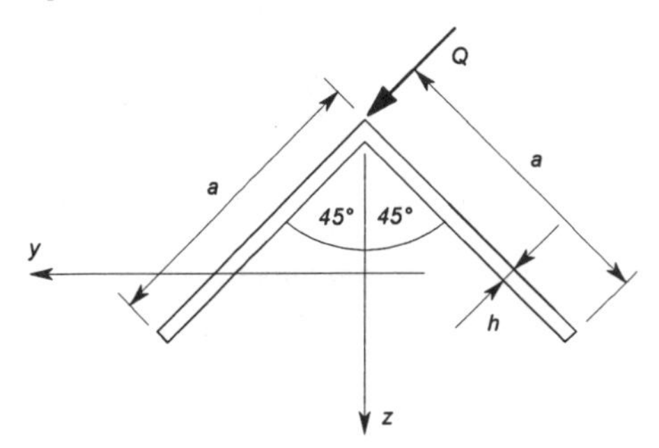

Gegeben: Q, a, h (h<<a)

Gesucht: Die Schubflüsse im gesamten Querschnitt.

Lösung: *Belastung Q in Hauptachsenrichtungen zerlegen und beide Belastungsfälle überlagern.*

1. Schritt: Zerlegung
Weil die z-Achse Symmetrieachse des Profils ist, sind die y- und z-Achsen Hauptachsen. Die Belastung muß damit in diese beiden Richtungen zerlegt werden. Damit ergibt sich:

$$Q_z = Q\cos 45^\circ \ , \qquad Q_y = Q\sin 45^\circ$$

2. Schritt: Schubflüsse

Das Profil ist in 2 Bereiche einzuteilen.
Für die Schubflüsse gilt:

$$t_z(s) = -\frac{Q_z}{J_{yy}} S_z(s) + t_0 \quad mit \quad S_z(s) = \int_0^s hz\,ds,$$

$$t_y(s) = -\frac{Q_y}{J_{zz}} S_y(s) + t_0 \quad mit \quad S_y(s) = \int_0^s hy\,ds$$

Für die einzelnen Bereiche folgt damit:

Bereich I: $\quad z = \frac{1}{2} a\sin 45^\circ - s_1 \sin 45^\circ \quad \Rightarrow \quad S_z(s_1) = \frac{1}{2} h\left(as_1 - s_1^2\right)\sin 45^\circ$

$0 \le s_1 \le a$ $\quad y = (a - s_1)\sin 45^\circ \quad \Rightarrow \quad S_y(s_1) = h\left(as_1 - \frac{1}{2}s_1^2\right)\sin 45^\circ$

Mit $t_{01} = 0$ *(freier Rand) folgt:*

$$t_z(s_1) = -\frac{Q_z}{J_{yy}}\frac{s_1}{2}h(a-s_1)\sin 45° \quad und$$

$$t_y(s_1) = -\frac{Q_y}{J_{zz}}hs_1\left(a-\frac{s_1}{2}\right)\sin 45°$$

Bereich II: $z = \frac{1}{2}a\sin 45° - s_2\sin 45° \quad \Rightarrow \quad S_z(s_2) = \frac{1}{2}h\left(as_2 - s_2^2\right)\sin 45°$

$0 \le s_2 \le a$ $\quad y = -(a-s_2)\sin 45° \quad \Rightarrow \quad S_y(s_2) = -h\left(as_2 - \frac{1}{2}s_2^2\right)\sin 45°$

Mit $t_{02} = 0$ *(freier Rand) folgt:*

$$t_z(s_2) = -\frac{Q_z}{J_{yy}}\frac{1}{2}h\left(as_2 - s_2^2\right)\sin 45° \quad und$$

$$t_y(s_2) = \frac{Q_y}{J_{zz}}h\left(as_2 - \frac{1}{2}s_2^2\right)\sin 45°$$

3. Schritt: Überlagerung
Es gilt in jedem Bereich: $t_{ges} = t_y + t_z$ *und damit*

$$t(s_1) = -\frac{Q}{2}\left[\frac{h}{J_{yy}}\frac{s_1}{2}(a-s_1) + \frac{h}{J_{zz}}s_1\left(a-\frac{s_1}{2}\right)\right] \qquad t(s_2) = -\frac{Q}{2}\left[\frac{h}{J_{yy}}\frac{s_2}{2}(a-s_2) + \frac{h}{J_{zz}}s_2\left(\frac{s_2}{2}-a\right)\right]$$

3.5.3 Schubmittelpunkt

Aufgabe 3.5.3.1

Das dargestellte dünnwandige Profil wird durch eine Kraft Q_Z im Schubmittelpunkt belastet.

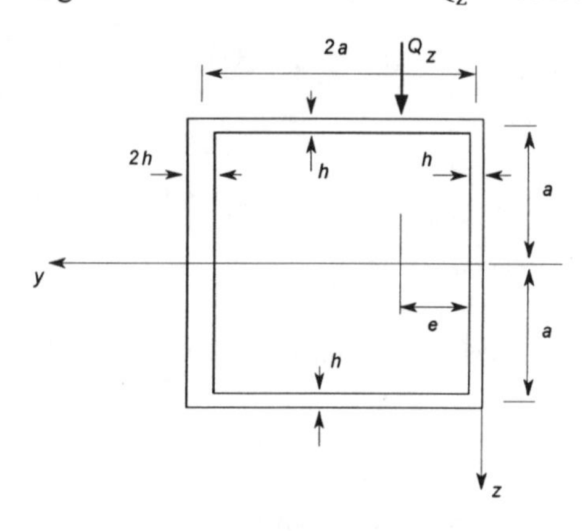

Gegeben: Q_Z, a, h (h<<a)

Gesucht: 1. Die Schubflüsse im gesamten Querschnitt,
2. die Lage des Schubmittelpunktes.

Lösung:

zu 1. Schubflüsse

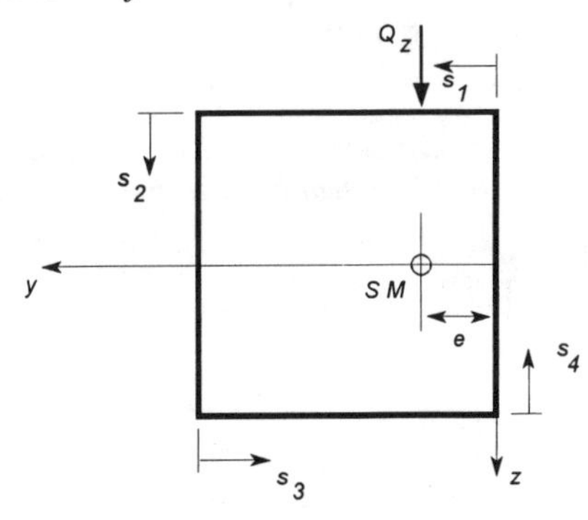

Das Profil ist in 4 Bereiche einzuteilen.

Für die Schubflüsse gilt allgemein:

$$t(s) = -\frac{Q_z}{J_{yy}} S(s) + t_0 \quad mit \quad S(s) = \int_0^s hz\,ds$$

Für die einzelnen Bereiche folgt damit:

Bereich I:
$0 \le s_1 \le 2a$

$$z = -a, \ ds = ds_1 \ \Rightarrow \ S(s_1) = -as_1 h$$

und damit $\boxed{t(s_1) = \frac{Q_z}{J_{yy}} as_1 h + t_{01}}$ (1)

Bereich II:
$0 \le s_2 \le 2a$

$$z = -(a - s_2), \ ds = ds_2 \ \Rightarrow \ S(s_2) = -2h\left(as_2 - \frac{1}{2}s_2^2\right)$$

Mit $t_{02} = t_1(s_1 = 2a) = \frac{Q_z}{J_{yy}} 2a^2 h + t_{01}$ (Eckenbedingung)

folgt: $\boxed{t(s_2) = \frac{Q_z}{J_{yy}} h\left(2as_2 - s_2^2 + 2a^2\right) + t_{01}}$ (2)

Bereich III:
$0 \le s_3 \le 2a$

$$z = a, \ ds = ds_3 \ \Rightarrow \ S(s_3) = ahs_3$$

Mit $t_{03} = t_2(s_2 = 2a) = \frac{Q_z}{J_{yy}} 2ha^2 + t_{01}$ (Eckenbedingung)

folgt: $\boxed{t(s_3) = \frac{Q_z}{J_{yy}} h\left(-as_3 + 2a^2\right) + t_{01}}$ (3)

Bereich IV: $z = a - s_4 \ , \ ds = ds_4 \Rightarrow S(s_4) = h\left(as_4 - \frac{1}{2}s_4^2\right)$

$0 \le s_4 \le 2a$

Mit $t_{04} = t_3(s_3 = 2a) = t_{01}$ *(Eckenbedingung)*

folgt:
$$t(s_4) = -\frac{Q_z}{J_{yy}}h\left(as_4 - \frac{1}{2}s_4^2\right) + t_{01} \qquad (4)$$

Zur Bestimmung der Integrationskonstante t_{01} wird vorausgesetzt, daß das Profil nicht tordiert wird, d.h. keine Verdrillung erfährt. Nach der 2. BREDTschen Formel muß demnach gelten:

$$\oint \tau ds = 0 \qquad \text{bzw.} \qquad \int_0^{2a} \frac{t_1}{h}ds_1 + \int_0^{2a} \frac{t_2}{2h}ds_2 + \int_0^{2a} \frac{t_3}{h}ds_3 + \int_0^{2a} \frac{t_4}{h}ds_4 = 0$$

Gleichungen (1) bis (4) eingesetzt und integriert ergibt: $t_{01} = -\frac{Q_z}{J_{yy}}\frac{6}{8}a^2h$

zu 2. Schubmittelpunkt
Die Schubflüsse t_1 bis t_4 wurden unter der Voraussetzung einer torsionsfreien Belastung ermittelt. Die Querkraft Q_z ist Resultierende der Schubflüsse, wenn sie die gleiche Kraft- und Momentenwirkung besitzt.
Für das vorliegende Profil lautet die Momentenbedingung bzgl. des Koordinatennullpunkts:

$$Q_z e = \int_0^{2a} at_1 ds + \int_0^{2a} 2at_2 ds + \int_0^{2a} at_3 ds \qquad \text{und mit} \qquad J_{yy} = 6a^3h \qquad \text{folgt:} \qquad e = 1{,}61a$$

Aufgabe 3.5.3.2

Ein dünnwandiges geschlitztes Profil mit der konstanten Dicke h wird mit einer Kraft Q_z im Schubmittelpunkt belastet. Die Schlitzbreite kann vernachlässigt werden.

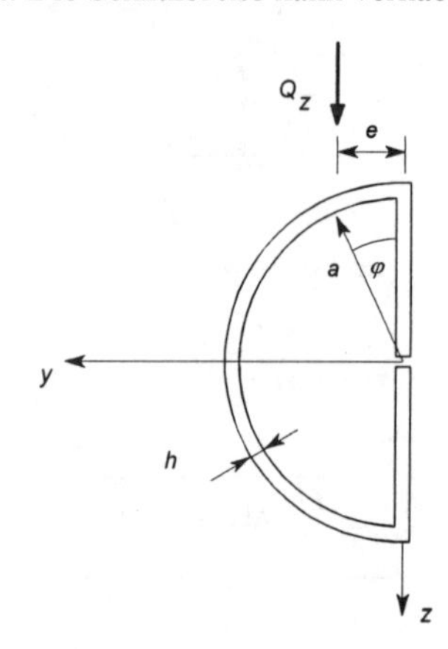

Gegeben: Q_Z, a, h (h<<a)

Gesucht: 1. Der Schubflußverlauf im gesamten Querschnitt,
2. die Lage des Schubmittelpunktes.

Lösung:
zu 1. Schubflüsse

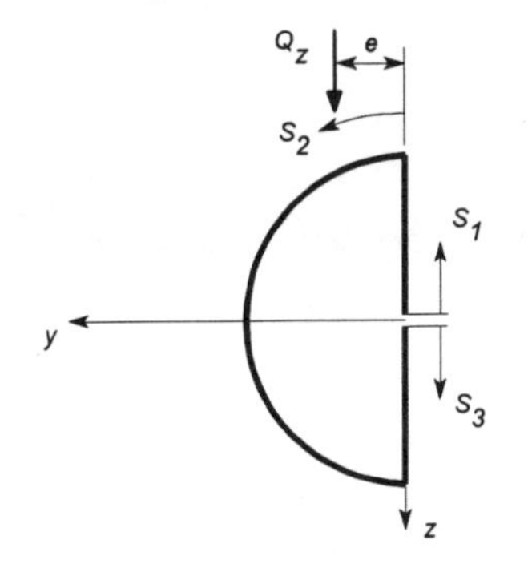

Das Profil ist in 3 Bereiche einzuteilen.

Für die Schubflüsse gilt allgemein:

$$t(s) = -\frac{Q_z}{J_{yy}} S(s) + t_0 \quad mit \quad S(s) = \int_0^s hzds$$

Für die einzelnen Bereiche folgt damit:

Bereich I: $\quad z = -s_1 \quad , \quad ds = ds_1 \Rightarrow S(s_1) = -\frac{h}{2} s_1^2$

$0 \le s_1 \le a$ $\quad$ Mit $\quad t_{01} = 0 \quad$ *(freier Rand)*

folgt: $\boxed{t_1(s_1) = \frac{Q_z}{J_{yy}} \frac{1}{2} h s_1^2}$

Bereich II: $\quad z = -a\cos\varphi \quad , \quad ds = ds_2 = ad\varphi \quad \Rightarrow S(\varphi) = -a^2 h \sin\varphi$

$0 \le \varphi \le \pi$ $\quad$ Mit $\quad t_{02} = t_1(s_1 = a) = \frac{Q_z}{J_{yy}} \frac{1}{2} ha^2 \quad$ *(Eckenbedingung)*

folgt: $\boxed{t_2 = \frac{Q_z}{J_{yy}} a^2 h \left(\sin\varphi + \frac{1}{2} \right)}$

Bereich III: $\quad z = s_3 \quad , \quad ds = ds_3 \Rightarrow S(s_3) = \frac{h}{2} s_3^2$

$0 \le s_3 \le a$ $\quad$ Mit $\quad t_{03} = 0 \quad$ *(freier Rand)*

folgt: $\boxed{t_3 = -\frac{Q_z}{J_{yy}} \frac{1}{2} h s_3^2}$

zu 2. Schubmittelpunkt
Die Schubflüsse t_1 bis t_3 wurden unter der Voraussetzung einer torsionsfreien Belastung

ermittelt. Die Querkraft Q_z ist Resultierende der Schubflüsse, wenn sie die gleiche Kraft- und Momentenwirkung besitzt.

Für das vorliegende Profil lautet die Momentenbedingung bzgl. des Koordinatennullpunkts:

$$Q_z e = \int_0^{\pi} t_2 a^2 d\varphi \quad \text{und mit} \quad J_{yy} = \frac{4+3\pi}{6} a^3 h \quad \text{ergibt sich} \quad \boxed{e = \frac{12+3\pi}{4+3\pi} a}$$

Aufgabe 3.5.3.3

Das in der Abbildung gezeigte dünnwandige offene Profil mit der konstanten Wanddicke h soll mit einer Querkraft Q_z torsionsfrei belastet werden.

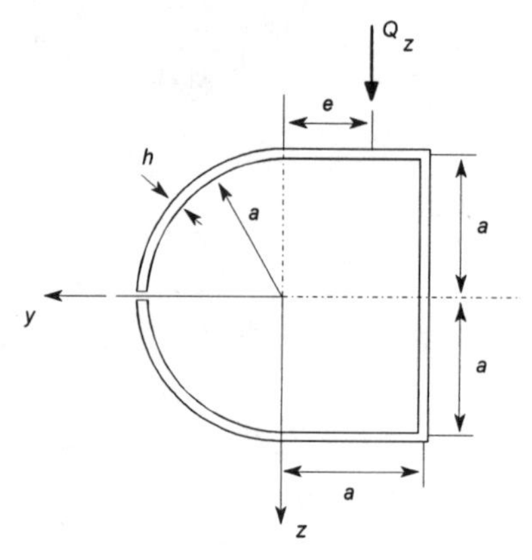

Gegeben: Q_z, a, h (h << a)

Gesucht: 1. Der Schubflußverlauf im gesamten Querschnitt,
2. die Lage des Schubmittelpunktes.

Lösung:
zu 1. Schubflüsse

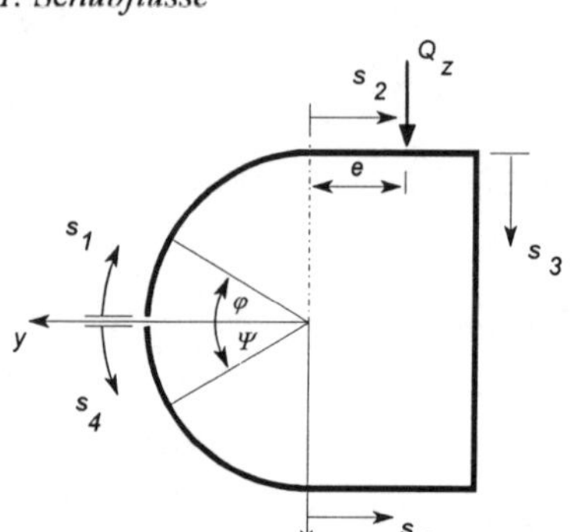

Das Profil ist in 5 Bereiche einzuteilen.

Für die Schubflüsse gilt allgemein:

$$t(s) = -\frac{Q_z}{J_{yy}} S(s) + t_0 \quad \text{mit} \quad S(s) = \int_0^s hz\,ds$$

Für die einzelnen Bereiche folgt damit:

Bereich I: $z = -a\sin\varphi \;,\; ds = ds_1 = a d\varphi \;\Rightarrow\; S(\varphi) = a^2 h(\cos\varphi - 1)$

$0 \le \varphi \le \frac{\pi}{2}$ Mit $t_{01} = 0$ (freier Rand)

folgt: $$t_1 = -\frac{Q_z}{J_{yy}}(\cos\varphi - 1)a^2 h$$

Bereich II: $z = -a \;,\; ds = ds_2 \;\Rightarrow\; S(s_2) = -ahs_2$

$0 \le s_2 \le a$ Mit $t_{02} = t_1\left(\varphi = \frac{\pi}{2}\right) = \frac{Q_z}{J_{yy}}a^2 h$ (Übergangsbedingung)

folgt: $$t_2 = \frac{Q_z}{J_{yy}}h\left(as_2 + a^2\right)$$

Bereich III: $z = -(a - s_3) \;,\; ds = ds_3 \;\Rightarrow\; S(s_3) = -\left(as_3 - \frac{1}{2}s_3^2\right)h$

$0 \le s_3 \le 2a$ Mit $t_{03} = t_2(s_2 = a) = \frac{Q_z}{J_{yy}}2a^2 h$ (Eckenbedingung)

folgt: $$t_3 = \frac{Q_z}{J_{yy}}h\left(2a^2 + as_3 - \frac{1}{2}s_3^2\right)$$

Bereich IV: Mit $z = a\sin\psi$ und $t_{04} = 0$ (freier Rand)

$0 \le \psi \le \frac{\pi}{2}$ folgt: $$t_4 = -t_1 = \frac{Q_z}{J_{yy}}(\cos\psi - 1)a^2 h$$

Bereich V: Mit $z = a$ und $t_{05} = t_4\left(\varphi = \frac{\pi}{2}\right)$

$0 \le s_5 \le a$ folgt: $$t_5 = -t_2 = -\frac{Q_z}{J_{yy}}h\left(as_5 + a^2\right)$$

zu 2. Schubmittelpunkt
Die Schubflüsse t_1 bis t_5 wurden unter der Voraussetzung einer torsionsfreien Belastung ermittelt. Die Querkraft Q_z ist Resultierende der Schubflüsse, wenn sie die gleiche Kraft- und Momentenwirkung besitzt.

Für das vorliegende Profil lautet die Momentenbedingung bzgl. des Koordinatennullpunkts:

$$Q_z e = \int_0^{\pi/2} t_1 a^2 d\varphi + \int_0^a t_2 a ds + \int_0^{2a} t_3 a ds - \int_0^{\pi/2} t_4 a^2 d\varphi - \int_0^a t_5 a ds$$

bzw. mit $t_4 = -t_1$ *und* $t_5 = -t_2$

$$Q_z e = 2\left[\int_0^{\pi/2} t_1 a^2 d\varphi + \int_0^a t_2 a ds + \int_0^a t_3 a ds\right] \quad \text{und damit} \quad \boxed{e = \frac{a^4 h}{J_{yy}} \cdot \frac{3\pi + 17}{3}}$$

$$\text{Mit } J_{yy} = \left(\frac{\pi}{2} + \frac{8}{3}\right) a^3 h \quad \text{folgt:} \quad \boxed{e = 2{,}08a}$$

3.6 Knicken von Stäben

Aufgabe 3.6.1

Eine homogene runde Platte mit dem Eigengewicht G wird zusätzlich durch eine senkrecht wirkende Kraft F an der Stelle x = 0 und y = a/2 belastet. Die Platte wird durch 3 gleiche Stäbe abgestützt. Stab 1 ist an der Platte fest angeschweißt und am Boden verschiebbar gelagert. Stab 2 ist jeweils gelenkig gelagert und Stab 3 ist an der Platte angeschweißt und am Boden gelenkig gelagert.

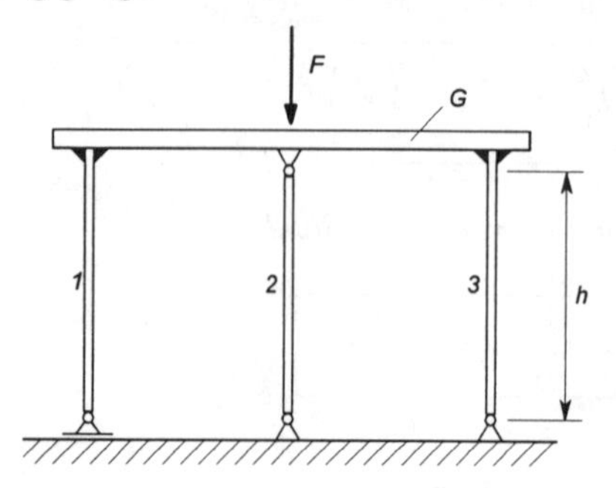

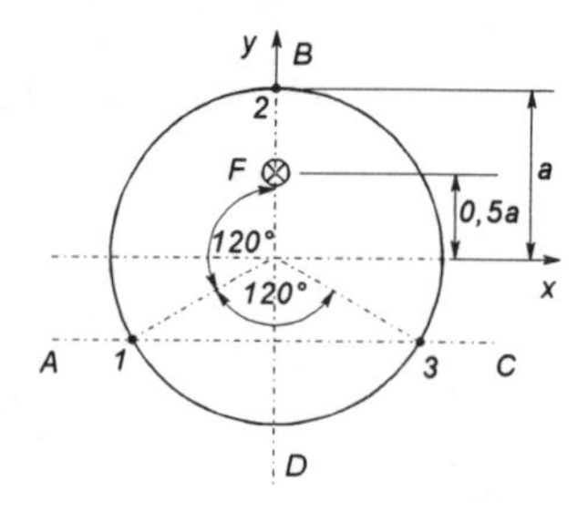

Gegeben: h, a, EJ, G, F und die Knicksicherheit S

Gesucht: 1. Die Stabkräfte S_1, S_2 und S_3,
2. die maximale Kraft F_{max}, damit eine Knicksicherheit S gewährleistet wird.

Lösung:
zu 1. Stabkräfte: Platte freischneiden und die GGB anwenden

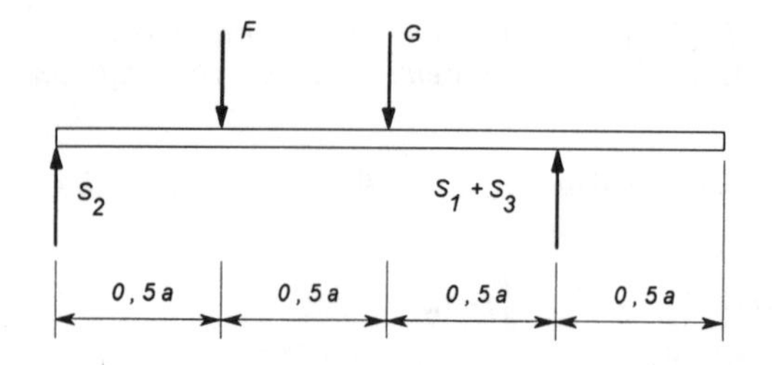

Symmetrie zur DB-Achse (siehe Bild 2)

$$\Rightarrow \quad \boxed{S_1 = S_3} \qquad (1)$$

Momentengleichgewicht um Achse AC

$$\overset{\frown}{\overrightarrow{AC}}: \quad S_2 \cdot 1{,}5a - Fa - G \cdot 0{,}5a = 0 \quad \Rightarrow \quad \boxed{S_2 = \frac{2}{3}F + \frac{1}{3}G} \qquad (2)$$

$$\uparrow: \quad S_1 + S_2 + S_3 - F - G = 0$$

Mit (1) folgt:

$$\boxed{S_1 = S_3 = \frac{1}{6}F + \frac{1}{3}G} \qquad (3)$$

zu 2. maximale Kraft F_{max}

Stab 1: EULERscher Knickfall 2 $\Rightarrow \quad S_1 = \frac{F_{kr}}{S} = \frac{\pi^2 EJ}{4h^2 S}$

und damit

$$\boxed{F_{max\,1} = \frac{3\pi^2 EJ}{2Sh^2} - 2G} \qquad (4)$$

Stab 2: EULERscher Knickfall 1 $\Rightarrow \quad S_2 = \frac{F_{kr}}{S} = \frac{\pi^2 EJ}{h^2 S}$

und damit

$$\boxed{F_{max\,2} = \frac{3\pi^2 EJ}{2Sh^2} - \frac{G}{2}} \qquad (5)$$

Stab 3: EULERscher Knickfall 4 $\Rightarrow \quad S_3 = \frac{F_{kr}}{S} = \frac{2{,}045\,\pi^2 EJ}{h^2 S}$

und damit

$$\boxed{F_{max\,3} = \frac{12{,}27\,\pi^2 EJ}{Sh^2} - 2G} \qquad (6)$$

Ein Vergleich der Gleichungen (4) bis (6) liefert für die maximal zulässige Belastung:

$$\boxed{F_{max} = \frac{3\pi^2 EJ}{2Sh^2} - 2G}$$

Aufgabe 3.6.2

Ein schlanker Stab (Länge ℓ, Querschnittsfläche A) ist am oberen und unteren Ende durch eine feste Einspannung in einem starren Rahmen befestigt. Der Stab wird gleichmäßig erwärmt. Es wird angenommen, daß sich der Stab elastisch verhält.

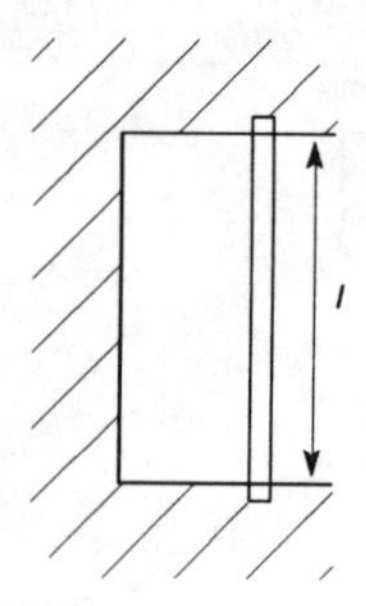

Gegeben: ℓ, A, E, J, α

Gesucht: Die Temperaturerhöhung ΔT, bei welcher der Stab ausknickt.

Lösung:
1. Schritt: Stabkraft ermitteln

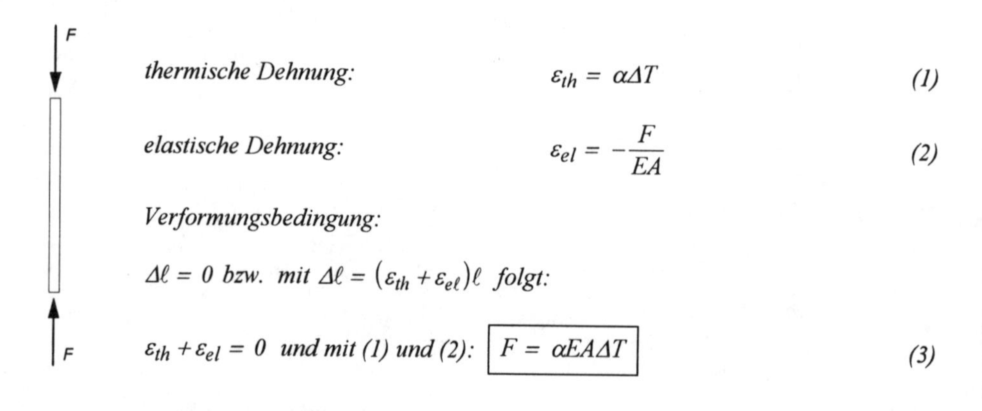

thermische Dehnung: $$\varepsilon_{th} = \alpha \Delta T \qquad (1)$$

elastische Dehnung: $$\varepsilon_{el} = -\frac{F}{EA} \qquad (2)$$

Verformungsbedingung:

$\Delta\ell = 0$ *bzw. mit* $\Delta\ell = (\varepsilon_{th} + \varepsilon_{e\ell})\ell$ *folgt:*

$\varepsilon_{th} + \varepsilon_{el} = 0$ *und mit (1) und (2):* $$\boxed{F = \alpha EA \Delta T} \qquad (3)$$

2. Schritt: Knickproblem behandeln

EULERscher Knickfall 3 $\Rightarrow$ $F_{kr} = \dfrac{4\pi^2 EJ}{\ell^2}$

bzw. mit Gleichung (3): $$\boxed{\Delta T_{kr} = \frac{4\pi^2 J}{\alpha A \ell^2}}$$

Aufgabe 3.6.3

Ein Druckstab mit dem schraffiert dargestellten Querschnittsprofil wird durch eine axial im Schwerpunkt S des Profils wirkende Kraft F entsprechend nebenstehender Skizze belastet.

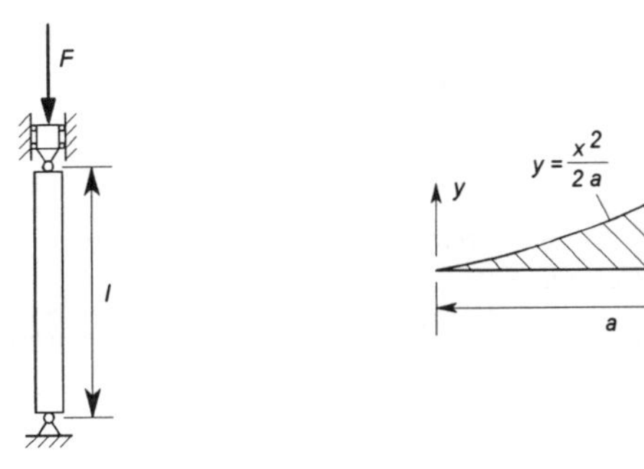

Gegeben: $a = 3$ cm, $\ell = 100$ cm, $E = 10^6$ N/cm^2, $y = \dfrac{x^2}{2a}$

Gesucht: 1. Die kritische Last F_{kr}, bei der der Stab ausknickt,
2. der Winkel zwischen der Ausknickrichtung und der positiven x′-Achse.

Lösung: *Der Stab knickt um die Achse bzgl. der das Flächenträgheitsmoment minimal ist aus. Dies ist eine Schwerpunktachse.*

zu 1. kritische Last

1. Schritt: $J_{min} = J_2$ bestimmen

Für die Schwerpunktskoordinaten ergibt sich mit der Querschnittsfläche $A = \frac{1}{6}a^2 = 1,5\ cm^2$:

$$x_s = \frac{1}{A}\int_A x\,dA = 2,25\ cm \quad , \quad y_s = \frac{1}{A}\int_A y\,dA = 0,45\ cm$$

Die Flächenträgheitsmomente bzgl. des x-y-Koordinatensystems ergeben sich zu:

$$J_{xx} = \int_A y^2 dA = \frac{a^4}{168} \quad \text{bzw.} \quad J_{xx} = 0,4821\ cm^4$$

$$J_{yy} = \int_A x^2 dA = \frac{1}{10}a^4 \quad \text{bzw.} \quad J_{yy} = 8,1\ cm^4$$

$$J_{xy} = -\int_A xy\,dA = -\frac{1}{48}a^4 \quad \text{bzw.} \quad J_{xy} = -1,6875\ cm^4$$

Durch Anwendung des Satzes von STEINER berechnen sich die Flächenträgheitsmomente bzgl. des Schwerpunktkoordinatensystems x′-y′ zu:

$$J'_{xx} = J_{xx} - y_s^2 A = 0{,}17835\ cm^4 \quad , \quad J'_{yy} = J_{yy} - x_s^2 A = 0{,}5062\ cm^4$$

und $J'_{xy} = J_{xy} - x_s y_s A = -0{,}1687\ cm^4$

Entsprechend den Transformationseigenschaften von Tensorkomponenten ergeben sich die Hauptträgheitsmomente zu (s. Hahn S. 84):

$$J_{1,2} = \frac{J'_{xx} + J'_{yy}}{2} \pm \sqrt{\frac{\left(J'_{xx} - J'_{yy}\right)^2}{4} + {J'_{xy}}^2}$$

bzw. eingesetzt: $J_1 = 0{,}5775\ cm^4$ *und* $J_2 = 0{,}107\ cm^4$

2. Schritt: Knickproblem behandeln

EULER-Knickfall 1 $\Rightarrow F_{kr} = \frac{\pi^2}{\ell^2} E\, J_{min}$ *bzw.* $\boxed{F_{kr} = 105{,}6\ N}$

zu 2. Ausknickrichtung

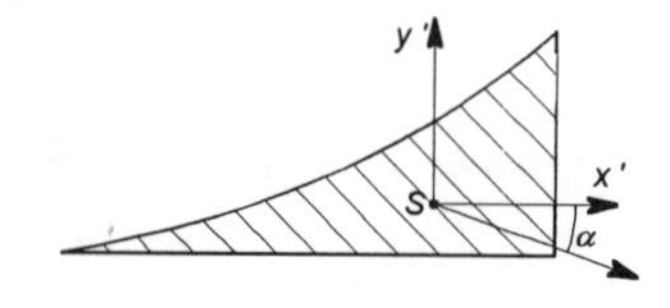

Der Stab knickt um die Hauptträgheitsachse. Für die Lage der Hauptachse gilt (s. Hahn S. 84):

$$\tan 2\alpha = \frac{2 J'_{xy}}{J'_{xx} - J'_{yy}} \quad \text{bzw.} \quad \boxed{\alpha = 22{,}9^\circ}$$

3.7 Energiemethoden

3.7.1 Formänderungsarbeit und Verformungsenergie

Aufgabe 3.7.1.1

Leiten Sie mit Hilfe der CLAPEYRONschen Formel die elastische Energie in einem Balken für eine Normalkraft- und eine Biegemomentbeanspruchung her.

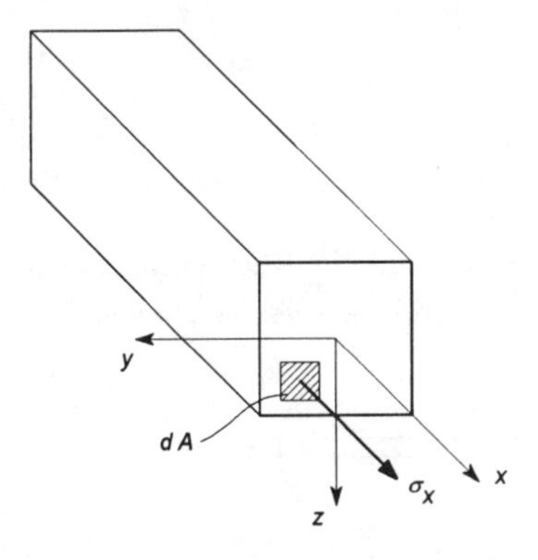

Gegeben: ℓ, A_0, J, E, N, M

Gesucht: Formänderungsenergien U_N und U_M.

Lösung: *Die CLAPEYRONsche Formel für den einachsigen Spannungszustand lautet:*

$$\overline{U} = \frac{1}{2}\sigma_x \varepsilon_x = \frac{1}{2}\frac{\sigma_x^2}{E} = \frac{1}{2}E\varepsilon_x^2 \tag{1}$$

Damit ergibt sich für die gesamte im Balken gespeicherte elastische Energie:

$$U = \int_\ell \int_{A_0} \overline{U} dA dx = \int_\ell \int_{A_0} \frac{1}{2}\frac{\sigma_x^2}{E} dA dx \tag{2}$$

Die beiden Belastungsfälle eingesetzt ergibt:

1. Normalkraft

$$\sigma_x = \frac{N}{A_0} = konst. \quad \text{und damit} \quad U_N = \frac{N^2}{2EA_0^2} \int_\ell \int_{A_0} dA dx \quad \text{bzw.} \quad \boxed{U_N = \frac{N^2 \ell}{2EA_0}}$$

2. Biegemoment

$$\sigma_x = \frac{M(x)}{J} z \quad \textit{und damit} \quad U_M = \frac{1}{2E} \int_\ell \int_{A_0} \frac{M^2(x)}{J^2} z^2 dA dx \,. \quad \textit{Mit } J = \int_{A_0} z^2 dA \textit{ folgt:}$$

$$\boxed{U_M = \frac{1}{2EJ} \int_\ell M^2(x)\, dx} \quad \textit{bzw. wenn } M(x) = M = \textit{konst.} \quad \boxed{U_M = \frac{M^2 \ell}{2EJ}}$$

Aufgabe 3.7.1.2

Ein einseitig fest eingespannter Balken wird an seinem freien Ende durch ein Biegemoment M und eine Normalkraft N belastet.
Zeigen Sie unter Anwendung der CLAPEYRONschen Formel, daß sich die Gesamtenergie U_{ges} aus der Addition der Teilenergien für Biegung U_M und Normalkraft U_N ergibt.

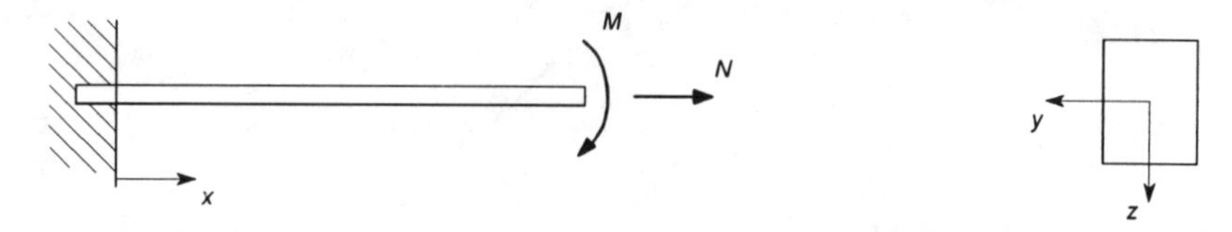

Gegeben: ℓ, A_0, J, E, N, M

Gesucht: Die gesamte im Balken gespeicherte elastische Energie U_{ges}.

Lösung: Nach Aufgabe 3.7.1.1 gilt:

$$U_{ges} = \int_\ell \int_{A_0} \frac{1}{2} \frac{\sigma_x^2}{E} dA dx$$

Mit $\sigma_x = \sigma_{ges} = \sigma_M + \sigma_N$ *folgt*

$$U_{ges} = \int_\ell \int_{A_0} \frac{1}{2E} (\sigma_M + \sigma_N)^2 dA dx \quad \textit{bzw.}$$

$$U_{ges} = \frac{1}{2E} \int_\ell \int_{A_0} \sigma_M^2 \, dA dx + \frac{1}{E} \int_\ell \int_{A_0} \sigma_M \sigma_N \, dA dz + \frac{1}{2E} \int_\ell \int_{A_0} \sigma_N^2 \, dA dx$$

Mit $\sigma_M = \frac{M}{J} z$ *und* $\sigma_N = \frac{N}{A_0}$ *ergibt sich*

$$U_{ges} = U_M + \frac{MN}{EJA_0} \int_\ell \int_{A_0} z \, dA dz + U_N \quad \textit{mit } U_M \textit{ und } U_N \textit{ entsprechend Aufg. 3.7.1.1}$$

Der mittlere Term verschwindet, weil $\int_{A_0} z\,dA$ *das statische Moment bzgl. der y-Achse (Schwereachse) darstellt.*

Somit gilt: $\boxed{U_{ges} = U_M + U_N}$ *was zu zeigen war.*

Anmerkung: Die Überlagerung der Energieanteile infolge der Normalspannung gilt auch bei Querkraftbiegung.

Aufgabe 3.7.1.3

Ein Bogenträger aus Rundmaterial (Querschnitt A, Biegesteifigkeit EJ) wird im Punkt A und B gelagert und durch eine Einzelkraft F belastet.

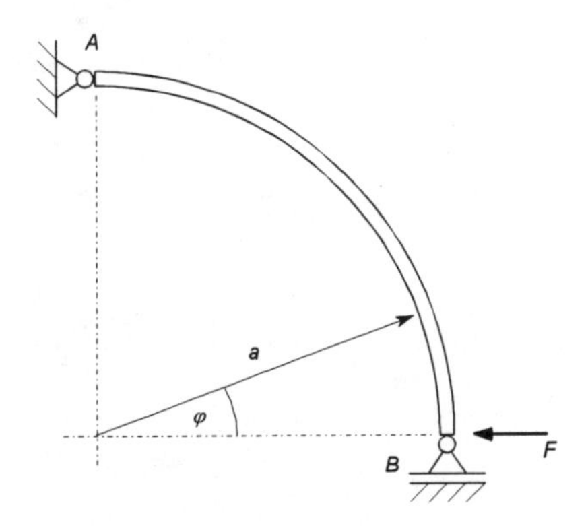

Gegeben: a, A, EJ, G, F

Gesucht: die Verschiebung des Lagers B

Lösung: *Das Lager B kann nur eine Horizontalverschiebung durchführen. Es gilt* $u_L = u_F$. *Weil nur eine äußere Last wirkt, kann der Arbeitssatz sofort angewandt werden.*

1. Schritt: Lagerreaktion in B

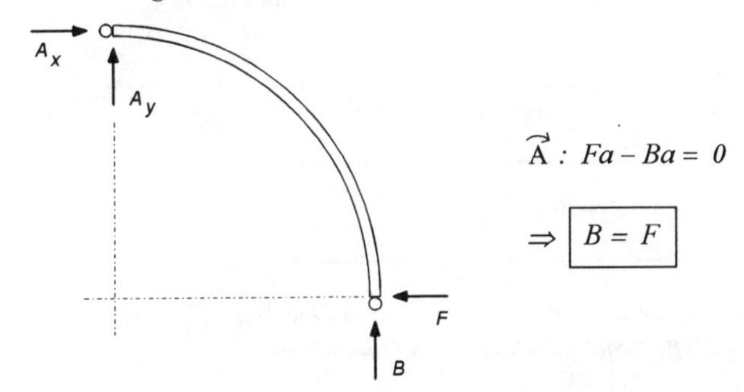

$\overset{\curvearrowright}{A}: \; Fa - Ba = 0$

$\Rightarrow \boxed{B = F}$

2. Schritt: Schnittgrößenverlauf im Bauteil

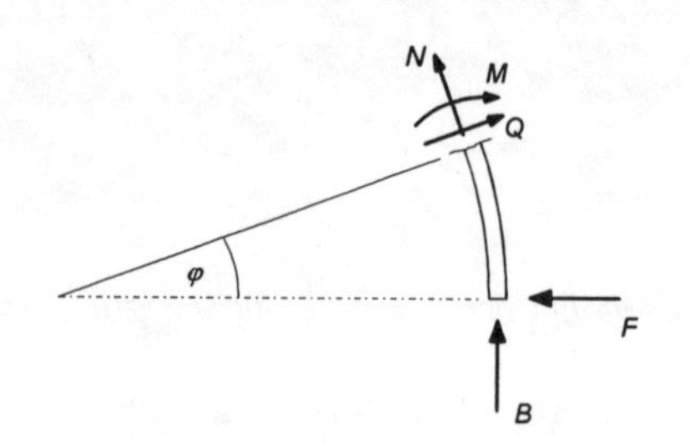

$\nearrow: \; Q(\varphi) + B \sin\varphi - F \cos\varphi = 0$

$$\Rightarrow \boxed{Q(\varphi) = F(\cos\varphi - \sin\varphi)} \qquad (1)$$

$\nwarrow: \; N(\varphi) + B \cos\varphi + F \sin\varphi = 0$

$$\Rightarrow \boxed{N(\varphi) = -F(\cos\varphi + \sin\varphi)} \qquad (2)$$

$\curvearrowleft S: \; M(\varphi) + Fa \sin\varphi - Ba(1 - \cos\varphi) = 0 \qquad \Rightarrow \boxed{M(\varphi) = Fa(1 - \cos\varphi - \sin\varphi)} \qquad (3)$

3. Schritt: Arbeitssatz

$$W = U_{ges} \qquad \text{bzw.} \qquad \frac{1}{2} F\, u_F = U_M + U_N + U_Q$$

$$\text{Mit} \quad U_M = \frac{1}{2EJ}\int_0^{\pi/2} M^2(\varphi)\, a d\varphi \;;\; U_N = \frac{1}{2EA}\int_0^{\pi/2} N^2(\varphi)\, a d\varphi \;;\; U_Q = \frac{\kappa}{2GA}\int_0^{\pi/2} Q^2(\varphi)\, a d\varphi$$

$$\text{folgt} \quad u_F = \frac{1}{F}\left[\frac{1}{EJ}\int_0^{\pi/2} M^2(\varphi) a\, d\varphi + \frac{1}{EA}\int_0^{\pi/2} N^2(\varphi) a\, d\varphi + \frac{\kappa}{GA}\int_0^{\pi/2} Q^2(\varphi) a\, d\varphi\right]$$

wobei $\kappa = \frac{10}{9}$ *für den Kreisquerschnitt gilt.*

Gleichungen (1) bis (3) eingesetzt und integriert ergibt:

$$\boxed{u_F = (\pi - 3)\frac{Fa^3}{EJ} + \frac{(\pi + 2)}{2}\frac{Fa}{EA} + \frac{\pi - 2}{2}\frac{\kappa Fa}{GA}}$$

Unter Berücksichtigung der Beziehungen (d ≙ Durchmesser des Rundmaterials):

$$A = \frac{d^2\pi}{4} \;,\; J = \frac{d^4\pi}{64} \quad \text{und} \quad G = \frac{E}{2(1+\upsilon)} \quad \text{erhält man für die Verschiebung:}$$

$$\boxed{u_F = \left[63(\pi - 3)\left(\frac{a}{d}\right)^2 + 2(\pi + 2) + 4(1 + \upsilon)(\pi - 2)\kappa\right]\frac{Fa}{d^2 \pi E}}$$

Weil a >> d gilt, können die Anteile infolge der Normal- und Querkraft (2. und 3. Term in der Klammer) gegenüber dem Biegemomentenanteil vernachlässigt werden.

Anmerkung: *Der Arbeitssatz läßt sich bei der Belastung mit einer äußeren Last sehr vorteilhaft anwenden. Allgemeingültig ist die Lösung mit Satz II von CASTIGLIANO, vgl. Aufgabe 3.7.2.2.*

3.7.2 Satz II von CASTIGLIANO

Aufgabe 3.7.2.1

Ein statisch bestimmt gelagerter Rahmen wird durch die Einzelkräfte F_1 und F_2 belastet.

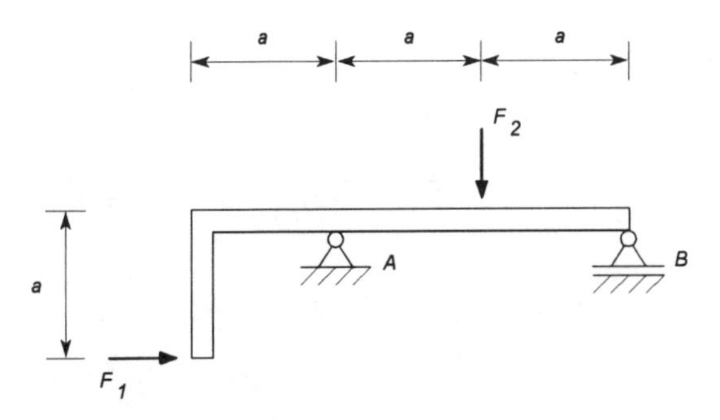

Gegeben: a, EJ, EA, F_1, F_2

Gesucht: Die Verschiebungen der Lastangriffspunkte w_1 und w_2 mit Satz II von CASTIGLIANO, wobei die Energieanteile der Querkraft vernachlässigt werden sollen.

Lösung:

1. Schritt: System freischneiden und GGB anwenden

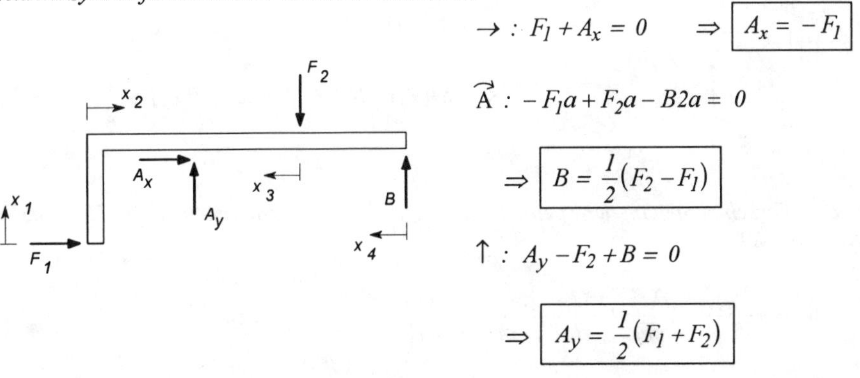

$$\rightarrow: \; F_1 + A_x = 0 \quad \Rightarrow \quad \boxed{A_x = -F_1}$$

$$\overset{\curvearrowright}{A}: \; -F_1 a + F_2 a - B2a = 0$$

$$\Rightarrow \quad \boxed{B = \frac{1}{2}(F_2 - F_1)}$$

$$\uparrow: \; A_y - F_2 + B = 0$$

$$\Rightarrow \quad \boxed{A_y = \frac{1}{2}(F_1 + F_2)}$$

2. Schritt: Normalkraft- und Momentenverlauf im gesamten Rahmen bestimmen.

I. Bereich: $0 < x_1 < a$

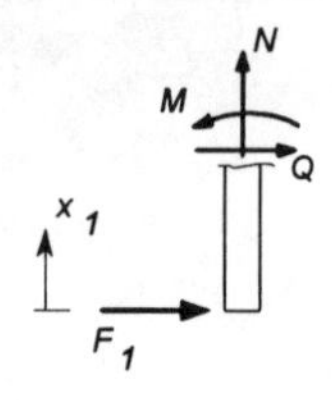

$$\uparrow : N(x_1) = 0$$

$$\overset{\curvearrowright}{S} : -M(x_1) - F_1 x_1 = 0 \quad \Rightarrow M(x_1) = -F_1 x_1$$

II. Bereich: $0 < x_2 < a$

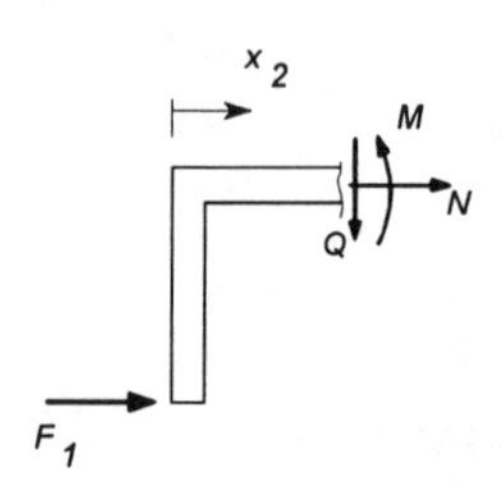

$$\rightarrow : N(x_2) + F_1 = 0 \quad \Rightarrow N(x_2) = -F_1$$

$$\overset{\curvearrowright}{S} : -M(x_2) - F_1 a = 0 \quad \Rightarrow M(x_2) = -F_1 a$$

III. Bereich: $0 < x_3 < a$

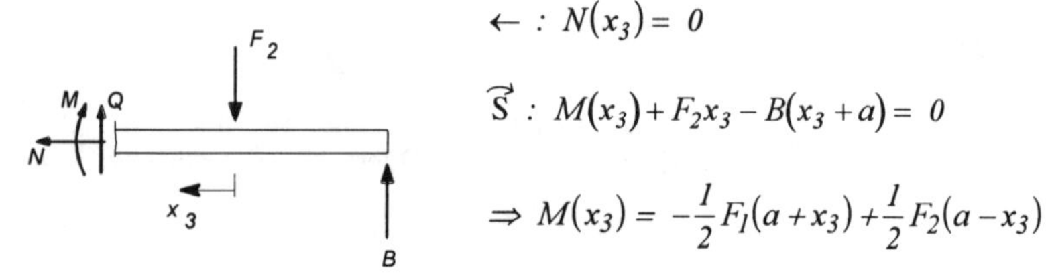

$$\leftarrow : N(x_3) = 0$$

$$\overset{\curvearrowright}{S} : M(x_3) + F_2 x_3 - B(x_3 + a) = 0$$

$$\Rightarrow M(x_3) = -\frac{1}{2} F_1 (a + x_3) + \frac{1}{2} F_2 (a - x_3)$$

IV. Bereich: $0 < x_4 < a$

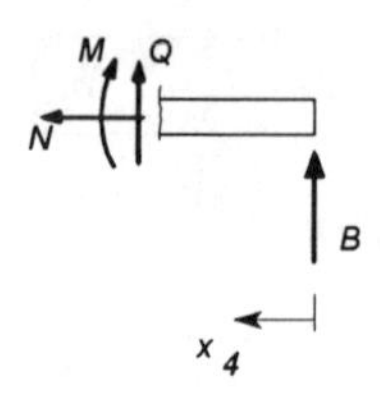

$$\leftarrow : N(x_4) = 0$$

$$\overset{\curvearrowright}{S} : M(x_4) - B x_4 = 0 \quad \Rightarrow M(x_4) = \frac{1}{2}(F_2 - F_1) x_4$$

Für die Verschiebungen der beiden Lastangriffspunkte gilt nach dem II. Satz von CASTIGLIANO:

$$w_i = \frac{\partial U_{ges}}{\partial F_i} = \frac{\partial U_I}{\partial F_i} + \frac{\partial U_{II}}{\partial F_i} + \frac{\partial U_{III}}{\partial F_i} + \frac{\partial U_{IV}}{\partial F_i} \qquad \text{bzw.}$$

$$w_1 = \frac{1}{EJ}\int_0^a F_1 x_1^2 dx_1 + \left[\frac{1}{EA}\int_0^a F_1 dx_2 + \frac{1}{EJ}\int_0^a F_1 a^2 dx_2\right] +$$

$$\frac{1}{EJ}\int_0^a \left[\frac{1}{2}F_2(a - x_3) - \frac{1}{2}F_1(a + x_3)\right]\left(-\frac{1}{2}(a + x_3)\right)dx_3 +$$

$$\frac{1}{EJ}\int_0^a \left(\frac{1}{2}(F_2 - F_1)x_4\left(-\frac{1}{2}x_4\right)\right)dx_4$$

Integriert und zusammengefaßt ergibt:

$$\boxed{w_1 = \left(\frac{2a^3}{EJ} + \frac{a}{EA}\right)F_1 - \frac{1}{4}\frac{a^3}{EJ}F_2}$$

Analog folgt für w_2:

$$\boxed{w_2 = -\frac{1}{4}\frac{a^3}{EJ}F_1 + \frac{a^3}{6EJ}F_2}$$

Anmerkung: Man erkennt die Symmetrie der Einflußzahlen.

Aufgabe 3.7.2.2

Ein Bogenträger aus Rundmaterial (Querschnitt A, Biegesteifigkeit EJ) wird in den Punkten A und B gelagert und durch eine Einzelkraft F belastet.

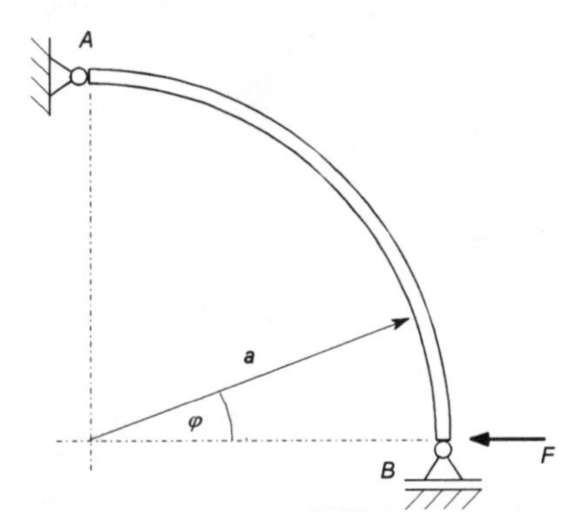

Gegeben: a, EJ, EA, GA, F

Gesucht: Die Verschiebung des Lagers B.

Lösung: *Das Lager B kann nur eine Horizontalverschiebung durchführen. Es gilt $u_L = u_F \Rightarrow$ Anwendung des Satzes II von CASTIGLIANO.*

1. Schritt: Lagerreaktion in B

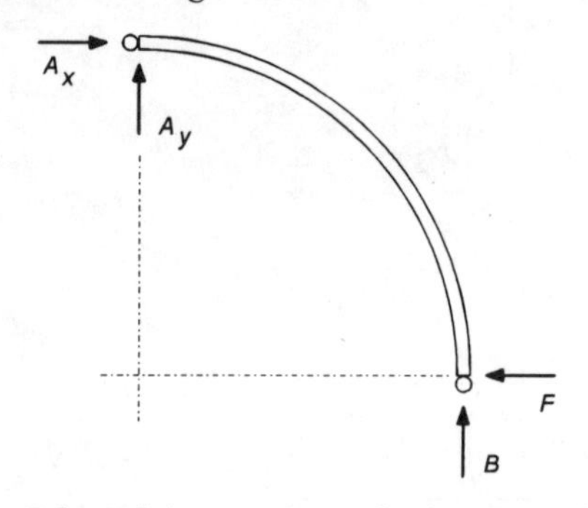

$\overset{\curvearrowright}{A}: \; Fa - Ba = 0$

$\Rightarrow \boxed{B = F}$

2. Schritt: Schnittgrößenverlauf im Bauteil

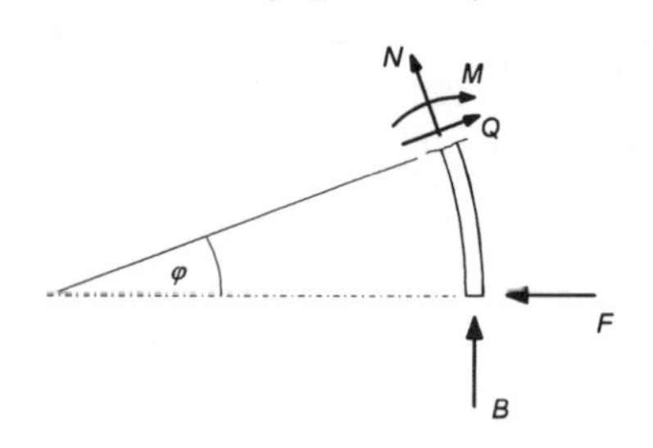

$\nearrow: \; Q(\varphi) + B\sin\varphi - F\cos\varphi = 0$

$$\Rightarrow \boxed{Q(\varphi) = F(\cos\varphi - \sin\varphi)} \qquad (1)$$

$\nwarrow: \; N(\varphi) + B\cos\varphi + F\sin\varphi = 0$

$$\Rightarrow \boxed{N(\varphi) = -F(\cos\varphi + \sin\varphi)} \qquad (2)$$

$$\overset{\curvearrowright}{S}: \; M(\varphi) + Fa\sin\varphi - Ba(1-\cos\varphi) = 0 \qquad \Rightarrow \boxed{M(\varphi) = Fa(1 - \cos\varphi - \sin\varphi)} \qquad (3)$$

Für die Verschiebung ergibt sich nach CASTIGLIANO II:

$$u_F = \frac{\partial U_{ges}}{\partial F} = \frac{\partial U_M}{\partial F} + \frac{\partial U_N}{\partial F} + \frac{\partial U_Q}{\partial F}$$

$$\text{bzw.} \quad u_F = \frac{1}{EJ}\int_0^{\pi/2} M(\varphi)\frac{\partial M}{\partial F}a\,d\varphi + \frac{1}{EA}\int_0^{\pi/2} N(\varphi)\frac{\partial N}{\partial F}a\,d\varphi + \frac{\kappa}{GA}\int_0^{\pi/2} Q(\varphi)\frac{\partial Q}{\partial F}a\,d\varphi$$

mit $\kappa = \frac{10}{9}$ *für den Kreisquerschnitt. Gleichungen (1) bis (3) eingesetzt und integriert ergibt:*

$$\boxed{u_F = (\pi - 3)\frac{Fa^3}{EJ} + \frac{(\pi+2)}{2}\frac{Fa}{EA} + \frac{\pi - 2}{2}\frac{\kappa Fa}{GA}}$$

Anmerkung: Unter Berücksichtigung der Beziehungen :

$$A = \frac{d^2\pi}{4} \quad , \quad J = \frac{d^4\pi}{64} \quad \text{und} \quad G = \frac{E}{2(1+\upsilon)} \quad (d \triangleq \text{Durchmesser des Rundmaterials})$$

erhält man für die Verschiebung:

$$u_F = \left[64(\pi - 3)\left(\frac{a}{d}\right)^2 + 2(\pi + 2) + 4(1 + \upsilon)(\pi - 2)\kappa \right] \frac{Fa}{d^2 \pi E}$$

Weil a >> d gilt, können die Anteile infolge der Normal- und Querkraft (2. und 3. Term in der Klammer) gegenüber dem Biegemomentenanteil vernachlässigt werden.

Aufgabe 3.7.2.3

Ein halbkreisförmiger Bogenträger ist in A gelenkig gelagert und in B durch eine Feder mit der Federkonstanten c abgestützt. Am freien Ende des Trägers wirkt eine Einzelkraft F.

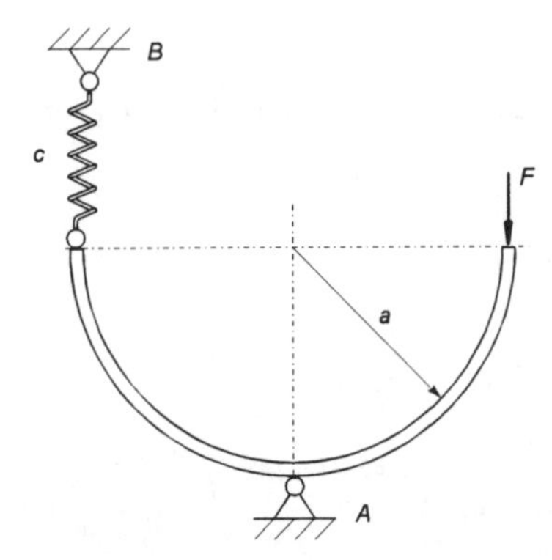

Gegeben: a, EJ, F, c

Gesucht: Die Absenkung der Kraft F.

Lösung: *Satz II von CASTIGLIANO, wobei die Energieanteile infolge Querkraft und Normalkraft im Bogenträger vernachlässigt werden (siehe Aufgabe 3.7.2.2).*

1. Schritt: Auflagerreaktionen

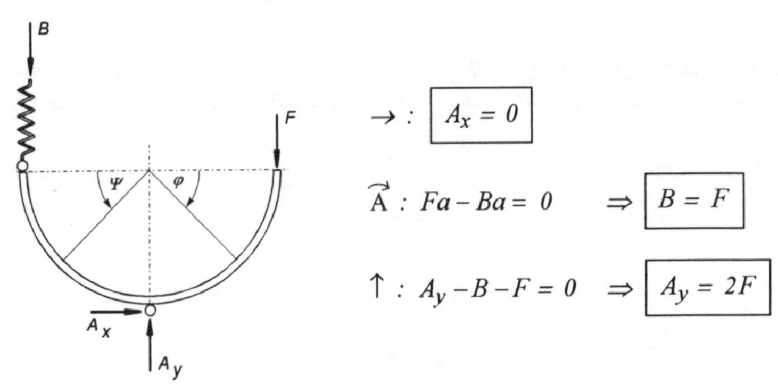

$\rightarrow : \quad \boxed{A_x = 0}$

$\overset{\curvearrowleft}{A} : \; Fa - Ba = 0 \quad \Rightarrow \quad \boxed{B = F}$

$\uparrow : \; A_y - B - F = 0 \quad \Rightarrow \quad \boxed{A_y = 2F}$

2. Schritt: Schnittgrößenverlauf im Bogenträger

I. Bereich: $0 < \varphi < \frac{\pi}{2}$

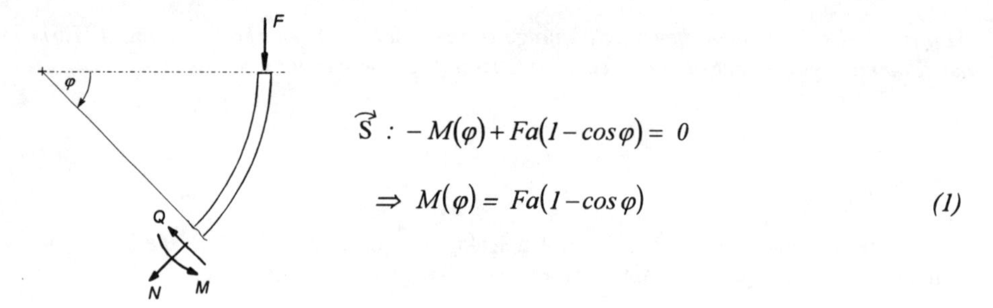

$$\overset{\curvearrowleft}{S}: \; -M(\varphi) + Fa(1-\cos\varphi) = 0$$

$$\Rightarrow M(\varphi) = Fa(1-\cos\varphi) \qquad (1)$$

II. Bereich: $0 < \psi < \frac{\pi}{2}$ *analog zu Bereich I:* $M(\psi) = Fa(1-\cos\psi)$ (2)

3. Schritt: CASTIGLIANO II

$$u_F = \frac{\partial U_{ges}}{\partial F} = \frac{\partial U_I}{\partial F} + \frac{\partial U_{II}}{\partial F} + \frac{\partial U_c}{\partial F}$$

bzw. $$u_F = \frac{1}{EJ}\int_0^{\pi/2} M(\varphi)\frac{\partial M}{\partial F} a\,d\varphi + \frac{1}{EJ}\int_0^{\pi/2} M(\psi)\frac{\partial M}{\partial F} a\,d\psi + \frac{\partial}{\partial F}\left(\frac{1}{2}\frac{F_c^2}{c}\right)$$

mit $U_F = \frac{1}{2c}F_c^2$ *der in einer belasteten Feder gespeicherten elastischen Energie.*
Mit den Gleichungen (1), (2) und $F_c = B = F$ *ergibt sich nach der Integration:*

$$\boxed{u_F = (3\pi - 8)\frac{Fa^3}{2EJ} + \frac{F}{c}}$$

Anmerkung: Für einen starren Bogenträger (EJ → ∞) senkt sich die Last gerade um die Strecke nach unten, um die die Feder zusammengedrückt wird (starrer Hebel).

3.8 Statisch unbestimmte Probleme

3.8.1 Verschiebungsmethode

Aufgabe 3.8.1.1

Ein Träger wird bei B von einem Loslager gehalten und ist bei C fest eingespannt. Der Träger wird durch eine konstante Streckenlast belastet.

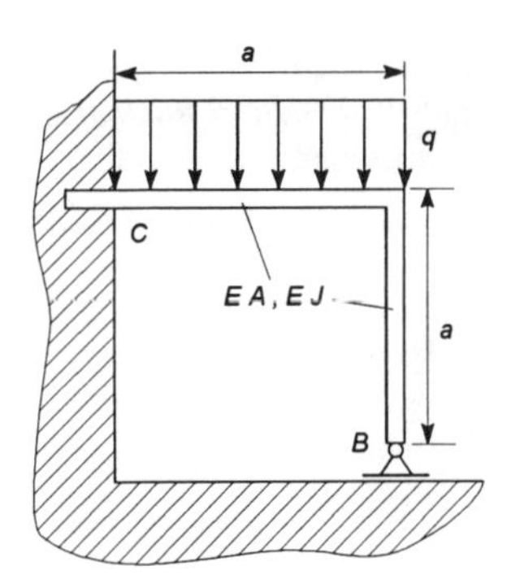

Gegeben: a, EA, EJ, q

Gesucht: Die Auflagerreaktionen in B und C.

Lösung:
1. Schritt: Träger freischneiden und die GGB anwenden

$$\uparrow : C_y - qa + B = 0 \qquad (1)$$

$$\rightarrow : C_x = 0 \qquad (2)$$

$$\overset{\curvearrowright}{B} : M_c - qa\frac{a}{2} + C_y a + C_x a = 0 \qquad (3)$$

Für die 4 Unbekannten B, C_x, C_y, M_c stehen 3 Gleichungen zur Verfügung ⇒ System ist 1-fach statisch unbestimmt.

2. Schritt: Verformungen berücksichtigen

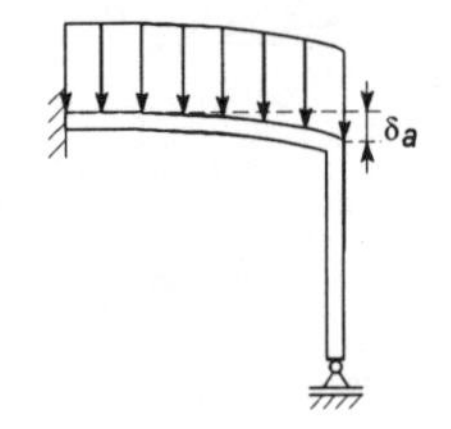

Durch Anwendung der MYOSOTIS-Formeln (s. Hahn S. 137) erhält man bei Betrachtung des horizontalen Balkens:

$$B = \frac{3}{8}qa - \frac{3EJ}{a^3}\delta_a \qquad (4)$$

sowie bei Betrachtung des vertikalen Balkens: $$B = \frac{EA}{a}\delta_a \qquad (5)$$

Aus (4) und (5) ergibt sich:

$$B = \frac{3}{8}qa - \frac{3EJ}{a^3}\frac{a}{EA}B \qquad \text{bzw.} \qquad \boxed{B = \frac{3}{8}qa\frac{a^2EA}{a^2EA+3EJ}}$$

Mit den Gleichungen (1) bis (3) ergeben sich die restlichen Auflagerreaktionen zu:

$$\boxed{C_x = 0} \qquad \boxed{C_y = qa - B} \qquad \boxed{M_c = Ba - \frac{1}{2}qa^2}$$

Anmerkung: siehe auch Aufgaben 3.8.2.1 und 3.8.3.1

Aufgabe 3.8.1.2

Eine Brücke, welche in A und B gelagert ist, wird in D durch einen zusätzlichen Stab abgestützt. Die Brücke ist durch eine konstante Streckenlast belastet.

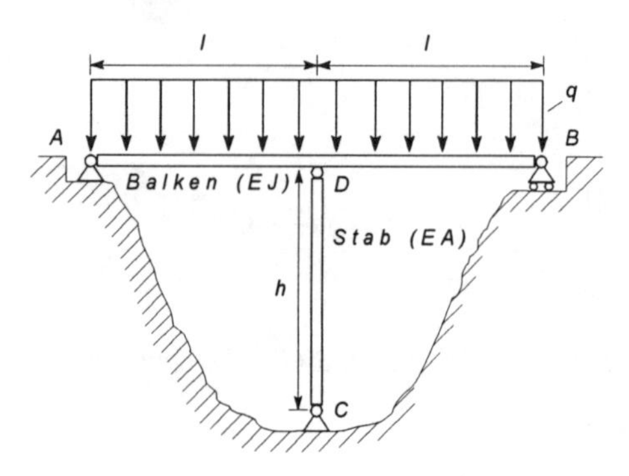

Gegeben: EA, EJ, h, ℓ, q

Gesucht: Die Auflagerreaktionen in A, B und C.

Lösung:

1. Schritt: Brücke freischneiden und die GGB anwenden

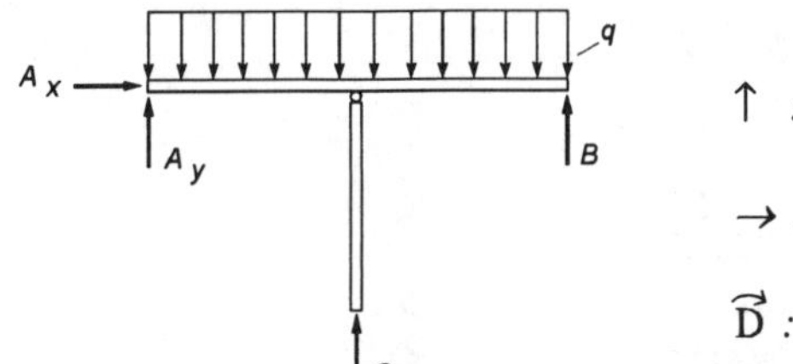

$$\uparrow\ :\ A_y - q2\ell + C_y + B = 0 \qquad (1)$$

$$\rightarrow\ :\ A_x = 0 \qquad (2)$$

$$\overset{\curvearrowright}{D}\ :\ A_y\ell - B\ell = 0 \qquad (3)$$

Für die 4 Unbekannten A_x, A_y, B, C stehen 3 Gleichungen zur Verfügung ⇒ System ist 1-fach statisch unbestimmt.

2. Schritt: Verformungen berücksichtigen
Durch Anwendung der MYOSOTIS-Formeln (s. Hahn, S. 137) erhält man:

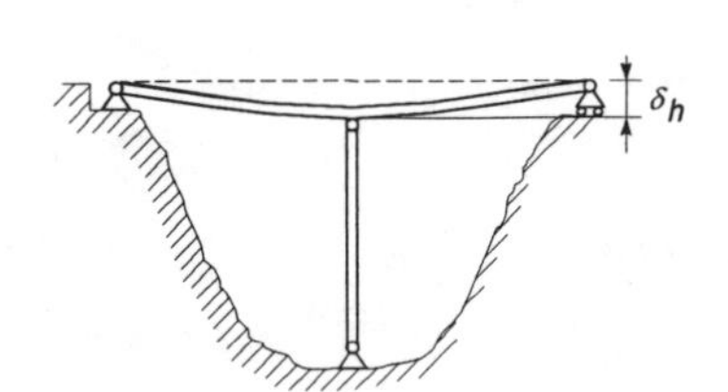

$$C_y = \frac{5}{4}q\ell - \frac{6EJ}{\ell^3}\delta_h \qquad (4)$$

bei Betrachtung des Balkens, sowie

$$C_y = \frac{EA}{h}\delta_h \qquad (5)$$

bei Betrachtung des Stabs.

Aus (4) und (5) ergibt sich:

$$C_y = \frac{5}{4}q\ell - \frac{6EJ}{\ell^3}\frac{h}{EA}C_y \qquad \text{bzw.} \qquad \boxed{C_y = \frac{5}{4}q\ell\frac{EA\ell^3}{EA\ell^3 + 6hEJ}}$$

Mit den Gleichungen (1) bis (3) ergeben sich die restlichen Auflagerreaktionen zu:

$$\boxed{A_x = 0}\ , \qquad \boxed{A_y = B = q\ell - \frac{1}{2}C_y}$$

Aufgabe 3.8.1.3

Eine Balkenkonstruktion ist in A fest eingespannt, in C mit zwei Federn gelagert und in D mit einem Gewicht belastet.

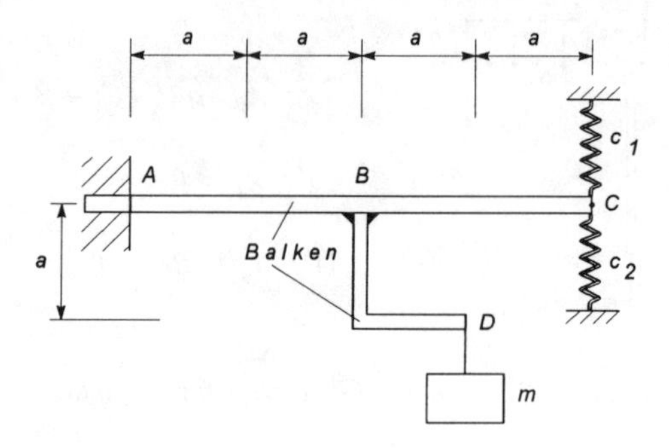

Gegeben: EJ, m, g, c_1, c_2

Gesucht: Die Auflagerreaktionen in A und die Federkräfte in beiden Federn.

Lösung:

1. Schritt: Balkenkonstruktion freischneiden und die GGB anwenden

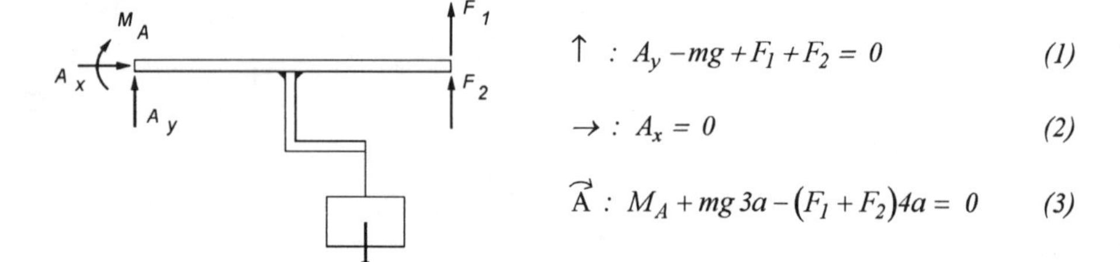

$$\uparrow: A_y - mg + F_1 + F_2 = 0 \qquad (1)$$

$$\rightarrow: A_x = 0 \qquad (2)$$

$$\overset{\curvearrowright}{A}: M_A + mg\,3a - (F_1 + F_2)4a = 0 \qquad (3)$$

Für die 5 Unbekannten A_x, A_y, M_A, F_1 und F_2 stehen 3 Gleichungen zur Verfügung $\Rightarrow$ System ist 2-fach statisch unbestimmt.

2. Schritt: Verformungen berücksichtigen
Durch Anwendung der MYOSOTIS-Formeln (s. Hahn S. 137) erhält man für die Absenkung δ_a des Balkens:

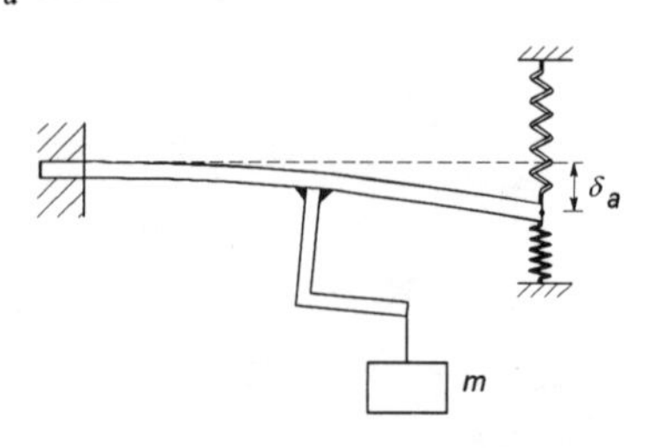

$$\delta_a = \frac{mg8a^3}{3EJ} + \frac{mg4a^2}{2EJ}2a + \frac{mga4a^2}{2EJ} + \frac{mg2a^2}{EJ}2a - \frac{64F_1a^3}{3EJ} - \frac{64F_2a^3}{3EJ} \qquad (4)$$

Für die beiden Federkräfte gilt weiterhin:

$$F_1 = c_1\delta_a \text{ und } F_2 = c_2\delta_a \qquad (5),(6)$$

Aus (4) und (5) bzw. (6) ergibt sich:

$$\frac{F_1}{c_1} = \frac{F_2}{c_2} = \frac{38}{3}\frac{mga^3}{EJ} - \frac{64a^3}{3EJ}(F_1 + F_2)$$

bzw. $$\boxed{F_1 = \frac{38c_1a^3mg}{3EJ + 64a^3(c_1 + c_2)}} \qquad \boxed{F_2 = \frac{38c_2a^3mg}{3EJ + 64a^3(c_1 + c_2)}}$$

Mit den Gleichungen (1) bis (3) ergeben sich die restlichen Auflagerreaktionen zu:

$$\boxed{A_x = 0} \qquad \boxed{A_y = mg - (F_1 + F_2)} \qquad \boxed{M_A = (F_1 + F_2)4a - mg3a}$$

3.8.2 Kraftmethode (Überlagerungsmethode)

Aufgabe 3.8.2.1

Ein Träger wird bei B von einem Loslager gehalten und ist bei C fest eingespannt. Der Träger wird durch eine konstante Streckenlast belastet.

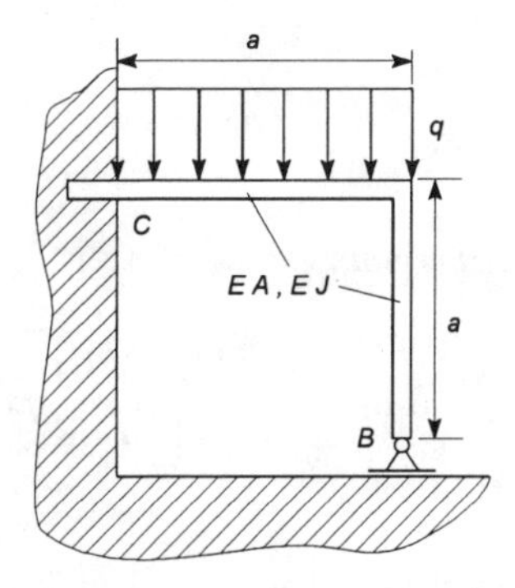

Gegeben: a, EA, EJ, q

Gesucht: Die Auflagerreaktionen in B und C.

Lösung:
1. Schritt: Träger freischneiden und die GGB anwenden

$$\uparrow : C_y - qa + B = 0 \tag{1}$$

$$\rightarrow : C_x = 0 \tag{2}$$

$$\overset{\curvearrowleft}{B} : M_c - qa\frac{a}{2} + C_y a + C_x a = 0 \tag{3}$$

Für die 4 Unbekannten B, C_x, C_y, M_c stehen 3 Gleichungen zur Verfügung ⇒ System ist 1-fach statisch unbestimmt.

2. Schritt: Verformungen berücksichtigen

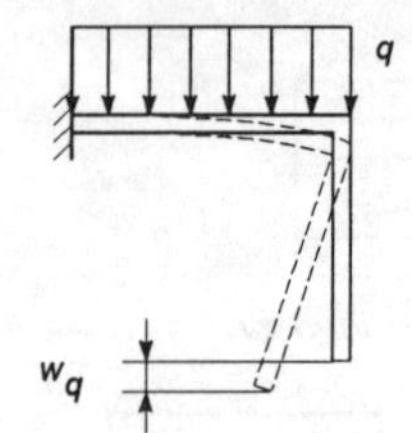

Das Grundsystem wird durch Wegnahme der statisch überzähligen Fessel B erzeugt. Mit Hilfe der MYOSOTIS-Formeln (s. Hahn S. 137) ergibt sich:

$$w_q = \frac{qa^4}{8EJ} \tag{4}$$

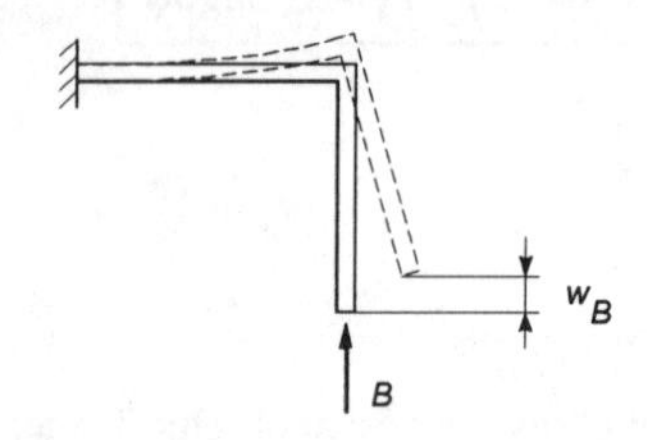

Aus der Belastung des Grundsystems mit der statisch unbestimmten Last (ohne die äußere Streckenlast) folgt:

$$-w_B = \frac{Ba^3}{3EJ} + \frac{Ba}{EA} \tag{5}$$

Wegen des Loslagers gilt für die Gesamtverschiebung des Punktes B (Verformungs-bedingung):

$$w_{ges} = w_q + w_B = 0 \tag{6}$$

Gleichnungen (4) und (5) eingesetzt ergibt:

$$\frac{qa^4}{8EJ} - \frac{Ba^3}{3EJ} - \frac{Ba}{EA} = 0 \qquad \text{bzw.} \qquad \boxed{B = \frac{3}{8} qa \frac{a^2 EA}{a^2 EA + 3EJ}}$$

Mit den Gleichungen (1) bis (3) ergeben sich die restlichen Auflagerreaktionen zu:

$$\boxed{C_x = 0} \qquad \boxed{C_y = qa - B} \qquad \boxed{M_c = Ba - \frac{1}{2} qa^2}$$

Anmerkung: siehe auch Aufgabe 3.8.1.1 und 3.8.3.1

Aufgabe 3.8.2.2

Ein Träger besteht aus einem in B fest eingespannten Balken, der an seinem freien Ende mit einem starren Querbalken verbunden ist. Dieser ist an seinen beiden Enden mit zwei Federn abgestützt. Der Querbalken ist durch die horizontale Kraft F belastet.

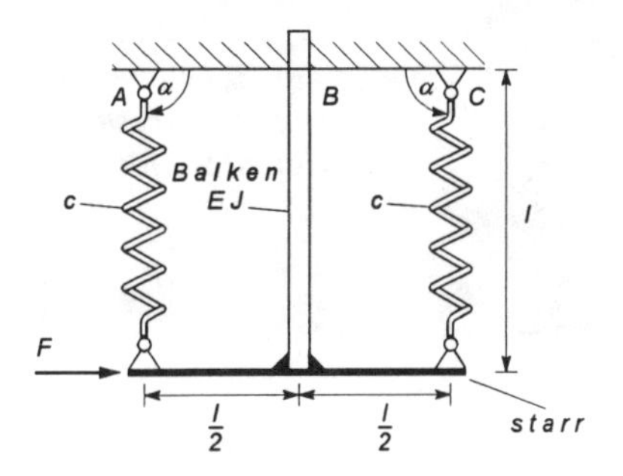

Gegeben: ℓ, EJ, c, F

Gesucht: Die Auflagerreaktionen in A, B und C.

Lösung:

1. Schritt: Träger freischneiden und die GGB anwenden

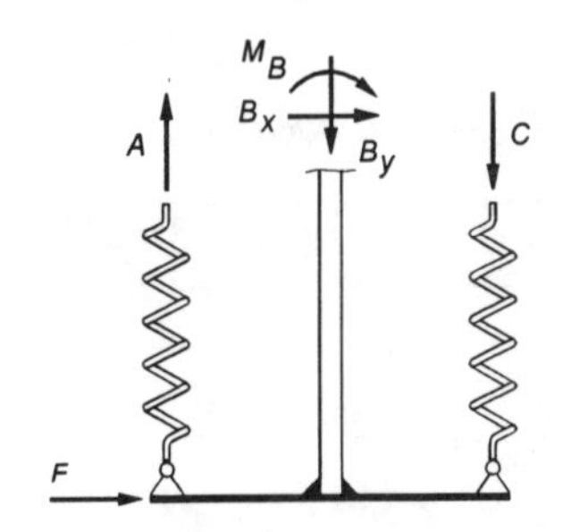

$$\uparrow \; : \; A - B_y - C = 0 \tag{1}$$

$$\rightarrow \; : \; F + B_x = 0 \tag{2}$$

$$\overset{\curvearrowright}{B} \; : \; A\frac{\ell}{2} - F\ell + M_B + C\frac{\ell}{2} = 0 \tag{3}$$

Für die 5 Unbekannten A, B_x, B_y, M_B, C stehen 3 Gleichungen zur Verfügung ⇒ System ist 2-fach statisch unbestimmt.

2. Schritt: Verformungen berücksichtigen.

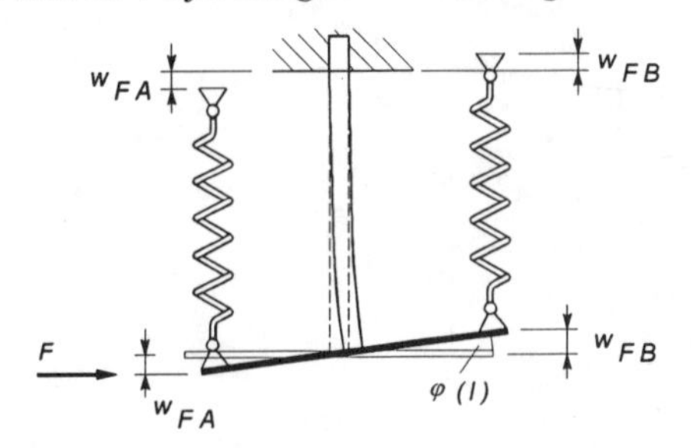

Das Grundsystem wird durch Wegnahme der statisch überzähligen Fesseln A und C erzeugt.

Weil der Querbalken starr ist, gilt:

$w_{FA} = w_{FB}$ *und damit*

$$\boxed{A = C} \tag{4}$$

(unter Berücksichtigung der gewählten Richtungen im Freikörperbild)

Mit Hilfe der MYOSOTIS-Formeln (s. Hahn S. 137) ergibt sich:

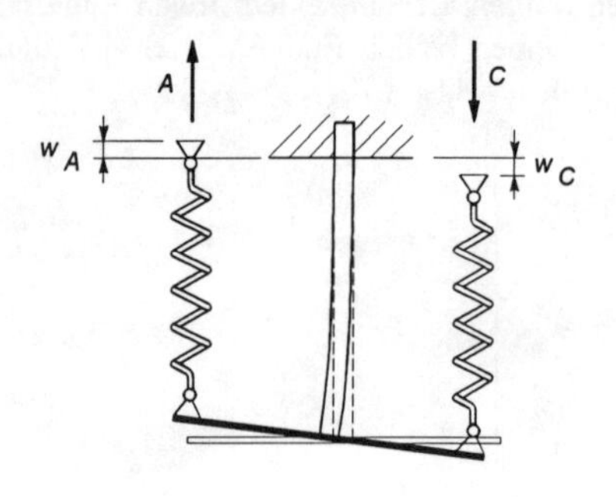

$$w_{FA} = \varphi(\ell)\frac{\ell}{2} = \frac{F\ell^2}{2EJ}\frac{\ell}{2} \qquad (5)$$

Aus der Belastung des Grundsystems mit den statisch unbestimmten Lasten (ohne die äußere Einzellast) folgt:

$$w_A = -\left(\frac{A}{c} + \frac{A\ell^2}{EJ}\frac{\ell}{2}\right) \qquad (6)$$

Die Gesamtverschiebung der oberen Federenden ist Null (Verformungsbedingung), d.h.

$$w_{FA} + w_A = 0$$

(5) und (6) eingesetzt ergibt: $\frac{F\ell^3}{4EJ} - \frac{A}{c} - \frac{A\ell^3}{2EJ} = 0$ *bzw.* $\boxed{A = \frac{c\ell^3}{2c\ell^3 + 4EJ}F}$

Mit den Gleichungen (1) bis (4) ergeben sich die restlichen Auflagerreaktionen zu:

$\boxed{B_x = -F}$ $\boxed{B_y = 0}$ $\boxed{M_B = (F - A)\ell}$ $\boxed{C = A}$

Aufgabe 3.8.2.3

Ein beidseitig fest eingespannter Balken ist durch eine Dreieckstreckenlast q(x) und durch eine Einzellast F belastet.

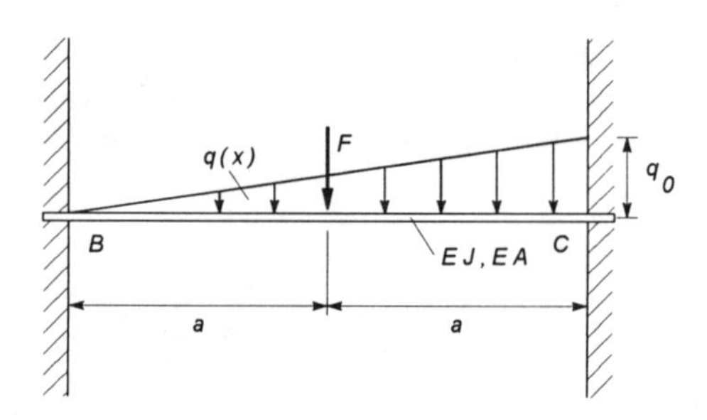

Gegeben: a, EA, EJ, q_0, F

Gesucht: Die Auflagerreaktionen in B und C.

Lösung:

1. Schritt: Balken freischneiden und die GGB anwenden.

$$\uparrow \; : \; B_y - F - q_0 a + C_y = 0 \tag{1}$$

$$\rightarrow \; : \; B_x - C_x = 0 \tag{2}$$

$$\overset{\frown}{B} \; : \; -M_B + Fa + \frac{4}{3}a^2 q_0 - C_y 2a + M_c = 0 \tag{3}$$

Für die 6 Unbekannten B_x, B_y, M_B, C_x, C_y, M_c stehen 3 Gleichungen zur Verfügung $\Rightarrow$ System ist 3-fach statisch unbestimmt.

2. Schritt: Verformungen berücksichtigen.
Das Grundsystem wird durch Wegnahme der festen Einspannung in C erzeugt. Für die Verformungen des freien Balkenendes bei den einzelnen Lastfällen gilt:

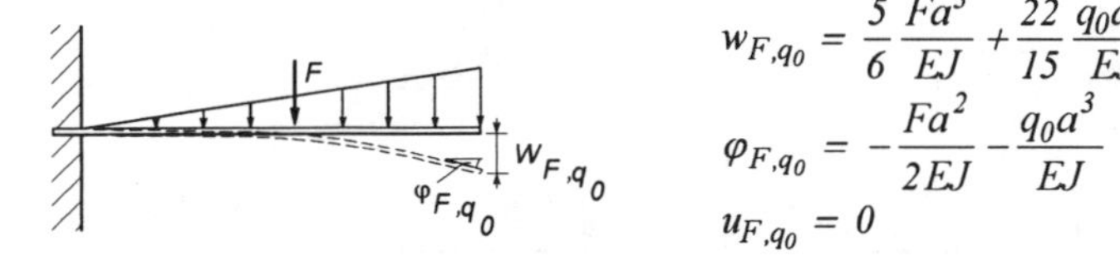

$$w_{F,q_0} = \frac{5}{6}\frac{Fa^3}{EJ} + \frac{22}{15}\frac{q_0 a^4}{EJ} \tag{4}$$

$$\varphi_{F,q_0} = -\frac{Fa^2}{2EJ} - \frac{q_0 a^3}{EJ} \tag{5}$$

$$u_{F,q_0} = 0 \tag{6}$$

(keine horizontale Verschiebung. Gilt wegen der Annahme $w' << 1$ bei Biegung)

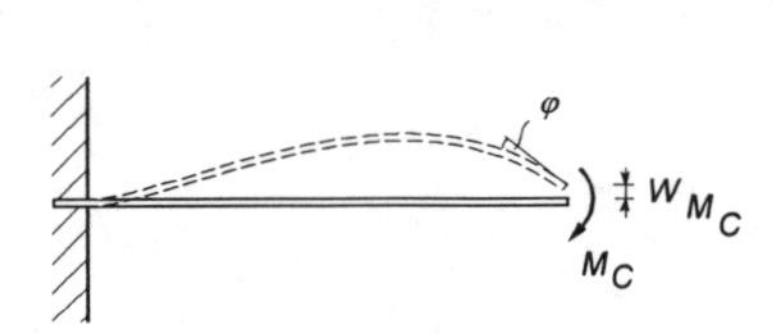

$$w_{M_c} = \frac{2M_c a^2}{EJ} \tag{7}$$

$$\varphi_{M_c} = -\frac{2M_c a}{EJ} \tag{8}$$

$$u_{M_c} = 0 \tag{9}$$

$$w_{C_x} = 0 \tag{10}$$

$$\varphi_{C_x} = 0 \tag{11}$$

$$u_{C_x} = -\frac{2C_x a}{EA} \tag{12}$$

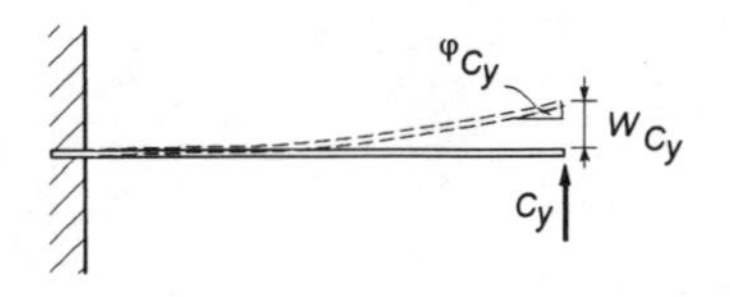

$$w_{Cy} = -\frac{8}{3}\frac{C_y a^3}{EJ} \tag{13}$$

$$\varphi_{Cy} = \frac{2C_y a^2}{EJ} \tag{14}$$

$$u_{C_y} = 0 \tag{15}$$

Wegen der festen Einspannung in C gilt:

$$w_{ges} = w_{F,q_0} + w_{M_c} + w_{C_x} + w_{C_y} = 0$$
$$\varphi_{ges} = \varphi_{F,q_0} + \varphi_{M_c} + \varphi_{C_x} + \varphi_{C_y} = 0$$
$$u_{ges} = u_{F,q_0} + u_{M_c} + u_{C_x} + u_{C_y} = 0$$

Gleichungen (4) bis (15) eingesetzt ergibt:

$$\frac{5}{6}\frac{Fa^3}{EJ} + \frac{22}{15}\frac{q_0 a^4}{EJ} + \frac{2M_c a^2}{EJ} - \frac{8}{3}\frac{C_y a^3}{EJ} = 0$$

$$-\frac{Fa^2}{2EJ} - \frac{q_0 a^3}{EJ} - \frac{2M_c a}{EJ} + \frac{2C_y a^2}{EJ} = 0$$

$$-\frac{2C_x a}{EA} = 0$$

und damit: $\boxed{C_x = 0}$ $\boxed{C_y = \frac{1}{2}F + \frac{7}{10}q_0 a}$ $\boxed{M_c = \frac{1}{4}Fa + \frac{1}{5}q_0 a^2}$

Mit den Gleichungen (1) bis (3) ergeben sich die restlichen Auflagerreaktionen zu:

$\boxed{B_x = 0}$ $\boxed{B_y = \frac{1}{2}F + \frac{3}{10}q_0 a}$ $\boxed{M_B = \frac{1}{4}Fa + \frac{2}{15}q_0 a^2}$

3.8.3 Satz von MENABREA

Aufgabe 3.8.3.1

Ein Träger wird bei B von einem Loslager gehalten und ist bei C fest eingespannt. Der Träger wird durch eine konstante Streckenlast belastet.

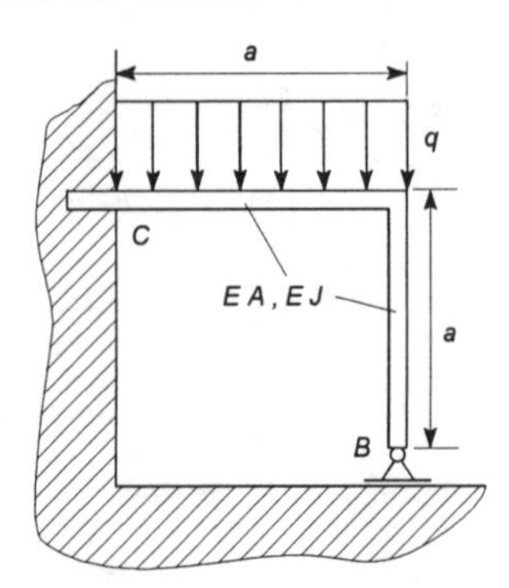

Gegeben: a, EA, EJ, q,

Gesucht: Die Auflagerreaktionen in B und C.

Lösung: *Energieanteile infolge der Querkraft sollen vernachlässigt werden.*

1. Schritt: Träger freischneiden und die GGB anwenden

$$\uparrow\ :\ C_y - qa + B = 0 \tag{1}$$

$$\rightarrow\ :\ C_x = 0 \tag{2}$$

$$\overset{\curvearrowright}{B}\ :\ M_c - qa\frac{a}{2} + C_y a + C_x a = 0 \tag{3}$$

Für die 4 Unbekannten B, C_x, C_y, M_c stehen 3 Gleichungen zur Verfügung ⇒ System ist 1-fach statisch unbestimmt.

2. Schritt: Satz von MENABREA (Energiebedingung) benutzen

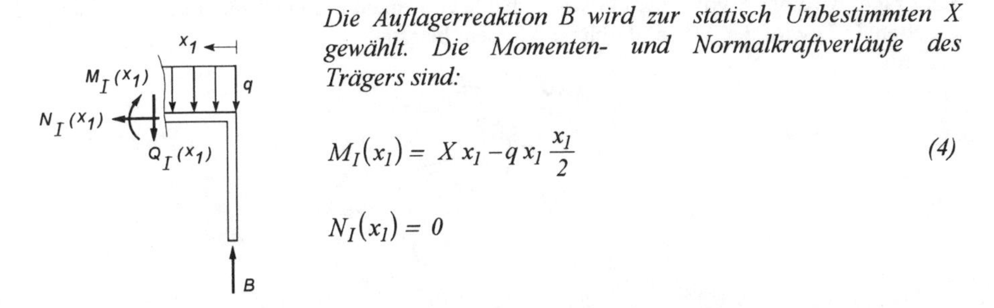

Die Auflagerreaktion B wird zur statisch Unbestimmten X gewählt. Die Momenten- und Normalkraftverläufe des Trägers sind:

$$M_I(x_1) = X\,x_1 - q\,x_1\,\frac{x_1}{2} \tag{4}$$

$$N_I(x_1) = 0$$

$$M_{II}(x_2) = 0 \tag{5}$$

$$N_{II}(x_2) = X$$

Die elastische Energie des Trägers ergibt sich mit (4) und (5) zu:

$$U_{ges} = U_I + U_{II} = \frac{1}{2EJ}\int_0^a M_I^2(x_1)dx_1 + \frac{1}{2EJ}\int_0^a M_{II}^2(x_2)dx_2 + \frac{1}{2EA}\int_0^a N_I^2(x_1)dx_1 + \frac{1}{2EA}\int_0^a N_{II}^2(x_2)dx_2$$

bzw.

$$U_{ges} = \frac{1}{6EJ}X^2a^3 - \frac{1}{8EA}Xqa^4 + \frac{1}{40EJ}q^2a^5 + \frac{1}{2EA}X^2a \tag{6}$$

Mit dem Satz von MENABREA $\dfrac{\partial U_{ges}}{\partial X} = 0$ *und (6) ergibt sich:*

$$\frac{\partial U_{ges}}{\partial X} = \frac{1}{3EJ} X a^3 - \frac{1}{8EJ} q a^4 + \frac{1}{EA} X a = 0 \qquad (7)$$

und damit:

$$\boxed{X = B = \frac{3}{8} qa \frac{a^2 EA}{a^2 EA + 3EJ}}$$

Mit den Gleichungen (1) bis (3) ergeben sich die restlichen Auflagerreaktionen zu:

$$\boxed{C_x = 0} \qquad \boxed{C_y = qa - B} \qquad \boxed{M_c = Ba - \frac{1}{2} qa^2}$$

Anmerkung: siehe auch Aufgabe 3.8.1.1 und 3.8.2.1

Aufgabe 3.8.3.2

Ein Träger wird bei A von einem Loslager, bei B von einem Festlager und in D von einer Feder gehalten. In D wird der Träger durch ein Moment belastet.

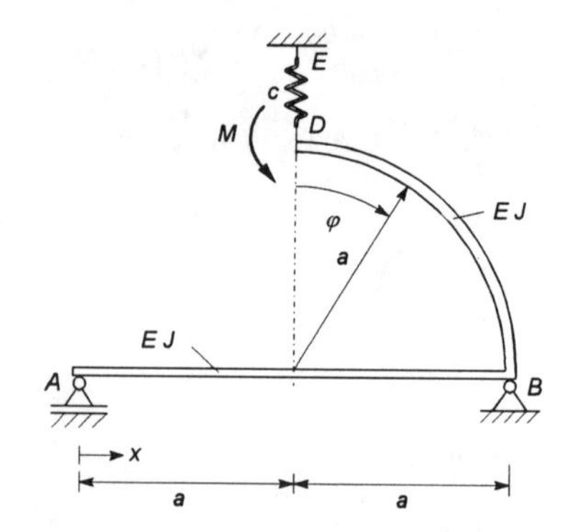

Gegeben: a, EJ, M, c

Gesucht: Die Auflagerreaktionen in A, B und E.

Lösung: *Vernachlässigung von Energieanteilen infolge Quer- und Normalkraft im Träger.*

1. Schritt: Träger freischneiden und die GGB anwenden.

$$\uparrow : \; A - E + B_y = 0 \qquad (1)$$

$$\rightarrow : \; B_x = 0 \qquad (2)$$

$$\overset{\frown}{B} : \; A 2a - M - E a = 0 \qquad (3)$$

Für die 4 Unbekannten A, B_x, B_y, E stehen 3 Gleichungen zur Verfügung ⇒ System ist 1-fach statisch unbestimmt.

2. Schritt: Satz von Menabrea (Energiebedingung) benutzen.
Die Auflagerreaktion E wird zur statisch Unbestimmten X gewählt.

Aus (1) und (3) folgt damit: $\boxed{A = \frac{X}{2} + \frac{M}{2a}}$ $\boxed{B_y = \frac{X}{2} - \frac{M}{2a}}$ *(4)*

Die Momentenverläufe des Trägers sind:

$M_I(x) = A\,x$ *bzw. mit (4)*

$M_I(x) = \frac{X}{2}x + \frac{M}{2a}x$ *sowie* *(5)*

$M_{II}(\varphi) = -M - Xa\sin(\varphi)$ *(6)*

Die gesamte elastische Energie des Systems ergibt sich mit (5) und (6) und der Federenergie U_{III} zu:

$$U_{ges} = U_I + U_{II} + U_{III} = \frac{1}{2EJ}\int_0^{2a} M_I^2(x)dx + \frac{1}{2EJ}\int_0^{\pi/2} M_{II}^2(\varphi)a\,d\varphi + \frac{1}{2c}X^2 \qquad \text{bzw.}$$

$$U_{ges} = \frac{1}{2EJ}\left(\frac{2}{3}X^2a^3 + \frac{2}{3}M^2a + \frac{4}{3}XMa^2 + \frac{\pi}{2}M^2a + \frac{\pi}{4}X^2a^3 + 2MXa^2\right) + \frac{1}{2c}X^2$$

Mit dem Satz von MENABREA $\frac{\partial U_{ges}}{\partial X} = 0$ *folgt:*

$$\frac{\partial U_{ges}}{\partial X} = \frac{1}{2EJ}\left(\frac{4}{3}Xa^3 + \frac{4}{3}Ma^2 + \frac{\pi}{2}Xa^3 + 2Ma^2\right) + \frac{1}{c}X = 0$$

und damit: $\boxed{X = E = -\frac{20ca^2}{(8+3\pi)ca^3 + 12EJ}M}$ *(7)*

Gleichung (7) in (4) eingesetzt liefert die restlichen Auflagerreaktionen.

Aufgabe 3.8.3.3

Ein Träger wird in B von einem Festlager und in D von einem Loslager gehalten. Zwischen B und D ist ein Seil gespannt. Der Träger ist durch die Einzelkraft F belastet.

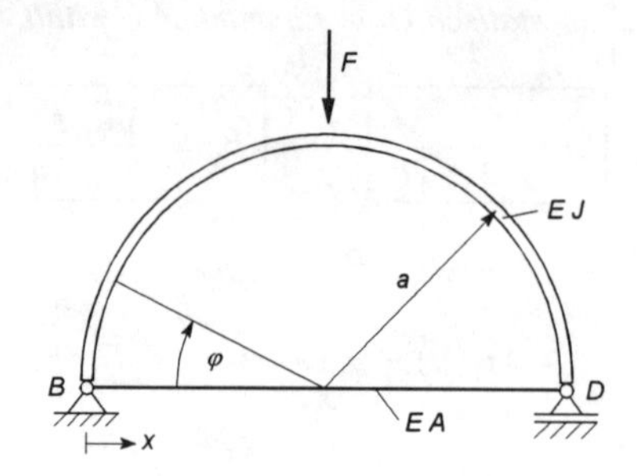

Gegeben: a, EA, EJ, F

Gesucht: 1. Die Auflagerreaktionen in B und D,
2. die Seilkraft.

Lösung: *Energieanteile infolge Quer- und Normalkraft im Träger sollen vernachlässigt werden.*

zu 1. Auflagerkräfte: Träger freischneiden und die GGB anwenden

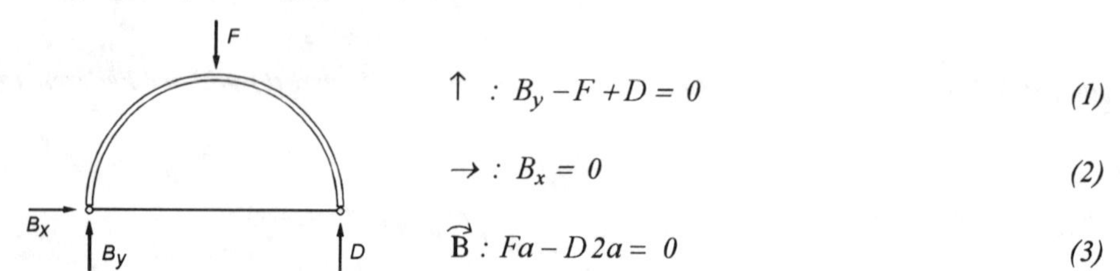

$$\uparrow : B_y - F + D = 0 \qquad (1)$$

$$\rightarrow : B_x = 0 \qquad (2)$$

$$\overset{\curvearrowright}{B} : Fa - D\,2a = 0 \qquad (3)$$

Aus (1) bis (3) ergibt sich:

$$\boxed{B_x = 0} \qquad \boxed{B_y = \frac{F}{2}} \qquad \boxed{D = \frac{F}{2}}$$ *(folgt auch sofort aus Symmetriegründen)*

zu 2. Seilkraft

Beim Schneiden des Seils stellt man fest, daß sie nicht mit den GGB bestimmt werden kann. Weil die Seilkraft eine innere Kraft ist ⇒ System ist ***innerlich*** *1-fach statisch unbestimmt. Zur Berechnung der Seilkraft S wird diese zur statisch Unbestimmten X gewählt.*

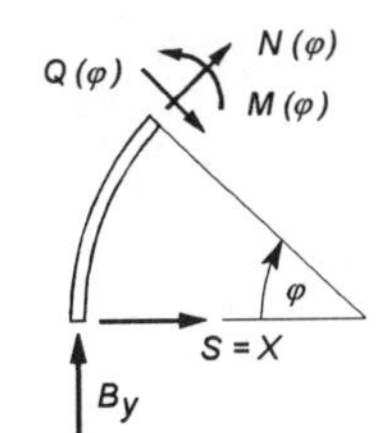

Der Momentenverlauf im Träger ist:

$$M_I(\varphi) = B_y(a - a\cos\varphi) - Xa\sin\varphi$$
$$= \frac{Fa}{2}(1-\cos\varphi) - Xa\sin\varphi \qquad (4)$$

Wegen der Symmetrie genügt die Betrachtung einer Trägerhälfte.

Die elastische Energie des Trägers ergibt sich mit (4) und der elastischen Energie des Seiles U_{II} zu:

$$U_{ges} = 2U_I + U_{II} = \frac{1}{EJ}\int_0^{\pi/2} M_I^2(\varphi)a\,d\varphi + \frac{1}{2EA}\int_0^{2a} X^2 dx$$

bzw. mit (4) und nach Durchführung der Integration:

$$U_{ges} = \frac{1}{EJ}\left[\frac{F^2}{4}a^3\left(\frac{3\pi}{4}-2\right) + X^2a^3\frac{\pi}{4} - \frac{1}{2}FXa^3\right] + \frac{1}{EA}X^2a \qquad (5)$$

Mit dem Satz von MENABREA $\quad \frac{\partial U_{ges}}{\partial X} = 0 \quad$ *und (5) ergibt sich:*

$$\frac{\partial U_{ges}}{\partial X} = \frac{1}{EJ}\left[\frac{\pi}{2}Xa^3 - \frac{1}{2}Fa^3\right] + \frac{2}{EA}Xa = 0 \qquad (6)$$

und damit:

$$\boxed{X = S = \frac{a^2EA}{\pi a^2EA + 4EJ}F}$$

4 Kinematik von Punkten und starren Körpern

4.1 Bewegung von Punkten

4.1.1 Bewegung auf gerader Bahn

Aufgabe 4.1.1.1

Ein Kraftfahrzeug wird aus dem Stillstand in der Zeit t_1 gleichmäßig auf die Geschwindigkeit v_1 beschleunigt und anschließend bis zum Stillstand abgebremst. Für den Bremsvorgang gilt: $a(t) = b + c(t - t_1)$ mit $t > t_1$.

Gegeben: $t_1 = 10$ s, $v_1 = 144$ km/h, $b = -10$ m/s^2, $c = -0{,}4$ m/s^3

Gesucht:
1. Die konstante Beschleunigung des Wagens und der zurückgelegte Weg in der ersten Bewegungsphase,
2. die Dauer des Bremsvorgangs und der Bremsweg,
3. die grafische Darstellung des Bewegungsvorgangs.

Lösung:

zu 1. Beschleunigungsphase $(0 \le t \le t_1)$

Es gilt: $a(t) = a = konst.$ *und damit* $v(t) = at + v_0$ $\quad x(t) = \frac{1}{2}at^2 + v_0 t + x_0$

Mit den Anfangsbedingungen: $x(t=0) = 0$ $\quad v(t=0) = 0$ *folgt:* $v(t) = at$ $\quad x(t) = \frac{1}{2}at^2$

und aus $v(t_1) = v_1$ *ergibt sich:* $\boxed{a = 4\frac{m}{s^2}}$ *und* $\boxed{x(t_1) = 200\,m}$

zu 2. Verzögerungsphase $(t_1 < t \le t_2)$

Mit $a(t) = b + c(t - t_1)$ *folgt durch Integration über die Zeitdifferenz* $(t - t_1)$:

$$v(t) = v_1 + b(t - t_1) + c(t - t_1)^2 \quad (1) \quad \text{und} \quad x(t) = x_1 + v_1(t - t_1) + \frac{b}{2}(t - t_1)^2 + \frac{c}{6}(t - t_1)^3$$

wobei $v(t_1) = v_1$ *und* $x(t_1) = x_1$ *die Größen am Ende der Beschleunigungsphase sind.*

Nach dem Bremsvorgang gilt: $v(t_2) = 0$ *und aus (1) folgt mit* $t_B = t_2 - t_1$ *für die Bremsdauer:* $\boxed{t_B = 3{,}51\,s}$ *sowie mit* $\ell = x(t_2) - x(t_1)$ *für den Bremsweg:* $\boxed{\ell = 75{,}91\,m}$

zu 3. grafische Darstellung

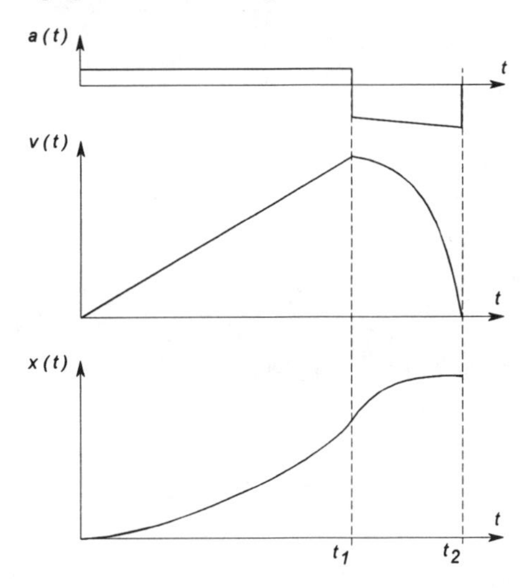

Nebenstehende Abbildung zeigt qualitativ die Beschleunigung, die Geschwindigkeit, und den zurückgelegten Weg während der Bewegung.

Aufgabe 4.1.1.2

Die Beschleunigung eines translatorisch bewegten Körpers sei durch seine Momentangeschwindigkeit vorgegeben.

Gegeben: $a(v) = \alpha v$ mit $\alpha = \frac{a_0}{v_0}$, $t_0 = x_0 = 0$ und $a_0, v_0 > 0$

Gesucht:
1. Die Weg-Zeit-Kurve x(t),
2. das Phasendiagramm v(x).

Lösung:

zu 1. Weg-Zeit-Diagramm

Aus $a = \frac{dv}{dt}$ *folgt durch Trennung der Veränderlichen:* $dt = \frac{dv}{a(v)}$ *bzw.* $dt = \frac{1}{\alpha}\frac{dv}{v}$

und unter Berücksichtigung von: $t_0 = 0$ *und* $v(t=0) = v_0$ *folgt:*

$$t = \frac{1}{\alpha} \ln \frac{v}{v_0} \quad (1) \qquad \text{bzw. umgestellt:} \qquad v(t) = v_0 e^{\alpha t} \quad (2)$$

Gleichung (2) integriert, ergibt mit $x(t=0) = 0$:

$$\boxed{x(t) = \frac{v_0}{\alpha}\left(e^{\alpha t} - 1\right)} \qquad (3)$$

zu 2. Phasendiagramm

Gleichung (3) nach der Zeit aufgelöst liefert: $t = \frac{1}{\alpha} ln\left(\frac{\alpha x}{v_0}+1\right)$

und aus (2) folgt: $\boxed{v(x) = v_0 + \alpha x}$

Aufgabe 4.1.1.3

Ein translatorisch bewegter Körper wird ortsabhängig mit a = a(x) beschleunigt.

Gegeben: $a(x) = -a_0 e^{-cx}$ mit $t_0 = x_0 = 0,\ v_0 = \sqrt{\frac{2a_0}{c}}$ wobei $a_0,\ c > 0$

Gesucht: 1. Das Phasendiagramm v(x),
2. das Weg-Zeit-Diagramm x(t).

Lösung:

zu 1. Phasendiagramm

Für die Beschleunigung gilt: $a = \frac{dv}{dt}$ *bzw.* $a(x) = \frac{dv}{dx}\frac{dx}{dt}$ *oder* $a(x) = v\frac{dv}{dx}$

Trennung der Veränderlichen liefert: $a(x)dx = vdv$ *und mit* $x(t=0)=0 \quad v(t=0)=v_0$

erhält man: $\frac{v^2}{2}-\frac{v_0^2}{2} = \int_0^x -a_0 e^{-cx}dx$ *bzw.* $\boxed{v(x) = v_0\, e^{-\frac{1}{2}cx}}$ *(1)*

zu 2. Weg-Zeit-Diagramm

Aus $v = \frac{dx}{dt}$ *folgt* $dt = \frac{dx}{v}$ *und mit (1) folgt:* $dt = \frac{1}{v_0}e^{\frac{1}{2}cx}dx$

Integration und Einsetzen der Anfangsbedingungen liefert:

$t = \frac{2}{v_0 c}\left(e^{\frac{1}{2}cx}-1\right)$ *und damit* $\boxed{x(t) = \frac{2}{c}ln\left(1+\frac{v_0 c}{2}t\right)}$ *(2)*

Anmerkung: Durch differenzieren von Gleichung (2) folgt für die Geschwindigkeit bzw. für die Beschleunigung:

$$v(t) = \frac{2v_0}{2+v_0 ct} \quad \textit{und} \quad a(t) = -\frac{4a_0}{(2+v_0 ct)^2}$$

4.1.2 Bewegung auf gekrümmter Bahn

Aufgabe 4.1.2.1

Ein Körper wird mit der Geschwindigkeit v_0 unter dem Winkel α zur Horizontalen abgeschossen. Während der gesamten Bewegung wirkt auf ihn die Erdbeschleunigung g, sowie eine konstante Beschleunigung a in horizontaler Richtung.

Gegeben: v_0, a, g

Gesucht: Der Abschußwinkel α^*, bei dem die größte Weite erreicht wird.

Lösung:

Für die Beschleunigung in horizontaler (x-Achse) und vertikaler (y-Achse) Richtung gilt:

$$a_x = a \quad (1) \qquad a_y = -g \quad (2) \qquad \text{und damit:}$$

$$v_x = at + v_{0x} \quad (3) \qquad v_y = -gt + v_{0y} \quad (4) \qquad \text{bzw.}$$

$$x = \frac{1}{2}at^2 + v_{0x}t + x_0 \quad (5) \qquad y = -\frac{1}{2}gt^2 + v_{0y}t + y_0 \quad (6)$$

Mit $x_0 = y_0 = 0$ *und* $v_{0x} = v_0 \cos\alpha$ $v_{0y} = v_0 \sin\alpha$ *folgt aus (3) bis (6):*

$$v_x = at + v_0 \cos\alpha \quad (7) \qquad v_y = -gt + v_0 \sin\alpha \quad (8) \qquad \text{bzw.}$$

$$x = \frac{1}{2}at^2 + v_0 t \cos\alpha \quad (9) \qquad y = -\frac{1}{2}gt^2 + v_0 t \sin\alpha \quad (10)$$

Die Flugzeit des Körpers ergibt sich aus (10) mit der Bedingung: $y(t = t_2) = 0$ *zu:*

$$t_2 = \frac{2v_0 \sin\alpha}{g} \quad (11)$$

und die dazugehörige Wurfweite berechnet sich aus (9)

mit $\ell = x(t_2)$ *zu:*

$$\ell = 2a\left(\frac{v_0 \sin\alpha}{g}\right)^2 + 2\frac{v_0^2}{g}\sin\alpha\cos\alpha \quad (12)$$

Der gesuchte Abschußwinkel folgt aus (12) mit der Bedingung: $\frac{d\ell}{d\alpha} = 0$ *(13).*

Man erhält: $\left(\cos^2\alpha^* - \sin^2\alpha^*\right) + 2\frac{a}{g}\sin\alpha^*\cos\alpha^* = 0$ *bzw. mit*

$\cos^2\alpha - \sin^2\alpha = \cos 2\alpha$ *und* $2\sin\alpha\cos\alpha = \sin 2\alpha$

$$\boxed{\tan 2\alpha^* = -\frac{g}{a}}$$

Führt man eine Fallunterscheidung durch und setzt $0 \le \alpha \le \frac{\pi}{2}$ *voraus, ergibt sich:*

$$\boxed{\alpha_b^* = \frac{\pi}{2} - \frac{1}{2}\arctan\frac{g}{a}}$$ *für* $a > 0$ *bzw.* $$\boxed{\alpha_v^* = \frac{1}{2}\arctan\left|\frac{g}{a}\right|}$$ *für* $a < 0$

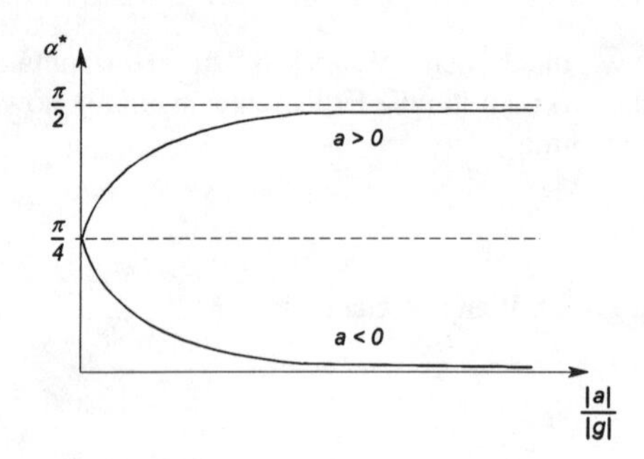

Nebenstehende Abbildung zeigt den Grenzwinkel in Abhängigkeit des Beschleunigungsverhältnisses. Das prinzipielle Ergebnis ist auch bei komplizierteren Horizontalbeschleunigungen, wie sie z.B. durch Windkräfte entstehen, gültig. Folglich muß der Torwart einen Fußball bei Rückenwind steiler, bei Gegenwind flacher abschießen, will er die maximal mögliche Weite erreichen.

Aus dem Diagramm erkennt man weiterhin: $$\boxed{\alpha_b^* + \alpha_v^* = \frac{\pi}{2}}$$

Aufgabe 4.1.2.2

Ein Punkt bewegt sich auf einer Raumkurve, welche durch die Zylinderkoordinaten ρ(t), φ(t) und z(t) beschrieben wird.

Gegeben: $\rho(t) = R(2+\sin\alpha t)$, $\varphi = -\frac{\pi}{2} - \omega t$, $z = ct$ mit R, α, ω, c = konst.

Gesucht: Die Beschleunigungskomponenten in Zylinderkoordinaten.

Lösung:

In Zylinderkoordinaten lauten die Bewegungsgrößen (s. Hahn S. 188):

Bahngleichung: $$\vec{r} = \rho\,\vec{e}_\rho + z\,\vec{e}_z \qquad (1)$$

Geschwindigkeit: $$\vec{v} = \dot{\rho}\,\vec{e}_\rho + \rho\dot{\varphi}\,\vec{e}_\varphi + \dot{z}\,\vec{e}_z \qquad (2)$$

Beschleunigung: $$\vec{a} = \left(\ddot{\rho} - \rho\dot{\varphi}^2\right)\vec{e}_\rho + \left(\rho\ddot{\varphi} + 2\dot{\rho}\dot{\varphi}\right)\vec{e}_\varphi + \ddot{z}\,\vec{e}_z \qquad (3)$$

Durch einsetzen der angegebenen Koordinaten und anschließendes differenzieren erhält man:

Bahngleichung: $$\vec{r} = R\left(2 + \sin\alpha t\right)\vec{e}_\rho + c\,t\,\vec{e}_z \qquad (4)$$

Geschwindigkeit: $$\vec{v} = \alpha R\cos\alpha t\,\vec{e}_\rho - \omega R\left(2 + \sin\alpha t\right)\vec{e}_\varphi + c\,\vec{e}_z \qquad (5)$$

Beschleunigung:

$$\vec{a} = \left[-\left(\alpha^2 + \omega^2\right) R \sin \alpha t - 2\omega^2 R\right] \vec{e}_\rho - \left[2\omega\alpha R \cos \alpha t\right] \vec{e}_\varphi \qquad (6)$$

Ein Vergleich von (6) mit (3) ergibt für die einzelnen Beschleunigungsanteile:

in radialer Richtung:

$$\ddot{\rho} = -\alpha^2 R \sin \alpha t$$

$$-\rho\dot{\varphi}^2 = -\omega^2 R(2 + \sin \alpha t) \qquad \textit{(Zentripetalbeschleunigung)}$$

in tangentialer Richtung:

$$\ddot{\varphi} = 0 \qquad \textit{(Winkelbeschleunigung)}$$

$$2\dot{\rho}\dot{\varphi} = -2\omega\alpha R \cos \alpha t \qquad \textit{(Coriolisbeschleunigung)}$$

in axialer Richtung:

$$\ddot{z} = 0$$

Aufgabe 4.1.2.3

Ein zylindrischer Körper mit Längsbohrung gleitet unter dem Einfluß der Schwerebeschleunigung reibungsfrei eine um den Winkel α geneigte Stange hinunter.

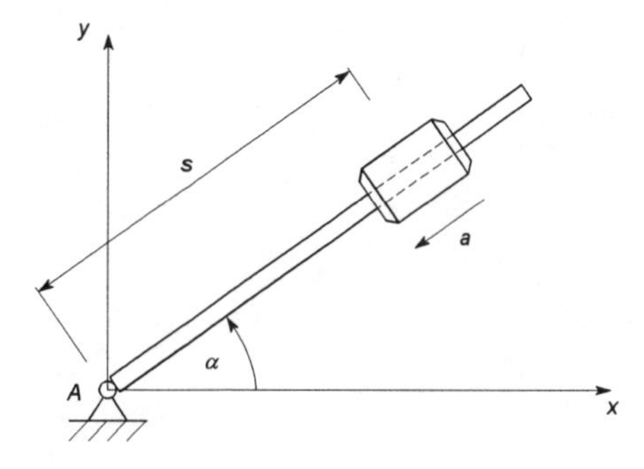

Gegeben: g, $v_0 = 0$, α

Gesucht:
1. Die erforderliche Auslenkung s(α), damit bei unterschiedlichen Anstellwinkeln die gleiche Gleitzeit vorliegt,
2. die grafische Darstellung der Auslenkung s(α).

Lösung:

zu 1. erforderliche Auslenkung
Die Beschleunigung des Körpers entspricht der Komponente der Schwerebeschleunigung in Richtung der Stange. Mit den Anfangsbedingungen $v_0 = 0$ *und* $s_0 = 0$ *folgt:*

$$a = g \sin \alpha \quad (1) \qquad v = gt \sin \alpha \quad (2) \qquad s = \frac{1}{2} g t^2 \sin \alpha \quad (3)$$

Gleichung (3) nach der Zeit aufgelöst ergibt für die Gleitzeit: $t = \sqrt{\dfrac{2s}{g \sin\alpha}}$, *und*

gleiche Gleitzeiten liegen demnach vor, wenn $\dfrac{s}{\sin\alpha} = konst.$ *gilt.*

Setzt man $konst. = 2r$ *ergibt sich:* $\boxed{s(\alpha) = 2r\sin\alpha}$ *(Faktor 2 ist zweckmäßig)*

zu 2. grafische Darstellung

Es gilt: $x = s\cos\alpha \quad y = s\sin\alpha$ *bzw.* $x = 2r\sin\alpha\cos\alpha \quad y = 2r\sin^2\alpha$ *und mit*

$2\sin\alpha\cos\alpha = \sin 2\alpha \quad 2\sin^2\alpha = (1-\cos 2\alpha)$ *folgt:* $x = r\sin 2\alpha \quad y = r(1-\cos 2\alpha)$

bzw. $\boxed{x^2 + (y-r)^2 = r^2}$, *also ein um r in die y-Richtung verschobener Kreis mit Radius r.*

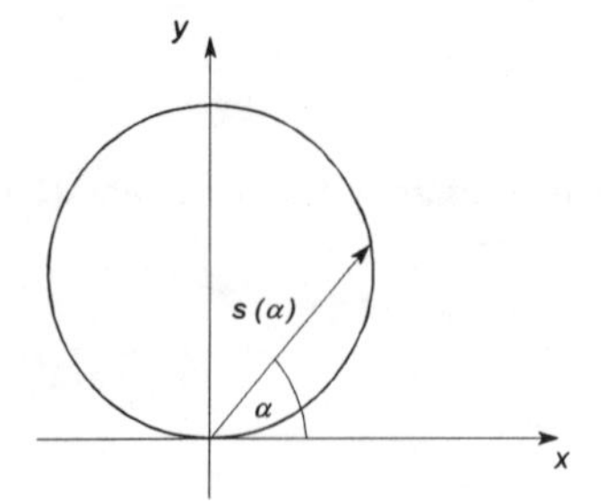

Die Gleitzeit beträgt: $T = 2\sqrt{\dfrac{r}{g}}$

4.1.3 Zentralbewegung

Aufgabe 4.1.3.1

Die ebene Bewegung eines Punktes wird durch die Gleichungen $x(t) = c\sin\alpha t$ und $y(t) = b\cos\alpha t$ beschrieben. α, b und c sind vorgegebene, konstante Parameter.

Gegeben: α, b, c

Gesucht:
1. Der Nachweis, daß es sich um eine Zentralbewegung handelt,
2. die Geschwindigkeits- und die Beschleunigungskomponenten in natürlichen Koordinaten.

Lösung:

zu 1. Zentralbewegung

Für die Bahngleichung gilt: $\vec{r}(t) = c\sin\alpha t\,\vec{e}_x + b\cos\alpha t\,\vec{e}_y$ *(1)*

und durch differenzieren erhält man: $\vec{v}(t) = c\alpha \cos \alpha t \, \vec{e}_x - b\alpha \sin \alpha t \, \vec{e}_y$ (2)

bzw. $\vec{a}(t) = -c\alpha^2 \sin \alpha t \, \vec{e}_x - b\alpha^2 \cos \alpha t \, \vec{e}_y$ (3)

Ein Vergleich von (3) mit (1) zeigt: $\boxed{\vec{a}(t) = -\alpha^2 \vec{r}(t)}$ (4)

Gleichung (4) besagt, daß der Beschleunigungsvektor stets zum Koordinatenursprung hin gerichtet ist ⇒ es liegt eine Zentralbewegung vor.

zu 2. Komponenten in natürlichen Koordinaten

Es gilt (s. Hahn S.191): $\vec{a} = a_t \vec{e}_t + a_n \vec{e}_n$ (5) *mit* $a_t = \dot{v}$ *und* $a_n = \frac{1}{\rho} v^2$

Für den Betrag der Geschwindigkeit folgt aus (2): $v = \alpha\sqrt{c^2 \cos^2 \alpha t + b^2 \sin^2 \alpha t}$ *und mit*

$\frac{1}{\rho} = -\frac{\dot{x}\ddot{y} - \ddot{x}\dot{y}}{\left(\dot{x}^2 + \dot{y}^2\right)^{3/2}}$ *ergibt sich aus (2) bzw. (3):* $\frac{1}{\rho} = \frac{cb}{\left(c^2 \cos^2 \alpha t + b^2 \sin^2 \alpha t\right)^{3/2}}$

und damit: $\boxed{a_t = \frac{\left(b^2 - c^2\right)\alpha^2 \sin \alpha t \cos \alpha t}{\sqrt{c^2 \cos^2 \alpha t + b^2 \sin^2 \alpha t}}}$ $\boxed{a_n = \frac{\alpha^2 cb}{\sqrt{c^2 \cos^2 \alpha t + b^2 \sin^2 \alpha t}}}$

Anmerkung: Es handelt sich um eine elliptische Bahn mit den Halbachsen b und c.

Aufgabe 4.1.3.2

Ein Punkt bewegt sich auf einer ebenen Archimedischen Spirale mit der konstanten Winkelgeschwindigkeit α.

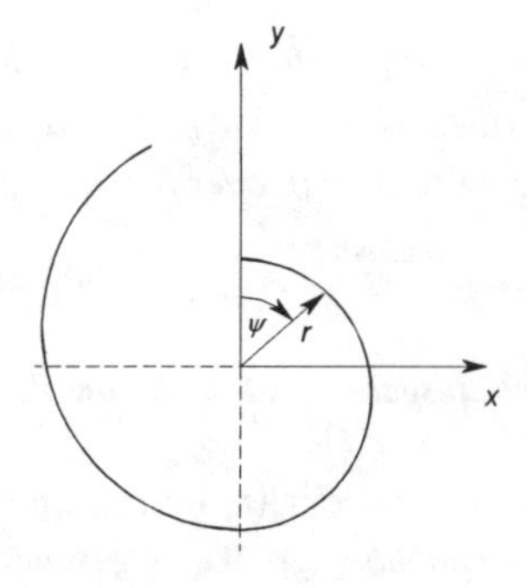

Gegeben: $r(t) = r_0 + v_0 t$, $\psi = \alpha t$ mit r_0, v_0, α = konst.

Gesucht:
1. Die Beschleunigungskomponenten in Polarkoordinaten,
2. die Beschleunigungskomponenten in kartesischen Koordinaten,
3. die erforderlichen Bahnparameter, damit eine Zentralbewegung vorliegt.

Lösung:

zu 1. Beschleunigung in Polarkoordinaten
In Polarkoordinaten lauten die Bewegungsgrößen: (s. Hahn S. 189, Gl. 4.13):

Bahngleichung: $\vec{r} = r\,\vec{e}_r$ (1)

Geschwindigkeit: $\vec{v} = \dot{r}\,\vec{e}_r + r\dot{\varphi}\,\vec{e}_\varphi$ (2)

Beschleunigung: $\vec{a} = \left(\ddot{r} - r\dot{\varphi}^2\right)\vec{e}_r + \left(r\ddot{\varphi} + 2\dot{r}\dot{\varphi}\right)\vec{e}_\varphi$ (3)

Aus $r = r_0 + v_0 t$ *und* $\varphi = \left(\frac{\pi}{2} - \psi\right)$ *bzw.* $\varphi = \left(\frac{\pi}{2} - \alpha t\right)$ *(4) ergibt sich:*

$\dot{r} = v_0 \quad \dot{\varphi} = -\alpha \quad \ddot{r} = 0 \quad \ddot{\varphi} = 0$ *und aus (3) folgt:* $\boxed{\vec{a} = -\alpha^2(r_0 + v_0 t)\,\vec{e}_r - 2\alpha v_0\,\vec{e}_\varphi}$ (5)

zu 2. Beschleunigung in kartesischen Koordinaten:
Zur Bestimmung der Beschleunigungskomponenten im kartesischen Koordinatensystem ist eine Koordinatentransformation durchzuführen. Für die Einheitsvektoren gilt:

$\vec{e}_r = \cos\varphi\,\vec{e}_x + \sin\varphi\,\vec{e}_y \qquad \vec{e}_\varphi = -\sin\varphi\,\vec{e}_x + \cos\varphi\,\vec{e}_y$ *bzw. mit (4)*

$\vec{e}_r = \sin\alpha t\,\vec{e}_x + \cos\alpha t\,\vec{e}_y \qquad \vec{e}_\varphi = -\cos\alpha t\,\vec{e}_x + \sin\alpha t\,\vec{e}_y$ *und damit:*

$$\boxed{\vec{a} = \left[-\alpha^2(r_0 + v_0 t)\sin\alpha t + 2\alpha v_0\cos\alpha t\right]\vec{e}_x + \left[-\alpha^2(r_0 + v_0 t)\cos\alpha t - 2\alpha v_0\sin\alpha t\right]\vec{e}_y} \quad (6)$$

zu 3. Zentralbewegung
Die Bedingung für eine Zentralbewegung lautet: $a_\varphi = 0$ *bzw.* $r^2\dot{\varphi} = konst.$ *(7). Nach (5) gilt für die Archimedische Spirale:* $a_\varphi = -2\alpha v_0$ *mit* $\alpha = konst.$*. Eine Zentralbewegung ist somit nur möglich für* $v_0 = 0$ *(Kreisbahn) oder für* $\alpha = 0$ *(geradlinige Bahn).*

Anmerkung:
Wird α nicht mehr als konstant vorausgesetzt, ist auch eine Zentralbewegung auf der Spirale möglich. Setzt man z.B. $\varphi = \pi/2 - \alpha(t)t$, *so folgt für die Winkelgeschwindigkeit* $\dot{\varphi} = -\dot{\alpha}t - \alpha$ *und (7) ist erfüllt, wenn* $\alpha = c/r_0(r_0 + v_0 t)$ *mit c einer Konstanten vorgegeben wird. Die zeitabhängige bzw. bahnabhängige Winkelgeschwindigkeit ist in diesem Falle gerade so bestimmt, daß die Winkelbeschleunigung als eine Komponente des Beschleunigungsvektors, diesen zu jedem Zeitpunkt zum Zentrum hin richtet.*

4.2 Ebene Bewegung starrer Körper

4.2.1 Grundgleichung der Kinematik

Aufgabe 4.2.1.1

Eine kreisrunde Scheibe, auf der 3 Stifte angebracht sind, dreht sich mit der Winkelgeschwindigkeit ω_1 und treibt ein Malteserkreuz mit 6 radial angeordneten Schlitzen an. Zum Zeitpunkt t_0 besitzt die Antriebsscheibe einen Anfangsdrehwinkel ψ_0. Bei der Berechnung sind die Stifte als Punkte, die Schlitze als Linien anzusehen.

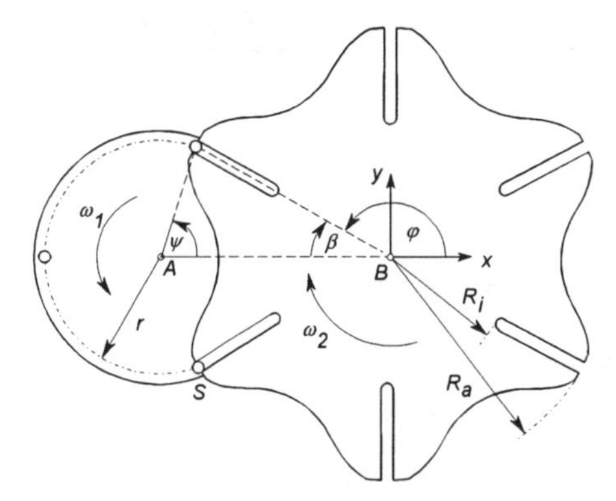

Gegeben: $r, \omega_1, \psi_0 = -60°$

Gesucht:
1. Die Radien R_i und R_a sowie der Achsabstand a zwischen Antriebsscheibe und Malteserkreuz.
2. die Winkelgeschwindigkeit des Malteserkreuzes $\omega_2(t)$.

Lösung:

zu 1. Radien R_i, R_a, Achsabstand a
Eine eindeutige, unbehinderte Bewegung ist nur möglich, wenn zu jedem Zeitpunkt ein einziger Stift Kontakt mit dem Malteserkreuz hat. Bei drei Stiften und sechs Schlitzen sind die Winkel beim Ein- bzw. Austritt eines Stiftes in den Schlitz $\psi = \mp 60°$ und $\beta = \mp 30°$. Der Stift hat die tiefste Lage bei $\psi = \beta = 0°$. Damit folgt aus der Geometrie:

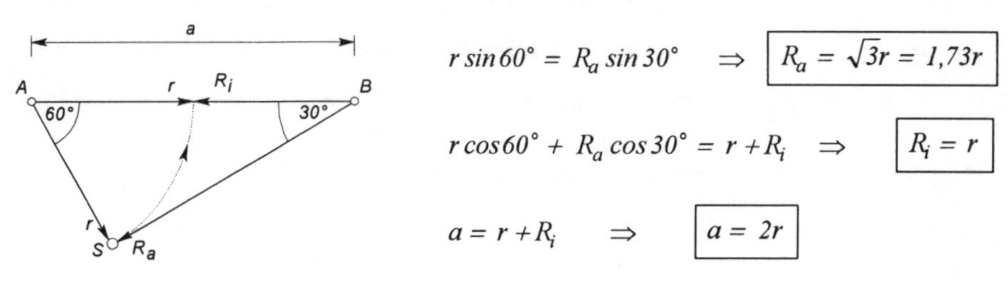

zu 2. Winkelgeschwindigkeit $\omega_2(t)$

Nach der Grundgleichung der Kinematik gilt für die Geschwindigkeit des Stiftes:

$\vec{v}_S = \vec{v}_A + \omega_1 \vec{e}_z \times (r \cos\psi\, \vec{e}_x + r \sin\psi\, \vec{e}_y)$ *bzw. mit* $\vec{v}_A = 0$ *und ausmultiplizieren des Vektorprodukts:* $\vec{v}_S = -\omega_1 r \sin\psi\, \vec{e}_x + \omega_1 r \cos\psi\, \vec{e}_y$ *(1). Der Stift ist dabei während 1/3 Umdrehung der Antriebsscheibe im Eingriff, also für* $\psi = -\frac{\pi}{3} + \omega_1 t$ *mit* $0 \le t \le \frac{2\pi}{3\omega_1}$

Für die Winkelgeschwindigkeit des Malteserkreuzes gilt:

$$\omega_2(t) = \frac{v_\varphi(t)}{R(t)} \qquad (2)$$

wobei v_φ *die Tangentialgeschwindigkeit des Stiftes und* $R(t)$ *den Abstand der Kontaktstelle zum Mittelpunkt des Malteserkreuzes kennzeichnet.*

Zur Berechnung der Geschwindigkeitskomponenten in Polarkoordinaten werden die Transformationsformeln (s. Hahn S. 188, Gl. 4.7) auf Gleichung (1) angewandt. Man erhält:

$$\vec{v}_S = [-\omega_1 r \sin\psi \cos\varphi + \omega_1 r \cos\psi \sin\varphi]\, \vec{e}_\rho + [\omega_1 r \sin\psi \sin\varphi + \omega_1 r \cos\psi \cos\varphi]\, \vec{e}_\varphi$$

und somit für die Tangentialkomponente:

$$v_\varphi = \omega_1 r \sin\psi \sin\varphi + \omega_1 r \cos\psi \cos\varphi \qquad (3)$$

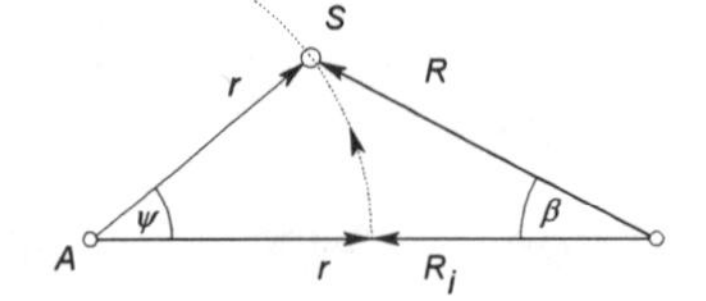

Aus der Geometrie folgt:

$$r \sin\psi = R \sin\beta$$

$$r \cos\psi + R \cos\beta = R_i + r = 2r$$

Mit $\varphi = \pi - \beta$ *folgt:* $R = r\frac{\sin\psi}{\sin\varphi}$ *(4) sowie* $\tan\varphi = \frac{\sin\psi}{\cos\psi - 2}$ *und mit (2), (3) ergibt sich:*

$$\boxed{\omega_2(t) = \omega_1\left(\sin^2\varphi + \frac{\sin\varphi\cos\varphi}{\tan\psi}\right)} \quad (5) \quad \text{mit} \quad \psi = -\frac{\pi}{3} + \omega_1 t \quad \text{und} \quad 0 \le t \le \frac{2\pi}{3\omega_1}$$

Gleichung (5) beschreibt die Winkelgeschwindigkeit während des Einsatzes eines Stiftes, also für 1/3 Umdrehung der Antriebsscheibe. Für $t > \frac{2\pi}{3\omega_1}$ *kommt der zweite Stift zum Eingriff, und Gleichung (5) ist wieder gültig, wenn* $t = t_2$ *mit* $0 \le t_2 \le \frac{2\pi}{3\omega_1}$ *gesetzt wird.*

Aufgabe 4.2.1.2

Ein Roboterarm besteht aus zwei Gliedern, die im Punkt A gelenkig miteinander verbunden sind. Das untere Glied dreht sich mit der konstanten Winkelgeschwindigkeit ω_1 gegen den Uhrzeigersinn. Das obere Glied wird durch einen am Zwischengelenk angeflanschten Motor (Winkelgeschwindigkeit ω_M) im Uhrzeigersinn bewegt.

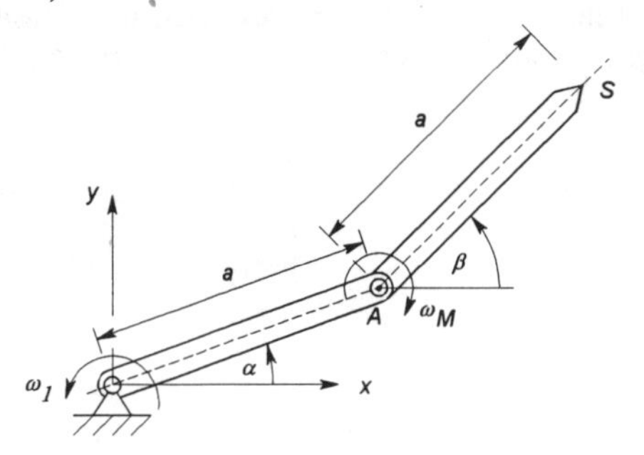

Gegeben: a, ω_1, $\omega_M = -2\omega_1$

Gesucht: Die erforderlichen Auslenkungen zum Zeitpunkt t = 0, damit die Armspitze eine vertikale Bewegung durchführt.

Lösung:

Für die Geschwindigkeit der Armspitze gilt: $\vec{v}_S = \vec{v}_A + \omega_2(\vec{e}_z \times \vec{r}_{SA})$ *und mit*

$$\vec{v}_A = -r\omega_1 \sin\alpha\, \vec{e}_x + r\omega_1 \cos\alpha\, \vec{e}_y \qquad \omega_2 = \omega_1 + \omega_M \quad \textit{bzw.} \quad \omega_2 = -\omega_1$$

$$\vec{r}_{SA} = r\cos\beta\, \vec{e}_x + r\sin\beta\, \vec{e}_y \qquad \textit{sowie} \qquad \alpha = \alpha_0 + \omega_1 t \qquad \beta = \beta_0 + \omega_2 t \qquad \textit{folgt:}$$

$$\vec{v}_s = -r\omega_1 \sin(\alpha_0 + \omega_1 t)\, \vec{e}_x + r\omega_1 \cos(\alpha_0 + \omega_1 t)\, \vec{e}_y - \omega_1\, \vec{e}_z \times \left[r\cos(\beta_0 - \omega_1 t)\, \vec{e}_x + r\sin(\beta_0 - \omega_1 t)\, \vec{e}_y\right]$$

$$\textit{bzw.} \quad \vec{v}_s = r\omega_1\left[\sin(\beta_0 - \omega_1 t) - \sin(\alpha_0 + \omega_1 t)\right]\vec{e}_x + r\omega_1\left[\cos(\alpha_0 + \omega_1 t) - \cos(\beta_0 - \omega_1 t)\right]\vec{e}_y \qquad (1)$$

Bei einer vertikalen Bewegung gilt: $v_x = 0$ *und aus Gleichung (1) folgt:*

$$\sin(\beta_0 - \omega_1 t) - \sin(\alpha_0 + \omega_1 t) = 0 \qquad \textit{bzw.} \qquad 2\cos\left(\frac{\alpha_0 + \beta_0}{2}\right)\sin\left(\frac{-\alpha_0 + \beta_0 - 2\omega_1 t}{2}\right) = 0 \qquad (2)$$

Da Gleichung (2) für alle Zeiten t gelten muß, folgt als notwendige Bedingung:

$$\boxed{\cos\left(\frac{\alpha_0 + \beta_0}{2}\right) = 0} \qquad \textit{bzw.} \qquad \boxed{|\alpha_0 + \beta_0| = \pi}$$

Anmerkung: Es ist leicht einzusehen, daß die Bewegung durch den Ursprung gehen muß.

4.2.2 Drehpol, Rast- und Gangpolbahn

Aufgabe 4.2.2.1

Ein Stab der Länge ℓ dreht sich mit konstanter Winkelgeschwindigkeit um eine durch seinen Schwerpunkt gesteckte Achse A. Zusätzlich bewegt sich die Achse auf einer horizontalen Bahn, wobei ihre Anfangsgeschwindigkeit v* gleichmäßig bis zum Stillstand verzögert wird.

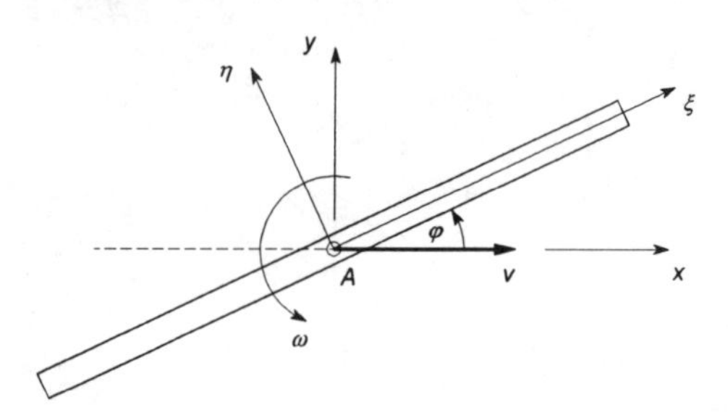

Gegeben: v*, ℓ, ω, a, φ (t = 0) = 0

Gesucht:
1. Die Geschwindigkeitsverteilung im Stab,
2. die Rast- und Gangpolbahn.

Lösung:

zu 1. Geschwindigkeitsverteilung

Für die Geschwindigkeit der Achse gilt: $\dot{x}_A = at + v^*$ *(1)* $\dot{y}_A = 0$ *(2)*

und nach der Grundgleichung der Kinematik (s. Hahn S. 196) folgt für den Stab:

$$\vec{v}_p(\xi) = (at + v^*)\,\vec{e}_x + \omega\,\vec{e}_z \times \left[\xi \cos \omega t\,\vec{e}_x + \xi \sin \omega t\,\vec{e}_y\right]$$ *bzw. nach ausmultiplizieren des*

Vektorprodukts: $$\boxed{\vec{v}_p = \left[at + v^* - \omega\xi \sin \omega t\right]\vec{e}_x + \left[\omega\xi \cos \omega t\right]\vec{e}_y} \quad \text{mit} \quad -\frac{\ell}{2} \le \xi \le \frac{\ell}{2} \qquad (3)$$

zu 2. Rast- und Gangpolbahn
Für die Koordinaten der Rastpolbahn gilt (s. Hahn S. 199):

$$x_G = x_A - \frac{\dot{y}_A}{\omega} \qquad y_G = y_A + \frac{\dot{x}_A}{\omega} \qquad \text{bzw. mit (1), (2):} \quad x_G = x_A \qquad y_G = \frac{\dot{x}_A}{\omega}$$

Eingesetzt ergibt mit $x_0 = y_0 = 0$*:* $$\boxed{x_G = \frac{1}{2}at^2 + v^* t} \qquad \boxed{y_G = \frac{1}{\omega}(at + v^*)}$$

Die Rastpolbahn ist eine gekrümmte Kurve, die auf der x-Achse endet, wenn die Translationsbewegung der Achse zum Stillstand gekommen ist.

Zwischen dem raumfesten x-y- und dem körperfesten ξ-η-Koordinatensystem bestehen die Beziehungen:

$$x = x_A + \xi\cos\varphi - \eta\sin\varphi \qquad y = \xi\sin\varphi + \eta\cos\varphi$$

Die Koordinaten der Rastpolbahn eingesetzt und nach ξ_G bzw. η_G aufgelöst ergibt:

$$\boxed{\xi_G = \frac{1}{\omega}(at + v^*)\sin\omega t} \quad \boxed{\eta_G = \frac{1}{\omega}(at + v^*)\cos\omega t} \quad \text{oder} \quad \boxed{\xi_G^2 + \eta_G^2 = \frac{1}{\omega^2}(at + v^*)^2}$$

Die Gangpolbahn ist eine Spirale, die dem Koordinatenursprung des ξ-η-Koordinatensystems zustrebt.

Aufgabe 4.2.2.2

Eine Person P fährt mit einem vierarmigen Krakenkarussell, das sich mit der konstanten Winkelgeschwindigkeit ω_1 im Uhrzeigersinn dreht. An jedem Krakenarm ist ein Korb mit vier Sitzplätzen angebracht. Jeder Korb wird durch einen am Arm befestigten Motor mit der Winkelgeschwindigkeit ω_2 im Gegenuhrzeigersinn angetrieben.

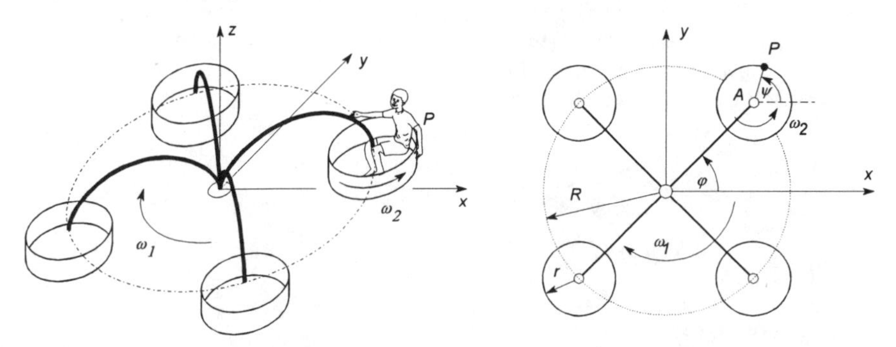

Gegeben: r, $R = 3r$, ω_1, $\omega_2 = 4\,\omega_1$, $\varphi(t = 0) = 0$, $\psi(t = 0) = 0$

Gesucht: 1. Die Absolutgeschwindigkeit der Person,
2. die Absolutbeschleunigung der Person.

Lösung:

zu 1. Geschwindigkeit

Nach der Grundgleichung der Kinematik gilt: $\vec{v}_P = \vec{v}_A + \omega_{2_{abs}}(\vec{e}_z \times \vec{r}_{PA})$ *und mit*

$$\vec{v}_A = \omega_1 R\sin\varphi\,\vec{e}_x - \omega_1 R\cos\varphi\,\vec{e}_y \qquad \varphi = -\omega_1 t \qquad \omega_{2_{abs}} = -\omega_1 + \omega_2 \qquad \textit{sowie}$$

$$\vec{r}_{PA} = r\cos\psi\,\vec{e}_x + r\sin\psi\,\vec{e}_y \qquad \textit{und} \qquad \psi = \omega_{2_{abs}}t \qquad \textit{bzw.} \qquad \psi = 3\omega_1 t \qquad \textit{folgt:}$$

$$\vec{v}_p = R\omega_1\sin\varphi\,\vec{e}_x - R\omega_1\cos\varphi\,\vec{e}_y + (-\omega_1 + \omega_2)\,\vec{e}_z \times \left[r\cos\psi\,\vec{e}_x + r\sin\psi\,\vec{e}_y\right] \qquad \textit{und damit}$$

$$\vec{v}_P = -3r\omega_1[\sin\omega_1 t + \sin 3\omega_1 t]\,\vec{e}_x + 3r\omega_1[-\cos\omega_1 t + \cos 3\omega_1 t]\,\vec{e}_y \qquad (1)$$

zu 2. Beschleunigung
Gleichung (1) nach der Zeit abgeleitet ergibt mit $\dot{\omega}_1 = \dot{\omega}_2 = 0$:

$$\vec{a}_P = -3r\omega_1^2[\cos\omega_1 t + 3\cos 3\omega_1 t]\,\vec{e}_x + 3r\omega_1^2[\sin\omega_1 t - 3\sin 3\omega_1 t]\,\vec{e}_y$$

Anmerkung: Siehe auch Aufgabe 4.3.1

Aufgabe 4.2.2.3

Ein Kugellager besteht aus n Kugeln (Radius r), dem im Gehäuse befestigten Außenring sowie dem auf eine Welle aufgeschrumpften Innenring. Die Welle dreht sich mit der konstanten Winkelgeschwindigkeit ω_W im Gegenuhrzeigersinn. Die Kugeln rollen auf dem Innen- und Außenring ohne zu gleiten. Die Berührung der Kugeln mit den beiden Ringen kann als punktförmig angenommen werden. Ein Kontakt der Kugeln untereinander ist durch konstruktive Maßnahmen ausgeschlossen.

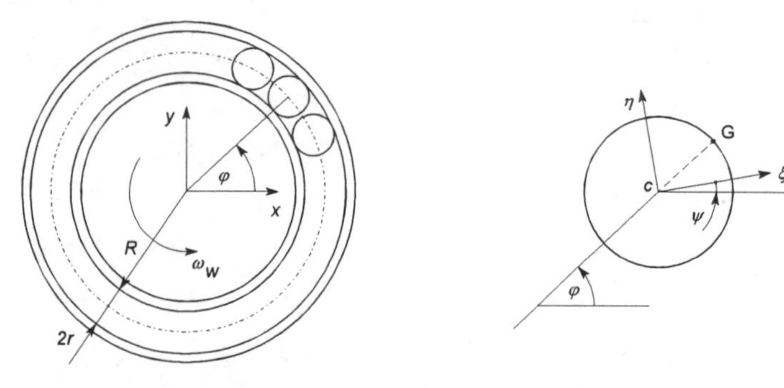

Gegeben: r, R, ω_W, n, $\varphi(t = 0) = 0$, $\psi(t = 0) = 0$

Gesucht:
1. Die Winkelgeschwindigkeit ω_K, mit der sich die Kugeln um ihren eigenen Mittelpunkt drehen,
2. die Winkelgeschwindigkeit ω_C, mit der sich die Kugeln um die Wellenachse drehen,
3. die Rast- und Gangpolbahnen der Kugeln,
4. die Frequenz, mit der eine defekte Stelle am Außenring von den Kugeln überrollt wird.

Lösung:

zu 1. Winkelgeschwindigkeit ω_K
Betrachte die Kinematik einer Kugel:

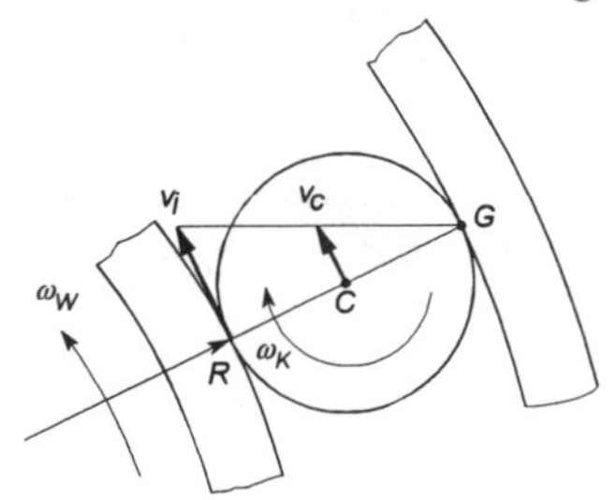

Die Kugel rollt (ohne zu gleiten) auf dem feststehenden Außenring ab, d.h. im Punkt G ist die Geschwindigkeit Null (Drehpol). Auf der Verbindungslinie zwischen den beiden Berührungspunkten liegt eine lineare Geschwindigkeitsverteilung vor. Damit gilt:

$$v_i = 2r\omega_K \quad (1) \quad \text{und} \quad v_c = r\omega_K \qquad (2)$$

Für die Geschwindigkeit des Innenrings gilt:

$$v_i = R\omega_W \quad (3) \quad \text{und mit Gleichung (1) folgt:} \quad \boxed{\omega_K = \frac{R}{2r}\,\omega_W} \qquad (4)$$

zu 2. Winkelgeschwindigkeit ω_c

Es gilt: $\omega_C = \dfrac{v_C}{R+r}$ *und mit (2) und (4) folgt:* $\boxed{\omega_C = \dfrac{v_C}{R+r} = \dfrac{R}{2(R+r)}\,\omega_W}$

zu 3. Rast- und Gangpolbahn
Der momentane Drehpol entspricht dem jeweiligen Berührungspunkt der Kugel mit dem feststehenden Außenring (Punkt G). Im raumfesten x-y-Koordinatensystem sind seine Koordinaten:

$$x_G = (R+2r)\cos\varphi \qquad y_G = (R+2r)\sin\varphi \qquad \text{bzw. mit} \qquad \varphi = \omega_C t$$

$$\boxed{x_G = (R+2r)\cos\omega_C t} \qquad \boxed{y_G = (R+2r)\sin\omega_C t} \qquad \text{oder} \qquad \boxed{x_G^2 + y_G^2 = (R+2r)^2}$$

Die Rastpolbahn entspricht dem feststehenden Außenring des Lagers.

Im mitbewegten $\xi-\eta$-Koordinatensystem lauten die Koordinaten des Drehpols G:

$$\xi_G = r\cos(\varphi-\psi) \qquad \eta_G = r\sin(\varphi-\psi) \qquad \text{bzw. mit} \qquad \psi = -\omega_K t:$$

$$\boxed{\xi_G = r\cos(\omega_C+\omega_K)t} \qquad \boxed{\eta_G = r\sin(\omega_C+\omega_K)t} \qquad \text{oder} \qquad \boxed{\xi_G^2 + \eta_G^2 = r^2}$$

Die Gangpolbahn einer Kugel entspricht gerade ihrem Umfang.

zu 4. Frequenz
Bei n Kugeln wird eine bestimmte, defekte Stelle auf dem Außenring mit der Frequenz:

$$f_{Da} = n\left(\frac{\omega_C}{2\pi}\right) = n\frac{R}{2(R+r)}\left(\frac{\omega_W}{2\pi}\right)$$

überrollt. Die Messung der Frequenz f_{Da} läßt bei bekannter Wellendrehzahl die Diagnose dieses Defekttyps zu. Ähnliche Beziehungen lassen sich auch für Defekte an Kugeln oder am Innenring aufstellen.

4.3 Kinematik der Relativbewegungen

Aufgabe 4.3.1

Eine Person P fährt mit einem vierarmigen Krakenkarussell, das sich mit der konstanten Winkelgeschwindigkeit ω_1 im Uhrzeigersinn dreht. An jedem Krakenarm ist ein Korb mit vier Sitzplätzen angebracht. Jeder Korb wird durch einen am Arm befestigten Motor mit der Winkelgeschwindigkeit ω_2 im Gegenuhrzeigersinn angetrieben.

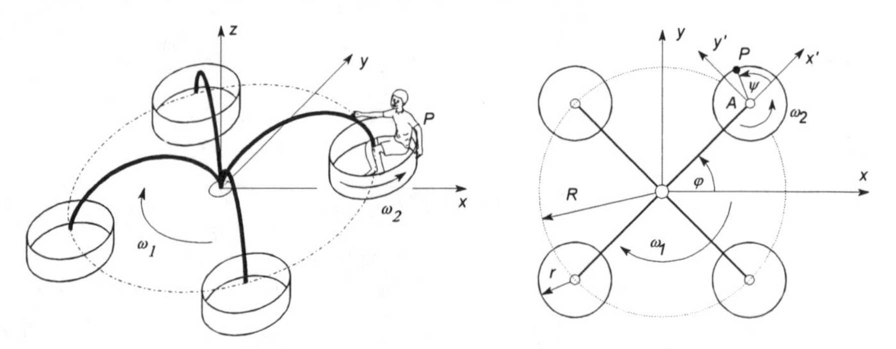

Gegeben: r, R = 3r, ω_1, $\omega_2 = 4\,\omega_1$, $\varphi(t=0) = 0$, $\psi(t=0) = 0$

Gesucht:
1. Die Relativgeschwindigkeit der Person gegenüber dem Krakenarm,
2. die Absolutgeschwindigkeit der Person im x'-y'-Koordinatensystem.

Lösung:

zu 1. Relativgeschwindigkeit
Die Person bewegt sich kreisförmig um den Ursprung des am Krakenarm befestigten x'-y'-Koordinatensystems.

Hierfür gilt: $\vec{v}\,' = \omega_2\,\vec{e}_{z'} \times \left(r\cos\psi\,\vec{e}_{x'} + r\sin\psi\,\vec{e}_{y'}\right)$ *und mit* $\psi = \omega_2 t$ *ergibt sich:*

$$\boxed{\vec{v}\,' = r\omega_2\left(-\sin\omega_2 t\,\vec{e}_{x'} + \cos\omega_2 t\,\vec{e}_{y'}\right)} \qquad (1)$$

zu 2. Absolutgeschwindigkeit
Die Absolutgeschwindigkeit $\vec{v}$ setzt sich aus der Relativgeschwindigkeit $\vec{v}\,'$ und der Führungsgeschwindigkeit $\vec{v}_F$ zusammen.

Es gilt: $\vec{v} = \vec{v}_F + \vec{v}\,'$ *bzw.* $\vec{v} = \vec{v}_0 + \vec{\omega}\times\vec{r}\,' + \vec{v}\,'$ (2) *und mit* $\vec{e}_z = \vec{e}_{z'}$

folgt: $\vec{v}_0 = -\omega_1\,\vec{e}_{z'}\times R\,\vec{e}_{x'}$ *und* $\vec{\omega}\times\vec{r}\,' = -\omega_1\,\vec{e}_{z'}\times\left[r\cos\psi\,\vec{e}_{x'} + r\sin\psi\,\vec{e}_{y'}\right]$

bzw. $\vec{v}_0 = -\omega_1 R\,\vec{e}_{y'}$ *und* $\vec{\omega}\times\vec{r}\,' = \omega_1\, r\sin\omega_2 t\,\vec{e}_{x'} - \omega_1 r\cos\omega_2 t\,\vec{e}_{y'}$

Einsetzen in (2) ergibt:

$$\boxed{\vec{v}_p = -3\omega_1 r\sin 4\omega_1 t\,\vec{e}_{x'} + 3\omega_1 r\left(\cos 4\omega_1 t - 1\right)\vec{e}_{y'}}$$

Anmerkung: Eine Transformation der Einheitsvektoren vom mitbewegten x'-y'-Koordinatensystems zum ruhenden x-y-Koordinatensystem liefert das in Aufgabe 4.2.2.2 berechnete Ergebnis.

Aufgabe 4.3.2

In einem fahrenden Zug versucht ein Kellner K, geradlinig in der Mitte eines Waggons (Achsabstand b) mit der Relativgeschwindigkeit v_k zu einem Gast zu gelangen. Der Zug durchfährt in diesem Zeitraum eine näherungsweise als Kreis angenommene Kurve (Radius R) mit der konstanten Geschwindigkeit v_z.

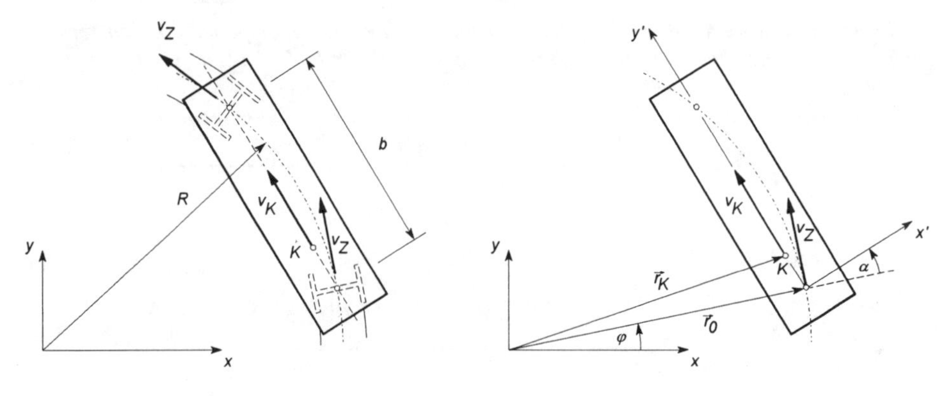

Gegeben: R, v_z, v_k, b

Gesucht:
1. Die Absolutgeschwindigkeit des Kellners im mitbewegten x'-y'- und im ruhenden x-y-Koordinatensystem,
2. die Absolutbeschleunigung des Kellners im mitbewegten x'-y'- und im ruhenden x-y-Koordinatensystem.

Lösung:

zu 1. Absolutgeschwindigkeit

Für die Absolutgeschwindigkeit des Kellners gilt: $\vec{v} = \vec{v}_F + \vec{v}\,'$ *(1)*

mit $\vec{v}\,' = v_k\, \vec{e}_{y'}$ *(2)* *der Relativgeschwindigkeit*

und $\vec{v}_F = \vec{v}_0 + \vec{\omega} \times \vec{r}\,'$ *(3)* *der Führungsgeschwindigkeit*

Der translatorische Anteil in (3) ist nach obiger Abbildung: $\vec{v}_0 = v_z \sin\alpha\, \vec{e}_{x'} + v_z \cos\alpha\, \vec{e}_{y'}$ *(4)*

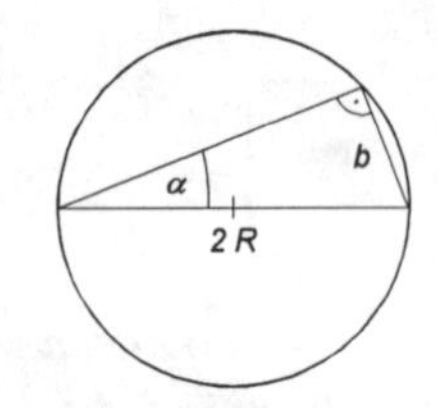

Der zunächst unbekannte Winkels α *ist durch den Kurvenradius und den Achsabstand des Waggons bestimmt. Nach nebenstehender Abbildung gilt:*

$$\sin\alpha = \frac{b}{2R} \qquad (5)$$

Wegen $\vec{e}_z = \vec{e}_{z'}$ *gilt* $\vec{\omega} = \omega \vec{e}_{z'}$ *bzw.* $\vec{\omega} = \frac{v_z}{R} \vec{e}_{z'}$ *und mit* $\vec{r}\,' = y' \vec{e}_{y'}$

ergibt sich der rotatorische Anteil in (3) zu: $\vec{\omega} \times \vec{r}\,' = -\frac{v_z}{R} y' \vec{e}_{x'}$ *(6)*

und aus (1) bis (6) folgt:

$$\boxed{\vec{v} = v_z\left(\sin\alpha - \frac{y'}{R}\right)\vec{e}_{x'} + \left(v_z \cos\alpha + v_k\right)\vec{e}_{y'}} \qquad (7)$$

Zur Formulierung im x-y-Koordinatensystem müssen die Vektorkomponenten transformiert werden. Entsprechend den bekannten Transformationsformeln (s. Hahn S. 188, Gl.4.7) gilt:

$$\vec{e}_{x'} = \cos(\alpha + \varphi)\,\vec{e}_x + \sin(\alpha + \varphi)\,\vec{e}_y \qquad \vec{e}_{y'} = -\sin(\alpha + \varphi)\,\vec{e}_x + \cos(\alpha + \varphi)\,\vec{e}_y \qquad (8)$$

In (7) eingesetzt liefert:

$$\boxed{\begin{aligned}\vec{v} = &\left[-v_z \sin\varphi - \frac{v_z}{R} y' \cos(\alpha + \varphi) - v_k \sin(\alpha + \varphi)\right]\vec{e}_x \\ + &\left[v_z \cos\varphi - \frac{v_z}{R} y' \sin(\alpha + \varphi) + v_k \cos(\alpha + \varphi)\right]\vec{e}_y\end{aligned}} \qquad (9)$$

zu 2. Absolutbeschleunigung

Die Absolutbeschleunigung des Kellners erhält man durch ableiten von Gleichung (7) bzw. (9). Bei Gleichung (7) ist allerdings darauf zu achten, daß die Einheitsvektoren selbst von der Zeit abhängen.

Mit $\dot{\varphi} = \frac{v_z}{R}$ $\quad \dot{\alpha} = 0$ *folgt mit (8)* $\dot{\vec{e}}_{x'} = \frac{v_z}{R}\vec{e}_{y'}$, $\quad \dot{\vec{e}}_{y'} = -\frac{v_z}{R}\vec{e}_{x'}$ *und*

(7) abgeleitet ergibt:

$$\vec{a} = \left[-\frac{v_z^2}{R}\cos\alpha - 2\frac{v_z}{R}v_k\right]\vec{e}_{x'} + \left[\frac{v_z^2}{R}\sin\alpha - \frac{v_z^2}{R^2}y' + \frac{d'v_k}{dt}\right]\vec{e}_{y'} \qquad (10)$$

wobei $\frac{d'(..)}{dt}$ *die zeitliche Ableitung bzgl. dem x'-y'-Koordinatensystem bedeutet. Der Zusammenhang zwischen den Zeitableitungen* $\frac{d(..)}{dt}$ *und* $\frac{d'(..)}{dt}$ *ist in Hahn S. 202, Gl. (4.58) angegeben.*

Gleichung (9) abgeleitet oder (10) mit Hilfe der Gleichungen (8) transformiert liefert:

$$\vec{a} = \left[-\frac{v_z^2}{R}\cos\varphi + \left(\frac{v_z}{R}\right)^2 y'\sin(\alpha+\varphi) - 2\frac{v_z}{R}v_k\cos(\alpha+\varphi) - \frac{d'v_k}{dt}\sin(\alpha+\varphi)\right]\vec{e}_x$$
$$+\left[-\frac{v_z^2}{R}\sin\varphi - \left(\frac{v_z}{R}\right)^2 y'\cos(\alpha+\varphi) - 2\frac{v_z}{R}v_k\sin(\alpha+\varphi) + \frac{d'v_k}{dt}\cos(\alpha+\varphi)\right]\vec{e}_y$$

Anmerkung:

Die Beschleunigung kann auch mit Hilfe der allgemeingültigen Gleichung (s. Hahn S. 203, Gl. (4.63a)) berechnet werden. Demnach gilt:

$\vec{a} = \vec{a}_F + \vec{a}_c + \vec{a}\,'$ *mit* $\vec{a}\,' = \frac{d'\vec{v}\,'}{dt} = \frac{d'v_k}{dt}\vec{e}_{y'}$ *der Relativbeschleunigung,*

$\vec{a}_c = 2(\vec{\omega}\times\vec{v}\,') = -2\frac{v_z}{R}v_k\,\vec{e}_{x'}$ *der Coriolisbeschleunigung und*

$\vec{a}_F = \vec{a}_0 + \dot{\vec{\omega}}\times\vec{r}\,' + \vec{\omega}\times(\vec{\omega}\times\vec{r}\,')$ *der Führungsbeschleunigung mit ihren drei Anteilen:*

$\vec{a}_0 = \frac{d\vec{v}_0}{dt} = -\frac{v_z^2}{R}\left[\cos\varphi\,\vec{e}_x + \sin\varphi\,\vec{e}_y\right]$ $\quad\dot{\vec{\omega}}\times\vec{r}\,' = 0$ $\quad\vec{\omega}\times(\vec{\omega}\times\vec{r}\,') = -\omega^2 y'\vec{e}_{y'}$

Die einzelnen Geschwindigkeits- bzw. Beschleunigungsanteile sind in den nachfolgenden Abbildungen dargestellt. Für ihre Richtungen gilt:

$\vec{v}' \perp \vec{e}_{x'}$, $\vec{v}_0 \perp \vec{r}_0$, $\vec{v}_F \perp \vec{r}_K$, $\vec{\omega} \times \vec{r}\,' \perp \vec{e}_{y'}$ $\qquad$ $\vec{a}' \perp \vec{e}_{x'}$, $\vec{a}_c \perp \vec{e}_{y'}$, $\vec{a}_0 \perp \vec{v}_0$, $\vec{\omega} \times (\vec{\omega} \times \vec{r}\,') \perp \vec{e}_{x'}$

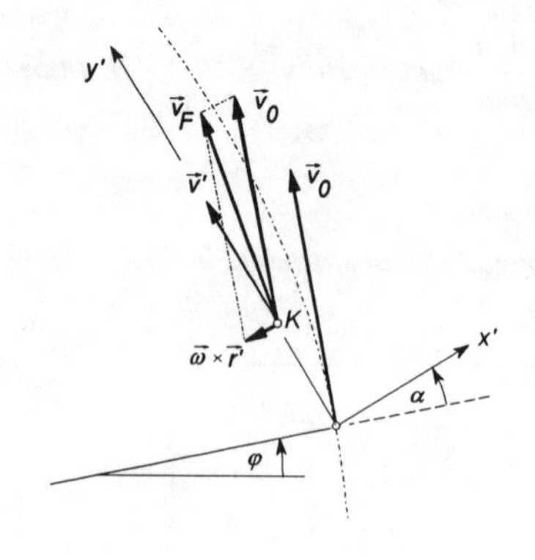

Geschwindigkeitsanteile

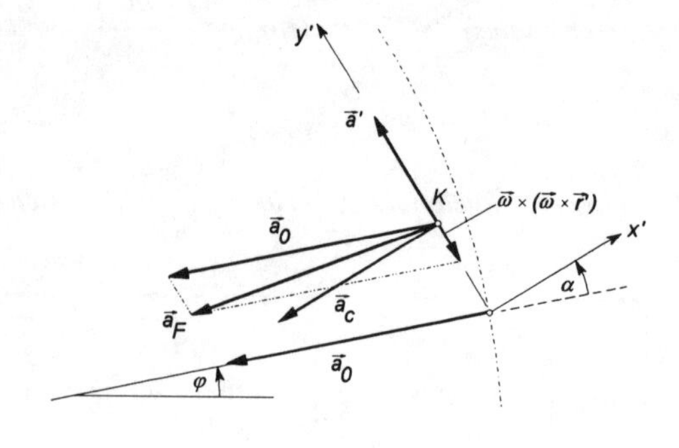

Beschleunigungsanteile

5 Kinetik der Massenpunkte und starrer Körper

5.1 Kinetik des Massenpunkts und Massenpunktsystems

5.1.1 Integration der kinetischen Grundgleichung

Aufgabe 5.1.1.1

Ein Tennisspieler spielt einen Aufschlag, so daß der Ball genau über der Grundlinie in der Höhe h_s mit einer Anfangsgeschwindigkeit v_0 den Schläger verläßt. Der Spieler bemüht sich, den Ball in geringer Höhe Δh über die Netzkante (Höhe h_N) zu schlagen und dabei den Punkt T der sog. T-Linie zu treffen.

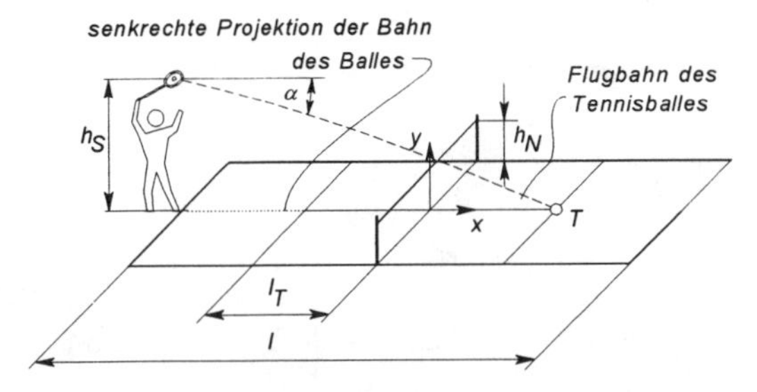

Gegeben: $h_s = 2{,}50$ m, $h_N = 0{,}91$ m, $\Delta h = 0{,}1$ m, $\ell = 23{,}77$ m, $\ell_T = 6{,}40$ m

Gesucht: Die Anfangsgeschwindigkeit v_0 sowie der Neigungswinkel α, so daß die gewünschten Anforderungen an die Flugbahn erfüllt werden. Der Einfluß des Luftwiderstands soll vernachlässigt werden.

Lösung:

Kinetische Grundgleichung (KGG) aufstellen.

$$\rightarrow: \; m\ddot{x} = 0 \qquad\qquad \uparrow: \; m\ddot{y} = -mg$$

Integration der KGG mit den Anfangsbedingungen

$$\dot{x}(t=0) = v_0 \cos\alpha \qquad\qquad \dot{y}(t=0) = -v_0 \sin\alpha$$

$$x(t=0) = -\frac{\ell}{2} \qquad\qquad y(t=0) = h_s$$

liefert:

$$\dot{x} = v_0 \cos\alpha \qquad\qquad \dot{y} = -gt - v_0 \sin\alpha$$

$$x = -\frac{\ell}{2} + v_0 t \cos\alpha \quad (1) \qquad\qquad y = -\frac{1}{2}gt^2 - v_0 t \sin\alpha + h_s \quad (2)$$

Nach Elimination der Zeit erhält man aus (1) und (2):

$$y = -\frac{1}{2} g \left(\frac{x + \frac{\ell}{2}}{v_0 \cos\alpha} \right)^2 - \left(x + \frac{\ell}{2} \right) \tan\alpha + h_s \qquad (3)$$

Die beiden gesuchten Größen v_0 und α lassen sich aus den Bedingungen:

a) $x = \ell_T \quad y = 0$ *: Auftreffen im Punkt T*
b) $x = 0 \quad y = h_N + \Delta h$ *: Flughöhe am Netz*

bestimmen. Es folgt:

$$v_0 = \frac{\ell_T + \frac{\ell}{2}}{\cos\alpha \sqrt{\frac{-2\left(\ell_T + \frac{\ell}{2}\right)\tan\alpha + 2h_s}{g}}} \qquad \alpha = \arctan\left(\frac{h_N + \Delta h + h_s\left[\left(\frac{\ell/2}{\ell_T + \ell/2}\right)^2 - 1\right]}{-\frac{\ell}{2} + \frac{(\ell/2)^2}{\ell_T + \ell/2}} \right)$$

Einsetzen der Zahlenwerte liefert: $\boxed{\alpha = 6°}$ *und* $\boxed{v_0 = 190 \frac{km}{h}}$

Aufgabe 5.1.1.2

Auf einer mit konstanter Winkelgeschwindigkeit ω rotierenden Scheibe ist eine Führungsschiene befestigt, in der eine Punktmasse (m) reibungsfrei gleiten kann. Zunächst wird die Masse in einem Abstand $r = r_0$ vom Mittelpunkt der rotierenden Scheibe festgehalten und zum Zeitpunkt $t_0 = 0$ losgelassen. Die Vorrichtung ist horizontal angeordnet, so daß Gewichtskräfte keine Rolle bei der Betrachtung spielen.

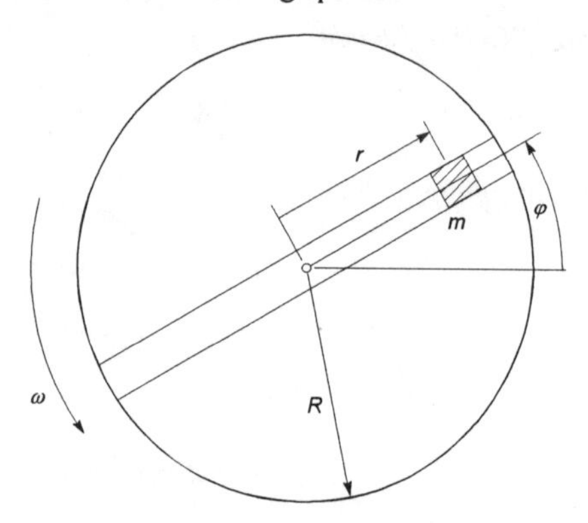

Gegeben: m, ω, r_0, R

Gesucht:
1. Die Radialgeschwindigkeit $v_r(t)$ der Masse während der geführten Bewegung,
2. die von der Führung herrührende Normalkraft N(t).
3. der Winkel $\Delta\varphi$, um den sich die Scheibe weitergedreht hat, wenn die Masse bei r = R die Schiene verläßt,
4. die Geschwindigkeit beim Verlassen der Schiene.

Lösung:

zu 1. Die Bewegung der Masse in der Führungsschiene wird durch die kinetische Grundgleichung beschrieben. Zweckmäßigerweise wird sie in Polarkoordinaten aufgestellt (s. a. Hahn, Kapitel 4.2.1.3). Freischneiden der Masse:

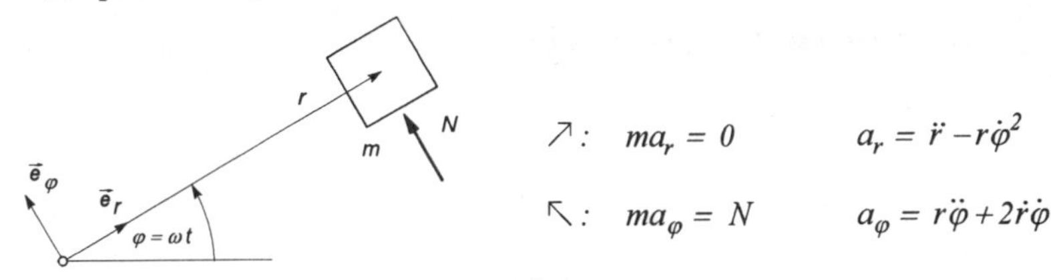

Da der Winkel φ durch die sich drehende Führungsschiene vorgegeben ist, gilt

$$\varphi = \omega t + \varphi_0 \quad ; \quad \dot{\varphi} = \omega \quad ; \quad \ddot{\varphi} = 0$$

und man erhält das Differentialgleichungssystem:

$$\boxed{\ddot{r} - \omega^2 r = 0} \quad (1) \qquad\qquad \boxed{2\dot{r}\omega m = N} \quad (2)$$

Die Lösung der homogenen Differentialgleichung (1) führt auf eine allgemeine Lösung mit den Hyperbelfunktionen sinh und cosh:

$$r(t) = A\,sinh(\omega t) + B\,cosh(\omega t) \tag{3}$$

mit den Integrationskonstanten A und B, die sich aus den Anfangsbedingungen $r(t=0) = r_0$, $v_r(t=0) = \dot{r}(t=0) = 0$ bestimmen lassen. Durch Ableitung von Gl. (3) erhält man für $v_r = \dot{r}$

$$\dot{r}(t) = \omega A\,cosh(\omega t) + \omega B\,sinh(\omega t) \tag{4}$$

Einsetzen der Anfangsbedingungen in Gl. (3) und (4) liefert $A = 0$, $B = r_0$ und damit

$$\boxed{r(t) = r_0\,cosh(\omega t)} \quad \text{sowie} \quad \boxed{v_r(t) = r_0\omega\,sinh(\omega t)} \tag{5}$$

zu 2. Die Normalkraft N ergibt sich sofort mit Gl. (5) aus (2)

$$\boxed{N(t) = 2m\omega\,\dot{r}(t) = 2mr_0\omega^2\,sinh(\omega t)}$$

und entspricht betragsmäßig der Corioliskraft.

zu 3. Die Masse verläßt die Schiene bei $r = R$*. Sie benötigt zum Zurücklegen der Strecke* $R - r_0$ *die Zeit* Δt*, in der sich die Scheibe um* $\Delta\varphi$ *weitergedreht hat.*

$$r(t = \Delta t) = R = r_0\,cosh(\omega\Delta t) = r_0\,cosh(\Delta\varphi)$$

Hieraus ergibt sich :

$$\boxed{\Delta\varphi = arcosh\left(\frac{R}{r_0}\right)} \qquad (6)$$

($\Delta\varphi$ *ist unabhängig von der Winkelgeschwindigkeit* ω*.)*

zu 4. Die Geschwindigkeit v beträgt beim Verlassen der Schiene

$$v = \sqrt{v_r^2 + v_\varphi^2}$$

Mit $v_r = r_0\omega\,sinh(\Delta\varphi)$ *und* $v_\varphi = R\omega$ *folgt:*

$$\boxed{v = \omega\sqrt{r_0^2\,sinh^2(\Delta\varphi) + R^2}}$$

Aufgabe 5.1.1.3

Mit einem flüssigkeitsgefüllten Zylinder wird ein Versuch durchgeführt, um wichtige Kenndaten des Systems zu ermitteln.
Der Kolben der Masse m besitzt kleine Bohrungen, durch die die Flüssigkeit hindurchströmen kann. Bei der Bewegung des Kolbens entstehen dadurch Widerstandskräfte, die als proportional zur Kolbengeschwindigkeit angenommen werden. Zwischen Kolben und Zylinderwand tritt zusätzlich Gleitreibung auf, so daß am Kolben eine betragsmäßig konstante (resultierende) Reibkraft R angreift.
Der Kolben, der bei $s_0 = 0$ mit der Geschwindigkeit $v_0 = 0$ losgelassen wird, benötigt zum Durchlaufen der Strecke H die Zeit T. Unmittelbar vor dem Auftreffen auf dem Zylinderboden wird eine Geschwindigkeit v_H gemessen. Eine Kontrollmessung für die Geschwindigkeit in halber Zylinderhöhe zeigt, daß der Kolben dort bereits im Rahmen der Meßgenauigkeit die Endgeschwindigkeit v_H erreicht hat.

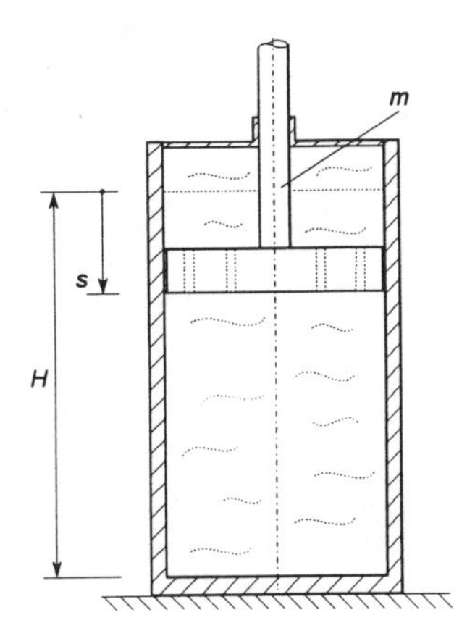

Gegeben: $m = 20$ kg, $g = 9{,}81$ m/s^2, $H = 0{,}5$ m, $T = 3$ s, $s_0 = 0$, $v_0 = 0$, $v_H = 0{,}17$ m/s

Gesucht: Die Reibungskraft R sowie die Konstante k zur Beschreibung der geschwindigkeitsproportionalen Widerstandskraft.

Lösung:

Aufstellen der kinetischen Grundgleichung :

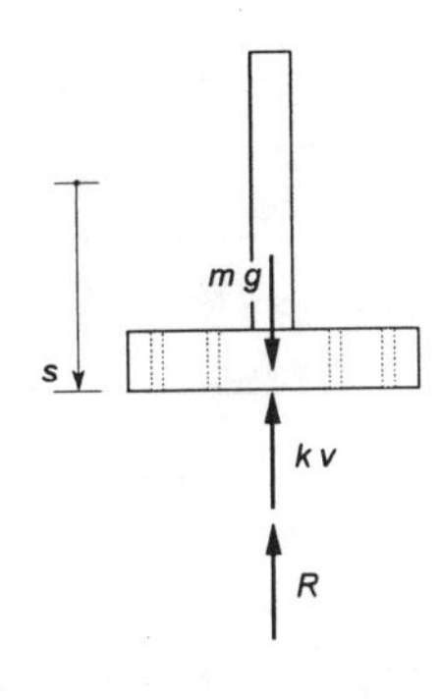

Kolben freischneiden, Koordinate s einführen

$$\downarrow: \quad m\ddot{s} = mg - R - k\dot{s} \qquad \text{bzw. mit} \quad \dot{s} = v$$

$$\dot{v} + \frac{k}{m}v = g - \frac{R}{m}$$

Lösung der inhomogenen Differentialgleichung:

$$v(t) = Ce^{-\frac{k}{m}t} + \frac{mg - R}{k}$$

Bestimmung der Integrationskonstanten C aus der Anfangsbedingung $v(t=0) = v_0 = 0$.

Man erhält: $$v(t) = \frac{mg - R}{k}\left(1 - e^{-\frac{k}{m}t}\right) \qquad (1)$$

Nochmalige Integration unter Berücksichtigung der Anfangsbedingung $s(t=0) = s_0 = 0$ *liefert:*

$$s(t) = \frac{mg-R}{k}\left(t - \frac{m}{k}(1-e^{-\frac{k}{m}t})\right) \qquad (2)$$

Die asymptotisch erreichbare Maximalgeschwindigkeit folgt aus (1) zu:

$$v_{max} = \frac{mg-R}{k}$$

Der Kolben bewegt sich für genügend großes t im Rahmen der Meßgenauigkeit mit dieser stationären Geschwindigkeit, da der Exponentialterm praktisch verschwindet. In diesem Fall kann auch der Weg s in guter Näherung aus

$$s(t) = \frac{mg-R}{k}(t-\frac{m}{k}) \qquad (3)$$

berechnet werden. Da diese Voraussetzungen laut Aufgabenstellung erfüllt sind, kann weiter mit Gl. (3) gerechnet werden. Zur Bestimmung von k und R liegen nun zwei Gleichungen vor:

$$s(t=T) = H = \frac{mg-R}{k}(T-\frac{m}{k}) \qquad \text{und} \qquad v_H = v_{max} = \frac{mg-R}{k}$$

Deren Auflösung liefert: $\boxed{k = \frac{m}{T - \frac{H}{v_{max}}}}$ *und* $\boxed{R = mg - k\,v_{max}}$

Einsetzen der Zahlenwerte ergibt: $\boxed{k = 340\frac{Ns}{m}}$ *und* $\boxed{R = 138{,}4\,N}$

Man prüft leicht nach, daß unter den gegebenen Bedingungen bei t=T der Exponentialausdruck tatsächlich vernachlässigt werden kann.

5.1.2 Arbeits- und Energiesatz

Aufgabe 5.1.2.1

Ein Massenpunkt der Masse m gleitet reibungsfrei mit der Anfangsgeschwindigkeit v_0 von einer Höhe h herab und durchläuft anschließend eine Halbkreisschleife.

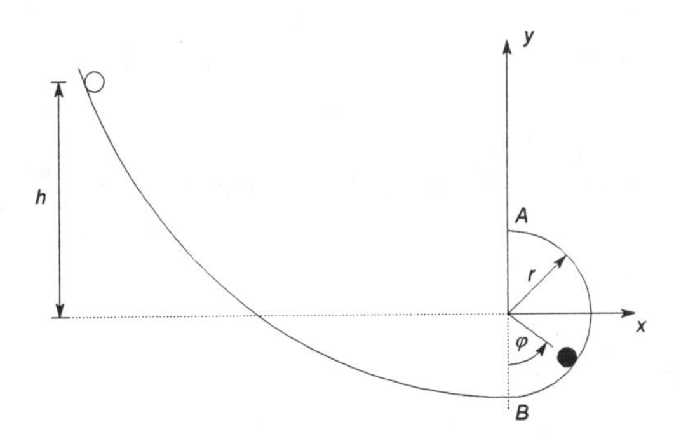

Gegeben: m, $v_0 = 0$, h, r

Gesucht:
1. Die Geschwindigkeit v_A, mit der der Massenpunkt bei A die Bahn verläßt,
2. die Normalkraft N(φ) im Bereich BA als Funktion des Winkels φ,
3. der Größt- und Kleinstwert von N,
4. die Mindesthöhe h_{min}, so daß die Masse nicht bereits vor dem Punkt A den Kontakt zur Bahn verliert.

Lösung:

zu 1. Energiesatz

$$T_0 + \Pi_0 = T_A + \Pi_A \qquad bzw. \qquad \frac{1}{2}mv_0^2 + mgh = \frac{1}{2}mv_A^2 + mgr$$

Mit $v_0 = 0$ *folgt:* $$\boxed{v_A = \sqrt{2g(h-r)}}$$

zu 2. Kinetische Grundgleichung aufstellen für die geführte Bewegung im Bereich BA, Komponenten in radialer Richtung (Beschleunigung in Polarkoordinaten, s. Hahn, S.189).

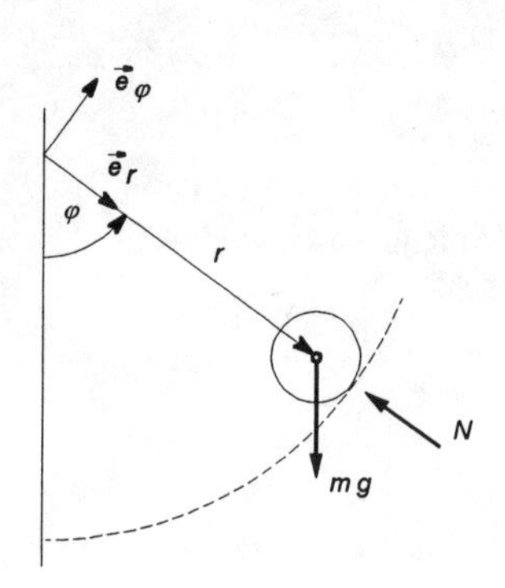

$\searrow$: $ma_r = mg\cos\varphi - N(\varphi)$

Mit $a_r = \ddot{r} - r\omega^2(\varphi) = -r\omega^2(\varphi)$, *da* $\ddot{r} = 0$

und $\omega(\varphi) = \dfrac{v(\varphi)}{r}$ *folgt:*

$$-\frac{mv^2(\varphi)}{r} = mg\cos\varphi - N(\varphi)$$

bzw. $$\boxed{N(\varphi) = mg\cos\varphi + m\frac{v^2(\varphi)}{r}}$$

v(φ) aus Energiesatz:

$$T_0 + \Pi_0 = T(\varphi) + \Pi(\varphi)$$
$$mgh = \frac{1}{2}mv^2(\varphi) + mgr(-\cos\varphi)$$

$\Rightarrow$ $\boxed{v(\varphi) = \sqrt{2g(h + r\cos\varphi)}}$ $\Rightarrow$ $\boxed{N(\varphi) = mg\left(3\cos\varphi + 2\frac{h}{r}\right)}$

zu 3. Minimum und Maximum von N(φ) bestimmen

$$\frac{dN(\varphi)}{d\varphi} = -3mg\sin\varphi = 0 \Rightarrow \varphi_1 = 0,\ \varphi_2 = \pi \quad ; \quad \frac{d^2N(\varphi)}{d\varphi^2} = -3mg\cos\varphi$$

$\Rightarrow$ $\boxed{N(\varphi = 0) = N_{max} = mg\left(3 + 2\frac{h}{r}\right)}$ $\boxed{N(\varphi = \pi) = N_{min} = mg\left(-3 + 2\frac{h}{r}\right)}$

zu 4. h_{min} *so bestimmen, daß* $N_{min} = N(\varphi = \pi) = 0$

$0 = mg\left(-3 + 2\frac{h}{r}\right)$ $\Rightarrow$ $\boxed{h_{min} = \frac{3}{2}r}$

Die Geschwindigkeit im Punkt A wird dann $v_A = \sqrt{gr}$.

Aufgabe 5.1.2.2

Die auf einer schiefen Ebene mit dem Neigungswinkel α ruhende Kiste der Masse m_1 ist durch ein masseloses, über eine reibungsfreie masselose Rolle laufendes Seil mit einer Masse m_2 verbunden. Diese wird anfangs festgehalten, dann zur Zeit t=0 losgelassen und stößt schließlich nach Durchfallen der Höhe h am Boden auf. Die Reibungsverhältnisse zwischen Kiste und Ebene werden durch den Gleitreibungskoeffizienten μ_G und den Haftreibungskoeffizienten μ_0 beschrieben.

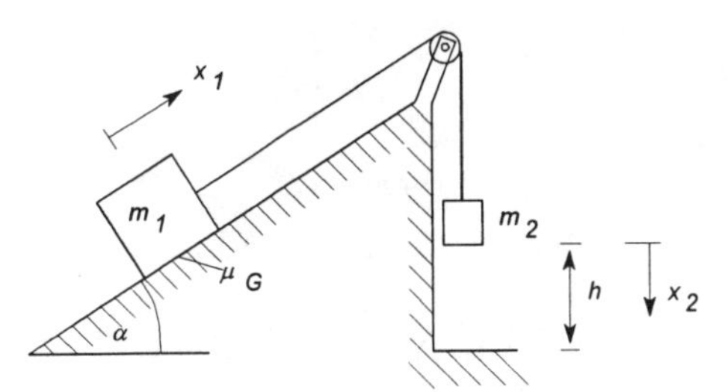

Gegeben: $\alpha = 30°$, $\mu_G = 0{,}25$, $\mu_0 = 0{,}3$, $m_1 = 100$ kg, $m_2 = 200$ kg, h = 2 m, g = 9,81 m/s^2

Gesucht: 1. Die Strecke ℓ, nach der die Kiste zur Ruhe kommt,
2. die bei der Bewegung geleistete Reibarbeit,
3. eine Aussage darüber, ob die Kiste bei $x_1 = \ell$ liegen bleibt.

Lösung:
zu 1. Der ganze Bewegungsvorgang wird in zwei Phasen zerlegt:

Phase I: m_1 und m_2 werden beschleunigt, $x_1 = x_2 = x < h$, Seilkraft $S > 0$
Phase II: m_1 gleitet alleine weiter, während m_2 in Ruhe ist, $x_2 = h$, $x_1 \neq x_2$, Seilkraft $S = 0$

Lösung mit Hilfe des Arbeitssatzes:

$$T_2 - T_1 = A_{12} = \sum_i \int_1^2 F_i \cos \alpha_i dx_i \qquad (1)$$

Es müssen die kinetischen Energien T_1, T_2 sowie die Summe der von den Kräften verrichteten Arbeiten gebildet werden. Die Normalkräfte liefern grundsätzlich keinen Beitrag, da sie senkrecht zur Bewegungsrichtung stehen. Betrachtet man das Gesamtsystem, so liefern auch die inneren Kräfte (z.B. Kräfte im starren Seil) keinen Beitrag.

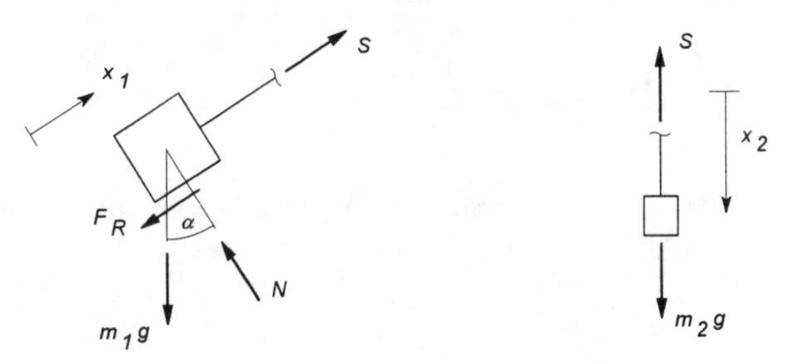

Phase I: Arbeitssatz für das Gesamtsystem, Seil gespannt

$$T_2^{(I)} = \frac{1}{2}(m_1 + m_2)v^2 \quad ; \quad T_1^{(I)} = 0 \tag{2}$$

$$A_{12}^{(I)} = \int_0^h \left(-m_1 g \cos\left(\frac{\pi}{2} - \alpha\right) - F_R\right) dx_1 + \int_0^h m_2 g dx_2$$

$$= -\int_0^h m_1 g(\sin\alpha + \mu_G \cos\alpha)\, dx_1 + \int_0^h m_2 g dx_2$$

$$= -m_1 gh(\sin\alpha + \mu_G \cos\alpha) + m_2 gh \tag{3}$$

Aus Gl. (1), (2), (3) folgt:

$$\boxed{v = \sqrt{2gh}\sqrt{\frac{m_2 - m_1(\sin\alpha + \mu_G\cos\alpha)}{m_1 + m_2}} = 4{,}13\,\frac{m}{s}} \tag{4}$$

Phase II: Kiste gleitet alleine weiter, $S = 0$

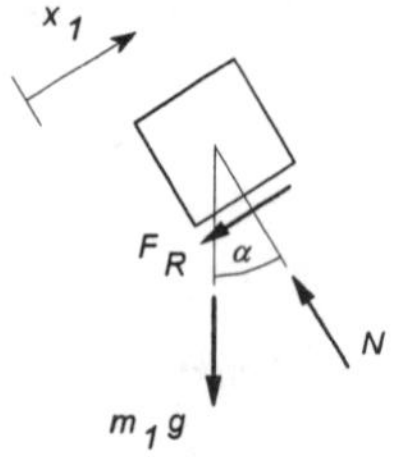

$$T_2^{(II)} - T_1^{(II)} = A_{12}^{(II)}$$

$$T_2^{(II)} = 0 \quad ; \quad T_1^{(II)} = \frac{1}{2}m_1 v^2$$

$$A_{12}^{II} = -\int_h^\ell m_1 g(\sin\alpha + \mu_G\cos\alpha)\, dx_1 \tag{5}$$

$$= -m_1 g(\sin\alpha + \mu_G\cos\alpha)(\ell - h)$$

Einsetzen von Gl. (4), (5) in Arbeitssatz und auflösen nach ℓ ergibt:

$$\boxed{\ell = h\left(1 + \frac{m_2 - m_1(\sin\alpha + \mu_G\cos\alpha)}{(m_1 + m_2)(\sin\alpha + \mu_G\cos\alpha)}\right) = 3{,}19\ m}$$

zu 2. Reibarbeit

$$\boxed{A_{12R} = -\mu_G m_1 g\ell\cos\alpha = -0{,}677\ kJ}$$

Das negative Vorzeichen zeigt an, daß dem System mechanische Energie entzogen wird. Alternativ kann der Arbeitssatz auch getrennt für die beiden Teilsysteme formuliert werden (Phase I). Der dabei jeweils entstehende Arbeitsausdruck für die Seilkraft koppelt die beiden Gleichungen.

zu 3. Die Kiste bleibt bei $x_1 = \ell$ liegen, falls der Haftreibungskoeffizient μ_0 groß genug ist, um ein Zurückgleiten zu verhindern. Die maximal mögliche Haftreibungskraft ist

$$R_{H\,max} = \mu_0 N = \mu_0 mg\cos\alpha = 255N \ < mg\sin\alpha = 490N$$

oder anders ausgedrückt:

$$\boxed{\alpha > \arctan\mu_0 = 17°}$$

Die Gewichtskraft liegt außerhalb des Reibungskegels, die Kiste rutscht also wieder zurück.

5.1.3 Impulssatz

Aufgabe 5.1.3.1

Ein Holzfäller (Masse m_M) beginnt aus seinem Ruhezustand heraus über einen im Wasser liegenden Baumstamm (Masse m_B) zu laufen. Der Baumstamm befindet sich anfangs ebenfalls in Ruhe. Idealisierend wird in dem zu betrachtenden Zeitintervall von einer konstanten Relativbeschleunigung a des Mannes gegenüber dem Baumstamm ausgegangen.
Für die Widerstandskraft F_w soll sowohl ein geschwindigkeitsproportionaler als auch ein zum Quadrat der Geschwindigkeit proportionaler Ansatz gemacht werden.

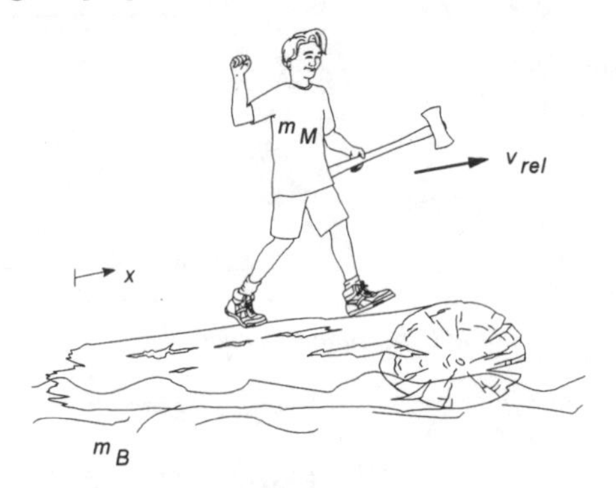

Gegeben: m_B, m_M, a, $F_w = k \cdot v_B$, k = konst. ≥ 0, $F_w = k \cdot v_B$, k = konst. ≥ 0

Gesucht: Die Absolutgeschwindigkeiten $v_B(t)$ des Baumstammes sowie $v_M(t)$ des Holzfällers
1. unter Annahme einer geschwindigkeitsproportionalen Widerstandskraft,
2. unter Annahme einer zum Quadrat der Geschwindigkeit proportionalen Widerstandskraft,
3. ohne Widerstandskraft.

Lösung:

Die Bewegung des Systems läßt sich durch den Impulssatz $\dot{\vec{J}} = \vec{F}$ beschreiben, wobei jedoch nur die Komponenten in horizontaler Richtung von Interesse sind. In vertikaler Richtung besteht zwischen Gewichtskräften und Auftriebskraft ($N = F_A$) ein statisches Gleichgewicht. Als einzige Kraft in horizontaler Richtung wirkt die der Bewegungsrichtung des Baumstammes entgegengesetzte Widerstandskraft $|F_w| = kv_B$ bzw. $|F_w| = k_q v_B^2$.

zu 1. Freischneiden des Systems Baumstamm-Mann, Impulssatz (Komponenten in x-Richtung):

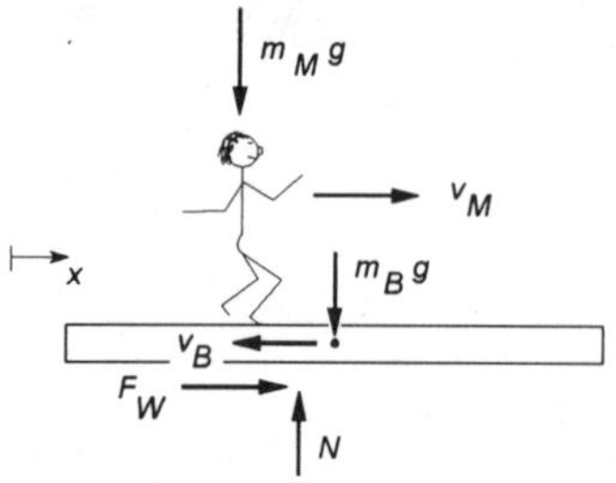

$$\rightarrow: \quad \dot{J}_B + \dot{J}_M = F_w \quad \text{bzw.}$$

$$-m_B \dot{v}_B + m_M \dot{v}_M = k v_B$$

Mit $\quad v_M = v_{rel} - v_B = at - v_B$

sowie $\quad m_{ges} = m_B + m_M$

folgt die lineare Differentialgleichung:

$$\boxed{\dot{v}_B + \frac{k}{m_{ges}} v_B = \frac{m_M}{m_{ges}} a}$$

Daraus erhält man folgende homogene und partikuläre Lösung für v_B:

$$v_{Bhom} = C\, e^{-\frac{k}{m_{ges}} t} \quad ; \quad v_{Bpart} = \frac{m_M}{k} a$$

Für die Gesamtlösung $v_B = v_{Bhom} + v_{Bpart}$ ergibt sich mit der Anfangsbedingung $v_B(t=0) = 0$, mit der die Konstante C bestimmt werden kann:

$$\boxed{v_B(t) = \frac{m_M}{k} a \left(1 - e^{-\frac{k}{m_M + m_B} t} \right)} \quad (1) \qquad \boxed{v_M(t) = at - \frac{m_M}{k} a \left(1 - e^{-\frac{k}{m_M + m_B} t} \right)} \quad (2)$$

zu 2. Ersetzt man in Gl.(1) die geschwindigkeitsproportionale Widerstandskraft durch eine, die qudratisch mit der Geschwindigkeit wächst, erhält man

$$\boxed{\dot{v}_B + \frac{k_q}{m_{ges}} v_B^2 = \frac{m_M}{m_{ges}} a}$$

Die Lösung der nichtlinearen DGL erfolgt durch Trennung der Veränderlichen (s. Hahn, Kap. 5.1.2.3). Mit $\dot{v}_B = \frac{dv_B}{dt}$ *ergibt sich:*

$$dt = \frac{m_{ges}}{m_M a - k_q v_B^2} dv_B = \frac{m_{ges}}{m_M a} \frac{1}{1 - \left(\frac{k_q}{m_M a}\right) v_B^2} dv_B$$

Mit der Substitution $w = \sqrt{\frac{k_q}{m_M a}}\, v_B$; $dw = \sqrt{\frac{k_q}{m_M a}}\, dv_B$ *erhält man:*

$$dt = A \frac{dw}{1 - w^2} \qquad \text{mit der Abkürzung} \quad A = \frac{m_{ges}}{\sqrt{m_M a\, k_q}}$$

was nach Integration auf $t = \frac{A}{2} \ln\left(\frac{1+w}{1-w}\right) + C$

führt, wobei man nach Berücksichtigung der Anfangsbedingung für t=0: w(t=0)=0 (wegen $v_B(t=0)=0$*) die Konstante C=0 erhält. Auflösung nach w liefert:*

$$w = \frac{e^{\frac{2}{A}t} - 1}{e^{\frac{2}{A}t} + 1} = \frac{e^{\frac{t}{A}} - e^{-\frac{t}{A}}}{e^{\frac{t}{A}} + e^{-\frac{t}{A}}} = \tanh\left(\frac{t}{A}\right)$$

was nach Rücksubstitution die gesuchten Geschwindigkeiten ergibt:

$$v_B(t) = \sqrt{\frac{m_M a}{k_q}} \tanh\left(\frac{\sqrt{m_M a\, k_q}}{m_{ges}} t\right) \qquad v_M(t) = at - \sqrt{\frac{m_M a}{k_q}} \tanh\left(\frac{\sqrt{m_M a\, k_q}}{m_{ges}} t\right)$$

Die asymptotisch erreichbare Maximalgeschwindigkeit ist: $v_{B_{max}} = \sqrt{\frac{m_M a}{k_q}}$

zu3. Im Fall k = 0 erhält man nach Anwendung der Regel von L'Hopital aus Gleichung (1) bzw. (2):

$$v_B = \frac{m_M}{m_M + m_B} at \qquad v_M = \frac{m_B}{m_M + m_B} at$$

Dieses Ergebnis läßt sich auch unmittelbar aus dem Impulserhaltungssatz gewinnen:

$$J = J_M + J_B = konst. = m_M v_M - m_B v_B = 0$$

Diese Ergebnisse sollte man im Auge behalten, wenn man aus einem leichten Boot ans Ufer springen will.

Aufgabe 5.1.3.2

Eine Kugel wird aus der Höhe H auf eine schiefe Ebene fallen gelassen. Der Luftwiderstand wird vernachlässigt. Die Oberflächen von Kugel und Ebene seien glatt.

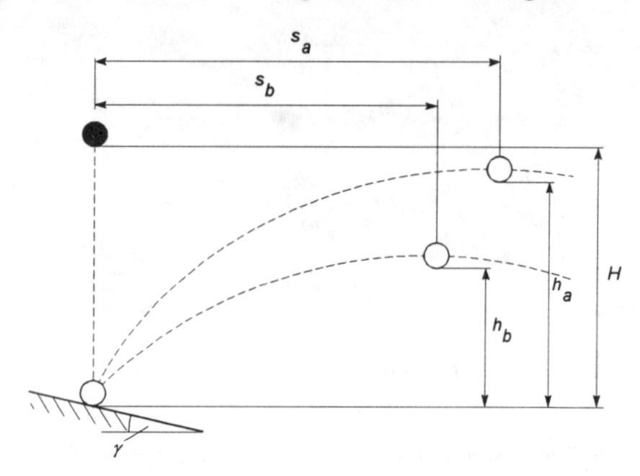

Gegeben: H = 50 cm, $\gamma = 20°$, g = 9,81 m/s²

Gesucht:
1. Die Sprunghöhe h und die Scheitelpunktlage s für den Fall, daß der Aufprall a) rein elastisch, b) teilplastisch (k = 0,7) abläuft,
2. der relative Energieverlust $\overline{T}_v = T_v / T$ während des Stoßvorganges.

Lösung:

Beim Aufprall der Kugel auf die schiefe Ebene handelt es sich um einen speziellen Fall des schiefen zentrischen Stoßes, wobei der 2. Stoßpartner, die schiefe Ebene, sehr große Masse besitzt. Der Stoß wird mit dem Impulssatz behandelt. Die sich dem Stoß anschließende Flugphase läßt sich mit den Gleichungen für den schiefen Wurf berechnen.

Zunächst wird die Stoßphase betrachtet.
Dazu: Zerlegen der Geschwindigkeitsvektoren vor und nach (*) dem Stoß in Normal- und Tangentialkomponenten $v_{1n}, v_{1t}, v_{2n}, v_{2t}$ *und* $v_{1n}^*, v_{1t}^*, v_{2n}^*, v_{2t}^*$. *Freischneiden der Körper:*

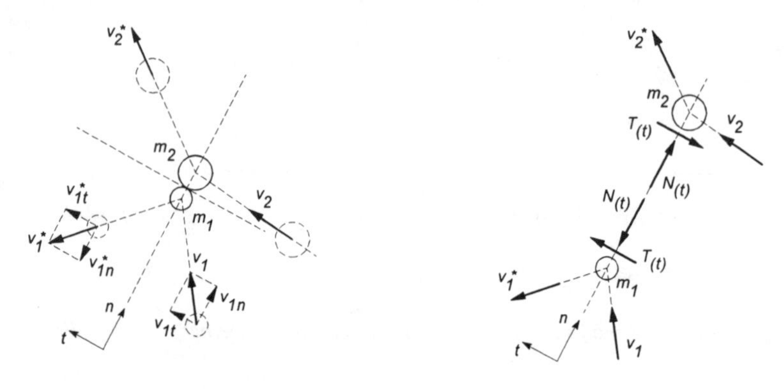

Der Impulssatz $\dot{\vec{J}} = \vec{F}$ *liefert für die Tangentialrichtung nach Integration über die Stoßdauer* t^*:

$$m_1 v_{1t}^* - m_1 v_{1t} = \int_0^{t^*} T(t)dt \qquad ; \qquad m_2 v_{2t}^* - m_2 v_{2t} = \int_0^{t^*} -T(t)dt$$

was nach Berücksichtigung, daß an den glatten Oberflächen keine Reibungskräfte entstehen $(T(t) = 0)$, *auf* $v_{1t} = v_{1t}^*$, $v_{2t} = v_{2t}^*$ *führt. Die Kontaktkraft wirkt nur in Normalenrichtung. Zur Berechnung der Normalkomponenten der Geschwindigkeiten geht man analog wie beim geraden Stoß (s. Hahn, Kap. 5.2.5.1) vor und erhält:*

$$v_{1n}^* = \frac{m_1 v_{1n} + m_2 v_{2n} + k\, m_2 (v_{2n} - v_{1n})}{m_1 + m_2} \qquad \text{sowie} \qquad v_{2n}^* = \frac{m_1 v_{1n} + m_2 v_{2n} + k\, m_1 (v_{1n} - v_{2n})}{m_1 + m_2}$$

mit der Stoßzahl $0 \le k \le 1$.
Für den Fall, daß $m_2 >> m_1$ *und* $v_2 = 0$ *(ruhende Wand) ergibt sich also*

$$v_{1n}^* = -k v_{1n} \quad , \quad v_{1t}^* = v_{1t} \quad , \quad v_{2n}^* = 0 \quad , \quad v_{2t} = 0$$

Mit der Auftreffgeschwindigkeit $v_1 = \sqrt{2gH}$ *und dem Auftreffwinkel* γ *erhält man nach Aufspaltung in Komponenten und unter Berücksichtigung der Vorzeichen*

$$v_{1t} = -v_1 \sin\gamma \quad , \quad v_{1n} = -v_1 \cos\gamma$$
$$v_{1t}^* = v_{1t} \quad , \quad v_{1n}^* = k\, v_1 \cos\gamma$$

als Anfangsbedingung für den sich anschließenden Wurf die Geschwindigkeit v_1^* *und den Abwurfwinkel* δ *zur Horizontalen.*

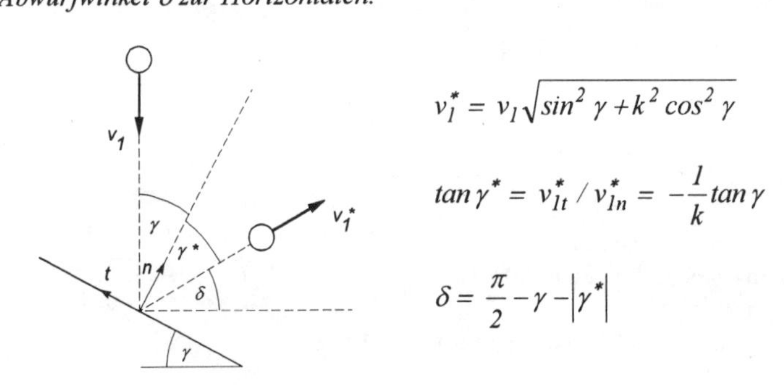

$$v_1^* = v_1 \sqrt{\sin^2\gamma + k^2 \cos^2\gamma}$$

$$\tan\gamma^* = v_{1t}^* / v_{1n}^* = -\frac{1}{k}\tan\gamma$$

$$\delta = \frac{\pi}{2} - \gamma - |\gamma^*|$$

Die weitere Ausrechnung für den schiefen Wurf (s. Hahn, Kap. 5.1.2.2) liefert nach Einsetzen der Zahlenwerte in

$$s = \frac{v_1^{*2} \sin 2\delta}{2g} \qquad \textit{und} \qquad h = \frac{v_1^{*2} \sin^2 \delta}{2g}$$

a) für den rein elastischen Stoß (k=1): $\boxed{s_a = 49{,}2\ cm}$ $\boxed{h_a = 29{,}3\ cm}$

b) für den teilplastischen Stoß (k=0,7): $\boxed{s_b = 27{,}3\ cm}$ $\boxed{h_b = 12{,}5\ cm}$

zu 2. Energieverlust tritt nur beim teilplastischen Stoß auf. Er beträgt:

$$T_v = T - T^* = \frac{1}{2} m\left(v_1^2 - v_1^{*2}\right) = \frac{1}{2} m v_1^2 \left(1 - k^2\right) \cos^2 \gamma$$

und mit $\overline{T}_v = T_v / T$ *folgt:* $\boxed{\overline{T}_v = \left(1 - k^2\right) \cos^2 \gamma = 0{,}45}$

Aufgabe 5.1.3.3

Ein Oberklasse-PKW der Masse m_1 prallt bei einem Auffahrunfall mit der Geschwindigkeit v_1 auf einen stehenden Kleinwagen der Masse m_2. Unmittelbar nach dem Aufprall bewegen sich beide Fahrzeuge mit der gemeinsamen Geschwindigkeit v^* weiter. Während des Stoßvorgangs der Dauer t_s tritt zwischen den beiden Fahrzeugen eine Kontaktkraft $F(t)$ auf. Nach dem Stoß rutschen die beiden ineinander verhakten Fahrzeuge, die durch Punktmassen idealisiert dargestellt werden, mit blockierten Bremsen weiter.

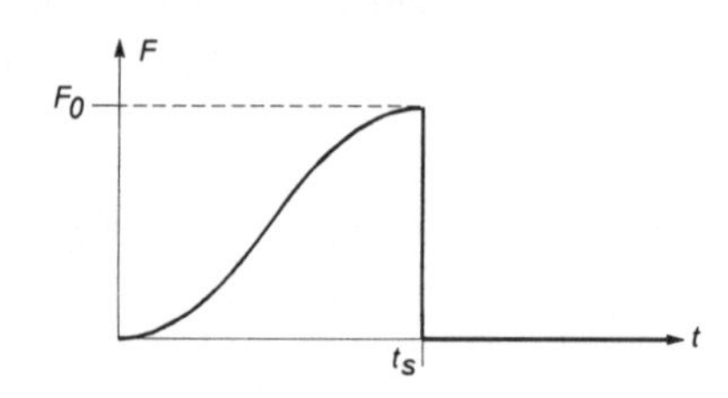

Gegeben: $m_1 = 2300$ kg, $m_2 = 900$ kg, $v_1 = 50$ km/h, $t_s = 0{,}1$ s, $F(t) = F_0 \sin^2\left(\frac{\pi}{2} \frac{t}{t_s}\right)$ für $0 \le t \le t_s$, Reibungskoeffizient (Reifen/Straße) $\mu = 0{,}7$

Gesucht:
1. Die Geschwindigkeit v^* nach dem Stoß,
2. die maximale und mittlere Beschleunigung des Kleinwagens während des Stoßes,
3. die maximale und mittlere Verzögerung des größeren PKW während des Stoßes,
4. der Verlust an kinetischer Energie,
5. der Bremsweg der ineinander verhakten Fahrzeuge.

Lösung:

zu 1. Aus dem Impulssatz $\dot{J} = F$ folgt nach Integration für jeden der Wagen:

$$\rightarrow: \quad J_1^* - J_1 = -\int_0^{t_s} F(t)\,dt \qquad\qquad \rightarrow: \quad J_2^* - J_2 = +\int_0^{t_s} F(t)\,dt$$

$$J_1 = m_1 v_1 \qquad\qquad J_2 = 0$$

Daraus ergibt sich: $\quad J_1 + J_2 = J_1^* + J_2^* \quad$ *bzw.* $\quad m_1 v = m_1 v^* + m_2 v^*$

und damit:

$$\boxed{v^* = \frac{m_1}{m_1 + m_2} v_1 = 36\,\frac{km}{h}}$$

Das gleiche Ergebnis erhält man natürlich auch aus der Stoßbeziehung für den vollplastischen Stoß (k=0).

zu 2. Maximale und mittlere Beschleunigung während des Aufpralls für den Kleinwagen Berechnung der unbekannten Maximalkraft F_0 aus dem Impuls:

$$J_2^* = m_2 v^* = \int_0^{t_s} F(t)dt + J_2 \qquad \text{und mit} \qquad \int_0^{t_s} F(t)dt = \int_0^{t_s} F_0 \sin^2\left(\frac{\pi}{2}\frac{t}{t_s}\right)dt = \frac{1}{2}F_0 t_s$$

ergibt sich:

$$F_0 = 2\frac{m_1 m_2}{m_1 + m_2}\frac{v_1}{t_s} = 180\ kN$$

Für die Beschleunigung folgt aus $m_2 \ddot{x}_2 = F(t)$:

$$\boxed{a_{2max} = \ddot{x}_{2max} = \frac{1}{m_2}F_0 = 200\frac{m}{s^2} \approx 20g} \qquad \text{bzw.} \qquad \boxed{\bar{a}_2 = \frac{v^*}{t_s} = 100\frac{m}{s^2} \approx 10\ g}$$

zu 3. Analog ergibt sich für den größeren PKW die Verzögerung:

$$a_{1max} = |\ddot{x}_{1min}| = \left| -\frac{1}{m_1} F_0 \right| = 78 \frac{m}{s^2} \approx 8g \qquad \text{bzw.} \qquad a_1 = \left| \frac{v^* - v_1}{t_s} \right| = 39 \frac{m}{s^2} \approx 4g$$

und man erhält: $\dfrac{a_{1max}}{a_{2max}} = \dfrac{\bar{a}_1}{\bar{a}_2} = \dfrac{m_2}{m_1}$

Ohne hier die komplizierte Relativbewegung der Insassen im Fahrzeug zu betrachten, erkennt man bei dieser vereinfachten Betrachtungsweise schon, daß aufgrund der Massenverhältnisse die Insassen des Kleinwagens bei einem Zusammenstoß von vornherein wesentlich höheren Beschleunigungen ausgesetzt sind. Die Beschleunigungen, die bei diesen Fahrzeuggeschwindigkeiten in einer realistischen Größenordnung liegen, machen deutlich, daß selbst für Insassen des schwereren Fahrzeugs ein Verzicht auf Sicherheitsgurte (Kinder auf Rücksitzen!) katastrophale Folgen haben kann.

zu 4. Der beim Stoß auftretende Verlust T_v, an kinetischer Energie, die vorwiegend in plastische Deformation der Fahrzeuge umgesetzt wird, beträgt:

$$T_v = T - T^* = \frac{1}{2} m_1 v_1^2 - \frac{1}{2}(m_1 + m_2) v^{*2}$$

bzw. $$T_v = \frac{1}{2} m_1 v_1^2 \left(1 - \frac{m_1}{m_1 + m_2} \right) = 62{,}4kJ$$

zu 5. Der gemeinsame Bremsweg läßt sich mit Hilfe des Arbeitssatzes berechnen, wobei R die konstante resultierende Reibkraft ist. Es gilt:

$$T_e - T_a = -R \ell_B = -\mu (m_1 + m_2) g \ell_B$$

und mit $T_e = 0$ *sowie* $T_a = \frac{1}{2}(m_1 + m_2)\, v^{*2}$

ergibt sich für den Bremsweg: $$\ell_B = \frac{v^{*2}}{2\mu g} = 7{,}28m$$

5.1.4 Gravitationsgesetz

Aufgabe 5.1.4.1

Ein Himmelskörper der Masse m bewegt sich im Gravitationsfeld der Erde, wobei für die Erdmasse M >> m gilt. Gravitationsfelder anderer Himmelskörper sollen vernachlässigt werden.

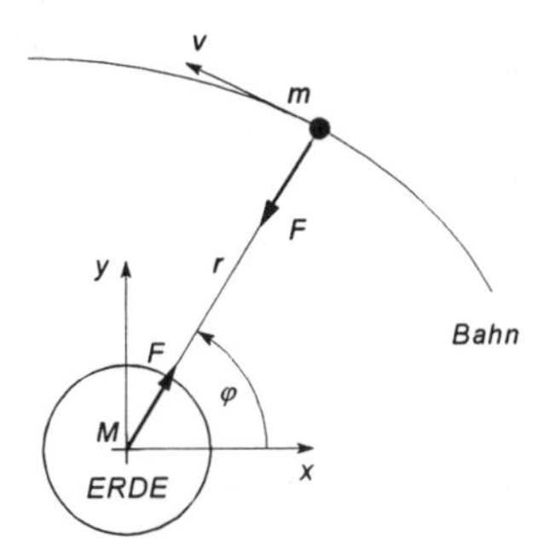

Gegeben: m, M, γ

Gesucht: Die prinzipiell möglichen Bahnformen, die sich für die Bewegung der Masse m ergeben können.

Hinweis: Man stelle die Bewegungsgleichung für m in Polarkoordinaten auf und verwende die Substitution $r = \frac{1}{u}$.

Lösung:

Da M >> m ist, führt die kleinere Masse eine Zentralbewegung aus. Die Gravitationskraft als einzige auftretende Kraft zeigt stets auf den Mittelpunkt der Masse M, der Fixpunkt ist. Die Bewegungsgleichung in Polarkoordinaten lautet:

$$ma_r = F_r \quad ; \quad a_r = \ddot{r} - r\dot{\varphi}^2 \quad ; \quad F_r = -\gamma\frac{mM}{r^2} \tag{1}$$

$$ma_\varphi = 0 \quad ; \quad a_\varphi = r\ddot{\varphi} + 2\dot{r}\dot{\varphi} \quad ; \quad F_\varphi = 0 \tag{2}$$

Aus (2) folgt $r^2\dot{\varphi} = \delta =$ konst. (vgl. auch Hahn, Kap. 4.2.1.3). Die physikalische Bedeutung dieser Beziehung läßt sich auch mit Hilfe des Drallsatzes veranschaulichen. Mit dem Erdmittelpunkt als ruhendem Bezugspunkt ist $\dot{\vec{D}} = \vec{M} = 0 \Rightarrow \vec{D} = \vec{r} \times (m\vec{v}) =$ konst.

Ebene Bewegung: $$D = mrv_\varphi = mr^2\dot{\varphi} \Rightarrow \delta = \frac{D}{m} = r^2\dot{\varphi} = \text{konst.} \tag{3}$$

Führt man die Substitution $r = \frac{1}{u}$ ein, so ist $\dot{r} = -\frac{1}{u^2}\dot{u}$ und mit Gl. (3) gilt:

$$r^2 = \frac{\delta}{\dot{\varphi}} \quad \text{bzw.} \quad \dot{\varphi} = \frac{\delta}{r^2} = \delta u^2 \quad \text{sowie} \tag{4}$$

$$\dot{r} = -\frac{\delta}{\dot{\varphi}}\dot{u} = -\delta\frac{du}{d\varphi} \quad \text{und} \quad \ddot{r} = -\delta\frac{d^2u}{d\varphi^2}\dot{\varphi} = -\delta^2 u^2 \frac{d^2u}{d\varphi^2} \tag{5}$$

Gl. (3), (4), (5) in (1) eingesetzt liefert:

$$m\left[-\delta^2 u^2 \frac{d^2u}{d\varphi^2} - \frac{1}{u}\delta^2 u^4\right] = -\gamma M m u^2 \tag{6}$$

oder umgeformt:

$$\boxed{\frac{d^2u}{d\varphi^2} + u = \frac{\gamma M}{\delta^2}} \tag{7}$$

Diese inhomogene Differentialgleichung besitzt die allgemeine Lösung:

$$u(\varphi) = A\cos\varphi + B\sin\varphi + \frac{\gamma M}{\delta^2} = C\cos(\varphi + \varphi_0) + \frac{\gamma M}{\delta^2}$$

mit den Integrationskonstanten A, B bzw. C, φ_0.

Führt man einen neuen Winkel $\psi = \varphi + \varphi_0$ ein, in dem der Phasenwinkel φ_0 berücksichtigt ist, erhält man:

$$u = C\cos\psi + \frac{\gamma M}{\delta^2} \tag{8}$$

Dies entspricht lediglich der Drehung des Koordinatensystems, das jetzt für $\psi = 0$ so ausgerichtet ist, daß u maximal bzw. $r = \frac{1}{u}$ minimal wird. Die Ersetzung $r = \frac{1}{u}$ liefert:

$$\boxed{r = \frac{p}{1 + \varepsilon\cos\psi}} \quad \text{mit} \quad p = \frac{\delta^2}{\gamma M} \quad \text{und} \quad \varepsilon = C\frac{\delta^2}{\gamma M} \tag{9}$$

Gl. (9) ist die Normalform der Kegelschnitte in Polarkoordinaten, womit bereits die prinzipiell möglichen Bahnformen gefunden sind.

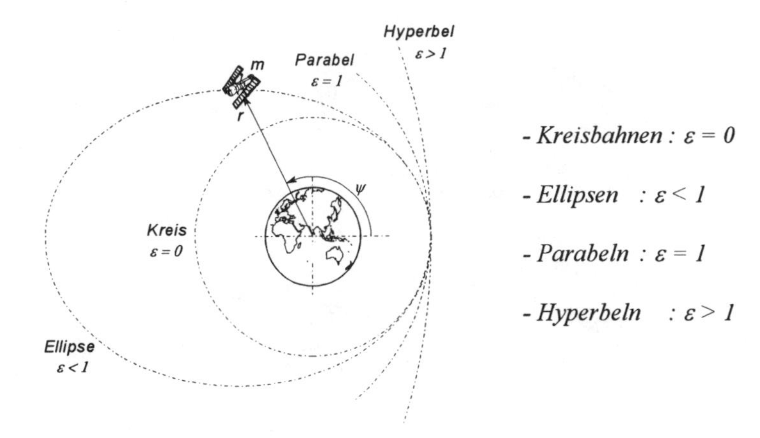

- *Kreisbahnen* : $\varepsilon = 0$

- *Ellipsen* : $\varepsilon < 1$

- *Parabeln* : $\varepsilon = 1$

- *Hyperbeln* : $\varepsilon > 1$

Sonderfall: $v_\varphi = 0$, *d.h.* $\varphi = konst.$, $\dot{\varphi} = \ddot{\varphi} = 0$, $a_r = \ddot{r} = -\gamma \dfrac{M}{r^2}$: *der Körper bewegt sich in radialer Richtung auf einer geraden Bahn von der Erde weg bzw. zur Erde hin.*

Anmerkung: *Die Konstante C und damit* ε *läßt sich explizit mit Hilfe des Energiesatzes aus dem Anfangszustand* $\vec{r}_0, \vec{v}_0$ *berechnen. Man erhält (ohne Herleitung):*

$$\varepsilon = \sqrt{1 + \frac{2E_0\delta^2}{(\gamma M)^2 m}} \qquad mit \qquad E_0 = \frac{1}{2} m v_0^2 - \gamma \frac{mM}{r_0}$$

Aufgabe 5.1.4.2

Als Kommandant haben Sie die Aufgabe, Ihr Raumschiff, das sich zunächst auf einer Kreisbahn im Abstand h_1 zur Erdoberfläche um die Erde bewegt, auf eine höhergelegene Kreisbahn (Abstand h_2) zu manövrieren. Dazu müssen Sie durch kurzzeitiges Zünden der Triebwerke im Punkt A Ihre Geschwindigkeit von v_A um Δv_a auf v'_a erhöhen, um anschließend auf einer elliptischen Bahn zum Punkt B zu gelangen, den Sie mit der Geschwindigkeit v'_B erreichen. Um die elliptische Übergangsbahn (sog. Hohmannsche Transfer-Ellipse) wieder zu verlassen, müssen Sie die Geschwindigkeit v'_B um Δv_B erneut ändern, um schließlich mit v_B auf der gewünschten Kreisbahn um die Erde zu fliegen. Das Triebwerk des Raumschiffes erzeugt eine konstante Schubkraft F_s. Die Brenndauer des Triebwerks sei so kurz im Vergleich zur Umlaufzeit, daß von einer sprunghaften Änderung der Geschwindigkeit in Punkt A bzw. B ausgegangen werden soll.

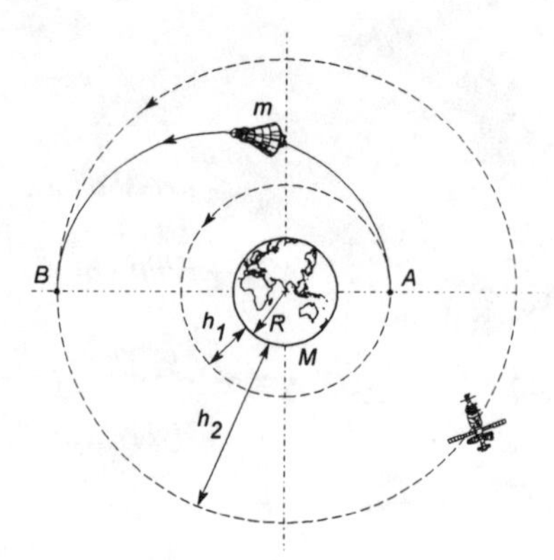

Gegeben: R = 6370 km, h_1 = 900 km, h_2 = 1200 km, g = 9,81 m/s^2, Erdmasse M >> Raumschiffmasse m = 4000 kg, F_s = 10 kN

Gesucht:
1. Die Geschwindigkeitsänderungen Δv_a und Δv_B,
2. die Brenndauer t_A bzw. t_B, die das Triebwerk eingeschaltet sein muß, um die gewünschten Geschwindigkeitsänderungen herbeizuführen.

Lösung:

zu 1. Zunächst müssen die Geschwindigkeiten v_A, v_B für die entsprechenden Kreisbahnen ermittelt werden. Anwendung der kinetischen Grundgleichung in Polarkoordinaten liefert für die Radialkomponenten für m:

$$ma_r = F_g \quad \textit{mit} \quad a_r = \ddot{r} - r\,\dot{\varphi}^2 \quad \textit{und} \quad F_g = -\gamma\frac{mM}{r^2} \qquad (1)$$

Kreisbahn mit Radius r=konst. $\Rightarrow$ $\ddot{r} = 0$. *Außerdem ist* $r\dot{\varphi}^2 = r\omega^2 = \dfrac{v^2}{r}$ *(2)*

An der Erdoberfläche gilt für die Gravitationskraft:

$$\gamma\frac{mM}{R^2} = mg \quad \textit{und daraus folgt:} \quad gR^2 = \gamma M \qquad (3)$$

Einsetzen von Gl. (2), (3) in (1) liefert: $v = R\sqrt{\dfrac{g}{r}}$ *bzw.*

$$\boxed{v_A = R\sqrt{\frac{g}{r_1}}} \quad \textit{mit} \quad r_1 = R + h_1 \quad \textit{und} \quad \boxed{v_B = R\sqrt{\frac{g}{r_2}}} \quad \textit{mit} \quad r_2 = R + h_2 \qquad (4)$$

Als nächstes wird die Bewegung auf der elliptischen Übergangsbahn untersucht.

Wegen $M >> m$ wird die Erde nicht von der Bewegung des Raumschiffes beeinflußt. m führt eine Zentralbewegung aus, der Erdmittelpunkt kann näherungsweise als Fixpunkt angesehen werden. Da die Gravitationskräfte jeweils zu den Massenmittelpunkten hin gerichtet sind, existiert bzgl. dem Fixpunkt als Bezugspunkt kein äußeres Moment, d.h. der Drall bleibt konstant. Mit dem Drall $\vec{D} = \vec{r} \times (m\vec{v})$ gilt nun für die Scheitelpunkte A, B der elliptischen Übergangsbahn $(\vec{r} \perp \vec{v})$ bei vorliegender ebener Bewegung

$$D = r_1(mv_A') = r_2(mv_B') = konst. \quad \Rightarrow \quad \boxed{v_B' = \frac{r_1}{r_2} v_A'} \tag{5}$$

Da der Bewegungsvorgang (bei abgeschaltetem Triebwerk) konservativ ist, gilt außerdem der Energiesatz

$$T_A' + \Pi_A' = T_B' + \Pi_B' = konst.$$

mit $$\Pi(r) = -\int F(r)dr = \gamma\, Mm \int \frac{dr}{r^2} = -\gamma \frac{mM}{r}$$

wobei das Nullniveau für $r \to \infty$ festgelegt wurde: $\Pi(\infty) = 0$.

Damit gilt: $$\frac{1}{2} m v_A'^2 - \gamma \frac{mM}{r_1} = \frac{1}{2} m v_B'^2 - \gamma \frac{mM}{r_2}$$

bzw. mit Gl. (3) $$\boxed{v_A'^2 - v_B'^2 = 2gR^2 \left(\frac{1}{r_1} - \frac{1}{r_2} \right)} \tag{6}$$

Mit den Gleichungen (4), (5) und (6) stehen die nötigen Beziehungen zur Verfügung, um $\Delta v_A = v_A' - v_A$ und $\Delta v_B = v_B - v_B'$ zu berechnen. Es ergibt sich:

$$\boxed{\Delta v_A = R \sqrt{\frac{g}{r_1}} \left[\sqrt{\frac{2r_2}{r_1 + r_2}} - 1 \right]} \qquad \boxed{\Delta v_B = R \sqrt{\frac{g}{r_2}} \left[1 - \sqrt{\frac{2r_1}{r_1 + r_2}} \right]}$$

Man erkennt, daß wegen $r_2 > r_1$ grundsätzlich auch im Punkt B die Geschwindigkeit erneut erhöht werden muß, damit das Raumschiff von der elliptschen auf eine kreisförmige Bahn gelangen kann. Die Verringerung der Geschwindigkeit während des Fluges von A nach B wird durch Gl.(6) beschrieben.

Einsetzen der Zahlenwerte liefert:

$$\Delta v_A = 74{,}4\,\frac{m}{s} \;;\; v_A = 7399{,}6\,\frac{m}{s} \;;\; v'_A = 7474{,}0\,\frac{m}{s}$$

$$\Delta v_B = 73{,}7\,\frac{m}{s} \;;\; v'_B = 7177{,}8\,\frac{m}{s} \;;\; v_B = 7251{,}5\,\frac{m}{s}$$

zu 2. Aus dem Impulssatz erhält man den Zusammenhang zwischen Impulsänderung und Kraftstoß:

$$J'_A - J_A = \int_0^{t_A} F(t)dt = F_s t_A = m\Delta v_A \qquad (F_s = konst.)$$

Daraus folgt für die Brenndauer des Raketenantriebs:

$$t_A = \frac{m\Delta v_A}{F_s} \qquad t_B = \frac{m\Delta v_B}{F_s} \qquad \text{bzw.} \qquad t_A = 29{,}8\ s \;;\; t_B = 29{,}5\ s$$

Für die Umlaufzeiten gilt: $\tau_1 = \frac{2\pi r_1}{v_A} = 6173\ s \;;\; \tau_2 = \frac{2\pi r_2}{v_B} = 6559\ s$

Damit liegt die Brenndauer in beiden Fällen unter 0,5% der jeweiligen Umlaufzeit, was die ursprüngliche Annahme rechtfertigt.

5.2 Kinetik starrer Körper

5.2.1 Massenträgheitsmomente

Aufgabe 5.2.1.1

Ein homogener Körper der Masse m ist aus 3 rotationssymmetrischen Teilen zusammengesetzt.

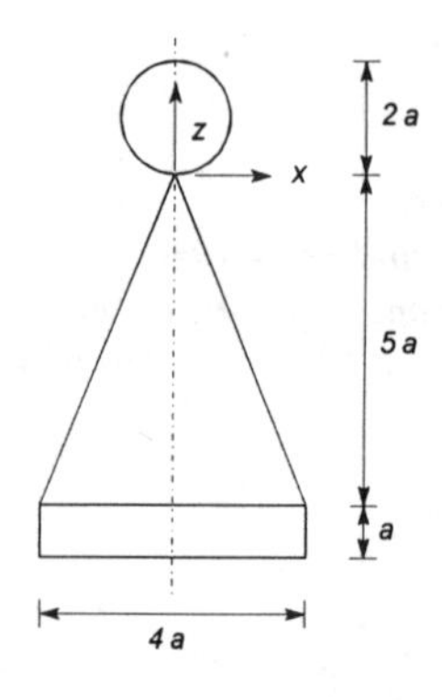

Gegeben: a, m

Gesucht: Das Massenträgheitsmoment Θ_{zz}.

Lösung:

Der zu betrachtende Körper besteht aus drei Einzelteilen: Zylinder (Index 1), Kegel (Index 2) und Kugel (Index 3).

Bestimmung des Volumens V des Körpers und die daraus resultierende Dichte ρ des Materials:

$$V = V_1 + V_2 + V_3 = \pi(2a)^2 + \frac{1}{3}\pi(2a)^2(5a) + \frac{4}{3}\pi a^3 = 12\pi a^3$$

$$\rho = \frac{m}{V} = \frac{m}{12\pi a^3}$$

Bestimmung des Trägheitsmoments bezüglich der z-Achse, die durch den Schwerpunkt verläuft und Symmetrieachse ist (der Schwerpunkt des Körpers fällt nicht mit dem Koordinatenursprung zusammen). Allgemein gilt:

$$\Theta_{zz} = \int_{(m)} \left(x^2 + y^2\right) dm = \int_{(V)} \rho(x,y,z)\left(x^2 + y^2\right) dV$$

Bei homogener Materialverteilung ist ρ = konst. Geht man auf Zylinderkoordinaten über, so gilt mit $r^2 = x^2 + y^2$ *und dem Volumen für ein infinitesimal kleines Materieteilchen* $dV = r\,dr\,d\psi\,dz$ *für den rotationssymmetrischen Körper allgemein:*

$$\Theta_{zz} = \rho \int_{(z)} \int_0^{R(z)} \int_0^{2\pi} r^3 d\psi\,dr\,dz = 2\pi\rho \int_{(z)} \int_0^{R(z)} r^3 dr\,dz = \frac{1}{2}\pi\rho \int_{(z)} R^4(z)\,dz$$

R(z) beschreibt den von z abhängigen Abstand eines Punktes auf der Mantelfläche von der z-Achse. In unserem Fall ist:

$$\Theta_{zz} = \Theta_{zz1} + \Theta_{zz2} + \Theta_{zz3}$$

1. Zylinder: $R(z) = R = 2a = konst. \quad ; \quad -6a \le z \le -5a$

$$\Theta_{zz1} = \frac{1}{2}\pi\rho \int_{-6a}^{-5a} (2a)^4 dz = 8\pi\rho a^5$$

Mit $m_1 = \rho V_1 \quad \Rightarrow \quad \Theta_{zz1} = \frac{1}{2} m_1 (2a)^2$

2. Kegel: $R(z) = -\frac{2}{5} z \quad ; \quad -5a \le z \le 0$

$$\Theta_{zz} = \frac{1}{2}\pi\rho\int_{-5a}^{0}\left(-\frac{2}{5}z\right)^4 dz = 8\,\pi\rho a^5$$

$$\text{Mit} \quad m_2 = \rho V_2 \qquad \Rightarrow \quad \Theta_{zz2} = \frac{3}{10}m_2(2a)^2$$

3. Kugel: $R(z) = R(z(\varphi)) = a\sin\varphi\ ,\ z(\varphi) = a(1-\cos\varphi)\ ;\ 0 \le \varphi \le \pi\ ,\ 0 \le z \le 2a$

$$\frac{dz}{d\varphi} = a\sin\varphi$$

$$\Theta_{zz3} = \frac{1}{2}\pi\rho\int_{(z)} R^4(z)dz = \frac{1}{2}\pi\rho\int_0^{\pi} R^4(\varphi)(a\sin\varphi)d\varphi = \frac{\pi\rho a^5}{2}\int_0^{\pi}\sin^5\varphi d\varphi$$

$$= \frac{\pi\rho a^5}{2}\left\{\left[-\frac{\sin^4\varphi\cos\varphi}{5}\right]_0^{\pi} + \frac{4}{5}\left[-\cos\varphi + \frac{1}{3}\cos^3\varphi\right]_0^{\pi}\right\} = \frac{8}{15}\pi\rho a^5$$

$$\text{Mit} \quad m_3 = \rho V_3 \qquad \Rightarrow \quad \Theta_{zz3} = \frac{2}{5}m_3 a^2$$

Gesamtes Trägheitsmoment:

$$\boxed{\Theta_{zz} = \Theta_{zz_1} + \Theta_{zz_2} + \Theta_{zz_3} = \frac{248}{15}\pi\rho a^5 = 1{,}38\ ma^2}$$

Anmerkung: der Zusammenhang zwischen der Masse m des Körpers und seinem Trägheitsmoment Θ läßt sich anschaulich über den Trägheitsradius i ausdrücken: $\Theta = mi^2$. Er liefert uns eine Vorstellung davon, wie "dicht" (bei integraler Betrachtungsweise) die Masse um die Achse (hier z-Achse) verteilt ist. Im Beispiel war $\Theta_{zz_1} = \Theta_{zz_2}$ und $m_2 > m_1$. Der Trägheitsradius des Kegels ist kleiner als der des Zylinders.

Aufgabe 5.2.1.2

Die abgebildete Felge besitzt eine Unwucht, die durch die Unwuchtmasse m_u und den Abstand 2a zur Drehachse gekennzeichnet ist. Die Felge soll durch Anbringen zweier Ausgleichsmassen m_{A1} und m_{A2} (Punktmassen) an den Felgenrändern ausgewuchtet werden.

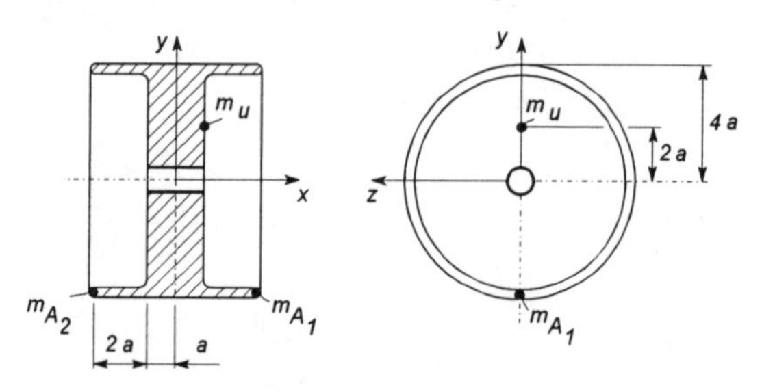

Gegeben: m_u, a

Gesucht: Die Größe der Ausgleichsmassen m_{A1}, m_{A2}
(Hinweis: die Drehachse (x-Achse) soll im ausgewuchteten Zustand Trägheitshauptachse sein)

Lösung:

1. Bedingung: *Der Schwerpunkt der ausgewuchteten Felge muß auf der Drehachse (x-Achse) liegen → statisches Auswuchten:*

$$m_u 2a - m_{A1} 4a - m_{A2} 4a = (m_u + m_{A1} + m_{A2}) y_s = 0 \qquad (1)$$

2. Bedingung: *Die Zentrifugalmomente müssen in ausgewuchtetem Zustand verschwinden → dynamisches Auswuchten:*

$$\Theta_{xy} = \sum_i (\Theta_{xy})_i - x_i y_i m_i \qquad \text{hier} \quad (\Theta_{xy})_i = 0 \quad \text{also:}$$

$$\Theta_{xy} = -m_u a(2a) - m_{A1}(3a)(-4a) - m_{A2}(-3a)(-4a) = 0 \qquad (2)$$

$\Theta_{zy} = 0$ ist automatisch erfüllt, da die Massen m_u, m_{A1}, m_{A2} auf der y-Achse liegen und damit alle Anteile verschwinden.

aus (1) : $\frac{1}{2}m_u - m_{A1} - m_{A2} = 0$ (3)

aus (2) : $-\frac{1}{6}m_u - m_{A1} - m_{A2} = 0$ (4)

aus (1) - (2): $\boxed{m_{A1} = \frac{1}{3}m_u}$ *aus (1) + (2):* $\boxed{m_{A2} = \frac{1}{6}m_u}$

Daß das dritte Zentrifugalmoment Θ_{yz} ebenfalls Null ist, ist keine notwendige Bedingung für das Auswuchten bzgl. der x-Achse ist, sondern sagt aus, daß die y- und z-Achse damit ebenfalls Hauptachsen sind Ausgangspunkt in der Aufgabenstellung war, daß die y-Achse so ausgerichtet war, daß die Unwuchtmasse eine verschwindende z-Koordinate besaß: $z_u = 0$ (willkürlich festlegbar). Die Bedingung für den Schwerpunkt $z_s = 0$ analog zu Gl.(1) und $\Theta_{xz} = 0$ liefern die Aussage, daß dann die Ausgleichsmassen ebenfalls so angeordnet werden müssen, daß $z_{A1} = z_{A2} = 0$ gilt.

Nur wenn der Winkelgeschwindigkeitsvektor (hier: $\vec{\omega} = \omega\, \vec{e}_x$) ständig in eine der Hauptrichtungen fällt, ist eine Rotation möglich, bei der die Lagerung der Drehachse belastungsfrei bleibt (vgl. Hahn, Kap. 6.2.5 sowie Aufgabe 5.2.2.8). Es treten dann weder eine resultierende Zentrifugalkraft noch Kreiselmomente auf.

Aufgabe 5.2.1.3

Für das abgebildete ebene Bauteil mit konstanter Dicke d soll die Trägheitsmomente bestimmt werden. Das gesamte Bauteil besteht aus zwei Quadern unterschiedlicher Dichte ρ_1 bzw. ρ_2.

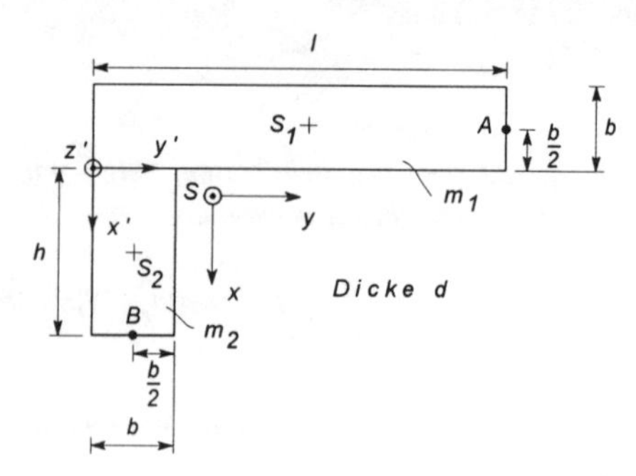

Gegeben: h, ℓ, b, d, ρ_1, ρ_2, Θ_A

Gesucht:
1. Die Lage des Schwerpunkts,
2. die Komponenten des Trägheitstensors für das eingezeichnete Schwerachsensystem,
3. das Massenträgheitsmoment Θ_B für eine durch Punkt B verlaufende, zur z-Achse parallele Achse, wobei der bekannte Wert Θ_A für eine parallele Achse durch A verwendet werden soll

Lösung:

zu 1. Zunächst muß die Lage des Schwerpunkts bestimmt werden, hierzu wird ein x'-y'-z'-Hilfskoordinatensystem eingeführt. In Dickenrichtung wird dieses Koordinatensystem in die Symmetrieebene in der halben Bauteildicke gelegt. Die Kooordinaten des Schwerpunkts im Hilfskoordinatensystem sind dann:

$$x_s' = \frac{\frac{h}{2}m_2 - \frac{b}{2}m_1}{m_1 + m_2} \qquad y_s' = \frac{\frac{\ell}{2}m_1 + \frac{b}{2}m_2}{m_1 + m_2}$$

mit $m_1 = \rho_1 \ell b d$ *und* $m_2 = \rho_2 h b d$

zu 2. Die Komponenten des Trägheitstensors sind die Massenträgheitsmomente $\Theta_{xx}, \Theta_{yy}, \Theta_{zz}$ *sowie die Zentrifugalmomente* $\Theta_{xy} = \Theta_{yx}, \Theta_{zx} = \Theta_{xz}, \Theta_{yz} = \Theta_{zy}$.

Für ein zusammengesetztes Bauteil gilt z.B. für Θ_{zz}:

$$\Theta_{zz} = \int\limits_{(m)} \left(x^2 + y^2\right) dm = \int\limits_{(m_1)} \left(x^2 + y^2\right) dm + \int\limits_{(m_2)} \left(x^2 + y^2\right) dm = \Theta_{zz_1} + \Theta_{zz_2}$$

Insbesondere bei Bauteilen konstanter Dicke d und homogener Materialverteilung ist:

$$\Theta_{zz} = \int\limits_{(m)} \left(x^2 + y^2\right) dm = \rho d \int\limits_{(A)} \left(x^2 + y^2\right) dA = \rho d\left(J_{yy} + J_{xx}\right) = \rho d J_p$$

wobei J_{yy}, J_{xx}, J_p die axialen bzw. polaren Flächenträheitsmomente sind.
Für z.B. den Quader 1 gilt daher bzgl. eines Koordinatensystems im Quaderschwerpunkt S_1:

$$\Theta_{z_1 z_1} = \rho_1 d\left(\frac{b^3 \ell}{12} + \frac{\ell^3 b}{12}\right) = \frac{b^2 + \ell^2}{12} m_1$$

Für Quader 2 ist: $\Theta_{z_2 z_2} = \dfrac{h^2 + b^2}{12} m_2$

Unter Verwendung des Ergebnisses für einen Quader (s.a. Hahn, Kap. 6.1.3) und Anwendung des STEINERschen Satzes wird

$$\Theta_{zz} = \Theta_{zz_1} + \Theta_{zz_2} = \frac{b^2 + \ell^2}{12} m_1 + \left[\left(\frac{\ell}{2} - y_s'\right)^2 + \left(\frac{b}{2} + x_s'\right)^2\right] m_1$$
$$+ \frac{h^2 + b^2}{12} m_2 + \left[\left(\frac{h}{2} - x_s'\right)^2 + \left(y_s' - \frac{b}{2}\right)^2\right] m_2$$

Analog lassen sich $\Theta_{yy} = \int\limits_{(m)} \left(x^2 + z^2\right) dm$ *und* $\Theta_{xx} = \int\limits_{(m)} \left(y^2 + z^2\right) dm$ *berechnen:*

$$\Theta_{yy} = \Theta_{yy_1} + \Theta_{yy_2} = \frac{b^2 + d^2}{12} m_1 + \left(x_s' + \frac{b}{2}\right)^2 m_1 + \frac{h^2 + d^2}{12} m_2 + \left(\frac{h}{2} - x_s'\right)^2 m_2$$

$$\Theta_{xx} = \Theta_{xx_1} + \Theta_{xx_2} = \frac{\ell^2 + d^2}{12} m_1 + \left(\frac{\ell}{2} - y_s'\right)^2 m_1 + \frac{b^2 + d^2}{12} m_2 + \left(y_s' - \frac{b}{2}\right)^2 m_2$$

Das Zentrifugalmoment $\Theta_{xy} = -\int\limits_{(m)} xy\,dm = -\int\limits_{(m_1)} xy\,dm - \int\limits_{(m_2)} xy\,dm$ *wird auf gleiche Weise ermittelt. Betrachtet man einen Quader alleine, so verschwinden die Zentrifugalmomente bzgl. einem Koordinatensystem im Quaderschwerpunkt aufgrund der Symmetrie. Bei den*

STEINERschen Anteilen ist auf das vorzeichenrichtige Einsetzen der Schwerpunktskoordinaten zu achten.

$$\Theta_{xy} = \Theta_{x_1y_1} - x_{s_1}y_{s_1}m_1 + \Theta_{x_2y_2} - x_{s_2}y_{s_2}m_2$$

Mit $\Theta_{x_1y_1} = \Theta_{x_2y_2} = 0$ *und*

$$x_{s_1} = -\left(x_s' + \frac{b}{2}\right), \quad y_{s_1} = +\left(\frac{\ell}{2} - y_s'\right) \quad ; \quad x_{s_2} = +\left(\frac{h}{2} - x_s'\right), \quad y_{s_2} = -\left(y_s' - \frac{b}{2}\right)$$

ergibt sich:

$$\boxed{\Theta_{xy} = \left(x_s' + \frac{b}{2}\right)\left(\frac{\ell}{2} - y_s'\right)m_1 + \left(\frac{h}{2} - x_s'\right)\left(y_s' - \frac{b}{2}\right)m_2}$$

Für die Zentrifugalmomente Θ_{yz} *und* Θ_{yx} *erhält man:*

$$\boxed{\Theta_{yz} = 0} \qquad \boxed{\Theta_{zx} = 0}$$

da hier zusätzlich alle STEINERschen Anteile verschwinden (die Schwerpunkte der beiden Quader besitzen die z-Koordinaten $z_{s_1} = 0$ *und* $z_{s_2} = 0$*).*

zu 3. Für das Massenträgheitsmoment Θ_B *sowie* Θ_A *gilt, wobei die Bezugsachse zur z-Achse parallel ist und durch den Punkt B bzw. A verläuft, nach dem STEINERschen Satz:*

$$\Theta_B = \Theta_{zz} + \left[(h - x_s')^2 + \left(y_s' - \frac{b}{2}\right)^2\right](m_1 + m_2)$$

$$\Theta_A = \Theta_{zz} + \left[(\ell - y_s')^2 + \left(x_s' + \frac{b}{2}\right)^2\right](m_1 + m_2)$$

Elimination von Θ_{zz} *führt auf* Θ_B*:*

$$\boxed{\Theta_B = \Theta_A + \left[(h - x_s')^2 + \left(y_s' - \frac{b}{2}\right)^2 - (\ell - y_s')^2 - \left(x_s' + \frac{b}{2}\right)^2\right](m_1 + m_2)}$$

Der STEINERsche Satz muß also hier zweimal hintereinander angewendet werden, da er nur den Übergang von einer Schwerachse auf eine dazu beliebige parallele Achse beschreibt. Der direkte Übergang von A nach B führt zu falschen Ergebnissen!

5.2.2 Impuls- und Drehimpulssatz

Aufgabe 5.2.2.1

Ein Satellit besteht aus dem eigentlichen rotationssymmetrischen Satellitenkörper (Masse M, Trägheitsradius i) sowie zwei gleichen Solarpanels (Masse m, Abmessungen b, h). Die Solarpanels können als dünne rechteckige Platten gleicher Dicke d angesehen werden. Der Satellit rotiert mit der Kreisfrequenz ω_1 um die z-Achse, wenn sich die Solarpanels in einer Winkelstellung von $\varphi = 0°$ befinden. Die Solarpanels können mit Hilfe eines inneren Verstellmechanismus um die y-Achse gedreht werden.

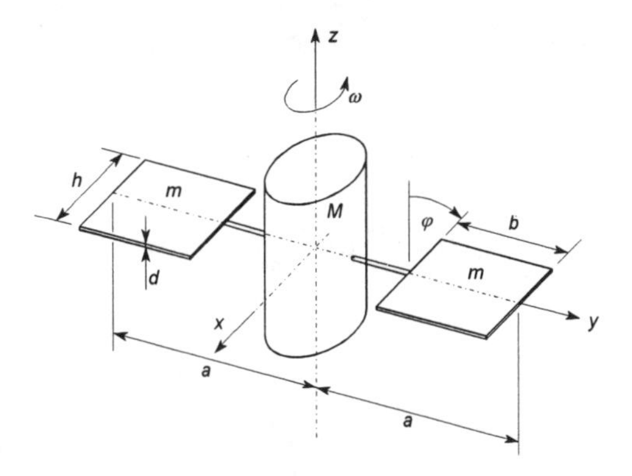

Gegeben: $M = 160$ kg, $i = 0{,}45$ m, $a = 2{,}4$ m,
$m = 8$ kg, $b = 1{,}8$ m, $h = 1{,}2$ m, $d \ll b, h$
$\omega_1 = 5\ s^{-1}$

Gesucht: Die Winkelgeschwindigkeit ω_2, die sich einstellt, wenn die Solarpanels in eine Lage $\varphi = 90°$ gedreht werden. Einflüsse, die aus der Rotation der Panels um die y-Achse entstehen, können vernachlässigt werden.

Lösung:

Es wird der Drallsatz herangezogen: $\quad \dot{\vec{D}} = \vec{M}$

Aus $\quad \vec{M} = 0 \quad$ *folgt* $\quad \vec{D} \quad$ *ist konstant.*

In der Stellung $\varphi = 0°$ *und* $\varphi = 90°$ *sind jeweils die körperfesten x-y-z-Achsen auch Trägheitshauptachsen. Die Drehbewegung findet um die z-Achse statt:*

$$\vec{D} = D_z\vec{e}_z \qquad ; \qquad D_z = \theta_{zz}\omega_z = konst.$$

d.h. mit $\Theta_{zz1} = \Theta_{zz}(\varphi = 0°)$, $\Theta_{zz2} = \Theta_{zz}(\varphi = 90°)$ *und* $\omega_1 = \omega_{z1}$, $\omega_2 = \omega_{z2}$ *folgt:*

$$\theta_{zz1}\omega_1 = \theta_{zz2}\omega_2 \tag{1}$$

Bestimmung der Massenträgheitsmomente (Indizes zz weggelassen).

Satellitenkörper: $\theta_{SK} = M\,i^2$

Panel : $\theta_{P0} = \theta_0 + \left(a - \frac{b}{2}\right)^2 m$ bzw. $\theta_{P90} = \theta_{90} + \left(a - \frac{b}{2}\right)^2 m$

$$\text{mit } \theta_0 = m\frac{b^2}{12} \quad \text{und} \quad \theta_{90} = m\frac{b^2 + h^2}{12}$$

(vgl. Hahn, Kap. 6.1.3 u. Aufgabe 5.2.1.3)

Damit ist

$$\theta_{zz1} = M\,i^2 + 2\left[m\frac{b^2}{12} + \left(a - \frac{b}{2}\right)^2 m\right] = 72{,}72\ kgm^2$$

und $$\theta_{zz2} = M\,i^2 + 2\left[m\frac{b^2 + h^2}{12} + \left(a - \frac{b}{2}\right)^2 m\right] = 74{,}64\ kgm^2$$

Aus Gleichnung (1) folgt:

$$\boxed{\omega_2 = \frac{\Theta_{zz1}}{\Theta_{zz2}}\,\omega_1 = 4{,}87\,s^{-1}}$$

Aufgabe 5.2.2.2

Um eine reibungsfrei gelagerte Rolle (Masse M ,Radius a) ist ein Seil gelegt. An dem einen Ende des Seils hängt ein Affe (Masse m), an dem anderen ein Gegengewicht gleicher Masse. Die Seilmasse kann vernachlässigt werden. Zwischen Seil und Rolle, die als Kreisscheibe zu betrachten ist, findet kein Gleiten statt. Aus dem anfänglichen Ruhezustand beginnt nun der Affe mit einer Relativgeschwindigkeit v' (relativ zum Seil) nach oben zu klettern.

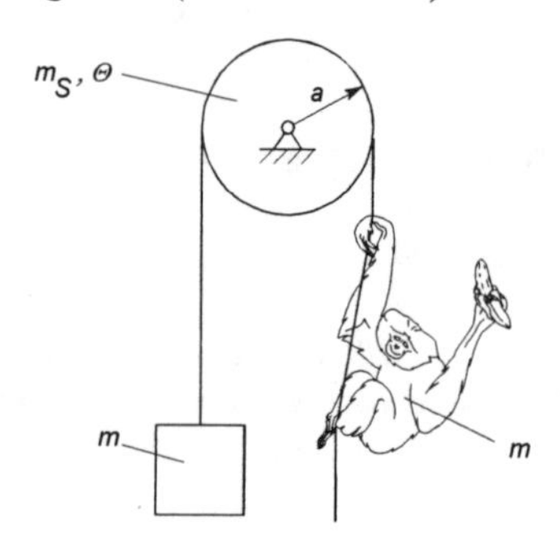

Gegeben: m, m_S, a, v'

Gesucht: Die Geschwindigkeit u, mit der sich das Gegengewicht nach oben bewegt.

Lösung:

Anfangs befindet sich das System im statischen Gleichgewichtszustand: die Summe der äußeren Momente (z.B. bzgl. Punkt A) verschwindet. Beginnt nun der Affe am Seil hochzuklettern, so muß, da auch weiterhin kein äußeres resultierendes Moment vorhanden ist, der Drall konstant bleiben.

Drallsatz: $\dot{D} = M$ *und mit* $M = 0$ *folgt* $D = D_1 = D_0 = konst.$

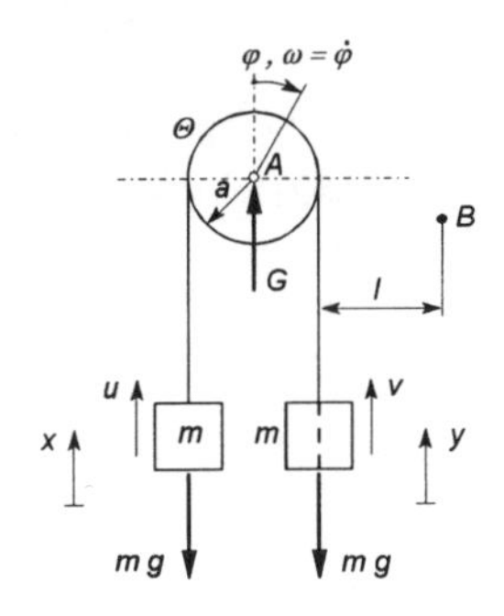

Wegen des anfänglichen Ruhezustands ist $D = 0$. *Als Bezugspunkt für den Drall wird der Drehpunkt der Rolle ausgewählt:*

$$\overset{\frown}{A}: \; D_{(A)} = mua - mva + \Theta\omega = 0$$

wobei die Geschwindigkeiten u und v Absolutgeschwindigkeiten sind. Der Drall setzt sich aus den translatorischen Anteilen der beiden geradlinig bewegten Massen und dem rotatorischen Anteil der Rolle zusammen.

Kinematische Beziehungen: $x = a\varphi$ *bzw.* $u = a\omega$ *(1)* $\qquad v = v' - u$ *(2)*

Nach Einsetzen erhält man:

$$\boxed{u = \frac{1}{2 + \frac{\Theta}{ma^2}} v'} \qquad \text{mit} \quad \Theta = \frac{1}{2} m_S a^2$$

Bei masseloser Rolle ist $u = \frac{1}{2} v' = v$*: Affe und Gegengewicht bewegen sich mit gleicher Absolutgeschwindigkeit nach oben. Um den Sachverhalt noch etwas umfassender darzulegen, wird eine allgemeinere Lösungsvariante angegeben.*
Prinzipiell kann jeder andere Punkt als Bezugspunkt ausgewählt werden: z.B. der raumfeste Punkt B. Während man im 1. Fall nur mit dem Drallsatz auskam, muß jetzt zusätzlich noch der Impulssatz herangezogen werden. In dem Augenblick, in dem der Affe beginnt, loszuklettern, ändert sich die Lagerkraft G an der Rolle. Die Auflagerkraft $G = G_S + G_K$ *besteht aus einem statischen Anteil* $G_S = 2mg$ *und einem kinetischen Anteil* G_K *aufgrund der Bewegung der beiden Massen. Nur letzterer braucht betrachtet zu werden. Andernfalls müssen auch die beiden Gewichtskräfte in der Impuls- und Drallgleichung berücksichtigt werden.*

Impulssatz: $\uparrow : J_1 - J_0 = \int_{t_0}^{t_1} G_K dt$

Mit $J_0 = 0$, *da* $u_0 = v_0 = 0$ *ist, folgt:* $mu + mv = \int_{t_0}^{t_1} G_K(t) dt$ *(3)*

Drallsatz: $\overset{\curvearrowleft}{B}: \; D_{1(B)} - D_{0(B)} = \int_{t_0}^{t_1} G_K(t)(\ell + a)dt$

Mit $D_{0(B)} = 0$ *folgt:* $mu(\ell + 2a) + mv\ell + \Theta\omega = (\ell + a)\int_{t_0}^{t_1} G_K(t)dt$ *(4)*

Das Integral braucht nicht berechnet zu werden, sondern Gl. (3) kann in (4) eingesetzt werden:

$$mu(\ell + 2a) + mv\ell + \Theta\omega = (\ell + a)(mu + mv)$$

Nach Einsetzen von $v = v' - u$ *erhält man das gleiche Ergebnis wie eben.*
Man erkennt, daß es wichtig ist, das Schnittprinzip konsequent zu verfolgen, denn schneidet man die Rolle nicht am Drehpunkt A frei und berücksichtigt man demzufolge nicht die Kraft G im Drall- und Impulssatz, so erhält man hier ein falsches Ergebnis!

Aufgabe 5.2.2.3

Eine Kugel der Masse m_1 trifft mit der Geschwindigkeit v_1 im Abstand r vom Drehpunkt auf ein ruhendes ballistisches Pendel, das eine Masse m2 sowie ein auf den Schwerpunkt S bezogenes Massenträgheitsmoment Θ_2 besitzt. Das Pendel, in dem die Kugel nach dem Auftreffen stecken bleibt, schlägt anschließend um einen Winkel φ aus.

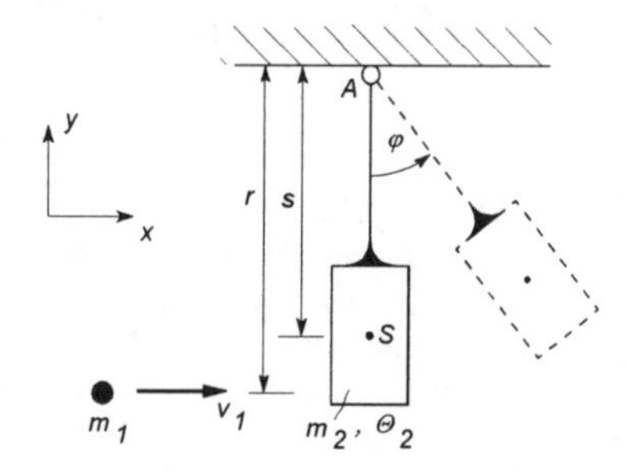

Gegeben: m_1, m_2, Θ_2, r, s, φ

Gesucht: 1. Die Geschwindigkeit v_1, mit der die Kugel auftrifft,
2. der Verlust T_v an kinetischer Energie unmittelbar nach dem Auftreffen der Kugel.

Lösung:

zu 1. Die Lösung erfolgt in zwei Schritten:

1. *Berechnung der Winkelgeschwindigkeit* ω^* *des Pendels nach Auftreffen der Kugel mit Hilfe des Drallsatzes (exzentrischer Stoß)*

2. *Nach dem Stoß: Anwendung des Energiesatzes zur Rückrechnung auf die gesuchte Geschwindigkeit über den Pendelausschlag φ*

Da das Pendel eine reine Rotationbewegung um den Drehpunkt A ausführt, bietet es sich an, diesen als Bezugspunkt zu wählen. Außerdem wirkt, solange sich das Pendel noch in Ruhe befindet, kein resultierendes Moment auf das System: $M_{(A)} = 0$

Drallsatz: $\dot{D}_{(A)} = M_{(A)}$ *und mit* $M_{(A)} = 0$ *folgt* $D_{(A)} = konst.$

$$\overset{\frown}{A}: \; rm_1v_1 = \left(\Theta_2 + s^2m_2\right)\omega^* + rm_1v^* = \left(\Theta_2 + s^2m_2 + r^2m_1\right)\omega^*$$

$$\text{Mit} \quad v^* = r\omega^* \quad \text{ergibt sich:} \quad \omega^* = \frac{r\,m_1v_1}{\Theta_2 + s^2m_2 + r^2m_1} = \frac{r\,m_1v_1}{\Theta_{ges}} \qquad (1)$$

Energiesatz angewendet auf die Bewegung nach dem Stoß:

$$T_0 + \Pi_0 = T_1 + \Pi_1$$

Mit (1) und dem Nullniveau für Π in Höhe des Punktes A wird:

$$T_0 = \frac{1}{2}\Theta_{ges}\omega^{*2} = \frac{1}{2}\left(\frac{r^2m_1}{\Theta_{ges}}\right)m_1v_1^2 \quad ; \quad \Pi_0 = -m_1gr - m_2gs$$

$$T_1 = 0 \quad ; \quad \Pi_1 = -m_1gr\cos\varphi - m_2gs\cos\varphi$$

und damit: $$\frac{1}{2}\left(\frac{r^2m_1}{\Theta_{ges}}\right)m_1v_1^2 = m_1gr(1-\cos\varphi) + m_2gs(1-\cos\varphi)$$

bzw. nach einigen Umformungen:

$$\boxed{v_1 = \sqrt{2g\left(r + \frac{m_2}{m_1}s\right)(1-\cos\varphi)\left[\frac{\Theta_2}{r^2m_1} + \left(\frac{s}{r}\right)^2\frac{m_2}{m_1} + 1\right]}} \qquad (2)$$

Anmerkung: wird nicht der Punkt A als Drallbezugspunkt gewählt, so entsteht die gleiche Situation wie in der vorherigen Aufgabe. Das richtige Freischneiden verlangt dann auch das Antragen der Auflagerkraft im Aufhängungspunkt A und es muß zusätzlich der Impulssatz angewandt werden.

zu 2. Da sich Pendel und Kugel nachher gemeinsam weiterbewegen, tritt ein maximaler Verlust an kinetischer Energie auf (vollplastischer Stoß):

$$\boxed{T_v = \frac{1}{2}m_1v_1^2 - \frac{1}{2}\Theta_{ges}\omega^{*2} = \frac{1}{2}m_1v_1^2\left(1 - \frac{r^2m_1}{\Theta_2 + s^2m_2 + r^2m_1}\right)} \quad \text{mit } v_1 \text{ nach Gl. (2)}$$

Aufgabe 5.2.2.4

Bei einem Kopplungsmanöver im Weltraum nähert sich ein Raumschiff (Masse m_1, Massenträgheitsmoment Θ_1) mit der konstanten Geschwindigkeit v_1 einer Raumstation (Masse m_2, Massenträgheitsmoment Θ_2). Die Raumstation bewegt sich vor der Kopplung mit der konstanten Geschwindigkeit v_2 in gleicher Richtung wie das Raumschiff. Bei der Kopplung dockt das Raumschiff seitlich an die Raumstation an. S_1 und S_2 kennzeichnen die Schwerpunkte von Raumschiff und Raumstation. S* ist der Schwerpunkt des gekoppelten Systems. Die Trägheitsmomente Θ_1, Θ_2 beziehen sich auf den jeweiligen Schwerpunkt.

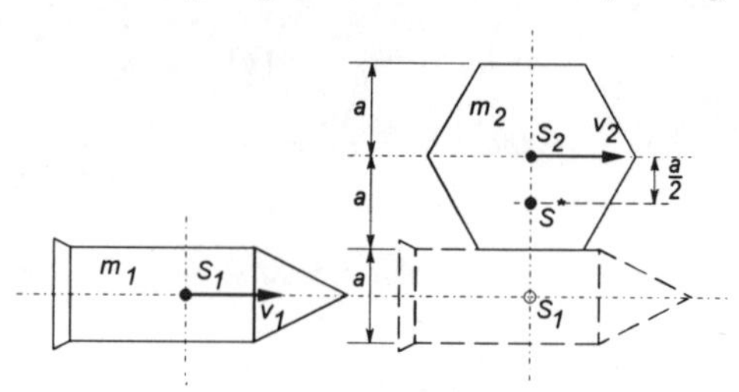

Gegeben: Raumschiff: m_1, Θ_1, v_1; Raumstation: $m_2 = 2\,m_1$, Θ_2, v_2, Geometriegröße a.

Gesucht: 1. Die Schwerpunktgeschwindigkeit v* des zusammengekoppelten Systems,
2. die Winkelgeschwindigkeit ω* des gekoppelten Systems.

Lösung:

Da weder äußere Kräfte noch Momente auf das System wirken, bleiben Impuls und Drall konstant.
zu 1. Aus dem Impulssatz folgt:

$$\rightarrow: J_1 + J_2 = J^* \qquad d.h. \qquad m_1 v_1 + m_2 v_2 = (m_1 + m_2) v^*$$

und somit:

$$\boxed{v^* = \frac{v_1 + 2v_2}{3}}$$

zu 2. Der Drallsatz mit dem Schwerpunkt S als Bezugspunkt liefert:*

$$\overset{\curvearrowleft}{S}{}^*: D_1 + D_2 = D^* \quad d.h. \quad a\,m_1 v_1 + \Theta_1\omega_1 - \frac{a}{2} m_2 v_2 + \Theta_2\omega_2 = r^*(m_1 + m_2)v^* + \Theta_s^*\omega^*$$

Da sich die beiden Körper vor dem Ankoppeln rein translatorisch bewegen, entfallen die Drallanteile $\Theta_1\omega_1$ und $\Theta_2\omega_2$. Außerdem ist $r^* = 0$, da der Bezugspunkt der Schwerpunkt S ist.*

Mit dem Massenträgheitsmoment

$$\Theta_s^* = \Theta_1 + m_1 a^2 + \Theta_2 + m_2\left(\frac{a}{2}\right)^2 = \Theta_1 + \Theta_2 + \frac{3}{2} m_1 a^2$$

ergibt sich ω zu:*

$$\omega^* = \frac{m_1 a(v_1 - v_2)}{\Theta_1 + \Theta_2 + \frac{3}{2} m_1 a^2}$$

Anmerkungen: 1. Als Bezugspunkt wurde der Gesamtschwerpunkt S gewählt. Es ist genauso gut möglich, einen anderen beliebigen, jedoch raumfesten Punkt auszuwählen, wobei unter Verwendung entsprechender Abstände und Berücksichtigung des Drehsinns die Vorgehensweise identisch ist. Wählt man einen beschleunigten Bezugspunkt, der nicht Schwerpunkt des Gesamtsystems ist, so tritt noch ein zusätzlicher Term auf (vgl. Hahn, Kap. 6.2.2, 6.2.4).*
2. Die Anwendung des Energiesatzes führt auf falsche Ergebnisse (Begründung?)

Aufgabe 5.2.2.5

Ein Elektromotor, der unter konstanter elektrischer Spannung ein drehzahlabhängiges Antriebsmoment $M_E(\omega) = M_0 - k\omega$ abgibt, treibt über ein Getriebe schlupffrei ein Aggregat an. Dieses setzt dem Antrieb ein konstantes Lastmoment M_L entgegen. Die Zahnräder des Getriebes besitzen die Massen m_1, m_2 und sollen idealisiert als zylindrische Walzen mit den Durchmessern d_1, d_2 angenommen werden. Das Massenträgheitsmoment des Elektromotors ist Θ_E, das des Aggregats Θ_A. Die Trägheitsmomente der starren Wellen können vernachlässigt werden.

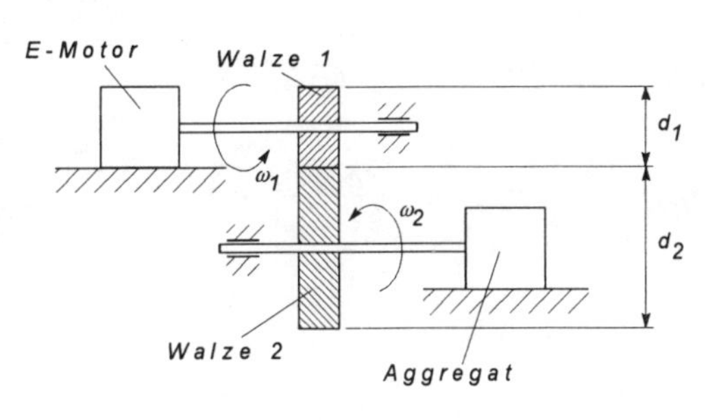

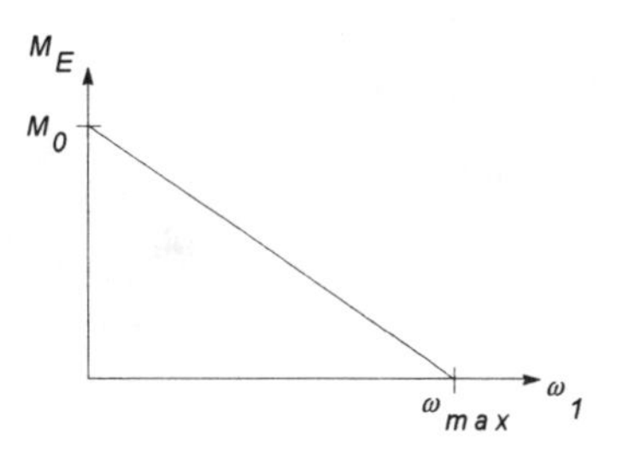

Gegeben: Zahnräder: m_1, d_1, m_2, d_2; Aggregat: Θ_A, M_L; Motor: Θ_E; $M_E = M_0 - k\omega$;
M_0 = konst. > 0, k = konst. > 0

Gesucht:
1. Der Verlauf der Winkelgeschwindigkeit $\omega_1(t)$ des Motors beim Anfahren aus dem Stillstand,
2. die maximale Winkelgeschwindigkeit des Motors unter der Betriebslast M_L,
3. das Antriebsmoment im stationären Zustand,
4. die Bedingung, die der Motor hinsichtlich des Anzugsmomentes M_0 erfüllen muß,
5. die Veränderung der stationären Aggregatdrehfrequenz ω_{2stat} bei Verdopplung des ursprünglichen Übersetzungsverhältnisses (d_1/d_2).

Lösung:

zu 1. Obere und untere Welle führen jeweils eine Drehbewegung um eine feste Achse aus. Die Kopplung der Bewegungen erfolgt durch die Kräfte F_z an den Walzenberührpunkten. Anwendung des Drallsatzes für die beiden Teilsysteme liefert:

$$\overset{\frown}{\text{M}}_1: \quad \Theta_{1ges}\ddot{\varphi}_1 = \Theta_{1ges}\dot{\omega}_1$$

$$= M_E - F_z r_1 = (M_0 - k\omega_1) - F_z r_1 \qquad (1)$$

$$\textit{wobei} \quad \Theta_{1ges} = \Theta_E + \Theta_{z1} \quad \textit{gilt}$$

$$\textit{und} \quad \Theta_{z1} = \frac{1}{2} m_1 r_1^2 \quad \textit{sowie} \quad r_1 = \frac{d_1}{2} \quad \textit{ist.}$$

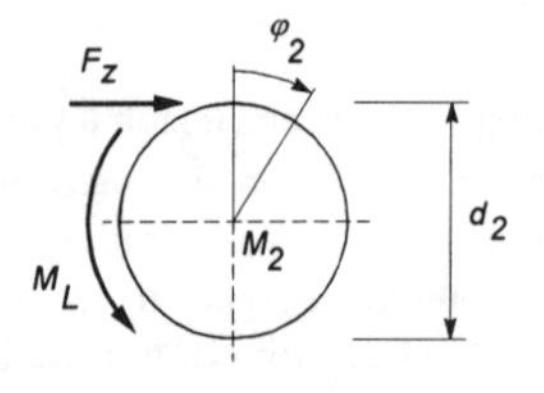

$$\overset{\frown}{\text{M}}_2: \quad \Theta_{2ges}\ddot{\varphi}_2 = \Theta_{2ges}\dot{\omega}_2 = -M_L + F_z r_2 \qquad (2)$$

$$\textit{wobei} \quad \Theta_{2ges} = \Theta_A + \Theta_{z2} \quad \textit{gilt}$$

$$\textit{und} \quad \Theta_{z2} = \frac{1}{2} m_2 r_2^2 \quad \textit{sowie} \quad r_2 = \frac{d_2}{2} \quad \textit{ist.}$$

Kinematische Bedingung:

$$\varphi_1 r_1 = \varphi_2 r_2 \qquad \textit{bzw.} \qquad \omega_1 r_1 = \omega_2 r_2 \qquad \textit{und} \qquad \dot{\omega}_1 r_1 = \dot{\omega}_2 r_2 \qquad (3)$$

Aus Gl. (1), (2) und (3) ergibt sich: $\left(\Theta_{1ges} + \left(\frac{r_1}{r_2}\right)^2 \Theta_{2ges}\right)\dot{\omega}_1 = (M_0 - k\omega_1) - M_L\left(\frac{r_1}{r_2}\right)$

bzw.

$$\boxed{\dot{\omega}_1 + \frac{k}{\Theta_{1ges} + \left(\frac{r_1}{r_2}\right)^2 \Theta_{2ges}}\,\omega_1 = \frac{M_0 - M_L\left(\frac{r_1}{r_2}\right)}{\Theta_{1ges} + \left(\frac{r_1}{r_2}\right)^2 \Theta_{2ges}}}$$

oder kürzer $\dot{\omega}_1 + P\omega_1 = Q$.

Diese lineare inhomogene Differentialgleichung 1. Ordnung besitzt die allgemeine Lösung:

$$\omega_1(t) = Ce^{-Pt} + \frac{Q}{P}.$$

Die Integrationskonstante C läßt sich aus der Anfangsbedingung $\omega_1(t=0)=0$ *ermitteln.* *Man erhält* $C=-\dfrac{Q}{P}$ *und somit:*

$$\omega_1(t)=\frac{M_0-M_L\left(\frac{r_1}{r_2}\right)}{k}\left(1-exp\left(-\frac{k}{\Theta_{1ges}+\left(\frac{r_1}{r_2}\right)^2\Theta_{2ges}}t\right)\right)$$

zu 2. Für große Zeiten t nähert sich die Winkelgeschwindigkeit asymptotisch dem stationären Wert:

$$\omega_{1stat}=\frac{M_0-M_L\left(\frac{r_1}{r_2}\right)}{k}$$

Diese Drehfrequenz ist natürlich kleiner als die Leerlaufdrehzahl $\omega_{max}=\dfrac{M_0}{k}=\omega_{Leer}$ *des Elektromotors.*

zu 3. Der Motor erzeugt im stationären Betrieb das Moment:

$$M_{E\,stat}=M_0-k\omega_{1stat}=M_L\left(\frac{r_1}{r_2}\right)$$

Diese Beziehung erhält man auch unmittelbar für $\dot{\omega}_1=\dot{\omega}_2=0$ *aus den Gln. (1) und (2).*

zu 4. Damit das System aus dem Stillstand heraus beschleunigt werden kann, muß ein Motor ausgewählt werden, für dessen Anzugsmoment M_0 *gilt:*

$$M_0>M_L\left(\frac{r_1}{r_2}\right)$$

zu 5. Die Winkelgeschwindigkeit des Aggregats ist $\omega_{2stat}=(r_1/r_2)\,\omega_{1stat}$

Die Verdopplung des ursprünglichen Übersetzungsverhältnisses (r_1/r_2) *ergibt eine neue stationäre Winkelgeschwindigkeit:*

$$\omega'_{2stat} = \left(2\frac{r_1}{r_2}\right)\frac{M_0 - M_L\left(2\frac{r_1}{r_2}\right)}{k}$$

Aus dem Verhältnis ergibt sich:

$$\boxed{\frac{\omega'_{2stat}}{\omega_{2stat}} = 2\left(\frac{M_0 - M_L\left(2\frac{r_1}{r_2}\right)}{M_0 - M_L\left(\frac{r_1}{r_2}\right)}\right) < 2}$$

d.h. keine Verdopplung der Winkelgeschwindigkeit aufgrund der abfallenden Motorkennlinie.

Aufgabe 5.2.2.6

Ein Tennisball der Masse m wird so geschlagen, daß er mit der Geschwindigkeit v unter dem Winkel α den Boden berührt. Außerdem dreht sich der Ball mit der Winkelgeschwindigkeit ω. Es sind folgende idealisierende Annahmen zu treffen: die Deformation des Balles soll vernachlässigt werden, Boden und Ball besitzen so rauhe Oberflächen, daß beim Bodenkontakt kein Gleiten des Balles auftritt. Der Ball besitzt den Außenradius r und den Innenradius r_i. Der Energieverlust beim Stoß wird durch die Stoßzahl k beschrieben.

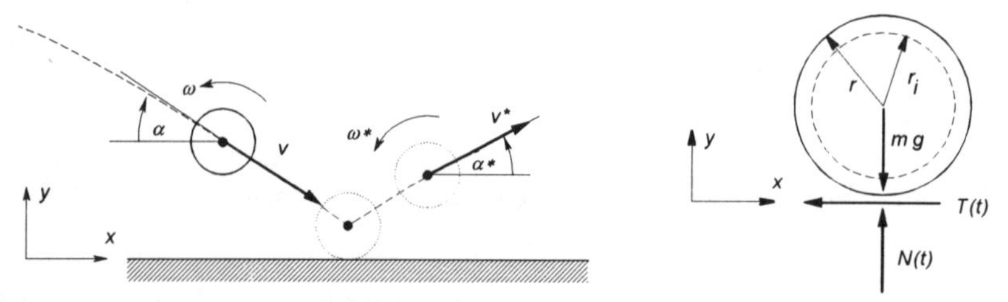

Gegeben: v, ω, α, m, k, r, $r_i = 0{,}9\,r$

Gesucht: Die Geschwindigkeit v*, die Winkelgeschwindigkeit ω^* und der Winkel α^* unmittelbar nach dem Abheben des Balls.

Lösung:

Zur Lösung werden Drall- und Impulssatz $\dot{D} = M$, $\dot{\vec{J}} = \vec{F}$ herangezogen. Während des Bodenkontaktes wirkt in tangentialer Richtung (x-Richtung) durch die rauhen Oberflächen eine Haftreibungskraft T, die Gleiten verhindert. Ferner bewirkt das Moment M=-Tr eine Änderung des Drehimpulses und damit auch eine Änderung der Winkelgeschwindigkeit. In *vertikaler Richtung tritt neben der Gewichtskraft eine Normalkraft N auf. Für den Drallsatz wird als Bezugspunkt der Schwerpunkt S des Balls gewählt.*

Integration :

$$\rightarrow: \quad m v_x^* - m v_x = -\int_{t_0}^{t_1} T(t)dt \tag{1}$$

$$\uparrow: \quad m v_y^* - m v_y = \int_{t_0}^{t_1} \left(N(t) - mg\right)dt \tag{2}$$

$$\curvearrowleft S: \quad \Theta\omega^* - \Theta\omega = \int_{t_0}^{t_1} M(t)dt = -r\int_{t_0}^{t_1} T(t)dt \tag{3}$$

In Analogie zu Aufgabe 5.1.3.2 ergibt sich für die Normalkomponenten (y-Richtung)

$$v_y^* = -k v_y \quad mit \quad v_y = -v \sin\alpha \tag{4}$$

Während der Bodenberührung gilt die Rollbedingung, insbesondere ist im Moment des Abhebens:

$$v_x^* = -r\omega^* \tag{5}$$

Das Trägheitsmoment der Hohlkugel berechnet sich zu:

$$\Theta = \frac{2}{5} m\left(r^2 - r_i^2\right) = 0{,}076\, m r^2 \tag{6}$$

Auflösen der Gleichungen (1), (3) unter Verwendung von (5) liefert:

$$v_x^* = \frac{1}{1 + \dfrac{\Theta}{mr^2}}\left(v_x - \frac{\Theta}{mr^2} r\omega\right) \quad sowie \quad \boxed{\omega^* = \frac{1}{1 + \dfrac{\Theta}{mr^2}}\left(-\frac{v_x}{r} + \frac{\Theta}{mr^2}\omega\right)}$$

Mit $v_x = v\cos\alpha$ *und* Θ *nach Gl.(6) ergeben sich die Geschwindigkeit und der Winkel gemäß:*

$$\boxed{v^* = \sqrt{v_x^{*2} + v_y^{*2}}} \qquad \boxed{\tan\alpha^* = \frac{v_y^*}{v_x^*}}$$

Diskussion:

1. *Nur bei rein elastischem Stoß (k=1) bleiben die Geschwindigkeitskomponenten in vertikaler Richtung gleich.*
2. *Bei einem sich anfänglich nicht drehenden Ball (ω=0) ist* $v_x^* < v_x$, *ein Teil der kinetischen Energie wird in einen rotatorischen Anteil umgewandelt.*

3. *Bei einer schnellen Vorwärtsdrehung (sog. Top-Spin)* $(-\omega) \geq v_x/r$ *wird* $v_x^* \geq v_x$, *der Ball wird in horizontaler Richtung beschleunigt. Gleichzeitig wird der Absprungwinkel* α^* *kleiner.*
4. *Bei einem Stop-Ball will man durch schnelle Drehung entgegen der Flugrichtung erreichen, daß die Geschwindigkeit* v_x^* *sehr klein oder auch negativ wird. Für* $\omega = \dfrac{v_x}{r}\dfrac{mr^2}{\Theta}$ *wird* $v_x^* = 0$ *und der Ball springt senkrecht nach oben.*
5. *Abgesehen von Stoßeffekten ruft eine schnelle Drehung während des Fluges zusätzlich Strömungskräfte hervor (Magnus-Effekt), die die Flugbahn insbesondere bei leichten Bällen (Tischtennis) zusätzlich beeinflussen.*

Aufgabe 5.2.2.7

Auf einem dünnen Brett (Masse m_1) liegt eine homogene Walze (Masse m_2, Radius r). Ein masseloses Seil ist an dem Brett befestigt und läuft über zwei masselose, reibungsfrei gelagerte Umlenkrollen zu seinem zweiten Befestigungspunkt. Im Mittelpunkt der zweiten Umlenkrolle ist die Masse m_3 befestigt. Diese Masse wird zuerst festgehalten. Die Abbildung zeigt diesen Anfangszustand. Läßt man die Masse m_3 los, so setzt sich das System in Bewegung; die Walze beginnt auf dem Brett zu rollen und wird nach einer bestimmten Zeit am linken Ende des Brettes herunterrollen. Es sollen die Annahmen getroffen werden, daß das Brett reibungsfrei auf der Unterlage gleitet und die Walze auf dem Brett rollt, ohne zu gleiten.

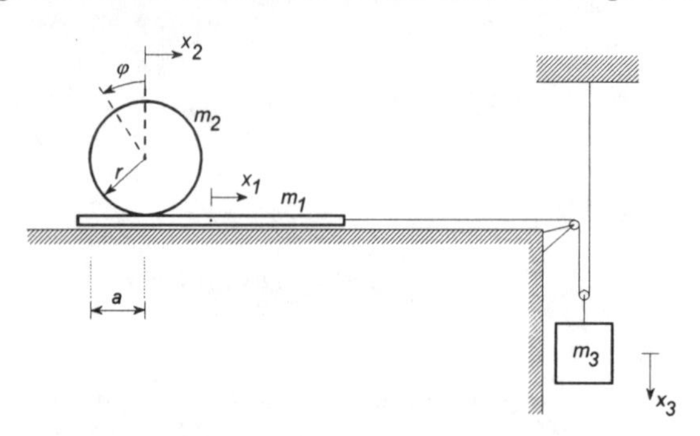

Gegeben: m_1, m_2, m_3, r, a, g

Gesucht: 1. Die Beschleunigung $\ddot{x}_1$ des Brettes,
2. die Strecke x_1, nach der die Walze das Brett verläßt.

Lösung:

zu 1. Nach Einführung geeigneter (Absolut-) Koordinaten x_1, x_2 *und* φ *gelten die folgenden kinematischen Zusammenhänge:*

$$x_2 = x_1 - r\varphi \quad \Rightarrow \quad \ddot{x}_2 = \ddot{x}_1 - r\ddot{\varphi} \qquad (1)$$

$$x_3 = \frac{1}{2}x_1 \quad \Rightarrow \quad \ddot{x}_3 = \frac{1}{2}\ddot{x}_1 \qquad (2)$$

Mit dem Impuls- und Drallsatz folgt für die einzelnen freigeschnittenen Teilkörper:

Walze

$$\rightarrow : m_2 \ddot{x}_2 = R_2 \tag{3}$$

$$\overset{\frown}{S} : \Theta \ddot{\varphi} = R_2 r \quad \text{mit} \quad \Theta = \frac{1}{2} m_2 r^2 \tag{4}$$

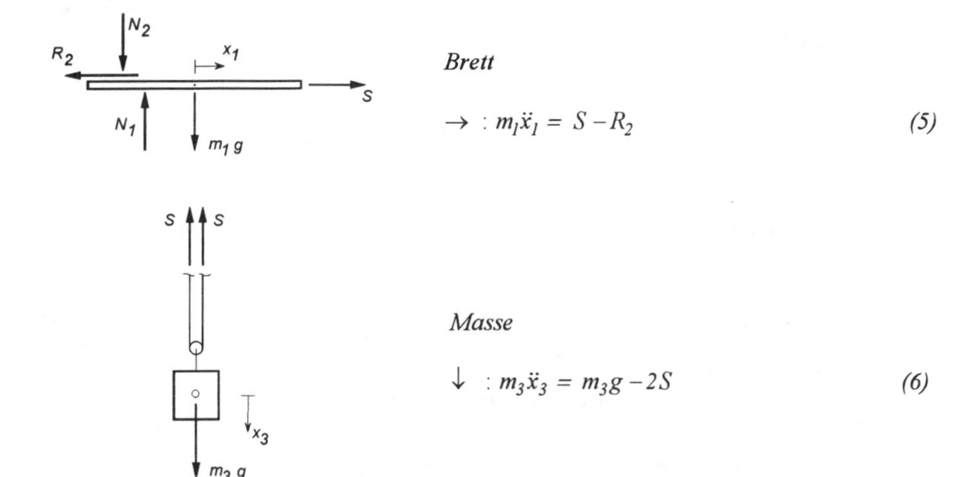

Brett

$$\rightarrow : m_1 \ddot{x}_1 = S - R_2 \tag{5}$$

Masse

$$\downarrow : m_3 \ddot{x}_3 = m_3 g - 2S \tag{6}$$

Aus (3), (4) und (5) ergibt sich: $\ddot{\varphi} = \frac{2}{r} \ddot{x}_2$

und mit Gl.(1) folgt: $\ddot{x}_2 = \frac{1}{3} \ddot{x}_1$ (7)

Mit (3), (5) und (6) erhält man für die Beschleunigung des Brettes:

$$\boxed{\ddot{x}_1 = \frac{m_3}{2m_1 + \frac{2}{3} m_2 + \frac{1}{2} m_3} g}$$

zu 2. Die Walze verläßt das Brett, falls

$x_1 - x_2 = a$ bzw. mit Gl. (1), falls $r\varphi = a$ gilt.

Mit der Gleichung (7) folgt nach zweifacher Integration unter Berücksichtigung, daß sämtliche Anfangsbedingungen Null sind:

$$x_1 = 3x_2 = 3\left(\frac{r}{2}\varphi\right) = \frac{3}{2}a \quad \Rightarrow \quad \boxed{x_1 = \frac{3}{2}a}$$

Wichtige Anmerkung:

Die Walze befindet sich auf einer bewegten Unterlage. Dieser Umstand bedarf besonderer Aufmerksamkeit, denn der Drallsatz $\dot{\vec{D}}_{(P)} = \vec{M}_{(P)}$ gilt in dieser Form nur, falls entweder der Punkt P ein nicht beschleunigter Bezugspunkt oder der Schwerpunkt S des betrachteten Teilkörpers ist, wobei S auch eine beschleunigte Bewegung ausführen darf. Für alle anderen Fälle muß gelten

$$\dot{\vec{D}}_{(P)} + m\left(\vec{r}_{SP} \times \dot{\vec{v}}_P\right) = \vec{M}_{(P)} \quad ; \quad \vec{r}_{SP} = \vec{r}_S - \vec{r}_P \tag{9}$$

woraus sofort auch die beiden Sonderfälle $\dot{\vec{v}}_P = 0$ bzw. $\vec{r}_S = \vec{r}_P$ abgeleitet werden können. In Gl. (4) wurde der Schwerpunkt der Walze als Bezugspunkt gewählt. Häufig wird jedoch der Auflagepunkt der Walze verwendet. Da dieser nun bewegt ist, ergibt sich in diesem Fall aus Gl. (9) für die ebene Bewegung:

$$\theta'\ddot{\varphi} - mr\ddot{x}_1 = 0 \quad ; \quad \theta' = \theta + mr^2 = \frac{3}{2}mr^2$$

Mit der Geometriebeziehung (1) erhält man nach Ersetzen von $\ddot{x}_1$

$$\theta'\ddot{\varphi} - m\ddot{x}_2 r - mr^2\ddot{\varphi} = 0 \quad \text{oder} \quad \theta\ddot{\varphi} - m\ddot{x}_2 r = 0$$

was unmittelbar Gl. (4) unter Verwendung von Gl. (3) entspricht.

Aufgabe 5.2.2.8

Eine Kurbelwelle ist in den Punkten A und B so gelagert, daß sie keine Bewegungen in radialer Richtung ausführen kann. Ferner sei sie auch durch geeignete Maßnahmen gegen axiale Verschiebung gesichert. Die Welle wird aus dem Stillstand heraus durch ein Moment $M_a(t)$ angetrieben und dreht sich mit einer Winkelgeschwindigkeit $\omega(t)$ um die z-Achse.

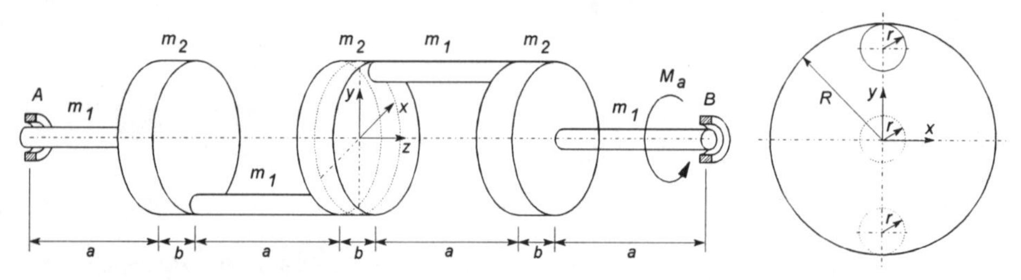

Gegeben: m_1, m_2, a, b, r, R, $M_a(t)$

Gesucht: Die Auflagerkräfte in A und B. Anteile, die von der Gewichtskraft herrühren, sollen nicht berücksichtigt werden.

Lösung:

Es müssen die resultierende Kraft und das resultierende Moment (bzw. deren Komponenten) bestimmt werden, die auf den freigeschnittenen Körper einwirken, damit er in der gewünschten Weise rotieren kann. Resultierende Kraft und resultierendes Moment werden durch die Auflagerkräfte erzeugt, die den Körper zu einer Drehung um die z-Achse zwingen.
Zur Lösung werden Impuls- und Drallsatz herangezogen. Zunächst stellen wir fest, daß der Schwerpunkt der Kurbelwelle aufgrund der Symmetrie mit dem Koordinatenursprung zusammenfällt. Somit liegt der Schwerpunkt bereits auf der Drehachse und die Schwerpunktsgeschwindigkeit v_s *ist Null.*
Der Drallsatz wird zweckmäßigerweise in einem körperfesten Koordinatensystem angewendet, da sonst die Trägheitsmomente infolge der Körperdrehung zeitabhängig werden. Für ein körperfestes mitrotierendes Koordinatensystem im Schwerpunkt lautet der Drallsatz $(\dot{\vec{D}})_{KF} + \vec{\omega} \times \vec{D} = \vec{M}$ *(s. Hahn, Kap. 6.2.5). Bei vorliegendem Problem vereinfacht sich die Gleichung sehr stark, da für die Winkelgeschwindigkeiten aufgrund der Lagerung gelten muß:*

$$\omega_x = 0 \qquad \omega_y = 0 \qquad \omega_z = \omega(t)$$

Damit ist im mitrotierenden körperfesten x-y-z-System (vgl. Hahn, Gl. 6.41):

$$\Theta_{xz}\dot{\omega} - \Theta_{yz}\omega^2 = M_x \tag{1}$$

$$\Theta_{yz}\dot{\omega} + \Theta_{xz}\omega^2 = M_y \tag{2}$$

$$\Theta_{zz}\dot{\omega} = M_z = M_a(t) \tag{3}$$

Aus Gl. (3) folgt: $\dot{\omega} = \dfrac{M_a(t)}{\Theta_{zz}}$ *und mit der Anfangsbedingung* $\omega(t_0 = 0) = \omega_0 = 0$

ergibt sich : $$\omega = \frac{1}{\Theta_{zz}} \int_{(t)} M_a(t)\,dt \tag{4}$$

Mit den Trägheits- und Zentrifugalmomenten:

$$\Theta_{zz} = 2m_1\frac{r^2}{2} + 3m_2\frac{R^2}{2} + 2\left(m_1\frac{r^2}{2} + m_1(R-r)^2\right)$$

$$\Theta_{yz} = -2\left(\frac{a}{2} + \frac{b}{2}\right)(R-r)m_1$$

$$\Theta_{xy} = 0 \qquad \Theta_{xz} = 0$$

folgt aus (1), (2): $-\Theta_{yz}\omega^2 = M_x$ *(5) und* $\Theta_{yz}\dot{\omega} = M_y$ *(6)*

Die Momente M_x und M_y werden durch die Auflagerkräfte A und B hervorgerufen.

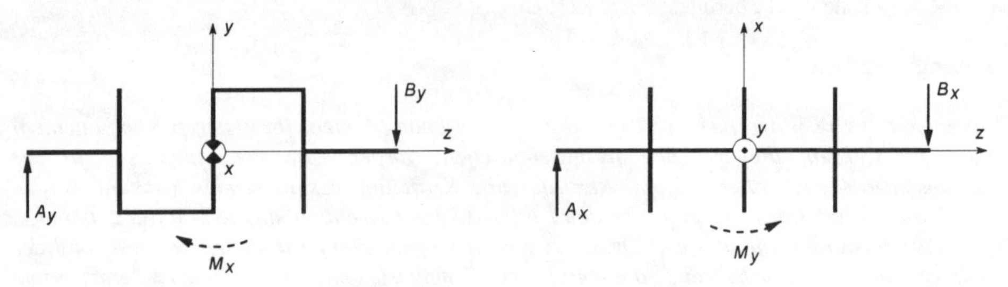

A_y und B_y werden so bestimmt, daß sie das resultierende Moment M_x ergeben.

$$\overset{\curvearrowright}{0}: \quad (B_y + A_y)\left(2a + \frac{3}{2}b\right) = M_x = -\Theta_{yz}\omega^2$$

Der Impulssatz liefert mit $m = 4m_1 + 3m_2$ und der Schwerpunktgeschwindigkeit v_s=0:

$$\uparrow: \quad -B_y + A_y = m\dot{v}_{sy} = 0 \quad \Rightarrow \quad \boxed{A_y = B_y}$$

und damit
$$\boxed{A_y = B_y = \frac{(a+b)(R-r)m_1\omega^2}{4a+3b}}$$
mit ω nach Gl. (4).

Analog gilt für die Betrachtung in der x-z-Ebene

$$\overset{\curvearrowleft}{0}: \quad -(A_x + B_x)\left(2a + \frac{3}{2}b\right) = M_y = \Theta_{yz}\dot{\omega}$$

$$\uparrow: \quad A_x - B_x = m\dot{v}_{s_x} = 0 \quad \Rightarrow \quad \boxed{A_x = B_x}$$

$$\boxed{A_x = B_x = \frac{(a+b)}{4a+3b}(R-r)m_1\dot{\omega}} \quad \text{mit} \quad \dot{\omega} = \frac{M_a(t)}{\Theta_{zz}} \quad \text{nach Gl. (3)}$$

Man beachte, daß die x-y-z-Achsen körperfest sind und mitrotieren, die Auflagerkräfte laufen deshalb ebenfalls mit ω um die z-Achse um. Die Kräfte A_y und B_y sind direkt von ω abhängig, während A_x und B_x erst bei einer beschleunigten (oder verzögerten) Drehbewegung auftreten. Die Auflagerkräfte sind die Folge des nicht ausgewuchteten Zustands des Rotors. Der Schwerpunkt liegt zwar bereits auf der Drehachse, aber die Zentrifugalmomente sind ungleich Null (man überlege sich, wie geeignete Ausgleichsgewichte (Ort, Größe) angebracht werden müssen, damit die Kräfte verschwinden ,vgl. auch Aufg. 5.2.1.2). Auswuchtmaschinen messen die Lagerkräfte, ermitteln den Unwuchtzustand und berechnen die erforderlichen Auswuchtmaßnahmen (z.B. bei Autoreifen).

Es sei noch bemerkt, daß die statischen Gewichtskraftanteile im mitrotierenden Koordinatensystem zeitveränderliche Beiträge liefern. Man erhält sie durch Koordinatentransformation und addiert sie zu den kinetischen Anteilen hinzu.

5.2.3 Kinetische Energie

Aufgabe 5.2.3.1

Ein Rad (Masse m, Trägheitsmoment Θ) wird auf einer um den Winkel α geneigten schiefen Ebene in der Höhe H festgehalten. Nach dem Loslassen gleitet bzw. rollt das Rad auf den beiden Zapfen vom Radius r die Bahn entlang.

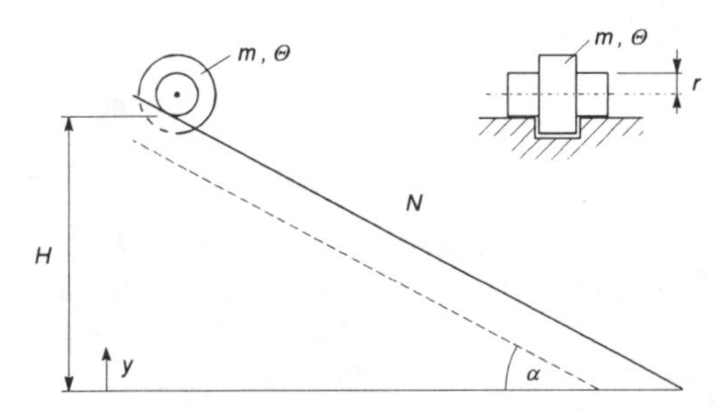

Gegeben: m, Θ, r, H, α, μ

Gesucht: Die Maximalgeschwindigkeit des Schwerpunktes für folgende Fälle

1. das Rad gleitet reibungsfrei,
2. das Rad rollt ohne zu gleiten,
3. das Rad rollt und gleitet,

sowie

4. die Bedingung für den Haftreibungskoeffizienten μ_0, so daß reines Rollen auftritt,
5. die von der Reibkraft im Falle kombinierten Gleitens und Rollens verrichtete Arbeit.

Lösung:

zu 1. Gleitendes Rad: reine Translation

Anwendung des Energiesatzes:

$$T_a + \Pi_a = T_e + \Pi_e = konst. \quad , \text{ wobei } T_a = \Pi_e = 0 \quad , \quad \Pi_a = mgH \tag{1}$$

Mit (1) gilt: $mgH = \frac{1}{2} m v_{s1}^2 \quad \Rightarrow \quad \boxed{v_{s1} = \sqrt{2gH}} \quad \boxed{\omega_1 = 0}$

zu 2. Rollendes Rad: Translation und Rotation

Die beim rollenden Rad auftretende Haftreibungskraft greift im Momentanpol an und verrichtet keine Reibarbeit, deshalb kann der Energiesatz auch hier angewendet werden.

Rollbedingung: $v_{s2} = r\omega_2$

kinetische Energie: $T_e = T_{trans} + T_{rot} = \frac{1}{2} m v_{s2}^2 + \frac{1}{2} \Theta \omega_2^2 = \frac{1}{2}\left(m + \frac{\Theta}{r^2}\right) v_{s2}^2$

Mit (1) folgt: $mgH = \frac{1}{2}\left(m + \frac{\Theta}{r^2}\right) v_{s2}^2$ *bzw.* $\boxed{v_{s2} = \sqrt{\frac{2gH}{1 + \frac{\Theta}{mr^2}}}}$ *und* $\boxed{\omega_2 = \frac{v_{s2}}{r}}$

Man sieht, daß $v_{s2} < v_{s1}$ *wofür insbesondere das Verhältnis* $\frac{\Theta}{mr^2}$ *verantwortlich ist. Je größer* Θ *(bei gleicher Masse* m *) ist, desto kleiner ist* v_{s2}*, da ein Teil der potentiellen Energie in kinetische Energie* T_{rot} *umgewandelt wird. Ein dünnwandiger Zylinder erreicht eine kleinere Geschwindigkeit als ein Vollzylinder gleicher Masse und gleichen Rollradius* r*. Für sehr kleine* r *wird* v_{s2} *sehr klein, so daß die potentielle Energie fast ausschließlich in den rotatorischen Anteil* T_{rot} *übergeht.*

$$\Pi_a = mgH = T_e \approx \frac{1}{2} \Theta \omega_2^2 \Rightarrow \omega_2 \approx \sqrt{2gH \frac{m}{\Theta}}$$

zu 3. Gleichzeitiges Rollen und Gleiten

Die mechanische Energie bleibt nicht konstant, da infolge Gleitreibung Energie dissipiert wird. Der Energiesatz kann nicht angewendet werden.

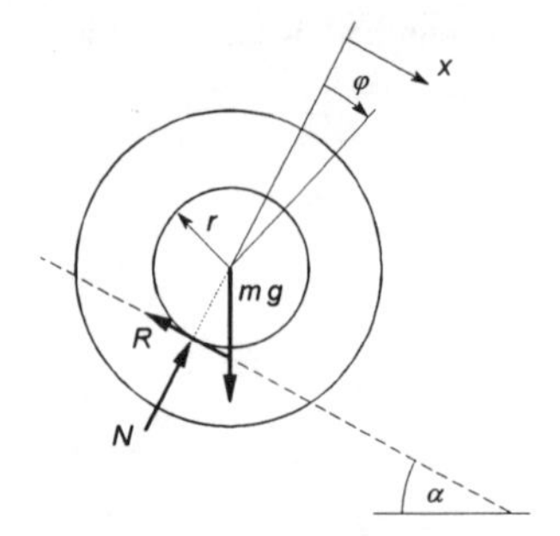

Impuls- und Drallsatz anwenden:

$\searrow: \; m\ddot{x} = mg \sin\alpha - R$ (2)

$\nearrow: \; 0 = N - mg\cos\alpha$ (3)

$\overset{\curvearrowright}{S}: \; \Theta\ddot{\varphi} = Rr$ (4)

Reibungsgesetz: $R = \mu N = \mu mg\cos\alpha$

Auflösen liefert: $\ddot{x} = g(\sin\alpha - \mu\cos\alpha)$ (5) $\quad \ddot{\varphi} = \frac{1}{r}\left(\frac{mr^2}{\Theta}\right)\mu g\cos\alpha$ (6)

Die Integration von Gl. (5),(6) mit den Anfangsbedingungen für $t_0 = 0$: $x_0 = 0$, $\varphi_0 = 0$, $v_0 = 0$ *und* $\omega_0 = 0$ *liefert:*

$$\dot{x} = v = g(\sin\alpha - \mu\cos\alpha)t \qquad x = \frac{1}{2} g(\sin\alpha - \mu\cos\alpha)t^2$$

$$\dot{\varphi} = \omega = \frac{mr}{\Theta}\mu g t \cos\alpha \qquad \varphi = \frac{1}{2}\mu g \frac{mr}{\Theta} t^2 \cos\alpha \tag{7}$$

Einsetzen für $x = \dfrac{H}{\sin\alpha}$ *und Elimination der Zeit liefert die gesuchte Geschwindigkeit sowie die Winkelgeschwindigkeit am tiefsten Punkt der Bahn.*

$$\boxed{v_{s3} = \sqrt{2gH}\sqrt{1 - \mu\cot\alpha}} \qquad \boxed{\omega_3 = \frac{1}{r}\sqrt{2gH}\left(\frac{mr^2}{\Theta}\right)\mu\cot\alpha\sqrt{\frac{1}{1-\mu\cot\alpha}}}$$

Anmerkung: Für eine die Ebene hinuntergleitende Kiste erhält man die gleiche Geschwindigkeit. Anders als bei reinem Rollen, wo $v_{s2} = r\omega_2$ *galt, liegen hier zwei unabhängige Beziehungen für* v_s *und* ω *vor.*

zu 4. Bildet man das Verhältnis

$$\frac{r\omega_3}{v_{s3}} = \frac{\mu(\frac{mr^2}{\Theta})\cot\alpha\sqrt{\frac{1}{1-\mu\cot\alpha}}}{\sqrt{1-\mu\cot\alpha}} = \mu(\frac{mr^2}{\Theta})\frac{\cot\alpha}{1-\mu\cot\alpha}$$

und untersucht den Grenzfall $r\omega_3 = v_{s3}$, *d.h. wenn Gleiten und Rollen in reines Rollen übergeht, ergibt sich*

$$\tan\alpha = \mu\left(1 + \frac{mr^2}{\Theta}\right)$$

oder anders ausgedrückt: der Körper führt solange eine reine Rollbewegung aus, wie der Haftreibungskoeffizient μ_0

$$\boxed{\mu_0 \geq \frac{1}{1 + \frac{mr^2}{\Theta}}\tan\alpha}$$

ist. Zum gleichen Resultat gelangt man auch, wenn man in der Bewegungsgleichung (2),(4) von reinem Rollen ausgeht, die Gleitreibungskraft durch eine Haftreibungskraft ersetzt, diese berechnet und verlangt, daß $\mu_0 = \frac{R}{N}$.

zu 5. Im Falle von gleichzeitigem Gleiten und Rollen muß statt des Energiesatzes der Arbeitssatz herangezogen werden:

$$T_e - T_a = A_{ae} = \Pi_a - \Pi_e + A_{aeR}$$

Die von der Reibkraft verrichtete Arbeit A_{aeR} *wird von den Kräften mit Potential abgespalten. Mit*

$$T_a = 0 \;, \qquad T_e = \frac{1}{2} m v_{s3}^2 + \frac{1}{2}\Theta\omega_3^2 \qquad \text{und} \qquad \Pi_a - \Pi_e = mgH$$

ergibt sich:

$$\boxed{A_{aeR} = -mgH \;\mu\cot\alpha \left(1 - \frac{mr^2}{\Theta}\frac{\mu\cot\alpha}{1-\mu\cot\alpha}\right)}$$

Bei der alternativen Berechnung von A_{aeR} *aus*

$$A_{aeR} = -\int_a^e R ds = -(\mu mg\cos\alpha)\ell' \qquad \text{mit} \qquad \ell' = \ell - r\varphi \qquad \text{und } \varphi \text{ nach Gl. (7)}$$

muß beachtet werden, daß ein Teil des gesamten Weges $\ell = H/\sin\alpha$ *durch Rollen* $(r\varphi)$*, aber nur der Anteil* ℓ' *durch Gleiten zurückgelegt wird.*

Aufgabe 5.2.3.2

Das gezeigte System besteht aus einer zylinderförmigen Walze (Masse m, Radius r, Länge b), die sich um eine horizontale Achse mit der Winkelgeschwindigkeit ω_r dreht. Gleichzeitig rotiert das ganze System mit der Winkelgeschwindigkeit ω_z um eine vertikale Achse. Der Schwerpunkt S der Walze besitzt den Abstand R zur vertikalen Drehachse.

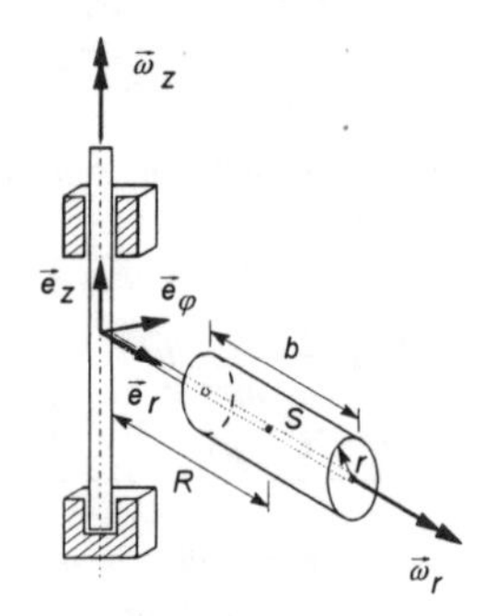

Gegeben: m, R, r, b, ω_r, ω_z

Gesucht: Die kinetische Energie T der Walze.

Lösung:

Die kinetische Energie setzt sich aus einem translatorischen und einem rotatorischen Anteil zusammen. Wichtig ist, daß die Betrachtung auf den Schwerpunkt S des starren Körpers bezogen wird, ansonsten muß noch ein Koppelterm zwischen Translation und Rotation berücksichtigt werden.

Kinetische Energie:

$$T = \underbrace{\frac{1}{2} m v_s^2}_{T_{trans}} + \underbrace{\frac{1}{2} \sum_{k=1}^{3} \sum_{\ell=1}^{3} \Theta_{k\ell} \omega_\ell \omega_k}_{T_{rot}}$$

es bietet sich an, die Komponenten Θ_{kl} des Trägheitstensors in einem körperfesten, mitrotierenden Hauptachsensystem auszudrücken, die obige Summation wird dann besonders einfach, da alle Zentrifugalmomente verschwinden, zudem sind die Komponenten nicht von den Drehwinkeln abhängig.(Die Winkel werden dafür aber später wieder durch die Zerlegung des Winkelgeschwindigkeitsvektors mit ins Spiel gebracht).

$$T_{rot} = \frac{1}{2}\left(\Theta_1 \omega_1^2 + \Theta_2 \omega_2^2 + \Theta_3 \omega_3^2\right)$$

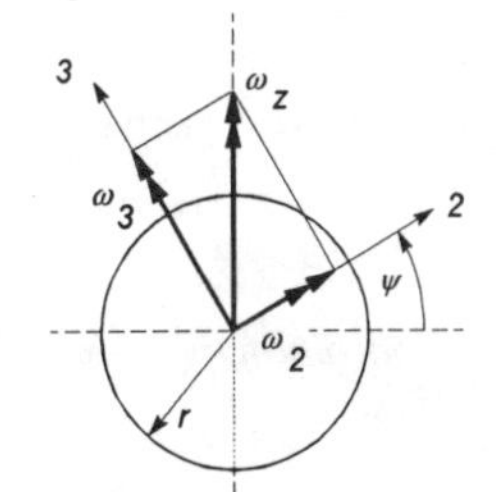

Die Zerlegung von $\vec{\omega}$ in Komponenten liefert:

$$\omega_2 = \omega_z \sin\psi \; ; \quad \omega_3 = \omega_z \cos\psi \; ; \quad \omega_1 = \omega_r$$

und damit (unter Berücksichtigung, daß $\Theta_2 = \Theta_3$)

$$\begin{aligned} T_{rot} &= \frac{1}{2}\left(\Theta_1 \omega_r^2 + \Theta_2 \omega_z^2 \sin^2\psi + \Theta_3 \omega_z^2 \cos^2\psi\right) \\ &= \frac{1}{2}\left(\Theta_1 \omega_r^2 + \Theta_2 \omega_z^2\right) \end{aligned}$$

Für die Massenträgheitsmomente des Zylinders (Hauptträgheitsmomente) gilt:

$$\Theta_1 = m\frac{r^2}{2} \quad \text{sowie} \quad \Theta_2 = \Theta_3 = m\left(\frac{r^2}{4} + \frac{b^2}{12}\right)$$

und mit der Schwerpunktgeschwindigkeit $v_s = R\omega_z$ *folgt für T schließlich:*

$$\boxed{T = \frac{1}{2} m \left(R^2 \omega_z^2 + \frac{r^2}{2}\omega_r^2 + \left(\frac{r^2}{4} + \frac{b^2}{12}\right)\omega_z^2 \right)}$$

5.3 Trägheitskräfte

Aufgabe 5.3.1

Auf einem geradlinig bewegten Wagen wird ein einfaches Experiment durchgeführt. Ein auf dem Wagen mitbewegter Beobachter hält eine Masse m auf einer Höhe h und läßt sie zum Zeitpunkt $t_0 = 0$ fallen. Der Wagen wird gleichmäßig mit a* beschleunigt. Der Luftwiderstand beim Fall der Masse soll vernachlässigt werden.

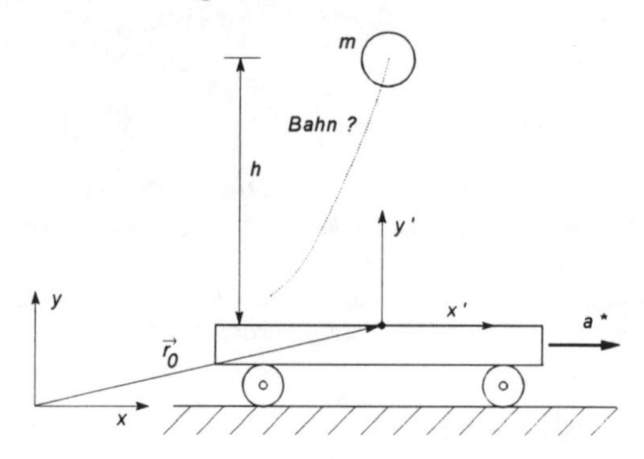

Gegeben: a*, g, h

Gesucht: Die Bahnkurve, die der mitbewegte Beobachter beim Fall der Masse registriert.

Lösung:

Wir beschreiben die Bahn in einem auf dem Wagen mitbewegten x'-y'-Koordinatensystem. Die kinematischen Beziehungen zwischen x-y-Inertial-System und x'-y'-System lauten (s. a. Kapitel 4.3, Kinematik d. Relativbewegungen).

$$\vec{r} = \vec{r}\,' + \vec{r}_0$$
$$\vec{v} = \vec{v}\,' + \vec{v}_F \qquad \text{mit} \quad \vec{v}_F = \vec{v}_0 + \vec{\omega} \times \vec{r}\,'$$
$$\vec{a} = \vec{a}\,' + \vec{a}_c + \vec{a}_F \qquad \text{mit} \quad \vec{a}_c = 2\vec{\omega} \times \vec{v}\,' \qquad \text{und} \qquad \vec{a}_F = \vec{a}_0 + \dot{\vec{\omega}} \times \vec{r}\,' + \vec{\omega} \times \left(\vec{\omega} \times \vec{r}\,'\right)$$

Da sich das x'-y'-Koordinatensystem nur translatorisch bewegt, ist $\vec{\omega} = 0$; $\dot{\vec{\omega}} = 0$ und es verbleibt:

$$\vec{r} = \vec{r}\,' + \vec{r}_0 \, ; \qquad \vec{v} = \vec{v}\,' + \vec{v}_0 \, ; \qquad \vec{a} = \vec{a}\,' + \vec{a}_0$$

Die kinetische Grundgleichung beschreibt im Inertialsystem den Fall der Kugel gemäß

$$m\vec{a} = \vec{F} = -mg\vec{e}_y$$

Ersetzen der Absolutbeschleunigung $\vec{a}$ durch Relativ- und Führungsbeschleunigung liefert:

$$m(\vec{a}\,'+\vec{a}_0) = \vec{F} \qquad \text{bzw.} \qquad \boxed{m\vec{a}\,' = \vec{F} - m\vec{a}_0 = \vec{F} + \vec{F}_{Tr}}$$

Zu den äußeren Kräften (hier die Gewichtskraft) müssen also noch die Trägheitskräfte (hier $-m\vec{a}_0$, $\vec{a}_0 = a^*\vec{e}_x$*) berücksichtigt werden, um die Bewegung im x'-y'-Koordinatensystem korrekt zu beschreiben.*

In Komponenten ergibt sich:

$$a'_x = \ddot{x}\,' = -a^* \qquad\qquad a'_y = \ddot{y}\,' = -g$$

Integration mit den Anfangsbedingungen (im mitbewegten System) zum Zeitpunkt des Loslassens $t_0 = 0$: $x'_0 = 0$, $y'_0 = h$, $v'_{x0} = 0$ *und* $v'_{y0} = 0$ *ergibt:*

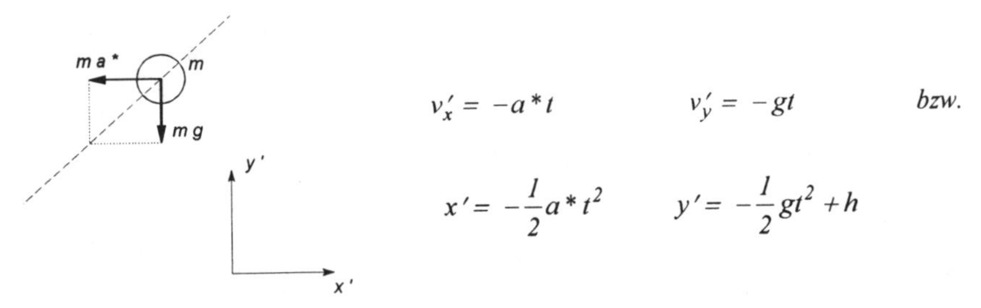

$$v'_x = -a^* t \qquad\qquad v'_y = -gt \qquad\qquad \text{bzw.}$$

$$x' = -\frac{1}{2}a^* t^2 \qquad\qquad y' = -\frac{1}{2}gt^2 + h$$

Nach Elimination der Zeit folgt:

$$\boxed{y' = \frac{g}{a^*}x' + h} \qquad \text{mit} \quad x' \le 0 \quad \text{bzw.} \quad y' \le h$$

Bei konstanter Beschleunigung a sieht der mitbewegte Beobachter die Masse also auf einer geraden Bahn fallen. Bei gleichförmiger Bewegung ist a* = 0 und die Masse fällt - aus der Sicht des mitbewegten Beobachters - senkrecht nach unten. Bei veränderlicher Beschleunigung a*(t) erhält man gekrümmte Fallkurven. Bewegt sich der Wagen nicht auf einer geraden, sondern auf einer gekrümmten Bahnkurve, so treten weitere, durch die Drehung des Relativkoordinatensystems hervorgerufene Trägheitskräfte auf.*

Ein ruhender Beobachter sieht stets die Wurfparabel. Der Abwurf ist horizontal und erfolgt mit der momentanen Geschwindigkeit des Wagens.

Aufgabe 5.3.2

Ein Fahrzeug der Masse m fährt mit konstanter Geschwindigkeit v_0 durch eine Kurve, die eine Gesamtlänge ℓ besitzt und die einen veränderlichen Krümmungsradius r aufweist. Die Fahrbahn ist um den Winkel α geneigt. Es wird vorausgesetzt, daß die Reibung zwischen Reibung und Straße genügend groß ist, um ein Wegrutschen in der Kurve zu verhindern. Der Schwerpunkt des Wagens liegt in einer Höhe h über der Fahrbahn und die Spurbreite ist b. Kreiseleffekte aufgrund der rotierenden Räder sind zu vernachlässigen.

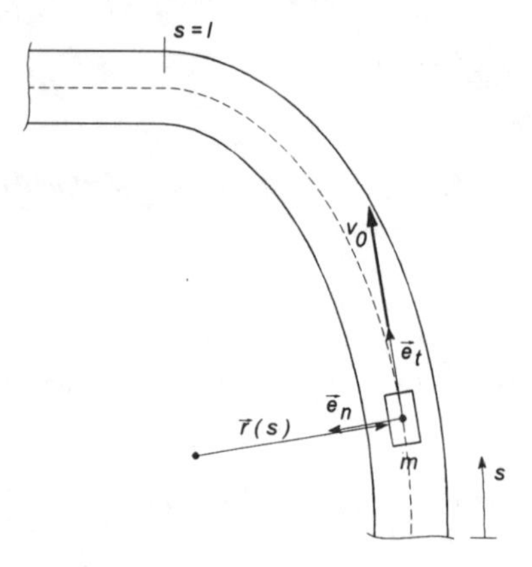

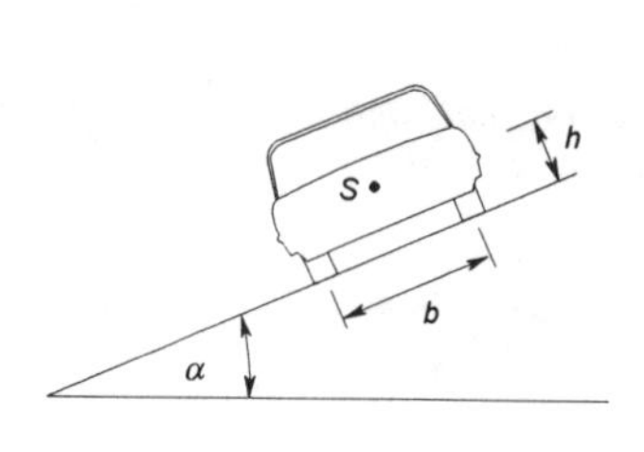

Gegeben: m, b, h, ℓ, $r(s) = r_0 - cs$, $r_0 > 0$, $c > 0$

Gesucht:
1. Die maximale Geschwindigkeit v_{0max}, so daß das Fahrzeug nicht verunglückt,
2. eine geometrische Bedingung hinsichtlich Schwerpunkthöhe h und Spurbreite b, so daß kein Umkippen des Wagens auftreten kann.

Lösung:

zu 1. Zur Beschreibung des vorliegenden Bewegungsvorgangs bei veränderlichem Krümmungsradius eignen sich natürliche Koordinaten (vgl. Hahn, Kap. 4.2.1.4). Ein außenstehender, ruhender Beobachter sieht, daß das Fahrzeug seine Richtung ändert (also beschleunigt wird) und schließt daraus auf die Kräfte, die hierzu notwendig sind:

tangentiale Richtung: $ma_t = F_t$ *mit* $a_t = \dot{v} = \ddot{s}$

normale Richtung: $ma_n = F_n$ *mit* $a_n = v\omega = r\omega^2 = \dfrac{v^2}{r}$

Der mitbewegte Fahrzeuginsasse dagegen stellt gegenüber seinem fahrzeugfesten mitbewegten Koordinatensystem keine Relativbewegung fest, er erfährt aber genauso wie sein Wagen die Wirkung der Richtungsänderung in Form von Trägheitskräften. Gemessen im t-n-Koordinatensystem treten hier auf:

tangentiale Richtung: $F_{T_t} = -m\ddot{s}$ *wobei hier* $v_0 = \dot{s} = konst. \Rightarrow F_{T_t} = 0$ *ist.*

normale Richtung: $F_{T_n} = -m\dfrac{v^2}{r} = -F_z$ *wobei hier:* $v = v_0 = konst.$ *und* $r = r(s)$ *ist.*

Die maximale Zentrifugalkraft F_z *tritt bei* $v_0 = konst.$ *am Ende der Kurve* $s = \ell$ *auf.*

Mit $r_{min} = r_0 - c\ell$ *folgt:* $F_{zmax} = m\dfrac{v_0^2}{r_{min}}$

Verläuft nun die Wirkungslinie der Resultierenden aus Gewichts- und Zentrifugalkraft nicht mehr zwischen den beiden Radaufstandspunkten hindurch, dann kippt das Fahrzeug. Im Grenzfall gilt:

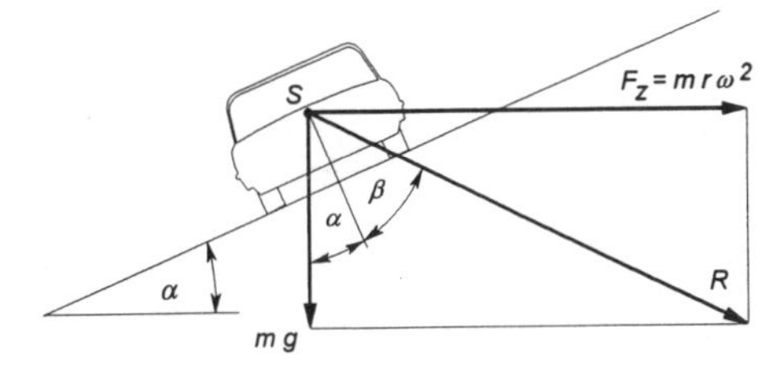

$$\tan(\alpha+\beta) = \frac{F_{z\,max}}{G} = \frac{v_{0\,max}^2}{g r_{min}}$$

wobei $\tan\beta = \dfrac{b/2}{h}$ *vorgegeben ist.*

Für die maximal mögliche (konstante) Geschwindigkeit v_{0max} *ergibt sich damit:*

$$\boxed{v_{0\,max} = \sqrt{r_{min}\, g\, \tan(\alpha+\beta)}} \quad \text{falls } \alpha+\beta < \frac{\pi}{2}, \quad r_{min} = r_0 - c\ell$$

zu 2. Kippen kann nicht mehr auftreten, unabhängig wie groß F_z *wird, wenn* β *so groß ist, daß* $\alpha+\beta \geq \frac{\pi}{2}$. *Dies wird erreicht durch größere Spurbreite, tieferliegenden Schwerpunkt oder eine Kombination aus beiden. Die Bedingung lautet dann:*

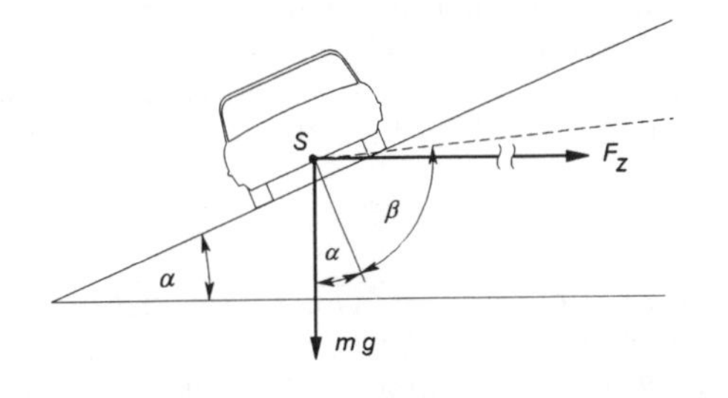

$$\boxed{\arctan\left(\frac{b}{2h}\right) \geq \frac{\pi}{2} - \alpha}$$

Aufgabe 5.3.3

Ein Keil (Masse m_1) wird zwischen einer schrägen Wand und einer auf einer horizontalen Ebene liegenden Walze (Masse m_2, Radius r) festgehalten. Der Reibungskoeffizient zwischen Keil und Wand sowie zwischen Keil und Walze ist μ; der Haftreibungskoeffizient μ_0 zwischen Walze und Ebene soll genügend groß sein, um Gleiten zu verhindern.

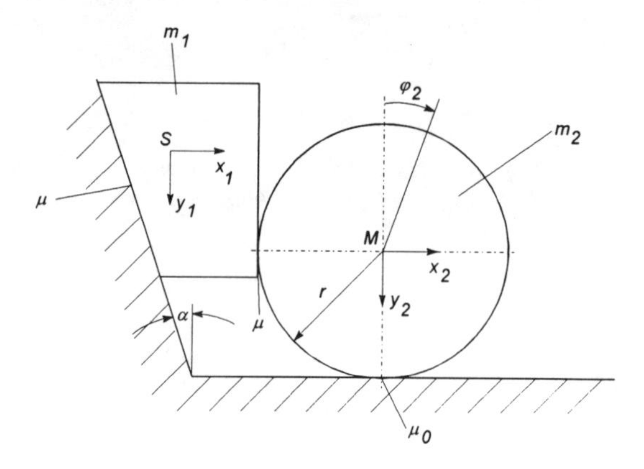

Gegeben: $m_1 = 100$ kg; $m_2 = 200$ kg, $\alpha = 45°$, $\mu = 0{,}1$, $g = 9{,}81$ m/s^2

Gesucht: Für den Fall, daß der Keil losgelassen wird und unter dem Einfluß zu gleiten beginnt

1. die Beschleunigung $\ddot{x}_2$ der Walze,
2. Reibungs- und Normalkraft zwischen Keil und Wand,
3. Reibungs- und Normalkraft zwischen Keil und Walze,
4. der kleinstmögliche Wert für μ_0, so daß kein Gleiten zwischen Walze und Boden auftritt.

Lösung:

Das Problem wird mit Hilfe der D'ALEMBERTschen Trägheitskräfte gelöst. Durch Einführen der Trägheitskräfte läßt sich das kinetische Problem formal auf ein statisches reduzieren, das dann mit Hilfe der Gleichgewichtsbedingungen behandelt wird. Wie in den Aufgaben 5.3.1, 5.3.2 gesehen, ist das Auftreten der Trägheitskräfte mit dem Wechsel vom Inertial- in ein mitbewegtes, beschleunigtes Bezugssystem (vgl. auch Hahn, Kap. 5.1.7.2) verbunden.

zu 1.

Koordinaten einführen (sofern nicht vorgegeben), Teilsysteme freischneiden, neben den äußeren Kräften und Schnittreaktionen jetzt auch die D'ALEMBERTschen Trägheitskräfte und -momente entgegen der positiven Koordinatenrichtung antragen. (Wir gehen zunächst davon aus, daß das bewegte System in der positiven Koordinatenrichtung beschleunigt wird, die tatsächliche Richtung ergibt sich später aus dem Vorzeichen).

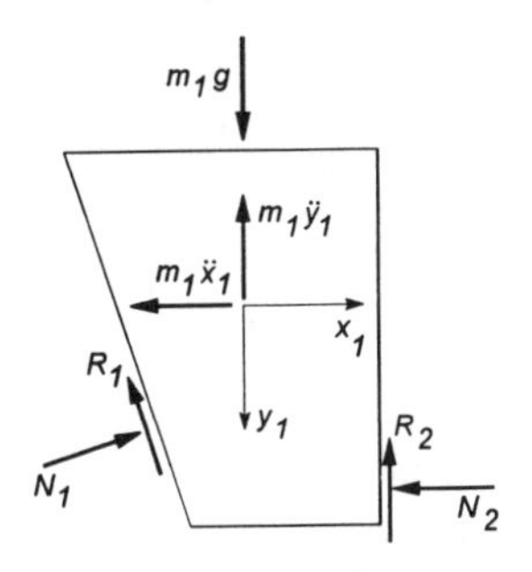

Keil:

$$\rightarrow:\quad -m_1\ddot{x}_1 + N_1\cos\alpha - R_1\sin\alpha - N_2 = 0 \tag{1}$$

$$\downarrow:\quad -m_1\ddot{y}_1 + m_1 g - R_2 - R_1\cos\alpha - N_1\sin\alpha = 0 \tag{2}$$

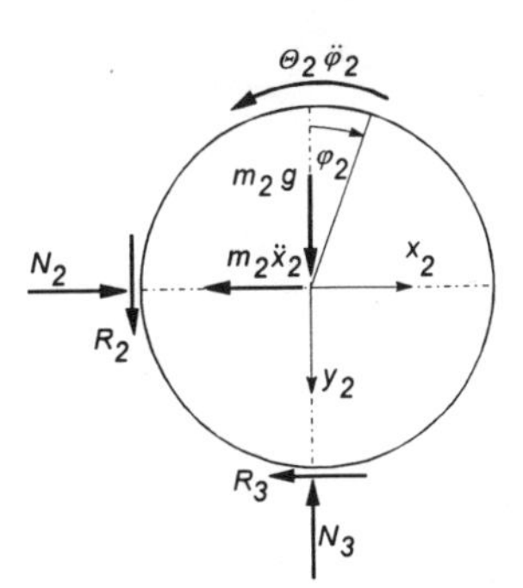

Walze:

$$\rightarrow:\quad -m_2\ddot{x}_2 + N_2 - R_3 = 0 \tag{3}$$

$$\downarrow:\quad m_2 g - N_3 + R_2 = 0 \tag{4}$$

$$\overset{\frown}{\mathrm{M}}:\quad -\Theta_2\ddot{\varphi}_2 - R_2 r + R_3 r = 0 \tag{5}$$

Reibungsgesetz:

$$R_1 = \mu N_1 \tag{6}$$

$$R_2 = \mu N_2 \tag{7}$$

Kinematische Bedingungen:

$$\tan\alpha = \frac{x_1}{y_1}$$

$$x_1 = x_2 = r\varphi_2 \tan\alpha = \ddot{x}_1 / \ddot{y}_1 \tag{8}$$

$$\ddot{x}_1 = \ddot{x}_2 = r\ddot{\varphi}_2 \tag{9}$$

Trägheitsmoment der Walze:

$$\Theta_2 = \frac{1}{2} m_2 r^2 \tag{10}$$

Gl. (5) unter Berücksichtigung von (7), (9), (10) ergibt:

$$R_3 = \mu N_2 + \frac{1}{2} m_2 \ddot{x}_2 \tag{11}$$

In Gleichung (3) eingesetzt ergibt:

$$N_2 = \frac{3}{2(1-\mu)} m_2 \ddot{x}_2 \tag{12}$$

Aus (1) mit (6), (7), (8), (12) folgt:

$$N_1 = \frac{m_1 + \frac{3}{2(1-\mu)} m_2}{\cos\alpha - \mu\sin\alpha}\,\ddot{x}_2 \tag{13}$$

und damit:

$$\ddot{x}_2 = \frac{g}{\cot\alpha + \frac{3\mu}{2(1-\mu)}\left(\frac{m_2}{m_1}\right) + \left(1 + \frac{3}{2(1-\mu)}\frac{m_2}{m_1}\right)\left(\frac{\mu + \tan\alpha}{1 - \mu\tan\alpha}\right)} = \ddot{x}_1 \qquad (14)$$

bzw. nach Einsetzen der Zahlenwerte:

$$\ddot{x}_2 = \ddot{x}_1 = 1{,}48\,\frac{m}{s^2}$$

zu 2.

Einsetzen der Zahlenwerte in die Gleichungen (13) und (16) ergibt:

$$N_1 = 1008\ N \qquad \text{und} \qquad R_1 = 100{,}8\ N$$

zu 3.

Aus den Gleichungen (12) und (7) ergibt sich für die Normal- und Reibkraft:

$$N_2 = 493\ N \qquad \text{und} \qquad R_2 = 49{,}3\ N$$

zu 4.

Nach Gleichung (11) folgt:

$$R_3 = \mu N_2 + \frac{1}{2} m_2 \ddot{x}_2 = 197{,}3\ N \qquad (15)$$

und aus (4) und (7) ergibt sich weiterhin:

$$N_3 = \mu N_2 + m_2 g = 2011{,}3\,N \qquad (16)$$

Damit kein Gleiten auftritt, muß gelten:

$$\mu_0 \geq \frac{R_3}{N_3}$$

bzw. mit Gleichung (15) und (16):

$$\mu_0 \geq 0{,}098$$

Aufgabe 5.3.4

Eine Walze (Masse m_W, Trägheitsmoment θ_W) rollt ohne zu gleiten eine schiefe Ebene herab. Auf dem Innendurchmesser ist ein masseloses starres Seil aufgewickelt, das über eine massebehaftete Rolle (Trägheitsmoment θ_R, Radius r) umgelenkt und an einem Klotz (Masse m_k) befestigt ist. Zwischen Seil und Umlenkrolle ist die Reibung so groß, daß kein Gleiten des Seils auftreten kann. Die Gleitreibungskraft zwischen Klotz und Untergrund wird durch den Reibungskoeffizienten μ_G beschrieben. Die Neigungen der Ebenen sind durch die Winkel α, β gegeben. Die geometrischen und Massenverhältnisse sind so gewählt, daß eine Bewegung in positiver Koordinatenrichtung entsteht.

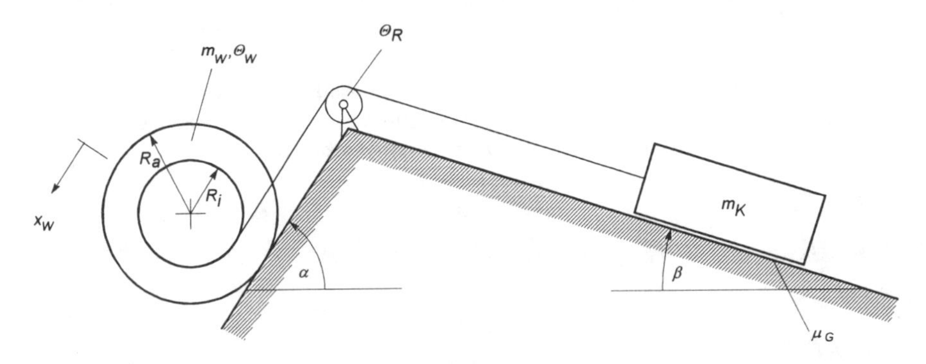

Gegeben: m_W, θ_W, θ_R, m_k, R_i, R_a, r, α, β, μ_G, g

Gesucht: Die Beschleunigung $\ddot{x}_W$ des Walzenschwerpunktes.

Lösung:

Das Problem wird mit Hilfe des Prinzips der virtuellen Arbeit (PdvA) behandelt. Die Anwendung der kinetischen Grundgleichung erfordert stets das Freischneiden der einzelnen Teilkörper. Bei dieser Vorgehensweise müssen jedoch auch unter Umständen Kräfte bestimmt werden, die überhaupt nicht von Interesse sind. Dies kann vermieden werden, wenn man das PdvA unter Einbeziehung der Trägheitskräfte (Prinzip von D'ALEMBERT in der LAGRANGEschen Fassung) anwendet. Da die Normalkräfte senkrecht zur Bewegungsrichtung stehen, verrichten diese Kräfte keine Arbeit und eine größere Zahl von Termen entfällt damit bereits von vornherein.

Für ein starres System gilt allgemein

$$\sum_i (F_i - m_i \ddot{x}_i)\,\delta x_i + \sum_i (M_i - \theta_i \ddot{\varphi}_i)\,\delta\varphi_i = 0$$

wobei die virtuellen Verschiebungen δx_i bzw. Verdrehungen $\delta\varphi_j$ gedachte, infinitesimal kleine Auslenkungen sind, die mit den Bindungen des Systems verträglich sein müssen.
Die Summation erstreckt sich über alle i Teilkörper , F_i und M_i sind die resultierenden äußeren Kräfte und Momente auf den i-ten Teilkörper, die Momente und Massenträgheitsmomente sind jeweils auf den Schwerpunkt des i-ten Teilsystems bezogen. In

der Kraft F_i sind nur Komponenten in Richtung der Koordinate x_i berücksichtigt, da nur diese einen Beitrag zur virtuellen Arbeit leisten.

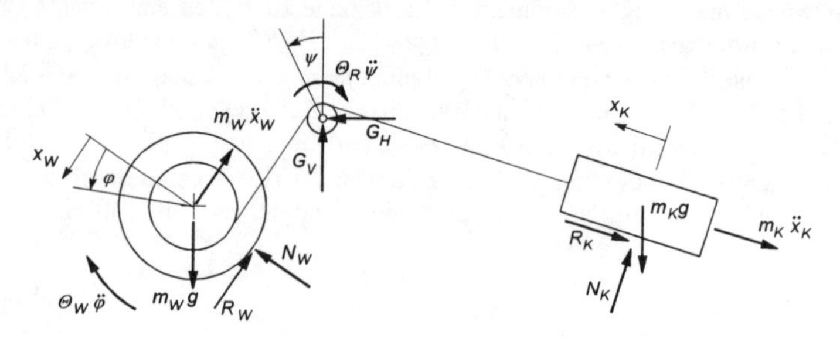

Das System besteht aus drei Teilkörpern: Walze (x_w, φ), Rolle (ψ) und Klotz (x_k). Es besitzt einen Freiheitsgrad und es gelten folgende kinematische Zusammenhänge für die Auslenkungen, Beschleunigungen bzw. die virtuellen Auslenkungen:

$$x_w = R_a\varphi \qquad \ddot{x}_w = R_a\ddot{\varphi} \qquad \delta x_w = R_a\delta\varphi$$

$$x_k = x_w - R_i\varphi = (1 - R_i / R_a)x_w \qquad \ddot{x}_k = (1 - R_i / R_a)\ddot{x}_w \qquad \delta x_k = (1 - R_i / R_a)\delta x_w$$

$$x_k = r\psi \qquad \ddot{x}_k = r\ddot{\psi} \qquad \delta x_k = r\delta\psi$$

Nach dem PdvA gilt:

$$(m_w g \sin\alpha - m_w\ddot{x}_w)\delta x_w - \theta_w\ddot{\varphi}\delta\varphi - \theta_R\ddot{\psi}\delta\psi + (-m_k g \sin\beta - R_k - m\ddot{x}_k)\delta x_k = 0$$

Die Haftreibungskraft R_w, greift im Momentanpol der Walze an, sie liefert keinen Beitrag. Mit der Reibungskraft $R_k = \mu_G m_k g\cos\beta$ und den kinematischen Gleichungen erhält man:

$$\left\{m_w g\sin\alpha - m_w\ddot{x}_w - \frac{\theta_w}{R_a^2}\ddot{x}_w - \frac{\theta_R}{r^2}\left(1 - \frac{R_i}{R_a}\right)\ddot{x}_w \right.$$

$$\left. -(m_k g\sin\beta + \mu_G m_k g\cos\beta)\left(1 - \frac{R_i}{R_a}\right) - m_k\left(1 - \frac{R_i}{R_a}\right)^2\ddot{x}_w\right\}\delta x_w = 0$$

und daraus:

$$\boxed{\ddot{x}_w = g\frac{m_w\sin\alpha - \left(1 - \frac{R_i}{R_a}\right)m_k(\sin\beta + \mu_G\cos\beta)}{m_w + \frac{\theta_w}{R_a^2} + \left(\frac{\theta_R}{r^2} + m_k\right)\left(1 - \frac{R_i}{R_a}\right)^2}} \qquad (1)$$

Diese Lösung gilt für eine Bewegung des Systems in positiver Koordinatenrichtung, was wichtig für das Antragen der Reibungskraft (Richtung!). Bei entgegengesetzter Bewegungsrichtung muß in Gl. (1) $(\sin\beta - \mu_G\cos\beta)$ eingesetzt werden.

5.4 Mechanische Schwingungen mit einem Freiheitsgrad

5.4.1 Ungedämpfte freie Schwingungen

Aufgabe 5.4.1.1

Eine Masse m wird mit der Geschwindigkeit v auf eine ruhende, masselose Waagschale aufgelegt. Die gefüllte Waagschale führt daraufhin ungedämpfte freie Schwingungen aus.

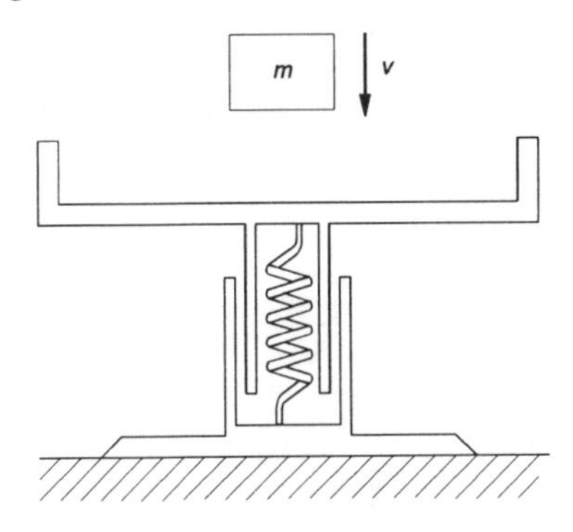

Gegeben: m, c, v, g

Gesucht: Die Beschreibung des Schwingungsvorganges mit Berücksichtigung der Gewichtskraft in der kinetischen Grundgleichung.

Lösung: *1. Koordinaten einführen, 2. Schwingungs-DGL aufstellen, 3. DGL integrieren und Konstanten bestimmen.*

1. Schritt: Koordinaten

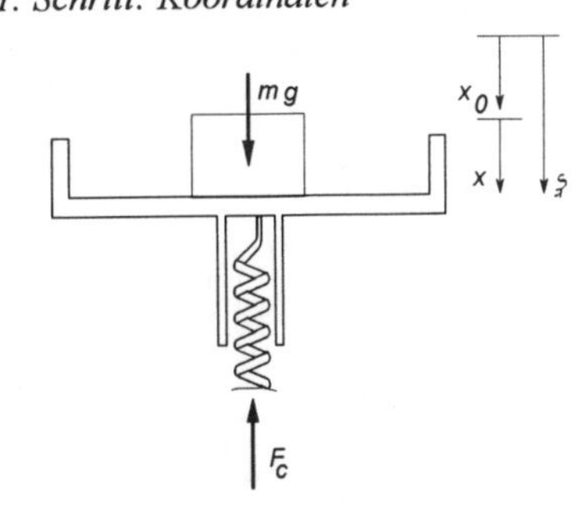

Es werden zwei Koordinaten eingeführt: die ξ-Koordinate bei ungespannter Feder, die x-Koordinate bei aufliegender Masse (statische Ruhelage).

Es gilt: $\xi = x + x_0$ *(1)*

mit $x_0 = \frac{mg}{c}$

2. Schritt: Schwingungs-DGL
Gesamtsystem in ausgelenkter Lage freischneiden und KGG anwenden

$m\ddot{\xi} = -F_c + mg$ *bzw.* $m\ddot{x} = -F_c + mg$

Mit $F_c = c\xi$ *bzw.* $F_c = c(x + x_0)$

folgt: $\ddot{\xi} + \frac{c}{m}\xi = g$ *bzw.* $\ddot{x} + \frac{c}{m}x = 0$

3. Schritt: Lösung der DGL

Die Lösungen der Differentialgleichungen sind mit $\omega_0 = \sqrt{\frac{c}{m}}$:

$$\xi(t) = A\sin\omega_0 t + B\cos\omega_0 t + \frac{mg}{c} \quad \text{bzw.} \quad x(t) = C\sin\omega_0 t + D\cos\omega_0 t$$

Mit den Anfangsbedingungen:

$$\xi(t=0) = 0\,,\quad \dot{\xi}(t=0) = v \quad \text{bzw.} \quad x(t=0) = -x_0\,,\quad \dot{x}(t=0) = v$$

bestimmen sich die Integrationskonstanten zu:

$$A = \frac{v}{\omega_0}\,,\quad B = -\frac{mg}{c} = -x_0 \quad \text{bzw.} \quad C = \frac{v}{\omega_0}\,,\quad D = -\frac{mg}{c} = -x_0$$

und die vollständige Lösung lautet:

$$\boxed{\xi(t) = \frac{v}{\omega_0}\sin\omega_0 t + \frac{mg}{c}(1-\cos\omega_0 t)} \quad \text{bzw.} \quad \boxed{x(t) = \frac{v}{\omega_0}\sin\omega_0 t - \frac{mg}{c}\cos\omega_0 t}$$

Aufgabe 5.4.1.2

Ein homogenes Brett der Masse m und der Länge ℓ schwingt ohne zu gleiten auf einer halbkreisförmigen Unterlage.

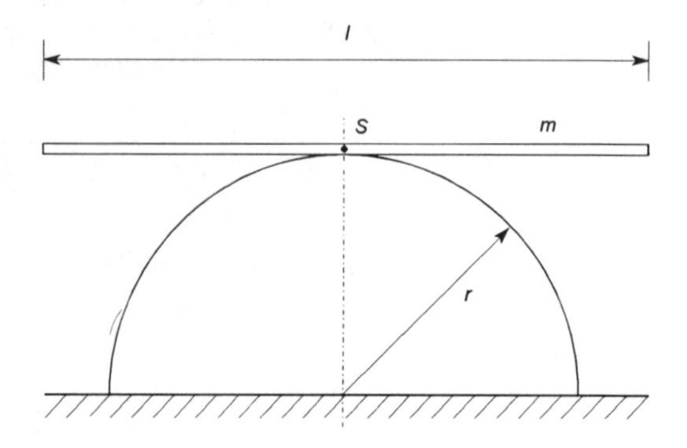

Gegeben: m, ℓ, r, g

Gesucht: 1. die Schwingungsdifferentialgleichung
2. die Schwingungsdauer für kleine Ausschläge

Lösung:

zu 1. Schwingungs-DGL

Brett in ausgelenkter Lage freischneiden und KGG anwenden

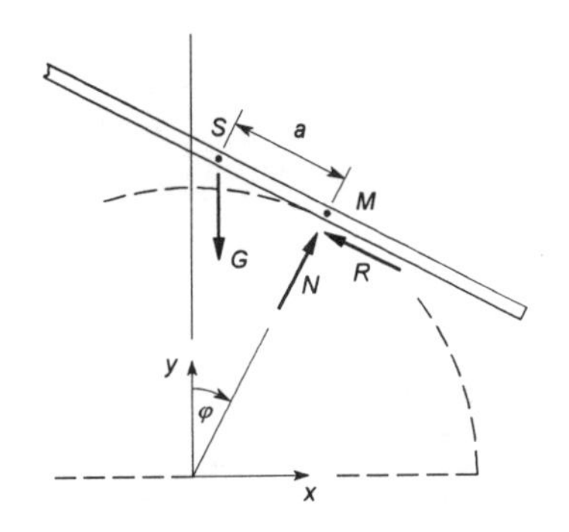

$$\rightarrow: \quad m\ddot{x}_S = N\sin\varphi - R\cos\varphi$$

$$\uparrow: \quad m\ddot{y}_S = -mg + N\cos\varphi + R\sin\varphi$$

$$\overset{\curvearrowright}{S}: \quad \theta_S\ddot{\varphi} = -Na$$

Mit $\theta_S = \frac{1}{12}m\ell^2$ *und den Geometriebeziehungen:*

$a = r\varphi$, $x_S = r\sin\varphi - a\cos\varphi$ *und* $y_S = r\cos\varphi + a\sin\varphi$

ergibt sich die Schwingungs-DGL zu:

$$\boxed{\ddot{\varphi} + \frac{12r^2\varphi}{\ell^2 + 12(r\varphi)^2}\dot{\varphi}^2 + \frac{12gr\cos\varphi}{\ell^2 + 12(r\varphi)^2}\varphi = 0} \quad (1)$$

zu 2. Schwingungsdauer

Für kleine Ausschläge $(\varphi << 1)$ *gelten die Näherungen:* $\cos\varphi \approx 1 \quad \varphi^2 \approx 0 \quad \dot{\varphi}^2 \approx 0$

In (1) eingesetzt ergibt die linearisierte DGL: $\ddot{\varphi} + \frac{12gr}{\ell^2}\varphi = 0$ *und mit*

$T = \frac{2\pi}{\omega_0}$ *folgt mit* $\omega_0 = \frac{1}{\ell}\sqrt{12gr}$ *die Schwingungsdauer zu:* $\boxed{T = \frac{\pi\ell}{\sqrt{3gr}}}$

Aufgabe 5.4.1.3

Das abgebildete schwingungsfähige System besteht aus einer Rolle (Masse m_2, Massenträgheitsmoment θ_s), einer Feder (Federsteifigkeit c), der Punktmasse m_1, dem masselosen Balken (Biegesteifigkeit EJ) sowie zwei undehnbaren Seilen. Während das System freie ungedämpfte Schwingungen ausführt bleiben beide Seile gespannt.

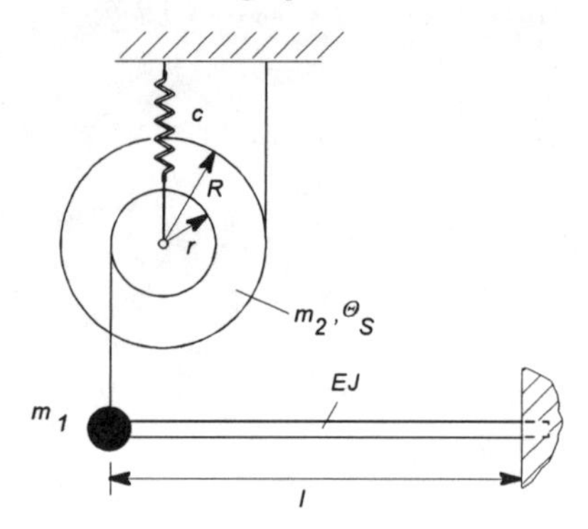

Gegeben: $m_2, \theta_s, r, R, c, m_1, EJ, \ell$

Gesucht: Die Eigenkreisfrequenz des Systems mit Hilfe der Energiemethode.

Lösung: *1. Koordinaten einführen und Geometriebeziehungen aufstellen, 2. Energieanteile bestimmen*

1. Schritt: Koordinaten

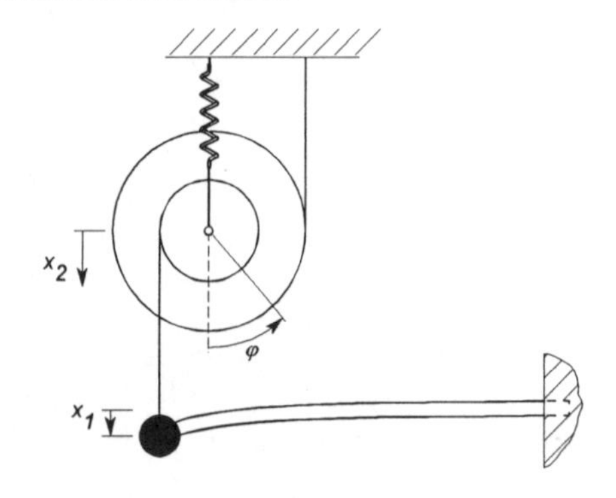

Es ist zweckmäßig drei Koordinaten einzuführen. Bei gespannten Seilen gilt:

$x_1 = (r + R)\varphi$ *und* $x_2 = R\,\varphi$

d.h., das System besitzt einen Freiheitsgrad

2. Schritt: Energieanteile
Für die kinetische Energie des Gesamtsystems gilt:

$$T = T_{Masse} + T_{Rolle} \qquad \text{bzw.} \qquad T = \frac{1}{2}m_1\dot{x}_1^2 + \frac{1}{2}m_2\dot{x}_2^2 + \frac{1}{2}\theta_s\dot{\varphi}^2$$

Für die potentielle Energie des Gesamtsystems gilt (s. Anmerkung):

$$\Pi = \Pi_{Feder} + \Pi_{Balken} \qquad \text{bzw.} \qquad \Pi = \frac{1}{2}cx_2^2 + \frac{1}{2}c_B x_1^2 \qquad \text{und mit}$$

$c_B = \dfrac{3EJ}{\ell^3}$ *aus den MYOSOTIS-Formeln (s. Hahn S. 136) folgt:* $\quad \Pi = \dfrac{1}{2}cx_2^2 + \dfrac{1}{2}\dfrac{3EJ}{\ell^3}x_1^2$

Für die Eigenfrequenz gilt (s. Hahn S. 283): $\quad \omega_0^2 = \dfrac{\Pi_{max}}{T^*_{max}}$

mit T^*_{max}, *einem Ausdruck, der analog zur kinetischen Energie mit Maximalausschlägen anstelle von Geschwindigkeiten gebildet wird. Eingesetzt ergibt:*

$$\omega_0^2 = \frac{\frac{1}{2}\left(cx_{2\,max}^2 + \frac{3EJ}{\ell^3}x_{1\,max}^2\right)}{\frac{1}{2}\left(m_1x_{1\,max}^2 + m_2x_{2\,max}^2 + \theta_s\varphi^2_{\,max}\right)} \qquad \text{bzw.} \qquad \boxed{\omega_0 = \sqrt{\frac{cR^2 + \frac{3EJ}{\ell^3}(R+r)^2}{m_1(R+r)^2 + m_2R^2 + \theta_s}}}$$

Anmerkung: Die Anteile des Schwerepotentials brauchen nicht berücksichtigt zu werden, weil die Gewichtskräfte den Schwingungsvorgang und damit auch die Eigenfrequenz nicht beeinflussen.

5.4.2 Gedämpfte freie Schwingungen

Aufgabe 5.4.2.1

Ein Waggon der Masse m rollt mit der Geschwindigkeit v_0 auf einen gedämpften Prellbock (Federsteifigkeit c, Dämpfungskonstante k). Die Reibung in den Radlagern und die Massen der Räder sowie die bewegte Masse des Prellbocks können vernachlässigt werden.

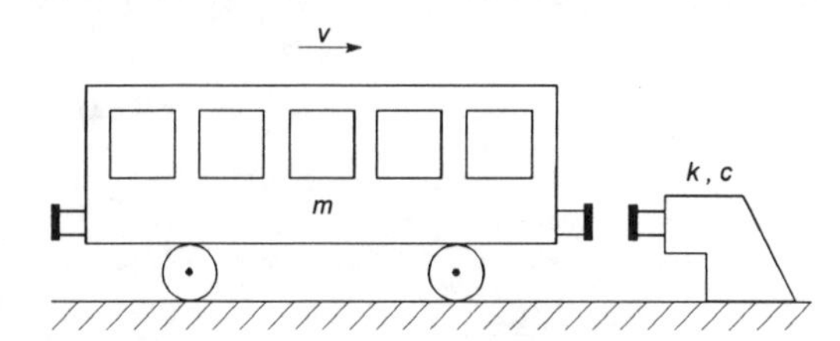

Gegeben: v_0, c, k, m

Gesucht:
1. Die Schwingungsdifferentialgleichung,
2. die Bewegung des Zuges nach dem Aufprall für den aperiodischen Grenzfall.

Lösung:

zu 1. Schwingungs-DGL

Waggon freischneiden und die KGG anwenden.

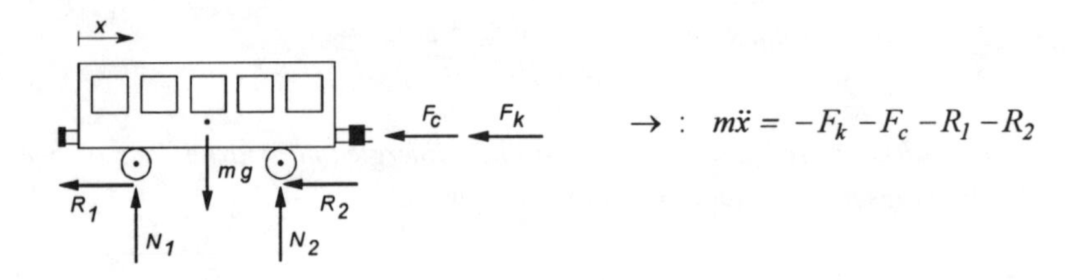

$\rightarrow: \quad m\ddot{x} = -F_k - F_c - R_1 - R_2$

Mit $R_1 = R_2 = 0$ *(s. Anmerkung) und* $F_k = k\dot{x}$ *sowie* $F_c = cx$

folgt: $$\boxed{\ddot{x} + \frac{k}{m}\dot{x} + \frac{c}{m}x = 0} \quad \text{bzw.} \quad \boxed{x'' + 2\kappa x' + x = 0} \qquad (1)$$

wobei $\kappa = \dfrac{k}{2m\omega_0}$ *und* $\omega_0 = \sqrt{\dfrac{c}{m}}$ *ist.*

zu 2. Lösung der DGL

Für den aperiodischen Grenzfall gilt $\kappa = 1$ *und die Lösung der Schwingungs-DGL (1) lautet (s. Hahn S. 287):* $x(z) = e^{-z}(C_2 + C_1 z)$ *(2)*

Mit den Anfangsbedingungen: $x(t=0) = 0 \qquad \dot{x}(t=0) = v_0$

bzw. mit der Eigenzeit formuliert: $x(z=0) = 0 \qquad x'(z=0) = \dfrac{v_0}{\omega_0}$

ergeben sich die beiden Integrationskonstanten zu: $C_1 = \dfrac{v_0}{\omega_0} \qquad C_2 = 0$

und die Bewegungsgleichung lautet: $$\boxed{x(z) = \frac{v_0}{\omega_0} z e^{-z}} \quad \text{bzw.} \quad \boxed{x(t) = v_0\, t\, e^{-\omega_0 t}}$$

Anmerkung: Das Verschwinden der Reibkräfte ergibt sich sofort durch Anwendung der KGG auf ein freigeschnittenes Rad unter Berücksichtigung der Idealisierungen masselose Räder und reibungsfreie Radlager.

Aufgabe 5.4.2.2

Eine Walze (Masse m, Radius r) rollt ohne zu gleiten auf einer kreisförmig ausgebildeten Unterlage ab. Im Mittelpunkt der Walze befindet sich ein reibungsfreies Gelenk, in dem eine Feder (Federsteifigkeit c), ein Dämpfer (Dämpfungskonstante k) und eine masselose Blattfeder (Länge ℓ, Biegesteifigkeit EJ) angebracht sind. Der Walzenmittelpunkt bewegt sich auf einer Kreisbahn mit Radius R um den Punkt A.

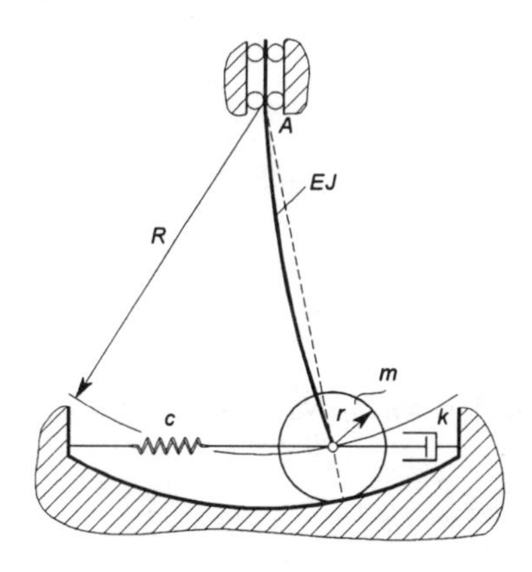

Gegeben: r, R, ℓ, m, EJ, k, c, g, $\varphi(t=0) = 0$, $\dot{\varphi}(t=0) = \dot{\varphi}_0$

Gesucht: 1. Die Schwingungsdifferentialgleichung für kleine Ausschläge,
2. die vollständige Lösung der linearen Schwingungsdifferentialgleichung.

Lösung:

zu 1. Schwingungs-DGL

Koordinaten einführen, Walze in ausgelenkter Lage freischneiden und KGG anwenden

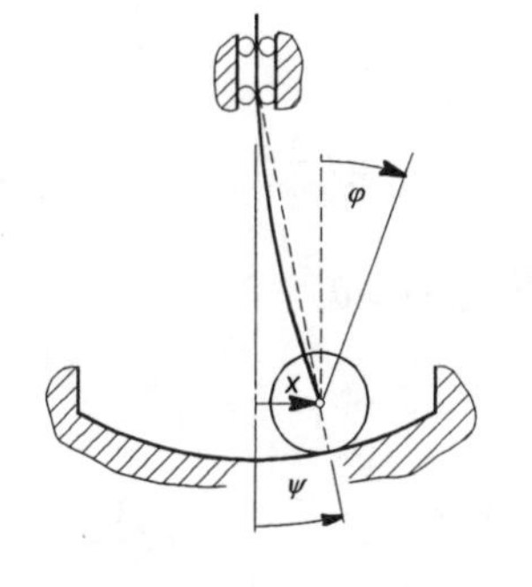

Es ist zweckmäßig drei Koordinaten einzuführen. Zwischen ihnen bestehen folgende Beziehungen:

Geometrie: $x = R \sin \psi$ *(1)*

Rollbedingung: $r\varphi = R\psi$ *(2)*

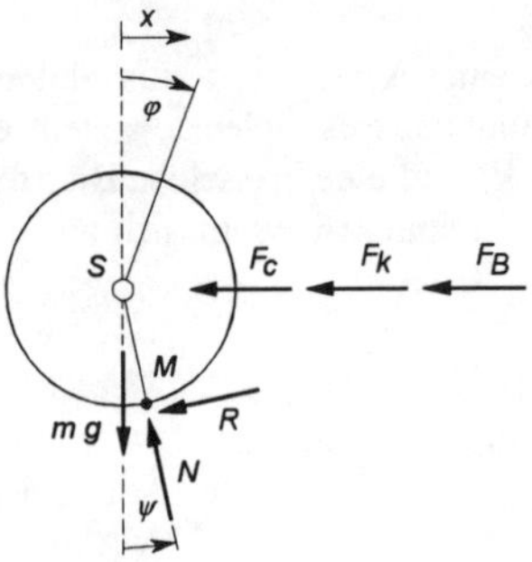

$$\overset{\frown}{\mathrm{M}}: \; \theta_M \ddot{\varphi} = -\left[(F_B + F_c + F_k)\right] r \cos\psi - mgr \sin\psi$$

Mit $\theta_M = \theta_s + mr^2$ *bzw.* $\theta_M = \frac{3}{2} mr^2$

und $F_B = c_B x$ *mit* $c_B = \frac{3EJ}{\ell^3}$

sowie $F_c = cx$ *und* $F_k = k\dot{x}$

ergibt sich:

$$\ddot{\psi} + \frac{2}{3m}\left(c_B \sin\psi + k\dot{\psi}\cos\psi + c\sin\psi\right)\cos\psi + \frac{2g}{3R}\sin\psi = 0 \qquad (3)$$

Für kleine Ausschläge $(\psi \ll 1)$ *gelten die Näherungen:* $\sin\psi \approx \psi \qquad \cos\psi \approx 1$

In (3) eingesetzt ergibt die linearisierte DGL: $\ddot{\psi} + \frac{2k}{3m}\dot{\psi} + \frac{2}{3mR}\left(c_B R + cR + mg\right)\psi = 0$

bzw. mit (2):

$$\boxed{\ddot{\varphi} + \frac{2k}{3m}\dot{\varphi} + \frac{2}{3mR}\left(c_B R + cR + mg\right)\varphi = 0} \quad \text{oder} \quad \boxed{\varphi'' + 2\kappa\varphi' + \varphi = 0} \qquad (4)$$

bei Einführung der Eigenzeit mit $\kappa = \frac{k}{3m\omega_0}$ *und* $\omega_0 = \sqrt{\frac{2}{3mR}\left(c_B R + cR + mg\right)}$

zu 3. Lösung der DGL

Die allgemeine Lösung der Schwingungs-DGL (4) lautet (s. Hahn, S. 287):

$$\varphi(z) = e^{-\kappa z}\left(A\sin\sqrt{1-\kappa^2}\,z + B\cos\sqrt{1-\kappa^2}\,z\right)$$

Mit den Anfangsbedingungen: $\varphi(t=0) = 0 \qquad \dot{\varphi}(t=0) = \dot{\varphi}_0$

bzw. mit der Eigenzeit formuliert: $\varphi(z=0) = 0 \qquad \varphi'(z=0) = \frac{\dot{\varphi}_0}{\omega_0}$

ergeben sich die Konstanten zu: $A = \frac{\dot{\varphi}_0}{\omega_0\sqrt{1-\kappa^2}} \qquad B = 0$

und die Bewegungsgleichung lautet:

$$\boxed{\varphi(t) = \frac{\dot{\varphi}_0}{\omega_0\sqrt{1-\kappa^2}} \cdot e^{-\kappa\omega_0 t}\left(\sin\left(\sqrt{1-\kappa^2}\,\omega_0 t\right)\right)}$$

Aufgabe 5.4.2.3

An eine Walze der Masse m_1 und dem Radius r ist ein masseloser Stab der Länge ℓ angeschweißt. Im Mittelpunkt der Walze ist ein Dämpfer (Dämpfungskonstante k) und eine Feder (Federsteifigkeit c) angebracht. Die Walze rollt ohne zu gleiten auf der Unterlage und führt dabei freie gedämpfte Schwingungen aus. Aus Messungen sind die Kreisfrequenz sowie das logarithmische Dekrement der gedämpften Schwingung bei kleinen Ausschlägen bekannt.

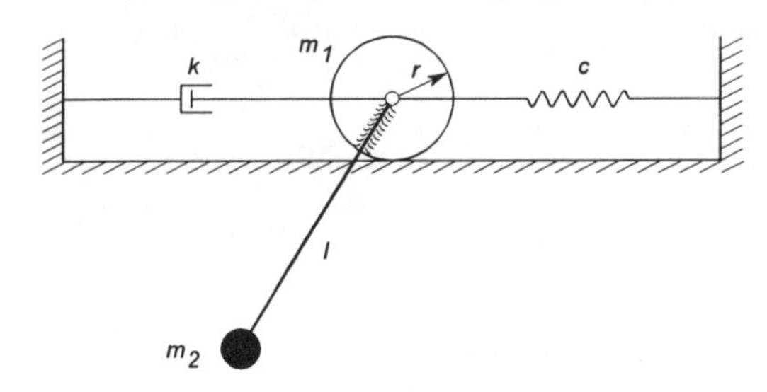

Gegeben: $m_1 = 10$ kg, $m_2 = 1$ kg, $r = 0{,}2$ m, $\ell = 1$ m, $g = 10\,\frac{\text{m}}{\text{s}^2}$

$\omega_D = 20\,\frac{1}{\text{s}}$, $\vartheta = \frac{3\pi}{2}$, $\varphi(0) = 0$, $\dot{\varphi}(0) = 40\,\frac{1}{\text{s}}$

Gesucht:
1. Die kennzeichnende Schwingungsdifferentialgleichung,
2. die Feder- und Dämpfungskonstante,
3. die vollständige Lösung der Schwingungsdifferentialgleichung.

Lösung:

zu 1. Schwingungs-DGL

Koordinaten einführen, Walze in ausgelenkter Lage freischneiden und KGG anwenden.

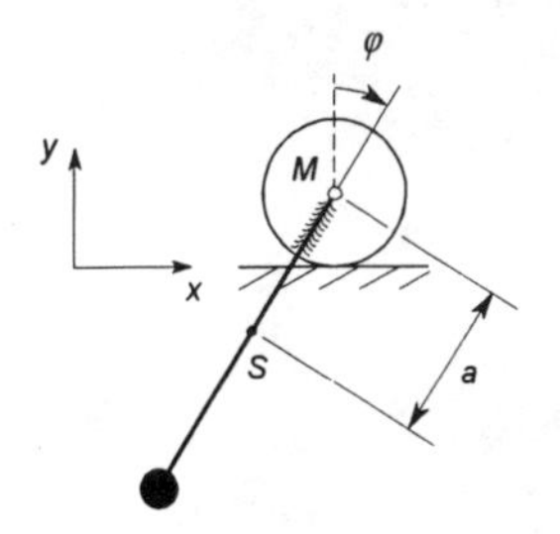

Es gilt: $a = \frac{m_2}{m_1 + m_2}\,\ell$ *und damit:*

$$x_S = r\varphi - a\sin\varphi \tag{1}$$

$$y_S = r - a\cos\varphi \tag{2}$$

$$\rightarrow : (m_1 + m_2)\ddot{x}_S = -(F_k + F_c + R) \tag{3}$$

$$\uparrow : (m_1 + m_2)\ddot{y}_S = N - (m_1 + m_2)g \tag{4}$$

$$\overset{\curvearrowleft}{S} : \theta_S\ddot{\varphi} = -(F_k + F_c)a\cos\varphi - R(a\cos\varphi - r) - Na\cos\varphi \tag{5}$$

Mit $\theta_S = \frac{1}{2} m_1 r^2 + m_1 a^2 + m_2(\ell - a)^2$

und $F_c = c x_M$ *bzw.* $F_c = c r \varphi$

sowie $F_k = k \dot{x}_M$ *bzw.* $F_k = k r \dot{\varphi}$

ergibt sich aus den Gleichungen (1) bis (5) nach einiger Rechnung:

$$\ddot{\varphi} + \frac{\ell \sin\varphi}{(41 - 10\cos\varphi) r} \dot{\varphi}^2 + \frac{k}{(41 - 10\cos\varphi) m_2} \dot{\varphi} + \frac{c}{(41 - 10\cos\varphi) m_2} \varphi + \frac{g\ell}{(41 - 10\cos\varphi) r^2} \sin\varphi = 0$$

Für kleine Winkelausschläge $(\varphi << 1)$ *gelten die Näherungen:* $\sin\varphi \approx \varphi \quad \cos\varphi \approx 1 \quad \varphi^2 \approx 0$

und die DGL lautet: $\boxed{\ddot{\varphi} + \frac{k}{31 m_2} \dot{\varphi} + \frac{c r^2 + g\ell m_2}{31 m_2 r^2} \varphi = 0}$ *oder* $\boxed{\varphi'' + 2\kappa\varphi' + \varphi = 0}$ *(6)*

bei Einführung der Eigenzeit mit $\kappa = \frac{k}{62 m_2 \omega_0}$ *(7)* *und* $\omega_0 = \sqrt{\frac{c r^2 + g\ell m_2}{31 m_2 r^2}}$ *(8)*

zu 2. Feder- und Dämpfungskonstante

Es gilt (s. Hahn S. 287): $\kappa = \frac{\vartheta}{\sqrt{\vartheta^2 + 4\pi^2}}$ *und* $\omega_D = \omega_0 \sqrt{1 - \kappa^2}$

Durch Einsetzen der Meßwerte erhält man zunächst: $\kappa = \frac{3}{5}$ $\omega_0 = 25 \frac{1}{s}$

und mit den Gleichungen (7) und (8) bestimmen sich die Systemdaten zu:

$\boxed{k = 930 \frac{Ns}{m}}$ *und* $\boxed{c = 19125 \frac{N}{m}}$

zu 3. Lösung der DGL

Die allgemeine Lösung der Schwingungs-DGL (6) lautet (s. Hahn S.287):

$$\varphi(t) = e^{-\kappa z}\left(A \sin\sqrt{1-\kappa^2}\, z + B \cos\sqrt{1-\kappa^2}\, z\right):$$

Mit den Anfangsbedingungen: $\varphi(t=0) = 0$ $\dot{\varphi}(t=0) = \dot{\varphi}_0$

bzw. mit der Eigenzeit formuliert: $\varphi(z=0) = 0$ $\varphi'(z=0) = \frac{\dot{\varphi}_0}{\omega_0}$

ergeben sich die Konstanten zu: $A = \frac{\dot{\varphi}_0}{\omega_0 \sqrt{1-\kappa^2}}$ $B = 0$

und die Bewegungsgleichung lautet:

$$\varphi(t) = \frac{\dot{\varphi}_0}{\omega_0\sqrt{1-\kappa^2}} \cdot e^{-\kappa\omega_0 t}\left(\sin\left(\sqrt{1-\kappa^2}\,\omega_0 t\right)\right)$$

5.4.3 Ungedämpfte erzwungene Schwingungen

Aufgabe 5.4.3.1

Ein masseloser Balken ist in A drehbar gelagert und in B durch eine Feder (Federsteifigkeit c) abgestützt. An seinem freien Ende ist eine Punktmasse m befestigt. Der Lagerbock führt eine harmonische Bewegung aus, wodurch der Balken zu Schwingungen um die horizontale statische Ruhelage angeregt wird.

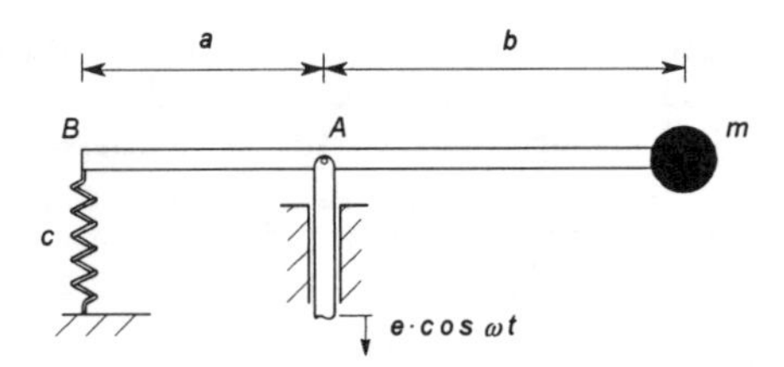

Gegeben: a, b, e, c, m, ω

Gesucht: die Schwingungsdifferentialgleichung für kleine Ausschläge

Lösung:
Koordinaten einführen, System in ausgelenkter Lage freischneiden und KGG anwenden.

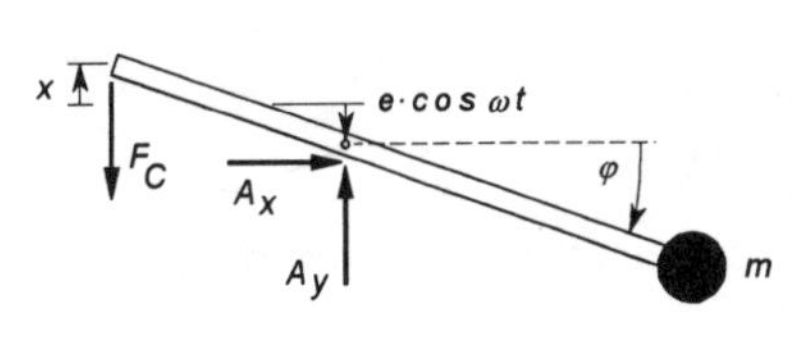

Es bietet sich die Anwendung des Drallsatzes mit dem Gelenk A als Bezugspunkt an. In diesem Falle ist aber darauf zu achten, daß A ein beschleunigter Bezugspunkt ist und somit der modifizierte Drallsatz (s. Hahn S. 251) herangezogen werden muß.

Danach gilt: $$\dot{\vec{D}}_{(A)} + m\left(\vec{r}_s^{\,*} \times \dot{\vec{v}}_A\right) = \vec{M}_{(A)} \qquad (1)$$

Im ebenen Fall reduziert sich die Vektorgleichung (1) auf eine skalarwertige Gleichung und die Vektorpfeile können im folgenden entfallen.

Mit $\quad \dot{D}_{(A)} = \theta_{(A)}\ddot{\varphi} \qquad m\left(\vec{r}_s^{\,*} \times \dot{\vec{v}}_A\right) = mb\cos\varphi\left(e\cos\omega t\right)^{\cdot\cdot}$

lautet der Drallsatz: $\quad \theta_{(A)} + mb\cos\varphi\left(e\cos\omega t\right)^{\cdot\cdot} = -F_c\;a\cos\varphi \qquad$ *)

und mit $\quad \theta_{(A)} = mb^2 \qquad F_c = cx \qquad x = a\sin\varphi - e\cos\omega t$

ergibt sich die DGL zu: $\quad mb^2\ddot{\varphi} + mb\cos\varphi\left(e\cos\omega t\right)^{\cdot\cdot} = -c\left(a\sin\varphi - e\cos\omega t\right)a\cos\varphi$

Für $\varphi << 1$ *und* $\omega = konst.$ *gilt:* $\sin\varphi \approx \varphi \qquad \cos\varphi \approx 1 \qquad (e\cos\omega t)^{\cdot\cdot} = -e\omega^2 \cos\omega t$

und die linearisierte DGL lautet:

$$\boxed{\ddot{\varphi} + \left(\frac{a}{b}\right)^2 \frac{c}{m}\,\varphi = \left(\frac{a}{b}c + \omega^2 m\right)\frac{e}{mb}\cos\omega t}$$

Anmerkung: **) Der Anteil der Gewichtskraft entfällt, weil das System mit* ***kleinen*** *Ausschlägen um die* ***horizontale*** *statische Ruhelage schwingt.*

Aufgabe 5.4.3.2

In dem abgebildeten Prüfstand rotieren zwei exzentrische Massen (m_2, Exzentrizität e) mit entgegengesetzter Drehrichtung und gleicher Drehzahl (Kreisfrequenz ω). Die Lagerung und der Antrieb des Unwuchterregers befinden sich in einem Gehäuse, das in einem starren Rahmen durch vier gleiche Federn (Federsteifigkeit c) abgestützt wird. Der Unwuchterreger (Gesamtmasse m_1) führt stationäre Schwingungen um die statische Ruhelage aus.

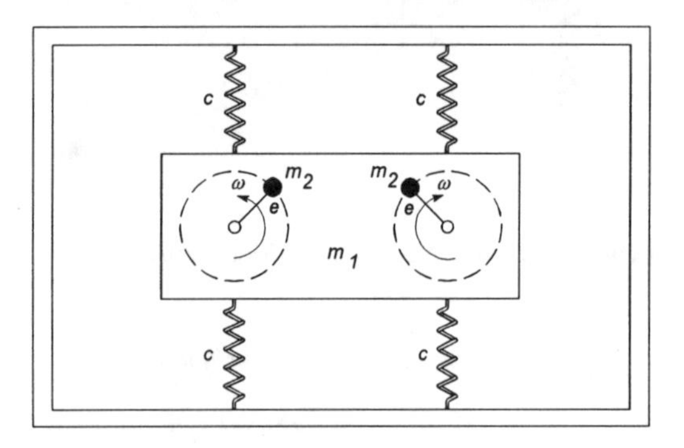

Gegeben: m_1, m_2, e, maximal zulässiger Ausschlag $\tilde{x}$

Gesucht:
1. Die Schwingungsdifferentialgleichung,
2. die erforderliche Federsteifigkeit c, daß bei einer vorgegebenen Erregerfrequenz $\tilde{\omega}$ die Schwingungsamplitude $\hat{x} < \tilde{x}$ ist.

Lösung:

zu 1. Schwingungs-DGL
Koordinate einführen, System in ausgelenkter Lage freischneiden und KGG anwenden.

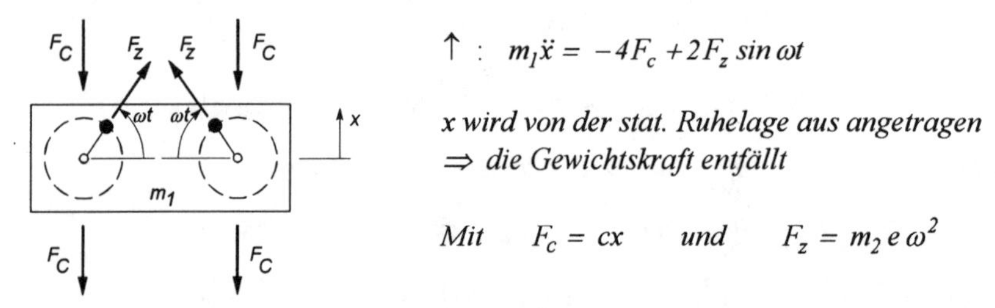

$\uparrow: \quad m_1\ddot{x} = -4F_c + 2F_z \sin\omega t$

x wird von der stat. Ruhelage aus angetragen
⇒ die Gewichtskraft entfällt

Mit $\quad F_c = cx \quad$ *und* $\quad F_z = m_2 e\,\omega^2$

folgt: $$\boxed{\ddot{x}+\frac{4c}{m_1}x=\frac{2m_2e\omega^2}{m_1}\sin\omega t}$$ bzw. $$\boxed{\xi''+\xi=\eta^2\sin\eta z} \qquad (1)$$

mit $z=\omega_0 t \qquad \eta=\dfrac{\omega}{\omega_0} \qquad \xi=\dfrac{x}{2\frac{m_2}{m_1}\cdot e} \quad (2)$ *und* $\omega_0=2\sqrt{\dfrac{c}{m_1}}$

zu 2. Federsteifigkeit c

Die partikuläre Lösung der DGL (1) lautet (s. Hahn S. 292): $\xi_{stat}=\dfrac{\eta^2}{1-\eta^2}\sin\eta z$

und ihre Amplitude ist: $\hat{\xi}=\left|\dfrac{\eta^2}{1-\eta^2}\right|$ *bzw. mit (2)* $\hat{x}=2\dfrac{m_2}{m_1}\left|\dfrac{\eta^2}{1-\eta^2}\right|e \qquad (3)$

Mit $\hat{x}<\tilde{x}$ *ergeben sich aus (3) folgende Bedingungen für das Frequenzverhältnis:*

$$0\le\eta^2\le\frac{m_1\tilde{x}}{m_1\tilde{x}+2m_2e} \qquad \text{sowie} \qquad \frac{m_1\tilde{x}}{m_1\tilde{x}-2m_2e}\le\eta^2\le\infty$$

und mit $\eta^2=\left(\dfrac{\omega}{\omega_0}\right)^2$ *bzw.* $\eta^2=\dfrac{\omega^2 m_1}{4c}$ *ergibt sich die erforderliche Federsteifigkeit*

in Abhängigkeit von der Erregerfrequenz zu: $$\boxed{\frac{m_1\tilde{x}+2m_2e}{4\tilde{x}}\tilde{\omega}^2\le c\le\frac{m_1\tilde{x}-2m_2e}{4\tilde{x}}\tilde{\omega}^2}$$

5.4.4 Gedämpfte erzwungene Schwingungen

Aufgabe 5.4.4.1

Am oberen Ende eines in B drehbar gelagerten, masselosen Rahmens ist die Punktmasse m angebracht. Im Punkt A des Rahmens sind ein Dämpfer (Dämpfungskonstante k) sowie eine Feder (Federsteifigkeit c) befestigt. Das System wird durch eine harmonische Bewegung des oberen Federendes zum Schwingen angeregt.

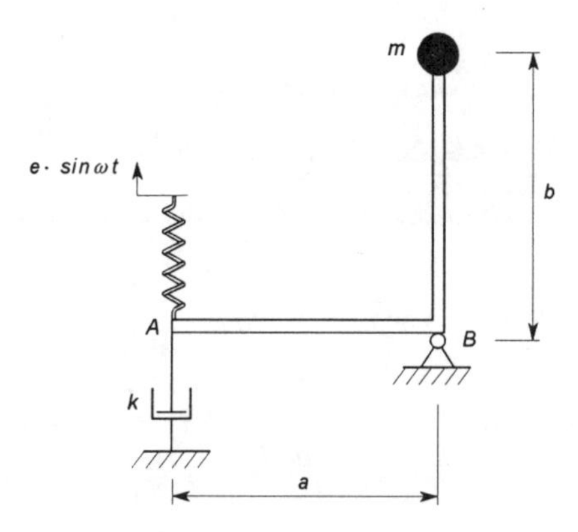

Gegeben: a = b = 1 m, m = 1 kg, ω = 20 1/s, c = 100 N/m, k = 10 kg/s, e = 0.02 m

Gesucht: 1. Die Schwingungsdifferentialgleichung für kleine Ausschläge,
2. die Resonanzfrequenz und die Resonanzamplitude.

Lösung:

zu 1. Schwingungs-DGL
Koordinaten einführen, System in ausgelenkter Lage freischneiden und KGG anwenden.

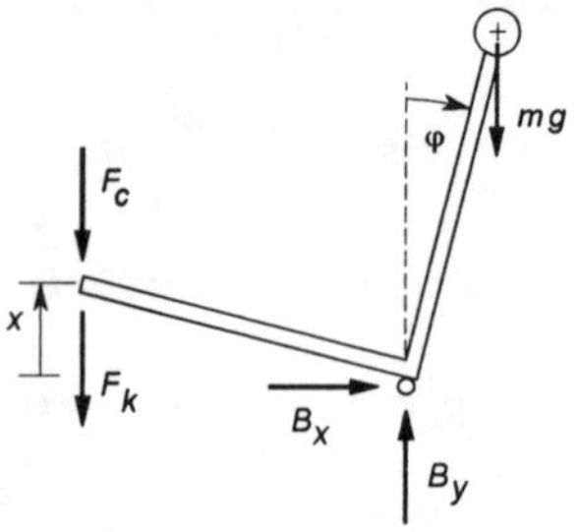

$$\overset{\curvearrowright}{B}: \quad \theta_B \ddot{\varphi} = -F_k a - F_c a + mgb \sin\varphi \tag{1}$$

Mit $\theta_B = mb^2$ $\quad F_k = k\dot{x}$

$F_c = c(x - e\sin\omega t)$ *und* $x = a\varphi$

ergibt sich die Schwingungs-DGL zu:

$$\ddot{\varphi} + \frac{ka^2}{mb^2}\dot{\varphi} + \frac{ca^2}{mb^2}\varphi - \frac{mgb\sin\varphi}{mb^2} = \frac{cae}{mb^2}\sin\omega t \tag{2}$$

Für kleine Winkelausschläge $(\varphi \ll 1)$ *gilt:* $\sin\varphi \approx \varphi$ *und aus (2) ergibt sich die*

linearisierte Schwingungs-DGL zu: $\quad \ddot{\varphi} + \frac{ka^2}{mb^2}\dot{\varphi} + \frac{ca^2 - mgb}{mb^2}\varphi = \frac{cae}{mb^2}\sin\omega t$

bzw. $\boxed{\xi'' + 2\kappa\xi' + \xi = \sin\eta z}$ *bei Einführung von* $z = \omega_0 t \quad \eta = \frac{\omega}{\omega_0} \quad \xi = \frac{a}{e}\varphi$

mit $\omega_0 = \sqrt{\frac{ca^2 - mbg}{mb^2}}$ (3) *und* $\kappa = \frac{ka^2}{2b\sqrt{mca^2 - m^2bg}}$ (4)

zu 2. Resonanzfrequenz und Resonanzamplitude

Im Resonanzfall gilt (s.Hahn S. 293): $\eta_{Res} = \sqrt{1 - 2\kappa^2} \qquad A^*_{Res} = \frac{1}{2\kappa\sqrt{1-\kappa^2}}$

und mit (3), (4) erhält man nach Einsetzen der Zahlenwerte:

$\boxed{\eta_{Res} = 0{,}667}$ *bzw. mit* $\omega_{Res} = \omega_0\,\eta_{Res}$ $\boxed{\omega_{Res} = 6{,}33\,\frac{1}{s}}$

$\boxed{A^*_{Res} = 1{,}1}$ *bzw. mit* $\varphi_{Res} = \frac{e}{a}A^*_{Res}$ $\boxed{\varphi_{Res} = 0{,}022\ rad}$

Aufgabe 5.4.4.2

In dem abgebildeten Prüfstand rotieren zwei exzentrische Massen (m_2, Exzentrizität e) mit entgegengesetzter Drehrichtung und gleicher Drehzahl (Kreisfrequenz ω). Die Lagerung und der Antrieb des Unwuchterregers befinden sich in einem Gehäuse, das gegenüber dem Fundament durch zwei gleiche Federn (Federsteifigkeit c) und einen Dämpfertopf (Dämpfungskonstante k) abgestützt ist. Der Unwuchterreger (Gesamtmasse m_1) führt stationäre Schwingungen um die statische Ruhelage aus. Zwischen den seitlichen Führungen und dem Gehäuse tritt keine Reibung auf.

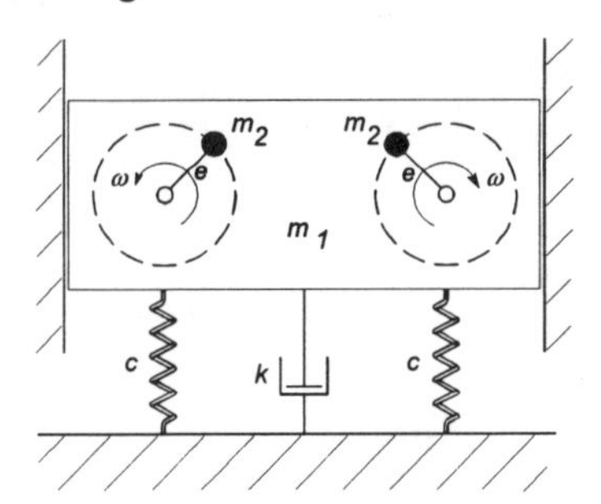

Gegeben: $m_1 = 10$ kg, $m_2 = 1$ kg, $k = 1000$ kg/s, $\tilde{x} = 0.01$ m, $e = 0.025$ m

Gesucht: 1. Die Schwingungsdifferentialgleichung,
2. die Federkonstante c so, daß der maximale Schwingungsausschlag $x_{max} \leq \tilde{x}$ ist.

Lösung:

zu 1. Schwingungs-DGL
Koordinate einführen, System in ausgelenkter Lage freischneiden und KGG anwenden.

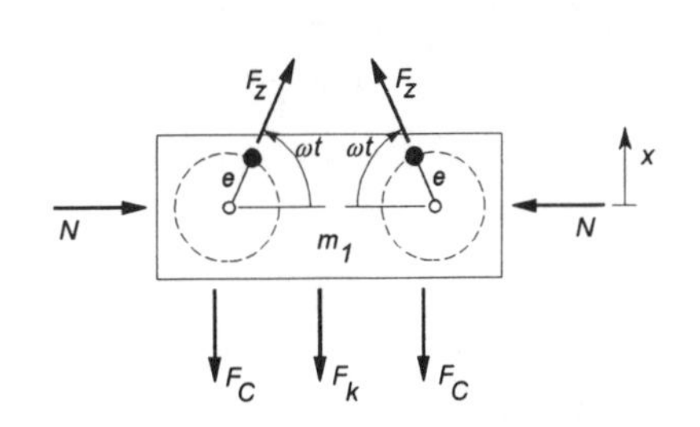

$$\uparrow: \quad m_1\ddot{x} = -2F_c - F_k + 2F_z \sin\omega t \qquad (1)$$

x von der stat. Ruhelage aus
⇒ die Gewichtskraft entfällt

Mit $\quad F_c = c\,x \qquad F_k = k\,\dot{x}$

und $\quad F_z = m_2 e\omega^2$

folgt: $$\boxed{\ddot{x} + \frac{k}{m_1}\dot{x} + \frac{2c}{m_1}x = \frac{2m_2}{m_1}e\omega^2 \sin\omega t} \qquad \text{bzw.} \qquad \boxed{\xi'' + 2\kappa\xi' + \xi = \eta^2 \sin\eta z} \qquad (2)$$

mit $$z = \omega_0 t \qquad \eta = \frac{\omega}{\omega_0} \qquad \xi = \frac{x}{2\frac{m_2}{m_1}e} \quad (3) \qquad \omega_0 = \sqrt{\frac{2c}{m_1}} \quad (4) \quad \text{und} \quad \kappa = \frac{k}{2m_1\omega_0} \quad (4)$$

zu 2. Federkonstante

Der maximale Schwingungsausschlag liegt im Resonanzfall vor. Für die dimensionslose Resonanzamplitude gilt (s. Hahn S. 293): $A^*_{max} = \dfrac{1}{2\kappa\sqrt{1-\kappa^2}}$ *mit* $0 \le \kappa \le \dfrac{1}{\sqrt{2}}$

Aus der Bedingung $x_{max} \le \tilde{x}$ *ergibt sich mit* $x_{max} = 2\dfrac{m_2}{m_1} e\, A^*_{max}$

für die Dämpfung: $\kappa^2 \ge \dfrac{1}{2} - \sqrt{\dfrac{1}{4} - \left(\dfrac{m_2 e}{m_1 \tilde{x}}\right)^2}$ *bzw.* $\kappa \ge \kappa_{grenz} = 0{,}259$

und mit (4), (5) folgt für die Federsteifigkeit: $\boxed{c \le \dfrac{k^2}{8 m_1 \kappa^2_{grenz}}}$ *bzw.* $\boxed{c \le 0{,}186 \cdot 10^6 \, \dfrac{N}{m}}$

6 Diplomvorprüfungen

In diesem Kapitel werden Diplomvorprüfungen behandelt, die an der Universität Kaiserslautern im Fach Technische Mechanik gestellt wurden. Die Prüfungen umfassen die Themengebiete Statik, Festigkeitslehre und Kinetik. Sie sind für die Studierenden der Fachrichtungen Maschinenwesen, Elektrotechnik, Wirtschaftsingenieurwesen und Bauingenieurwesen verpflichtend.

Die Prüfungsdauer beträgt zwei Stunden. Es sind alle Hilfsmittel (Lehrbücher, Übungen, Taschenrechner usw.) erlaubt.

6.1 Prüfung TM I-III, WS 87/88

Aufgabe 6.1.1

Ein Balken mit einem Gelenk G ist in den Punkten C und D fest gelagert. Auf dem Balken ist in den Punkten A (Festlager) und B (Loslager) ein Kran befestigt. Der Kran besteht aus 13 Stäben, die in den Knotenpunkten I bis VIII gelenkig verbunden sind.

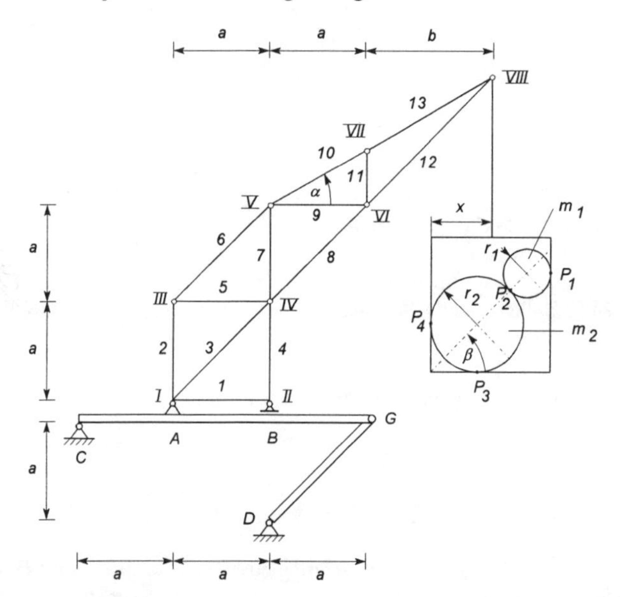

Am Knoten VIII ist ein Seil befestigt, das einen Container mit 2 Fässern trägt. Die Fässer (Masse m_1, m_2 und Radien r_1 und r_2) berühren die Containerwand in den Punkten P_1, P_3 und P_4. Der Berührungspunkt zwischen den Fässern ist P_2.

Gegeben: $m_1 = 40$ kg, $m_2 = 60$ kg, $g = 10$ m/sec^2,
$a = 1$ m, $b = 1{,}366$ m, $r_1 = 0{,}25$ m, $r_2 = 0{,}5$ m, $\alpha = 30°$, $\beta = 45°$

Gesucht:
1. Ermitteln Sie die Seilkraft S. In welcher Entfernung x muß das Seil am Container angreifen, damit sich dieser in der gezeichneten Gleichgewichtslage befindet?
2. Ermitteln Sie die Normalkräfte N_1, N_2, N_3, N_4 an den Berührungspunkten P_1 bis P_4 (keine Reibung in den Berührungspunkten).
3. Bestimmen Sie die Auflagerkräfte in A und B.
4. Ermitteln Sie die Stabkräfte S_1 bis S_{13} mit Hilfe des CREMONA-Plans.
5. Bestimmen Sie die Auflagerkräfte in C und D sowie die Gelenkkraft in G.

Aufgabe 6.1.2

Ein Balken ist im Punkt A fest eingespannt und wird im Punkt C von zwei Federn mit den Federsteifigkeiten c_1 und c_2 abgestützt. Am Balken ist im Punkt B ein Rahmen senkrecht angeschweißt. An dem Rahmen hängt im Punkt D die Masse m. Rahmen und Balken besitzen die gleiche Biegesteifigkeit (EJ).

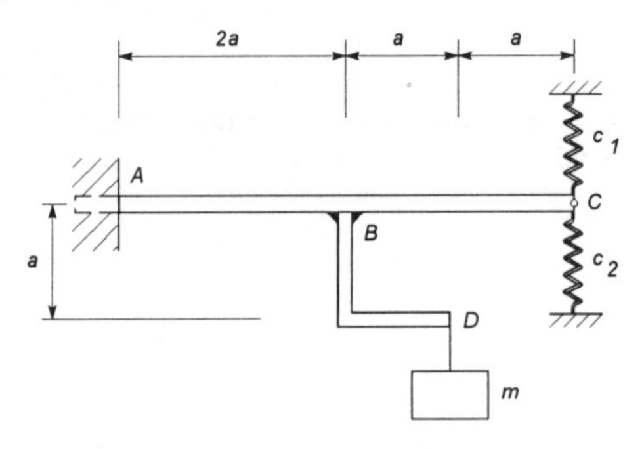

Gegeben: a, EJ, m, g, c_1, $c_2 = 2c_1$

Gesucht:
1. Die Auflagerreaktionen in A und die Federkräfte C_1 und C_2, (Beim Balken und Rahmen sollen nur die Energieanteile infolge des Biegemomentes berücksichtigt werden.),
2. die Absenkung des Punktes C,
3. das maximale Biegemoment im Bauteil für den Fall $c_1 \rightarrow \infty$.

Aufgabe 6.1.3

Eine Walze (Radius a, Masse m) rollt ohne zu gleiten eine kreisförmige Bahn (Radius R) hinunter. Die Walze wird bei einem Winkel $\varphi = \varphi_0$ auf der Bahn losgelassen und verläßt die Bahn bei einem Winkel $\varphi = \varphi^*$. Nach dem Ablösen von der Bahn fällt die Walze um die Höhe h und trifft im Abstand ℓ auf ein schwingungsfähiges System, bestehend aus der Masse M und den beiden Federn mit den Federsteifigkeiten c. Die Walze bleibt nach dem Auftreffen auf dem Schwingungssystem haften (vollkommen plastischer Stoß).

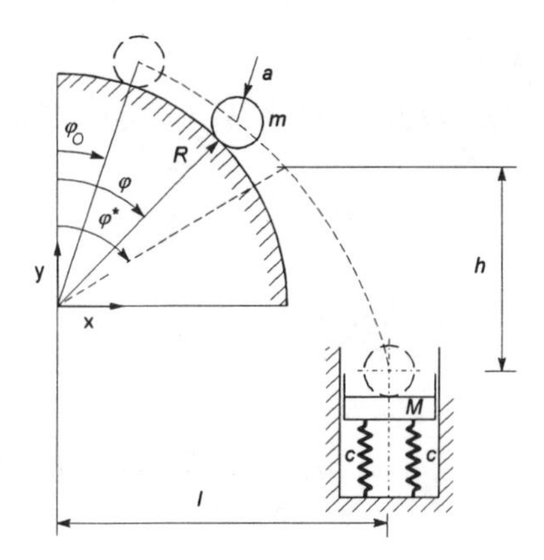

Gegeben: R = 9 m, a = 1 m, h = 8 m, φ* = 60°, m = 500 kg, M = 3 m = 1500 kg, c = 1 kN/mm

Gesucht:

1. Bei welchem Winkel φ_0 muß die Walze losgelassen werden, damit sie bei einem Winkel φ* = 60° die Bahn verläßt?
2. In welcher Entfernung ℓ und mit welcher Geschwindigkeit v trifft die Walze auf das schwingungsfähige System?
3. Bestimmen Sie die Schwingungsdifferentialgleichung, die vollständige Lösung der Schwingungsdifferentialgleichung und den Maximalausschlag des schwingungsfähigen Systems.

Lösung

Aufgabe 6.1.1

zu 1. Seilkraft S, Entfernung x

Container freischneiden und GGB anwenden

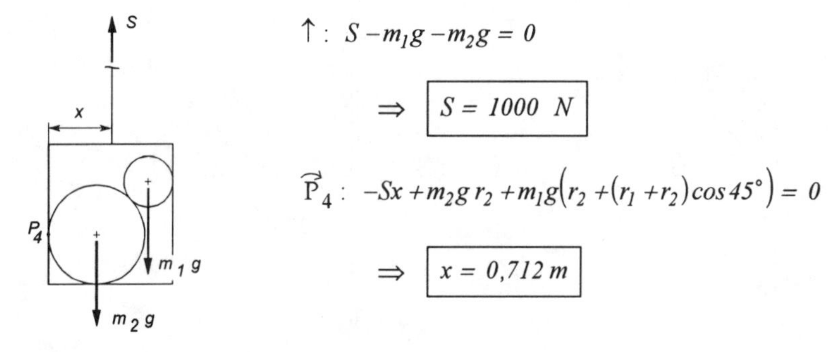

$$\uparrow: \; S - m_1 g - m_2 g = 0$$

$$\Rightarrow \boxed{S = 1000 \;\; N}$$

$$\overset{\curvearrowright}{P}_4: \; -Sx + m_2 g\, r_2 + m_1 g\left(r_2 + (r_1 + r_2)\cos 45°\right) = 0$$

$$\Rightarrow \boxed{x = 0{,}712\, m}$$

zu 2. Normalkräfte N_1 bis N_4

Fässer freischneiden und auf jedes Faß die GGB anwenden

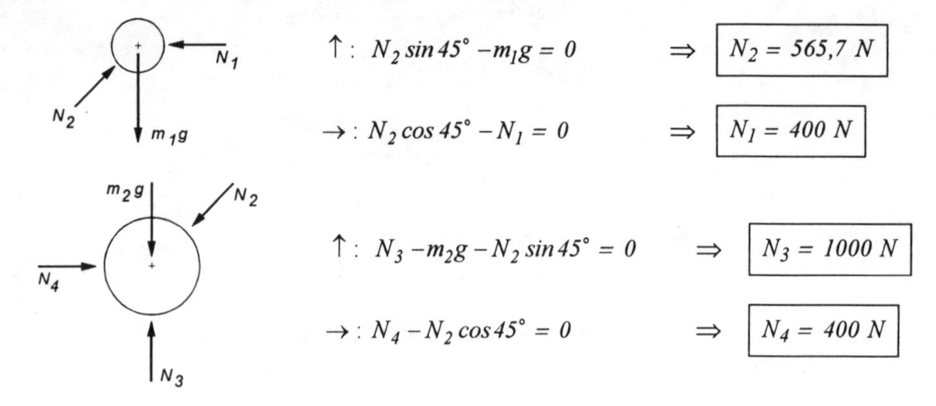

$$\uparrow: \; N_2 \sin 45° - m_1 g = 0 \quad \Rightarrow \quad \boxed{N_2 = 565{,}7\ N}$$

$$\rightarrow: \; N_2 \cos 45° - N_1 = 0 \quad \Rightarrow \quad \boxed{N_1 = 400\ N}$$

$$\uparrow: \; N_3 - m_2 g - N_2 \sin 45° = 0 \quad \Rightarrow \quad \boxed{N_3 = 1000\ N}$$

$$\rightarrow: \; N_4 - N_2 \cos 45° = 0 \quad \Rightarrow \quad \boxed{N_4 = 400\ N}$$

zu 3. Auflagerkräfte in A und B

Kran freischneiden und GGB anwenden

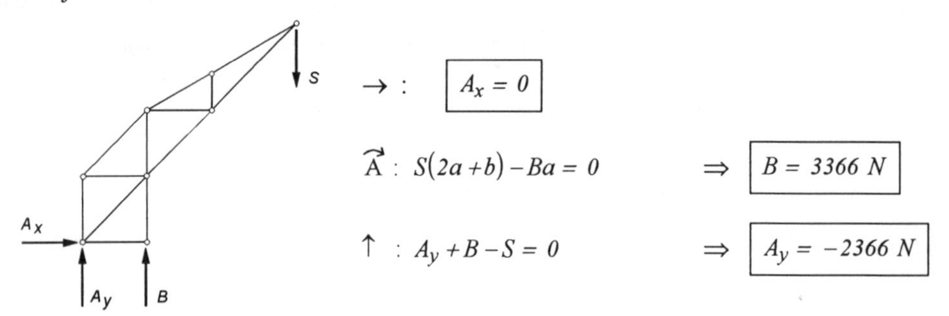

$$\rightarrow: \quad \boxed{A_x = 0}$$

$$\overset{\curvearrowright}{A}: \; S(2a + b) - Ba = 0 \quad \Rightarrow \quad \boxed{B = 3366\ N}$$

$$\uparrow: \; A_y + B - S = 0 \quad \Rightarrow \quad \boxed{A_y = -2366\ N}$$

zu 4. Stabkräfte S_1 bis S_{13}

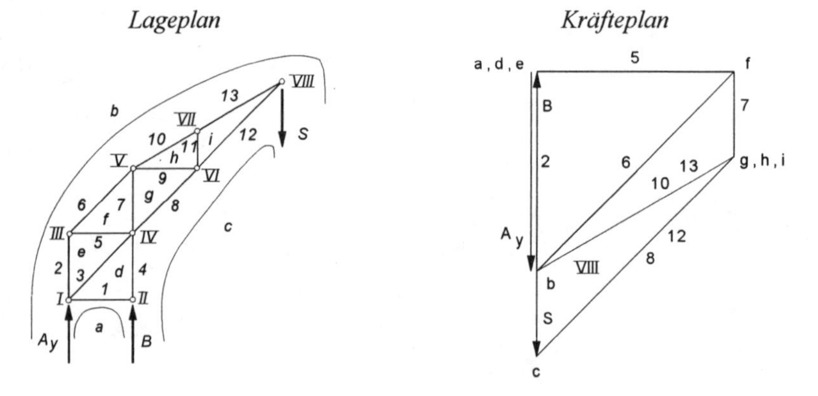

Durch Ausmessen ergibt sich:

Stab	*1*	*2*	*3*	*4*	*5*	*6*
Kraft [N]	*0*	*+2375*	*0*	*-3375*	*-2375*	*+3375*

Stab	*7*	*8*	*9*	*10*	*11*	*12*	*13*
Kraft [N]	*-1000*	*-3375*	*0*	*+2750*	*0*	*-3375*	*+2750*

zu 5. Auflagerkräfte in C und D, Gelenkkraft G

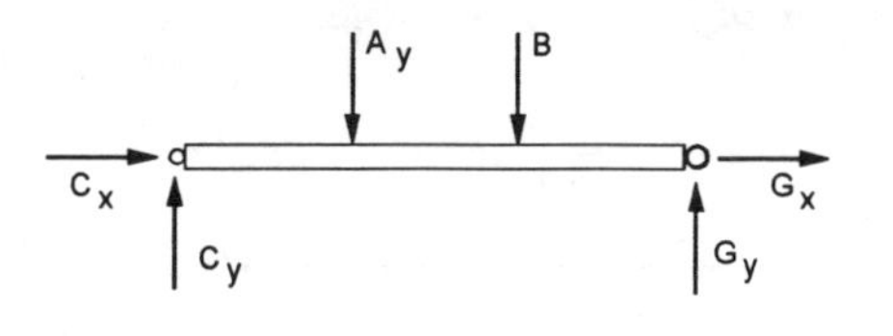

$$\rightarrow: \; C_x + G_x = 0 \qquad (1)$$

$$\uparrow: \; C_y + G_y - A_y - B = 0 \qquad (2)$$

$$\overset{\curvearrowright}{C}: \; A_y a + B 2a - G_y 3a = 0 \qquad (3)$$

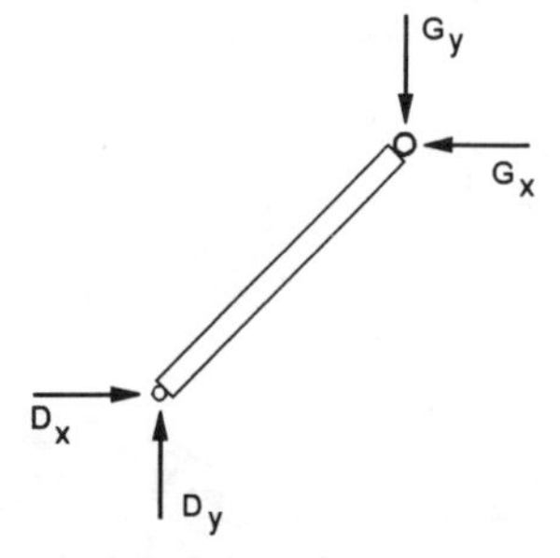

$$\rightarrow: \; D_x - G_x = 0 \qquad (4)$$

$$\uparrow: \; D_y - G_y = 0 \qquad (5)$$

$$\overset{\curvearrowright}{D}: \; G_y\, a - G_x\, a = 0 \qquad (6)$$

Aus (1) bis (6) ergeben sich die Reaktionskräfte zu:

$$\boxed{C_x = -1455\ N} \quad \boxed{D_x = 1455{,}3\ N} \quad \boxed{G_x = 1455{,}3\ N}$$

$$\boxed{C_y = -455{,}3\ N} \quad \boxed{D_y = 1455{,}3\ N} \quad \boxed{G_y = 1455{,}3\ N}$$

Aufgabe 6.1.2

zu 1. Auflagerreaktionen in A, Federkräfte C_1, C_2
Gesamtsystem freischneiden und GGB anwenden

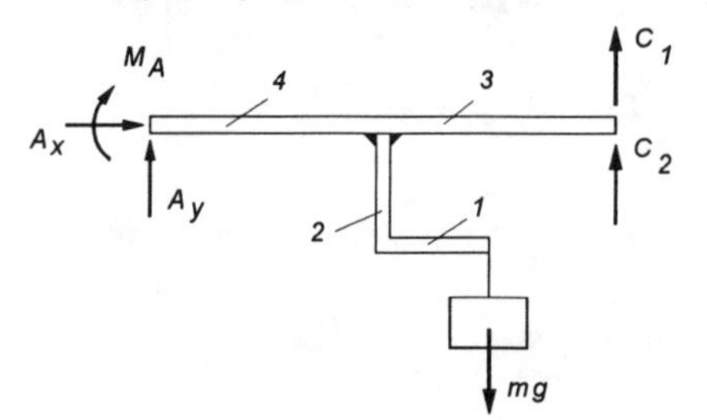

$$\rightarrow: \; \boxed{A_x = 0}$$

$$\uparrow: \; A_y - mg + C_1 + C_2 = 0 \qquad (1)$$

$$\overset{\curvearrowright}{A}: \; mg3a - (C_1 + C_2)4a + M_A = 0 \qquad (2)$$

Für die Federn gilt: $|\Delta\ell_1| = |\Delta\ell_2|$ *und mit* $c_2 = 2c_1$ *folgt* $C_2 = 2C_1$ *(3)*

Damit stehen zur Berechnung der vier Unbekannten A_y, M_A, C_1 *und* C_2 *drei Gleichungen zur Verfügung. Das System ist 1-fach statisch unbestimmt. Wähle* $C_1 = X$ *als statisch Unbestimmte und wende den Satz von MENABREA an.*

Danach gilt: $\dfrac{\partial U_{ges}}{\partial X} = 0$ *(4)* *mit* $U_{ges} = U_{Balken} + U_{Rahmen} + U_{Feder}$

Zur Berechnung der Energieanteile im Rahmen und im Balken werden diese in die Bereiche 1 bis 4 eingeteilt (siehe Freikörperbild). Die abgeleiteten Energieterme ergeben sich zu:

$$\frac{\partial U_1}{\partial X} = 0 \quad , \quad \frac{\partial U_2}{\partial X} = 0 \quad , \quad \frac{\partial U_3}{\partial X} = \frac{24}{EJ}a^3 X \quad , \quad \frac{\partial U_4}{\partial X} = \frac{1}{EJ}\left(168a^3 X - 38a^3 mg\right)$$

und mit $\dfrac{\partial U_{Feder}}{\partial X} = 3\dfrac{X}{c_1}$ *folgt aus (4):* $\boxed{X = C_1 = \dfrac{38mga^3 c_1}{192a^3 c_1 + 3EJ}}$ *(5)*

(5) liefert mit (1), (2), (3): $\boxed{C_2 = 2C_1}$ $\boxed{A_y = mg - 3C_1}$ $\boxed{M_A = 12C_1 a - 3mga}$

zu 2. Absenkung des Punktes C

Es gilt: $w_c = \Delta\ell_1 = \dfrac{C_1}{c_1}$ *und mit (5) ergibt sich sofort:* $\boxed{w_c = \dfrac{38mga^3}{192a^3 c_1 + 3EJ}}$

zu 3. maximales Biegemoment

$c_1 \to \infty$ *bedeutet, daß die Federn durch ein Loslager ersetzt werden können.*

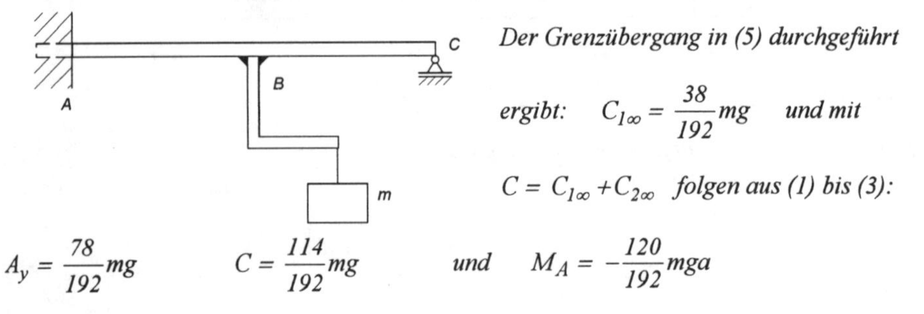

Der Grenzübergang in (5) durchgeführt ergibt: $C_{1\infty} = \dfrac{38}{192}mg$ *und mit* $C = C_{1\infty} + C_{2\infty}$ *folgen aus (1) bis (3):*

$$A_y = \frac{78}{192}mg \qquad C = \frac{114}{192}mg \qquad \text{und} \qquad M_A = -\frac{120}{192}mga$$

Der Biegemomentenverlauf ist linear $\Rightarrow$ *das Maximum ist an den Bereichsgrenzen zu suchen.*

Durch Einsetzen erhält man: $\boxed{M_{max} = M_B = 1{,}1875\ mga}$

Aufgabe 6.1.3:

zu 1. Winkel φ_0

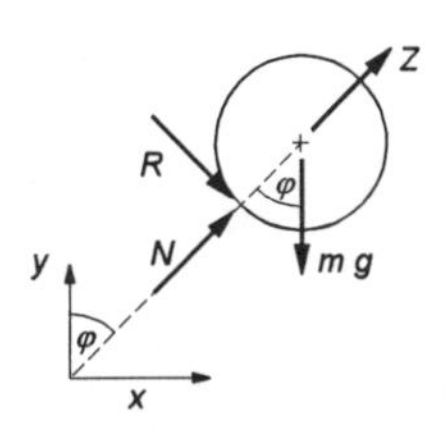

Kräftegleichgewicht normal zur Bahn:

$$\nearrow: \quad N + Z - mg\cos\varphi = 0 \tag{1}$$

Mit der Zentrifugalkraft: $$Z = m\frac{1}{R+a}v^2 \tag{2}$$

und der Ablösebedingung: $$N = 0 \tag{3}$$

ergibt sich die Ablösegeschwindigkeit zu:

$$\boxed{v^* = \sqrt{(R+a)g\cos\varphi^*}} \quad \text{bzw.} \quad \boxed{v^* = 7\ m/s} \tag{4}$$

Der Anfangswinkel φ_0 folgt aus dem Energieerhaltungssatz. Es gilt: $(T+\Pi)_0 = (T+\Pi)^*$

Mit $\Pi = mgy$ *und* $T = \frac{1}{2}mv^2 + \frac{1}{2}\theta\omega^2$ *sowie* $\theta = \frac{1}{2}ma^2$ $\omega = \frac{v}{a}$

In die Energiebilanz eingesetzt liefert: $mg(R+a)\cos\varphi_0 + T_0 = mg(R+a)\cos\varphi^* + \frac{3}{4}mv^{*2}$

und mit $T_0 = 0$ *folgt:*

$$\boxed{\cos\varphi_0 = \frac{7}{4}\cos\varphi^*} \quad \text{bzw.} \quad \boxed{\varphi_0 = 28{,}9^\circ} \tag{5}$$

zu 2. Entfernung ℓ, Auftreffgeschwindigkeit v

Im Ablösepunkt gilt: $$\vec{v}^* = v_x^*\,\vec{e}_x + v_y^*\,\vec{e}_y = v^*\cos\varphi^*\,\vec{e}_x - v^*\sin\varphi^*\,\vec{e}_y \tag{6}$$

und mit den Gleichungen des "Freien Falls" ergibt sich für die Fallzeit:

$$t = \frac{v_y^*}{g} + \sqrt{\frac{v_y^{*2}}{g} + \frac{2h}{g}} = 0{,}8\ s \tag{7}$$

sowie für die Auftreffgeschwindigkeit

$$v_x = v_x^* = v^*\cos\varphi^* = 3{,}5\ m/s \quad \text{und} \quad v_y = -gt + v_y^* = -gt - v^*\sin\varphi = 13{,}9\ m/s$$

und damit: $$\boxed{v = 14{,}33\ m/s} \tag{8}$$

Für die Entfernung ℓ gilt: $\ell = (R+a)\sin\varphi^* + v_x^* t$ *bzw. eingesetzt:* $$\boxed{\ell = 11{,}46\ m} \tag{9}$$

zu 3. Schwingungsdifferentialgleichung

Koordinate von der statischen Ruhelage des Gesamtsystems (M+m) aus antragen ⇒ Gesamtsystem freischneiden und KGG anwenden, wobei die Gewichtskräfte nicht berücksichtigt werden

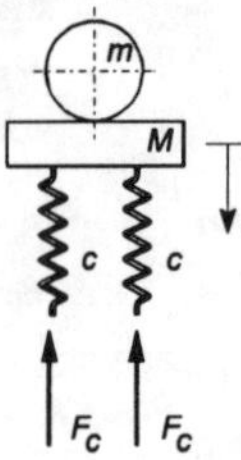

$$\downarrow: \quad (M+m)\ddot{\xi} + 2c\xi = 0$$

$$\Rightarrow \quad \boxed{\ddot{\xi} + \frac{2c}{M+m}\xi = 0} \qquad (10)$$

Die Lösung von (10) lautet: $\xi(t) = A\cos\omega t + B\sin\omega t$ *mit* $\omega^2 = \frac{2c}{M+m}$ *(11)*

und unter Berücksichtigung der Anfangsbedingungen: $t = 0: \begin{cases} \xi = -\frac{m}{2c}g \\ \dot{\xi} = \tilde{v} \end{cases}$ *(12)*

mit $\tilde{v} = \frac{m}{M+m}v_y = 3{,}475\ m/s$ *der Geschwindigkeit nach dem vollplastischen Stoß*

erhält man die Bewegungsgleichung: $\boxed{\xi(t) = -\frac{mg}{2c}\cos\omega t + \frac{\tilde{v}}{\omega}\sin\omega t}$ *(13)*

Der Maximalausschlag der Schwingung entspricht der Schwingungsamplitude $\hat{\xi}$.

Es gilt: $\hat{\xi} = \sqrt{A^2 + B^2}$ *bzw. mit (13)* $\hat{\xi} = \sqrt{\left(\frac{-mg}{2c}\right)^2 + \left(\frac{\tilde{v}}{\omega}\right)^2}$

oder eingesetzt: $\boxed{\hat{\xi} = 110\,mm}$

6.2 Prüfung TM I-III, WS 91/92

Aufgabe 6.2.1

Auf einem Felsvorsprung ist eine Hebevorrichtung bestehend aus zwei masselosen Balken und zwei Seilen installiert. Der Balken 1 ist im Punkt A fest eingespannt und im Punkt G mit dem Balken 2 gelenkig verbunden. Das Seil I ist mit den Punkten B und D fest verbunden und wird im Punkt C mit Hilfe einer reibungsfreien Rolle umgelenkt. Das Seil II ist im Punkt E befestigt und trägt ein Teil einer Stützkonstruktion. An die Stützkonstruktion, die aus 13 gelenkig miteinander verbundenen Stäben besteht, ist ein Betonfundament (Masse m) angehängt.

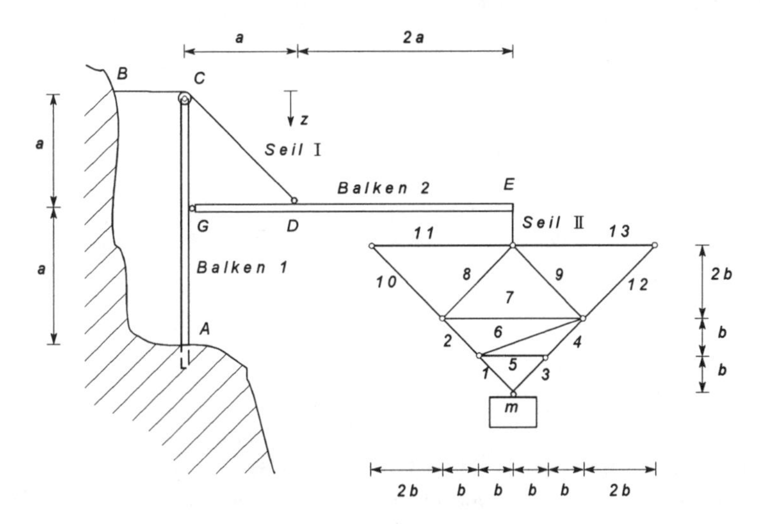

Gegeben: a, b, m, g; $\sin 45° = \cos 45° = \frac{1}{\sqrt{2}}$

Gesucht:
1. Die Seilkraft S_{II},
2. die Auflagerreaktionen im Punkt A, die Gelenkkraft im Punkt G sowie die Seilkraft S_I,
3. der Normalkraft-, Querkraft- und Momentenverlauf im Balken 1 für den Bereich $0 \leq z \leq a$,
4. die Stabkräfte S_1 bis S_{13} der Stützkonstruktion.

Aufgabe 6.2.2

Ein Rahmen (Querschnittsfläche A, Elastizitätsmodul E, Flächenträgheitsmoment J), welcher durch eine konstante Streckenlast beansprucht wird, ist in B fest eingespannt und in C durch ein Loslager abgestützt.

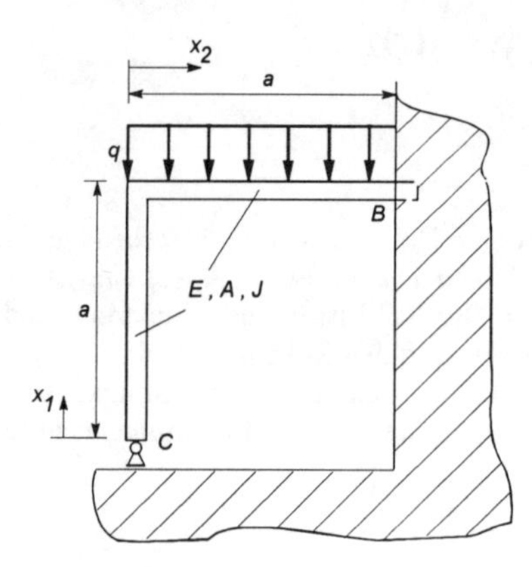

Gegeben: E, a, q, $A = a^2/1000$, $J = a^4/6000$

Gesucht: 1. Die Auflagerreaktionen in B und C,
2. die Verschiebung des Lagers C in horizontaler Richtung.

Hinweis: Verwenden Sie die Koordinaten x_1, x_2. Der Anteil der elastischen Energie durch die Querkraft ist zu vernachlässigen.

Aufgabe 6.2.3

Ein Klotz der Masse m_1 wird von einer Walze auf einer um den Winkel α geneigten Ebene nach unten gezogen. Die Walze mit der Masse m_2 und dem Trägheitsmoment θ bzgl. dem Schwerpunkt rollt ohne zu gleiten, wobei über den Radius r ein Seil abrollt. Der Klotz gleitet mit der Gleitreibungszahl μ_G auf der Unterlage.

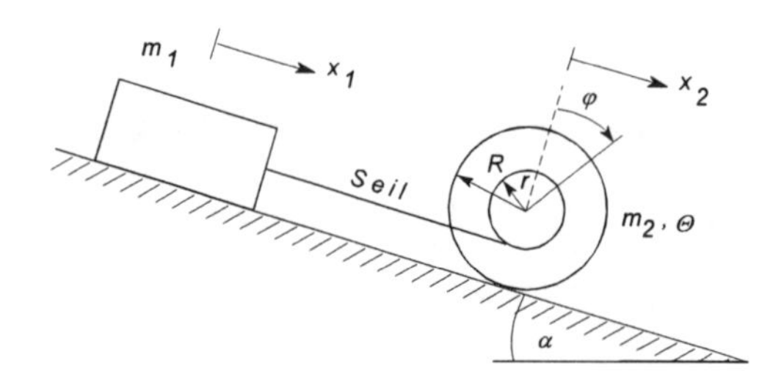

Gegeben: g, α, $R = 2r$, $m_2 = 2m_1$, $\theta = 0{,}5\ m_2R^2$, μ_G

Gesucht: 1. Bestimmen Sie die Beschleunigung $\ddot{x}_2$, wenn vorausgesetzt wird, daß das Seil immer gespannt ist.
2. Zum Zeitpunkt t_1 wird das Seil gekappt und der Klotz bewegt sich unabhängig von der Rolle mit der Geschwindigkeit $v(t_1) = v_1$. Nach welcher Strecke s kommt der Klotz zur Ruhe?

Aufgabe 6.2.4

Eine starre, masselose Stange ist senkrecht auf einem Wagen der Masse m_1 montiert. Am oberen Ende der Stange ist eine Schnur befestigt, an deren Ende eine Kugel der Masse m_2 hängt. Der Wagen wird durch eine konstante Kraft F beschleunigt. Während der Bewegung wird zwischen der Stange und der Schnur der Winkel α gemessen. Die Reibung in den Radlagern sowie die Masse der Räder können bei der Betrachtung vernachlässigt werden.

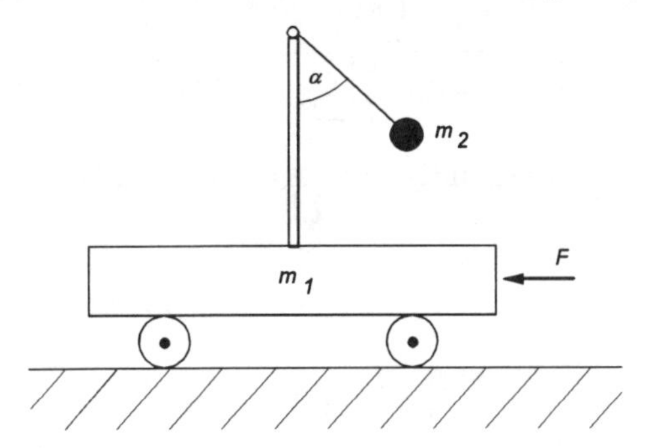

Gegeben: m_1, m_2, α

Gesucht: Der Zusammenhang zwischen der Kraft F und dem Winkel α.

Lösung

Aufgabe 6.2.1

zu 1. Seilkraft S_{II}

Stützkonstruktion freischneiden und GGB anwenden

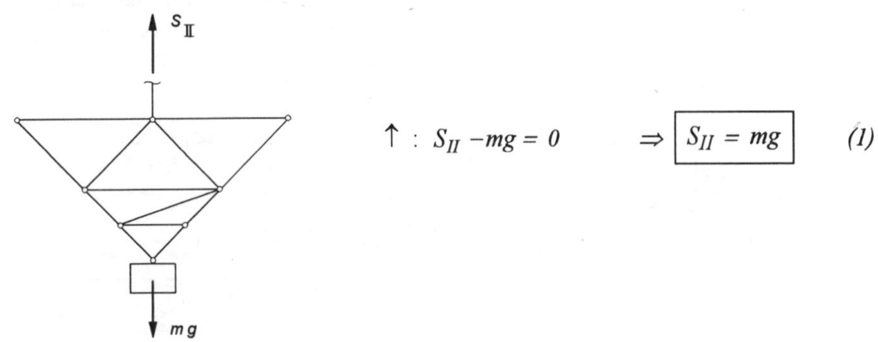

$$\uparrow : S_{II} - mg = 0 \qquad \Rightarrow \boxed{S_{II} = mg} \qquad (1)$$

zu 2. Auflagerreaktionen in A, Gelenkkraft G, Seilkraft S_I

Es sind zwei Schnitte erforderlich:

1. Balken 2 durch Gelenk und Seil I schneiden und GGB anwenden

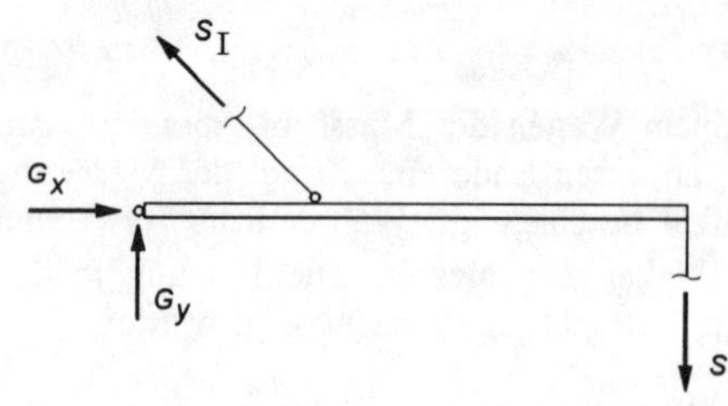

$$\rightarrow: \; G_x - S_I \cos 45^\circ = 0 \tag{2}$$

$$\uparrow: \; G_y + S_I \sin 45^\circ - S_{II} = 0 \tag{3}$$

$$\overset{\curvearrowright}{G}: \; S_{II} 3a - S_I \sin 45^\circ a = 0 \tag{4}$$

Aus (1) bis (4) folgt: $\boxed{G_x = 3\,mg}$ $\boxed{G_y = -2\,mg}$ $\boxed{S_I = 3\sqrt{2}\,mg}$

2. *Gesamtsystem durch Seil I und Auflager A schneiden und GGB anwenden*

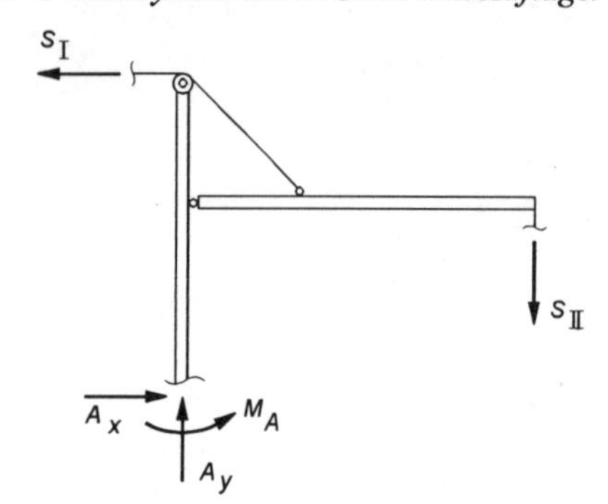

$$\rightarrow: \; A_x - S_I = 0 \;\Rightarrow\; \boxed{A_x = 3\sqrt{2}\,mg}$$

$$\uparrow: \; A_y - S_{II} = 0 \;\Rightarrow\; \boxed{A_y = mg}$$

$$\overset{\curvearrowright}{A}: \; mg3a - S_I 2a - M_A = 0$$

$$\Rightarrow \; \boxed{M_A = 3\left(1 - 2\sqrt{2}\right) mga}$$

zu 3. Normalkraft-, Querkraft- und Momentenverlauf

Balken 1 schneiden und GGB anwenden

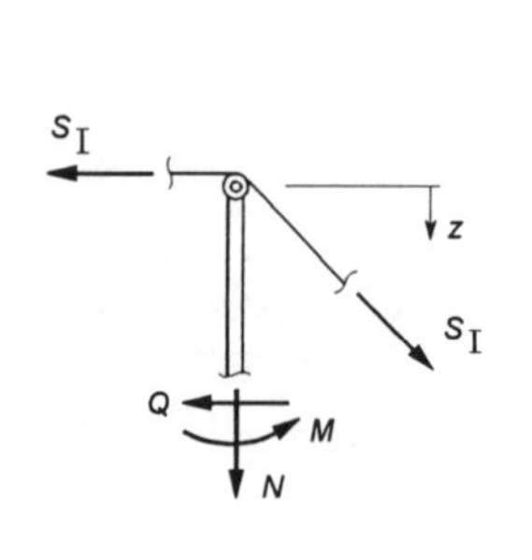

$$\rightarrow: \; -Q - S_I + S_I \cos 45^\circ = 0$$

$$\Rightarrow \; \boxed{Q(z) = 3\left(1 - \sqrt{2}\right) mg = konst.}$$

$$\uparrow: \; -N - S_I \sin 45^\circ = 0$$

$$\Rightarrow \; \boxed{N(z) = -3mg = konst.}$$

$$\overset{\curvearrowright}{A}: \; -M - S_I z + S_I \sin 45^\circ z = 0$$

$$\Rightarrow \; \boxed{M(z) = 3\left(1 - \sqrt{2}\right) mgz}$$

zu 4. Stabkräfte S_1 bis S_{13}

Aus den Regeln für Nullstäbe (Hahn, S. 53) ergibt sich sofort:

$\boxed{S_{10} = S_{11} = S_{12} = S_{13} = 0}$ *(unbelastete 2-stäbige Knoten)*

Weiterhin gilt: $\boxed{S_5 = 0}$ *(unbelasteter 3-stäbiger Knoten, 2 Stäbe haben gleiche Richtung)*

und mit $S_5 = 0$ *folgt bei Anwendung der gleichen Regel:* $\boxed{S_6 = 0}$

Bei Berücksichtigung dieser Nullstäbe folgt, daß der Kraftfluß im Fachwerk doppelsymmetrisch ist. Damit ergibt sich:

$$S_1 = S_2 = S_3 = S_4 = S_8 = S_9$$

Zur Bestimmung der Stabkräfte wird das Knotenpunktgleichgewichtsverfahren angewandt

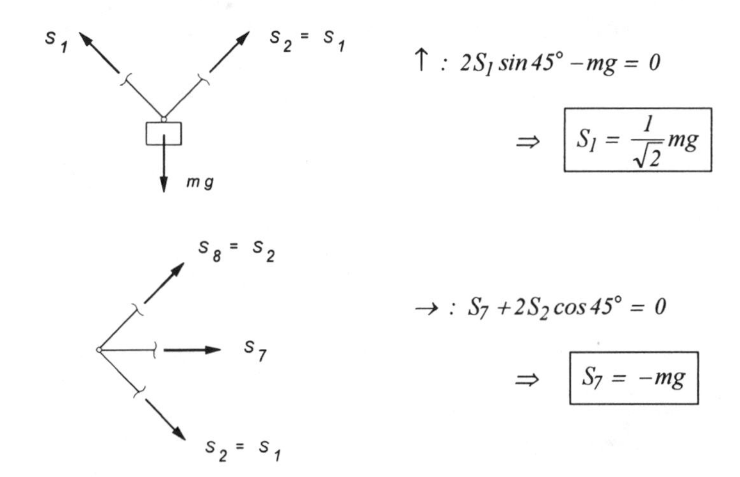

$$\uparrow : \; 2S_1 \sin 45° - mg = 0$$

$$\Rightarrow \quad \boxed{S_1 = \frac{1}{\sqrt{2}} mg}$$

$$\rightarrow : \; S_7 + 2S_2 \cos 45° = 0$$

$$\Rightarrow \quad \boxed{S_7 = -mg}$$

Zusammengefaßt:

Stab	*1*	*2*	*3*	*4*	*5*	*6*	*7*	*8*	*9*	*10*	*11*	*12*	*13*
$\lvert S_i \rvert$	$\frac{1}{\sqrt{2}}mg$	$\frac{1}{\sqrt{2}}mg$	$\frac{1}{\sqrt{2}}mg$	$\frac{1}{\sqrt{2}}mg$	*0*	*0*	*mg*	$\frac{1}{\sqrt{2}}mg$	$\frac{1}{\sqrt{2}}mg$	*0*	*0*	*0*	*0*
Zug/ Druck	+	+	+	+			-	+	+				

Aufgabe 6.2.2

zu 1. Auflagerreaktionen

Gesamtsystem freischneiden und GGB anwenden

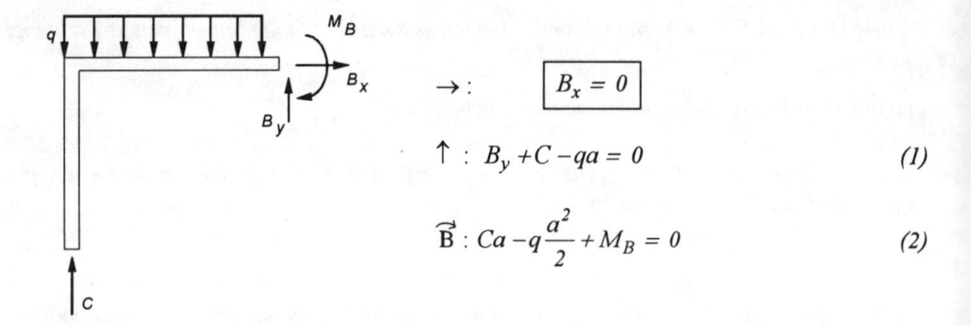

$\rightarrow$: $\boxed{B_x = 0}$

$\uparrow$: $B_y + C - qa = 0$ (1)

$\overset{\curvearrowleft}{B}$: $Ca - q\dfrac{a^2}{2} + M_B = 0$ (2)

Zur Berechnung der 3 Unbekannten B_y, C und M_B stehen 2 Gleichungen zur Verfügung. $\Rightarrow$

Das System ist 1-fach statisch unbestimmt. Wähle $C = X$ *als statisch Unbestimmte.*

Bei der Lösung mit der Überlagerungsmethode werden folgende Belastungen superponiert:

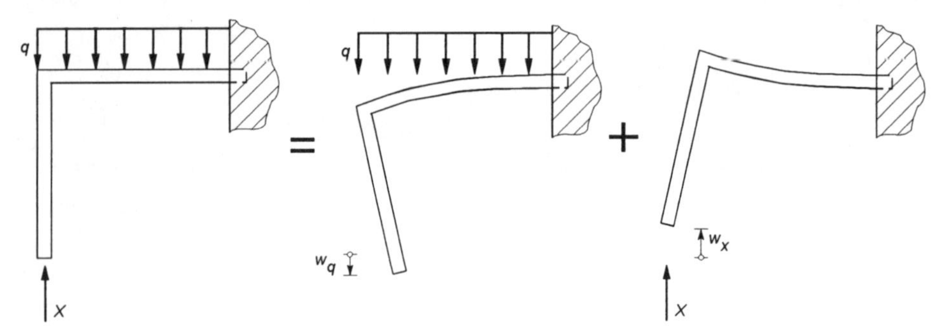

(Die Verformungen sind stark übertrieben dargestellt. Zu ihrer Berechnung wird weiterhin das unverformte Bauteil zugrunde gelegt.)

Es gilt: $w = w_q + w_x$ *bzw. unter Zuhilfenahme der MYOSOTIS-Formeln (Hahn S. 136):*

$$w = \frac{qa^4}{8EJ} - \left(\frac{Xa^3}{3EJ} + \frac{Xa}{EA}\right) \qquad (3)$$

wobei der 2. Term in der Klammer die Verkürzung des vertikalen Balkens infolge der Druckkraft wiedergibt.

Für die Absenkung des Punktes B gilt (Lagerbedingung): $w = 0$ *und mit (3) folgt:*

$\boxed{X = C = \frac{1}{4}qa}$ *bzw. mit (1) und (2)* $\boxed{B_y = \frac{3}{4}qa}$ $\boxed{M_B = \frac{1}{4}qa^2}$

zu 2. Horizontale Lagerverschiebung

Bei erneuter Anwendung der Überlagerungsmethode folgt:

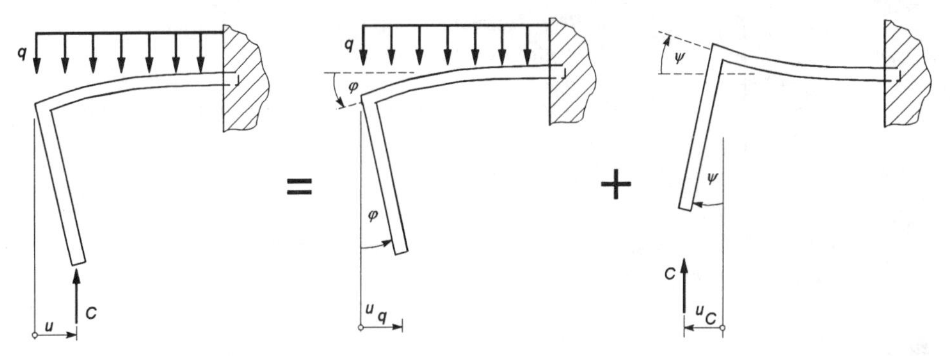

(Die Verformungen sind wiederum stark übertrieben dargestellt. Zu ihrer Berechnung wird weiterhin das unverformte Bauteil zugrunde gelegt.)

Für die horizontale Verschiebung gilt:

$$u = u_q - u_C \qquad \text{bzw.} \qquad u = a\varphi - a\psi \qquad \text{(kleine Winkel vorausgesetzt)}$$

und mit den MYOSOTIS-Formeln (Hahn, S. 136) ergibt sich:

$$\boxed{u = a\left(\frac{qa^3}{6EJ} - \frac{Ca^2}{2EJ}\right)} \qquad \text{bzw.} \qquad \boxed{u = \frac{1}{24EJ}\,qa^4}$$

Aufgabe 6.2.3

zu 1. Beschleunigung

Lösung mit kinetischer Grundgleichung ⇒ Klotz und Walze freischneiden und KGG auf beide Körper anwenden

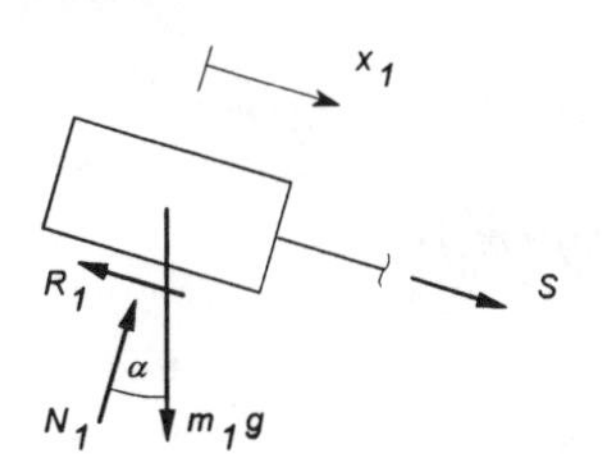

$$\rightarrow: \quad m_1\ddot{x}_1 = S + m_1 g\sin\alpha - R_1$$

Mit $\quad R_1 = \mu_G N_1 \qquad N_1 = mg\cos\alpha$

$$\text{folgt:} \quad \ddot{x}_1 = \frac{S}{m_1} + g(\sin\alpha - \mu_G\cos\alpha) \qquad (1)$$

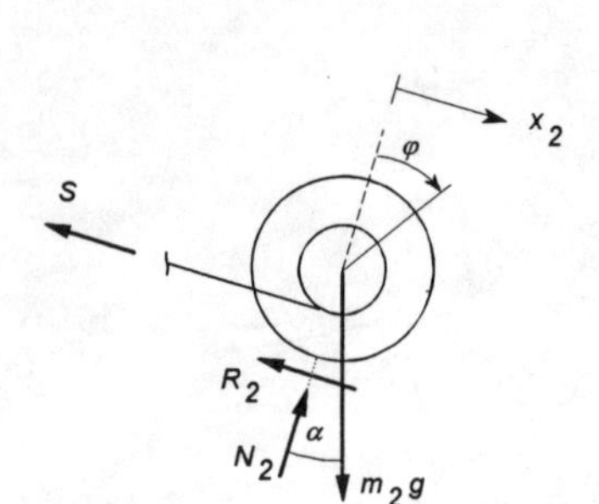

$$\rightarrow: \quad m_2\ddot{x}_2 = m_2 g \sin\alpha - S - R_2 \qquad (2)$$

$$\overset{\curvearrowright}{M}: \quad \Theta\ddot{\varphi} = Sr + R_2 R \qquad (3)$$

Der Zusammenhang zwischen den einzelnen Koordinaten ergibt sich aus den Bedingungen:

Rollbedingung Walze: $x_2 = R\varphi$ *bzw.* $\ddot{x}_2 = R\ddot{\varphi}$ (4)

gespanntes Seil: $x_1 = x_2 - r\varphi = (R - r)\varphi$ (5)

Aus den Gleichungen (1) bis (5) ergibt sich: $\boxed{\ddot{x}_2 = \frac{2}{13} g(5\sin\alpha - \mu_G \cos\alpha)}$

zu 2. Strecke s

Lösung mit dem Arbeitssatz der Kinetik.

Es gilt: $A_{12} = T_2 - T_1$ *und mit* $T_2 = 0$ $T_1 = \frac{1}{2} m_1 v_1^2$

und $A_{12} = \int_0^s (-R_1 + m_1 g \sin\alpha)\, dx = m_1 g(\sin\alpha - \mu_G \cos\alpha)s$

folgt: $\boxed{s = \frac{v_1^2}{2g}\left(\frac{1}{\mu_G \cos\alpha - \sin\alpha}\right)}$

Aufgabe 6.2.4

Anwendung der KGG auf das Gesamtsystem und des Prinzips von d'ALEMBERT auf den Massenpunkt. ⇒ Gesamtsystem und Massenpunkt freischneiden und KGG bzw. GGB anwenden.

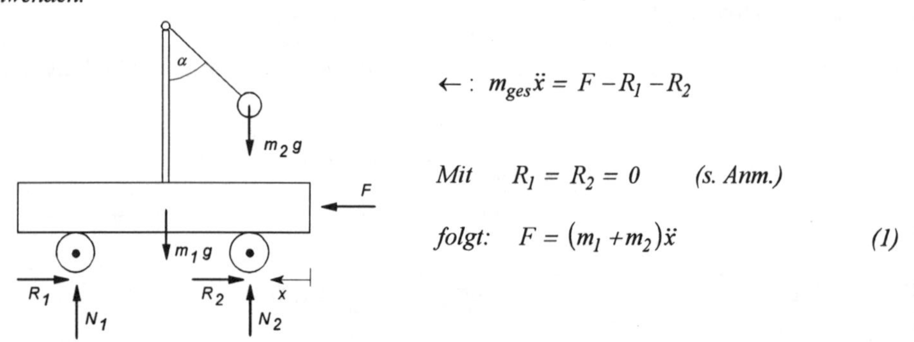

$$\leftarrow: \quad m_{ges}\ddot{x} = F - R_1 - R_2$$

Mit $R_1 = R_2 = 0$ *(s. Anm.)*

folgt: $F = (m_1 + m_2)\ddot{x}$ (1)

$$\uparrow: \quad S\cos\alpha - m_2 g = 0 \qquad (2)$$

$$\rightarrow: \quad m_2\ddot{x} - S\sin\alpha = 0 \qquad (3)$$

Aus (2) und (3) folgt: $\ddot{x} = g\tan\alpha$ *und mit (1) ergibt sich für die gesuchte Kraft:*

$$\boxed{F = (m_1 + m_2)\,g\tan\alpha}$$

Anmerkung: Das Verschwinden der Reibkräfte ergibt sich sofort durch Anwendung der KGG auf ein freigeschnittenes Rad unter Berücksichtigung der Idealisierungen masselose Räder und reibungsfreie Radlager.

6.3 Prüfung TM I-III, WS 92/93

Aufgabe 6.3.1

Eine mittelalterliche Verteidigungsanlage besteht aus einem im Punkt A gelenkig gelagerten Balken, der in B mit einem zweiten Balken gelenkig verbunden ist. Dieser wird durch ein Seil, das zwischen C und D gespannt ist, gehalten. In der Vorrichtung werden zwei runde Baumstämme (jeweils Masse m, Radius a) gehalten. Im gesamten System tritt keine Reibung auf.

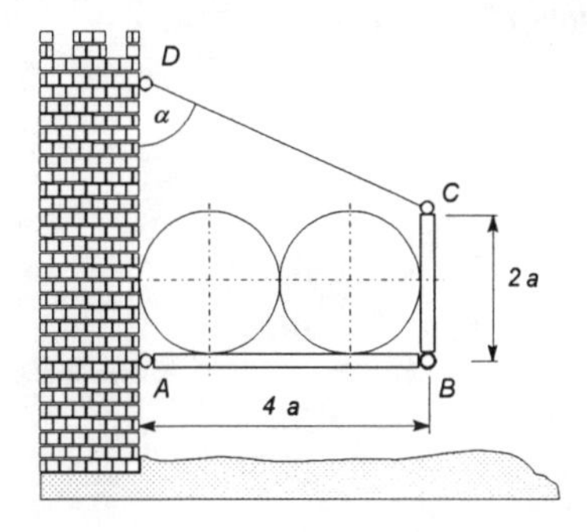

Gegeben: a, g, m, $\alpha = 60°$, $\sin 30° = \cos 60° = \frac{1}{2}$, $\sin 60° = \cos 30° = \frac{1}{2}\sqrt{3}$.

Gesucht: Die Seilkraft, die Auflagerreaktionen in A, die Gelenkkräfte in B und die Normalkraft zwischen den Baumstämmen.

Aufgabe 6.3.2

Ein im Punkt B fest eingespannter Rahmen (Querschnittsfläche A, Flächenträgheitsmoment J, Elastizitätsmodul E) wird durch eine Kraft F horizontal belastet.

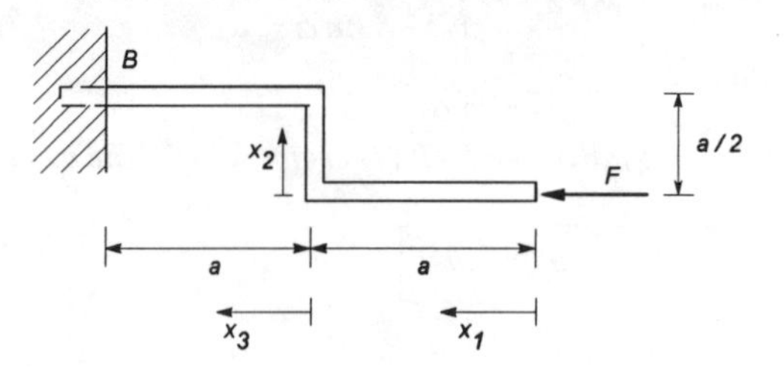

Gegeben: E, J, A, a, F

Gesucht: 1. Die Auflagerreaktionen in B,
2. die Normalkraft- und Momentenverläufe im Rahmen,
3. die horizontale Verschiebung u_F des Kraftangriffspunkts.

Hinweis: Verwenden Sie die Koordinaten x_1, x_2, x_3. Der Anteil der elastischen Energie durch die Querkraft soll vernachlässigt werden.

Aufgabe 6.3.3

An eine mit der Kreisfrequenz ω rotierende Welle ist eine festsitzende Hülse angeschweißt. Mit dieser sind zwei Stäbe der Länge a verbunden, an deren Enden je eine Punktmasse m angebracht ist. Von den Punktmassen führt je ein Stab der Länge a auf eine zweite Hülse, welche reibungsfrei auf der Welle gleiten kann. Die Stäbe, Punktmassen und Hülsen sind gelenkig miteinander verbunden. Der Durchmesser der Hülsen ist gegenüber den Stablängen zu vernachlässigen. Stäbe und Hülsen sind masselos.

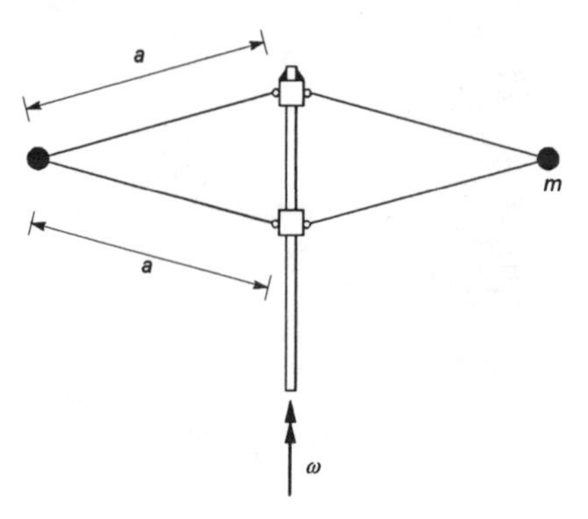

Gegeben: a, g, ω,

Gesucht: Die Höhenänderung der unteren Hülse Δh gegenüber der Ruhelage $(\omega = 0)$.

Aufgabe 6.3.4

Eine Walze (Masse m, Radius r) rollt ohne zu gleiten auf einer halbkreisförmigen Unterlage (Radius R). Im Walzenmittelpunkt ist eine Feder befestigt, welche im Punkt A gehalten wird. Die Walze führt freie ungedämpfte Schwingungen um die Mittellage $\beta = 0$ aus.

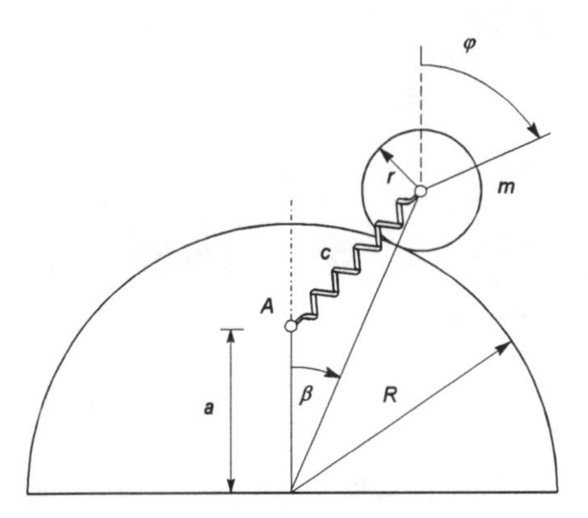

Gegeben: g, R, r, a, m, c, ungespannte Länge der Feder ℓ_0

Gesucht:
1. Die Länge ℓ der Feder als Funktion des Winkels β,
2. den geometrischen Zusammenhang zwischen den Koordinaten β und φ,
3. die Schwingungsdifferentialgleichung des Systems,
4. die potentielle Energie Π des Gesamtsystems als Funktion des Winkels β.

Lösung

Aufgabe 6.3.1

Zur Bestimmung der gesuchten Reaktionskräfte müssen mehrere Freikörperbilder betrachtet werden.

Gesamtsystem

$$\rightarrow: \quad A_x + N_1 - S\sin\alpha = 0 \tag{1}$$

$$\uparrow: \quad A_y - 2mg + S\cos\alpha = 0 \tag{2}$$

$$\overset{\curvearrowright}{A}: \quad N_1 a + mga + mg3a - S\sin\alpha\, 2a - S\cos\alpha\, 4a = 0 \tag{3}$$

Walzen

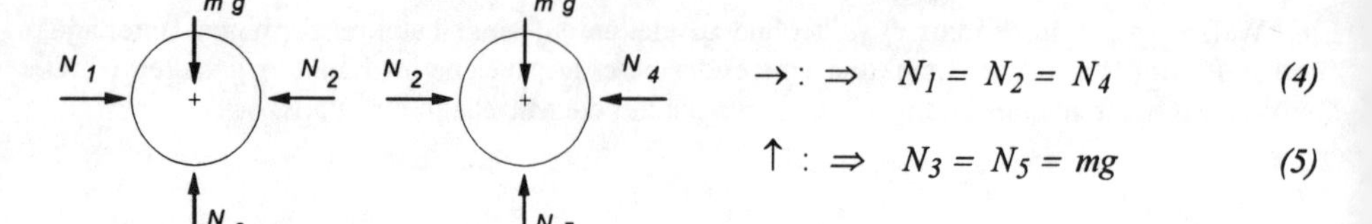

$$\rightarrow: \Rightarrow \quad N_1 = N_2 = N_4 \tag{4}$$

$$\uparrow: \Rightarrow \quad N_3 = N_5 = mg \tag{5}$$

horizontaler Balken

$$\rightarrow: \; A_x + B_x = 0 \tag{6}$$

$$\uparrow: \; A_y + B_y - N_3 - N_5 = 0 \tag{7}$$

$$\overset{\curvearrowright}{A}: \; N_3 a + N_5 3a - B_y 4a = 0 \tag{8}$$

Aus den Gleichungen (1) bis (8) ergibt sich:

$$\boxed{A_x = -\sqrt{3}mg} \qquad \boxed{B_x = \sqrt{3}mg} \qquad \boxed{S = 2mg}$$

$$\boxed{A_y = mg} \qquad \boxed{B_y = mg} \qquad \boxed{N_2 = 2\sqrt{3}mg}$$

Aufgabe 6.3.2

zu 1. Auflagerreaktionen in B

Gesamtsystem freischneiden und GGB anwenden

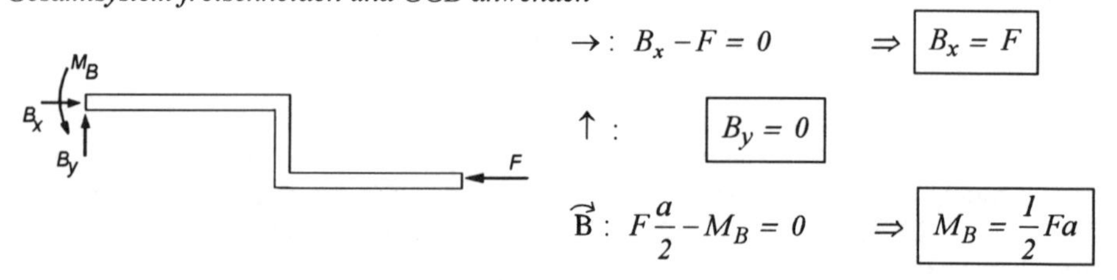

$$\rightarrow: \; B_x - F = 0 \qquad \Rightarrow \boxed{B_x = F}$$

$$\uparrow: \qquad \boxed{B_y = 0}$$

$$\overset{\curvearrowright}{B}: \; F\frac{a}{2} - M_B = 0 \qquad \Rightarrow \boxed{M_B = \frac{1}{2}Fa}$$

zu 2. Normalkraft- und Momentenverläufe

Der Rahmen ist in drei Bereiche einzuteilen. Schnitt durch jeden Bereich und GGB anwenden.

Bereich I: $0 \le x_1 < a$

$$\rightarrow: \; -N(x_1) - F = 0 \qquad \Rightarrow \boxed{N(x_1) = -F}$$

$$\overset{\curvearrowright}{S}: \; \boxed{M(x_1) = 0}$$

Bereich II: $0 < x_2 < \frac{a}{2}$

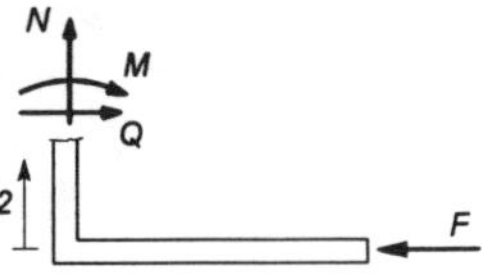

$\uparrow$: $\boxed{N(x_2) = 0}$

$\overset{\curvearrowright}{S}$: $M(x_2) + Fx_2 = 0 \quad \Rightarrow \quad \boxed{M(x_2) = -Fx_2}$

Bereich III: $0 < x_3 < a$

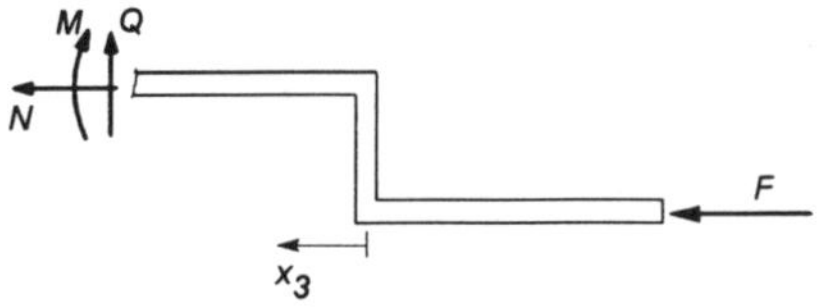

$\uparrow$: $-N(x_3) - F = 0 \quad \Rightarrow \quad \boxed{N(x_3) = -F}$

$\overset{\curvearrowright}{S}$: $M(x_3) + F\frac{a}{2} = 0 \quad \Rightarrow \quad \boxed{M(x_3) = -\frac{1}{2}Fa}$

zu 3. Horizontalverschiebung

In diesem Falle ist die Lösung mit Satz II von CASTIGLIANO sinnvoll, weil bereits die Normalkraft- und Momentenverläufe vorliegen.

Für die Verschiebung gilt: $\frac{\partial U_{ges}}{\partial F} = u_F \quad$ *mit* $\quad \frac{\partial U_{ges}}{\partial F} = \frac{\partial U_I}{\partial F} + \frac{\partial U_{II}}{\partial F} + \frac{\partial U_{III}}{\partial F} \qquad (9)$

wobei $\frac{\partial U_I}{\partial F} = \frac{1}{EA}\int_0^a N(x_1)\frac{\partial N}{\partial F}dx_1 = \frac{Fa}{EA} \quad ; \quad \frac{\partial U_{II}}{\partial F} = \frac{1}{EJ}\int_0^{a/2} M(x_2)\frac{\partial M}{\partial F}dx_2 = \frac{Fa^3}{24EJ}$

und $\frac{\partial U_{III}}{\partial F} = \frac{1}{EA}\int_0^a N(x_3)\frac{\partial N}{\partial F}dx_3 + \frac{1}{EJ}\int_0^a M(x_3)\frac{\partial M}{\partial F}dx_3 = \frac{Fa}{EA} + \frac{Fa^3}{4EJ}$

In Gleichung (9) eingesetzt ergibt: $\boxed{u_F = \frac{Fa}{24EAJ}\left(48J + 7a^2A\right)}$

Aufgabe 6.3.3

Das Gesamtsystem ist bezüglich der Drehachse symmetrisch. ⇒ Reaktionskräfte (Stab- und Hülsenkräfte) sind ebenfalls symmetrisch. Betrachte einen stationären Zustand und wende das Prinzip von d'ALEMBERT an. ⇒ Hülse und Massenpunkt unter Berücksichtigung der Trägheitskräfte freischneiden und GGB anwenden.

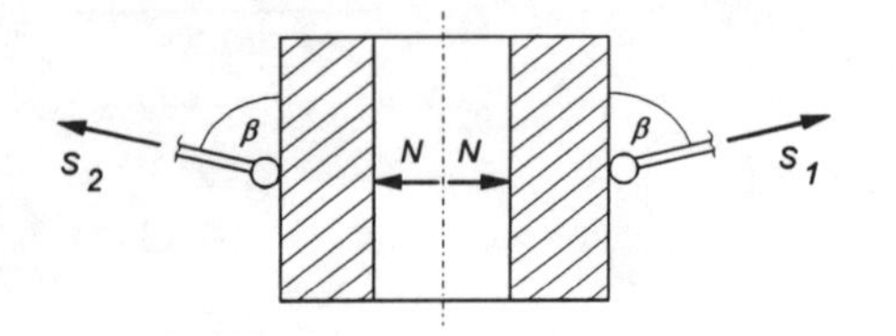

$$\uparrow:\ 2S_2\cos\beta = 0 \qquad \Rightarrow \qquad \boxed{S_2 = 0}$$

$$\rightarrow:\ F_z - S_1\cos\alpha = 0 \qquad (1)$$

$$\uparrow:\ S_1\sin\alpha - mg = 0 \qquad (2)$$

Mit $F_z = mr\omega^2$ *bzw.* $F_z = ma\cos\alpha\,\omega^2$ *ergibt sich aus (1) und (2):* $\sin\alpha = \dfrac{g}{a\omega^2}$

und mit $\Delta h = 2a - 2a\sin\alpha$ *folgt:* $\boxed{\Delta h = 2a\left(1 - \dfrac{g}{a\omega^2}\right)}$

Wie man erkennt, ist der Ausdruck nur für $\omega \geq \omega_{Grenz} = \sqrt{\dfrac{g}{a}}$ *definiert. Für* $0 \leq \omega \leq \omega_{Grenz}$ *ist* $\alpha = 0$.

Aufgabe 6.3.4

zu 1. Länge der Feder

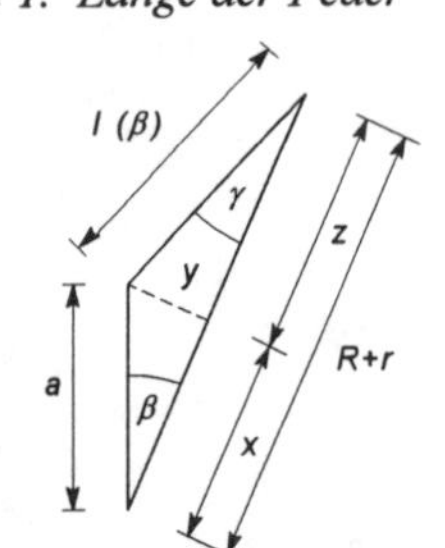

Aus der Geometrie folgt:

$\ell = \sqrt{y^2 + z^2}$ *und mit* $y = a\sin\beta$

$z = R + r - x \qquad x = a\cos\beta$ *ergibt sich:*

$$\boxed{\ell(\beta) = \sqrt{a^2\sin^2\beta + (R + r - a\cos\beta)^2}} \qquad (1)$$

zu 2. Zusammenhang zwischen β und φ

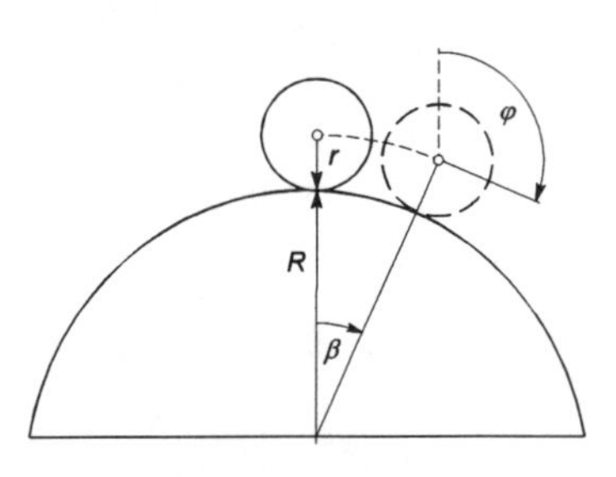

Für die zurückgelegte Strecke des Walzenmittelpunkts folgt

aus Geometrie: $s = (R+r)\beta$ (2)

aus der Rollbedingung: $s = r\varphi$ (3)

und damit: $\boxed{\beta = \frac{r}{R+r}\varphi}$ (4)

zu 3. Schwingungsdifferentialgleichung

Walze freischneiden und KGG anwenden

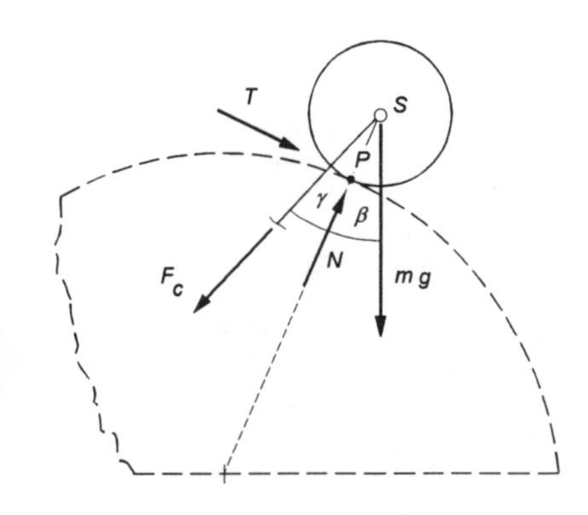

$\overset{\curvearrowright}{\mathrm{P}}: \; \theta_p\ddot{\varphi} = mgr\sin\beta - F_c\, r\sin\gamma$ (5)

Mit $\theta_p = \theta_s + mr^2 = \frac{3}{2}mr^2$

$\sin\gamma = \frac{y}{\ell} = \frac{a}{\ell}\sin\beta$

sowie $F_c = c(\ell - \ell_0)$ *ergibt sich:*

$$\boxed{\frac{3}{2}mr^2\ddot{\varphi} + r\sin\beta\left[ca\left(1 - \frac{\ell_0}{\ell}\right) - mg\right] = 0}$$

zu 4. Potentielle Energie

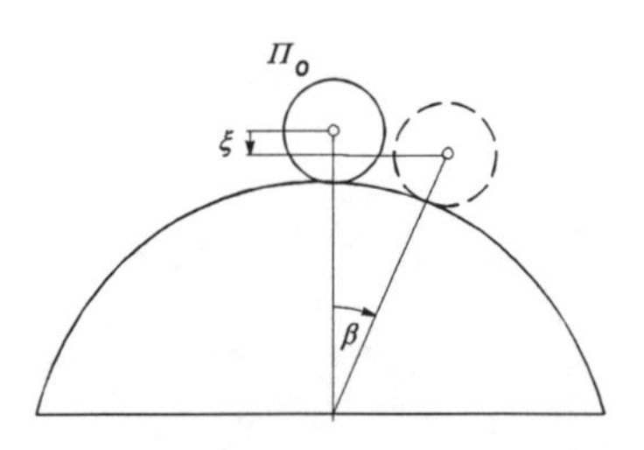

Es gilt: $\Pi_{ges} = \Pi_{Lage} + \Pi_{Feder}$

Mit $\Pi_{Lage} = \Pi_0 - mg\xi$

wobei $\xi = (R+r)(1-\cos\beta)$ *gilt*

und $\Pi_{Feder} = \frac{1}{2}c(\ell - \ell_0)^2$

ergibt sich: $\boxed{\Pi_{ges} = \Pi_0 - mg(R+r)(1-\cos\beta) + \frac{1}{2}c(\ell-\ell_0)^2}$